有色金属行业教材建设项目

高等职业教育本科教材

碳中和技术导论

乔森 刘毅 主编
付俊薇 主审

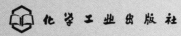
·北京·

内容简介

《碳中和技术导论》由河北工业职业技术大学与北控水务集团有限公司、日照钢铁控股集团有限公司共同编纂。教材系统地追溯了国内外碳中和技术的演进路径,内容涵盖碳中和总论、能源领域减碳技术以及典型行业的碳中和技术三个方面。本书通过引入企业实践中的真实案例帮助读者深入理解碳中和技术的概念、原理、政策,把握其当前的发展状况与未来发展趋势。读者将能够学习到氢能技术、二氧化碳捕集与封存技术等前沿知识,以及碳循环理论、碳排放核算等对碳中和决策至关重要的支撑技术。此外,教材还详细阐述了化工、钢铁等行业中的碳中和技术及其应用实例。

本书既可作为职业本科生态环境工程技术专业、高职专科环境工程技术等专业的教材,也适合作为碳中和领域的技术人员和管理人员的培训资料。

图书在版编目(CIP)数据

碳中和技术导论 / 乔淼,刘毅主编. -- 北京:化学工业出版社,2025.3. -- (高等职业教育本科教材).
ISBN 978-7-122-47108-6

I. X511

中国国家版本馆 CIP 数据核字第 20258S77C6 号

责任编辑:王海燕　　　　　　　　　文字编辑:毛一文　昝景岩
责任校对:边　涛　　　　　　　　　装帧设计:关　飞

出版发行:化学工业出版社(北京市东城区青年湖南街 13 号　邮政编码 100011)
印　　装:北京云浩印刷有限责任公司
787mm×1092mm　1/16　印张 18　字数 434 千字　2025 年 3 月北京第 1 版第 1 次印刷

购书咨询:010-64518888　　　　　　　售后服务:010-64518899
网　　址:http://www.cip.com.cn
凡购买本书,如有缺损质量问题,本社销售中心负责调换。

定　价:49.90 元　　　　　　　　　　　　　　　　　　　　　　版权所有　违者必究

前言

气候变暖是人类面临的重大全球性挑战，应对气候变化是全人类共同的事业。作为世界上最大的发展中国家，我国承诺力争 2030 年前实现碳达峰，2060 年前实现碳中和，展现了负责任大国的使命与担当。党的二十大强调了生态文明建设和绿色发展的重要性。实现碳中和是一场广泛而深刻的经济社会系统性变革，需要把碳中和纳入生态文明建设整体布局。2021 年 7 月，教育部正式发布了《高等学校碳中和科技创新行动计划》，提出了加快碳中和领域人才培养、专业建设、教材建设等重点任务。为积极响应教育部行动计划，河北工业职业技术大学联合北控水务集团有限公司、日照钢铁控股集团有限公司组建了校企"双元"教材开发团队，依托教育部供需对接就业育人项目、河北省职业教育生态环境工程技术专业教学资源库分项目建设，编写了《碳中和技术导论》教材，以期为实现国家碳中和目标贡献教育力量，培养具有创新能力和实践技能的碳中和技术高层次技能人才。

本教材追溯了国内外碳中和的技术路线，参考了国内外碳中和领域众多优秀书籍，聚焦各类技术最新动态和发展趋势，加强理论知识与案例分析的结合，适应我国碳中和目标的实际需要，从碳中和总论、能源领域减碳技术、典型行业的碳中和技术三个角度设计了编写内容，引入企业真实案例，让学生能够理解碳中和技术的概念和原理，了解其发展现状和趋势，掌握清洁能源技术、二氧化碳捕集封存技术、碳循环理论，以及碳排放核算等知识，掌握化工、生物制药等行业碳中和技术及应用。该教材既可以作为职业本科生态环境工程技术、高职专科环境工程技术等专业的专业课教材，又可以作为碳中和相关的技术、管理人员的培训教材。

本教材由河北工业职业技术大学乔森、刘毅任主编，付俊薇教授任主审，王兵、姚洁、郑锐任副主编。本教材共十一章，第一、三、四章由姚洁、孟熙扬、王兵编写；第二、七章和拓展学习章由刘毅、郑锐、汲智如编写；第五章由乔森编写；第六章由郭艺烁编写；第八章由张薇编写；第九章由李文红、李岩鹏编写；第十章由北控水务集团有限公司秦建明、冀广鹏、刘婧邈、刘子滢、魏斌和日照钢铁控股集团有限公司程仕勇、朱光东编写，数字资源和拓展阅读由姚洁、王兵整理。本教材的编写得到了众多学者和行业企业专家的宝贵意见和支持。对他们的无私奉献和专业指导，表示衷心的感谢。

由于碳中和技术涉及内容广、行业多，编者水平有限，本书难免有不足之处，希望读者多提意见，我们将不断修订和完善。

衷心希望通过这本《碳中和技术导论》，能够激发更多年轻人对碳中和科技的热情，培养他们成为推动社会进步和环境保护的中坚力量。让我们携手努力，为实现一个更加绿色、可持续的未来而不懈奋斗。

编　者
2024 年 10 月

目录

第一章　全球气候变化、温室效应背景　001

第一节　全球气候变化的原因和影响　001
一、全球气候变化的原因　001
二、全球气候变化的影响　003

第二节　温室气体与气候变化　005
一、温室气体与温室效应　005
二、温室效应与气候变化的关系　007
三、气候变化减缓与适应路径　008
思考题　010

第二章　"双碳"相关术语及碳交易市场　012

第一节　"双碳"相关术语介绍　012
一、碳排放　012
二、碳汇与碳捕集　014
三、碳达峰与碳中和　014
四、碳税与碳关税　015
五、科学碳目标　016
六、碳足迹　016
七、碳资产管理　016

第二节　碳交易市场的产生与发展形态　017
一、减排目标、成本与可控性　017
二、低碳经济模式定义　020
三、全球碳交易市场的发展形态　026

第三节　国内外碳排放现状　033
一、中国碳排放基本特征研究　033
二、全球碳排放　044
思考题　049

第三章　国内外应对"双碳"政策、措施、挑战和机遇　　　050

第一节　国外应对"双碳"政策、措施　　050
一、国际公约　　050
二、国际应对措施　　052

第二节　国内应对"双碳"政策、措施　　057
一、国内政策　　057
二、国内应对措施　　065

第三节　我国"双碳"道路上的挑战和机遇　　071
一、我国"双碳"道路上的挑战　　071
二、我国"双碳"道路上的机遇　　073

思考题　　075

第四章　清洁能源　　076

第一节　氢能　　076
一、氢能的制备　　077
二、氢能的储运　　080
三、氢能的应用　　081
四、氢能发展的制约　　084

第二节　水能　　084
一、水能资源　　084
二、水能开发　　085

第三节　太阳能　　087
一、太阳能产业发展背景　　087
二、太阳能光伏光热的综合利用　　087
三、太阳能光伏光热综合利用的优点　　088
四、太阳能光伏光热综合利用技术的应用途径　　089

第四节　核能　　090
一、核能产业发展情况　　090
二、核能综合利用　　091
三、耐事故燃料开发　　091
四、智慧核电建设　　091
五、模块化小型反应堆技术　　092
六、新一代核电技术　　093
七、乏燃料后处理及放射性废物处理与处置　　095

思考题　　095

第五章　降碳与循环利用技术　096

第一节　固体废物处置与循环利用　096
一、固体废物的产生　096
二、固体废物的分类　097
三、固体废物的危害　098
四、固体废物的控制　099
五、固体废物处置与循环利用和降碳之间的关系　100
六、固体废物的处置与循环利用措施　101

第二节　水处理中的降碳技术　105
一、污水的产生和分类　105
二、污水中的污染物及其危害　106
三、污水处理行业中的碳排放　106
四、低碳污水处理措施　107

思考题　109

第六章　二氧化碳的捕集、运输、封存及资源化技术　110

第一节　二氧化碳的捕集技术　110
一、二氧化碳捕集的技术路线　110
二、二氧化碳捕集的方法　113

第二节　二氧化碳的运输技术　120
一、二氧化碳在运输过程中的状态　120
二、二氧化碳的运输　121

第三节　二氧化碳的封存技术　122
一、二氧化碳的地质封存　122
二、二氧化碳的海洋封存　123
三、二氧化碳的矿物化封存　124
四、二氧化碳的焦油砂封存　124

第四节　二氧化碳的资源化技术　125
一、二氧化碳的直接利用　125
二、二氧化碳的化学转化　129
三、二氧化碳的生物转化　131

思考题　132

第七章　化工行业碳中和技术　133

第一节　化工行业与碳中和　133

一、化工行业的"碳"在哪里 133
二、化工行业"脱碳"行动指南 134

第二节 化工全产业链碳减排技术 135
一、过程节能增效碳减排技术 135
二、产品提质耐用碳减排技术 135
三、废弃聚合物循环碳减排技术 136
四、工业共生技术 136
五、非二氧化碳温室气体减排技术 136

第三节 零碳原料和零碳能源替代技术 137
一、零碳原料制备化学品技术 137
二、零碳电力及零碳非电能源替代 138

第四节 二氧化碳制备化学品碳负排技术 139
一、二氧化碳耦合绿氢的转化技术 139
二、二氧化碳直接转化碳负排技术 139

第五节 信息碳中和技术路径 140
一、大数据技术实现碳排放精准计量及预测 140
二、AI实现能源高效调度利用 141
三、物联网支撑工业运行节能技术 142

思考题 143

第八章 生物制药行业碳中和技术 144

第一节 生物制药行业过程降碳技术 144
一、生物制药工业生产及用能特点 144
二、生物医药企业数字化转型 145
三、生物制药领域一次性使用技术 146
四、生物制药领域膜分离技术 147
五、生物制药领域真空冷冻干燥技术 148
六、其他相关技术 149

第二节 生物制药废水、废渣减排技术 152
一、生物制药污染物排放情况 152
二、生物制药废水减排方向和技术 153
三、生物制药废渣减排方向和技术 157

第三节 制药供应链的降碳对策 159
一、原材料制备 159
二、绿色能源 159
三、连续式制造方式 160
四、运输 160

思考题 161

第九章 其他行业领域碳中和技术 162

第一节 建筑领域碳中和技术 162
一、建筑建造、构造与环境营造碳减排技术 162
二、建筑能源系统碳零排技术 166
三、建筑绿化系统碳负排技术 170

第二节 农业领域碳中和技术 172
一、种植与养殖碳减排技术 172
二、农田土壤固碳增汇技术 178
三、农业有机废弃物资源化利用技术 181

第三节 交通运输领域碳中和技术 187
一、能效提升技术 187
二、替代燃料技术 192
三、绿色能源替代技术 194

思考题 196

第十章 碳中和技术应用案例 197

第一节 钢铁行业碳中和技术应用案例 197
一、钢铁行业工艺过程降碳技术 197
二、钢铁行业原料降碳技术 214
三、钢铁企业碳中和典型案例 221

第二节 "双碳"背景下污水处理厂提质增效方向与案例 225
一、污水处理厂运营碳排放路径 225
二、污水处理厂提质增效存在的问题 226
三、低碳运行评价标准 226
四、北控水务集团低碳运行方向与案例 230

第三节 电力系统碳中和技术应用案例 247
一、河北平山营里—白洋淀—西柏坡三级源网协同能力提升案例 247
二、山东海阳核电厂核能供暖工程项目案例 251

思考题 255

拓展学习章 化工行业森林碳汇需求 256

第一节 化工行业减排路径比较的森林碳汇需求现状 256
一、减排路径与减排成本 257

二、森林碳汇价格核算方法　　259
　　三、森林碳汇需求　　259
　第二节　碳交易背景下行业碳减排路径　　261
　　一、减排路径的选择　　261
　　二、行业选择对森林碳汇需求的原理　　263
　第三节　化工行业碳边际减排成本的计算　　264
　　一、样本选取和数据来源　　264
　　二、样本区化工行业碳排放现状　　264
　　三、样本区化工行业二氧化碳边际减排成本　　265
　第四节　我国森林碳汇价格的计算　　268
　　一、数据来源　　268
　　二、模型设定　　268
　　三、森林碳汇价格计算　　268
　第五节　化工行业路径减排森林碳汇需求　　271
　　一、化工行业减排路径成本差量比较　　272
　　二、化工行业对森林碳汇需求的决策　　272
　　三、化工行业对森林碳汇需求的潜力　　273

参考文献　　278

配套二维码数字资源目录

序号	名称	页码
1	全球气候变化的原因和影响	001
2	温室气体与气候变化	007
3	"双碳"相关术语的介绍	012
4	《碳排放权交易管理暂行条例》	016
5	"双碳"时代推动石化行业技术创新和产业升级	049
6	国际公约	050
7	国际应对措施	052
8	国内政策	058
9	《关于完整准确全面贯彻新发展理念做好碳达峰碳中和工作的意见》	058
10	《2030年前碳达峰行动方案》	060
11	《国家碳达峰试点建设方案》	061
12	国内应对措施	065
13	我国"双碳"道路上的机遇和挑战	071
14	氢能	076
15	氢能高压储运设备的基本特点	080
16	氢能高压储运设备的发展现状	080
17	氢能高压储运设备的规范和挑战	080
18	氢能高压储运设备的前沿方向	080
19	太阳能、核能及其他清洁能源	087
20	固体废物处置与循环利用	096
21	水处理中的降碳技术	105
22	二氧化碳的捕集技术	110
23	富氧燃烧过程	111
24	化学法	115
25	二氧化碳的运输技术	120
26	二氧化碳的封存技术	122
27	二氧化碳海洋封存的原理	123
28	二氧化碳的资源化技术	125
29	全产业链碳减排技术	135
30	零碳能源替代技术	137
31	二氧化碳制备化学品碳负排技术的发展与应用	139
32	信息碳中和技术路径	140
33	生物医药企业数字化转型	145
34	一次性使用技术	146
35	膜分离技术	147
36	真空冷冻干燥技术	148
37	生物制药废渣减排方向和技术	157
38	加快推动建筑领域节能降碳工作方案	196
39	交通运输行业节能低碳技术推广目录(2021年)	196
40	农业农村减排固碳实施方案	196
41	钢铁行业碳中和技术应用案例(一)	221
42	钢铁行业碳中和技术应用案例(二)	223
43	"双碳"背景下污水处理厂提质增效方向与案例(一)	225
44	"双碳"背景下污水处理厂提质增效方向与案例(二)	226

第一章 全球气候变化、温室效应背景

第一节 全球气候变化的原因和影响

一、全球气候变化的原因

气候变化正在不断影响全球的自然环境和经济社会发展,诸多自然因素和人为因素促使全球变暖、海平面上升、极端天气增多等现象发生,因此气候变化已成为全球关注的焦点问题。

全球气候变化的原因和影响

(一)导致全球气候变化的自然因素

1. 太阳辐射

太阳是地球气候系统的能量来源,其辐射强度的周期性变化会影响地球的气候。太阳辐射是地球上生命存在和气候变化的重要因素,太阳辐射的变化会对温度、大气环流、海洋环流、冰川、生物多样性等产生影响。例如赤道地区接收到的太阳辐射远多于极地地区,这导致了赤道地区热量充足,气候热带化,而极地地区则因为接收到的太阳辐射较少,气候寒冷。这种辐射分布的不均导致了地球上的气候差异,并影响了大气环流和海洋环流的模式。

2. 火山喷发

火山喷发是地球内部热能释放的一种猛烈形式,它对全球气候变化有着短暂但重要的影响。火山喷发时会释放大量的气体、火山灰和气溶胶等,这些物质进入平流层后会影响地球的辐射平衡、大气环流和海洋酸碱平衡等,进而对全球气候变化产生重要影响。

3. 地球轨道参数的周期变化

地球轨道参数的周期变化，也称为米兰科维奇周期，指地球围绕太阳运动的轨道和倾斜角度的周期性变化。这些变化主要体现在偏心率、倾斜角度、轨道倾角等参数变化，这些变化单独或共同作用引起了全球气候系统、冰川、海洋环流以及生物多样性的变化。虽然地球轨道参数的变化速度相对较慢，但其累积效应可能导致全球气候的长期变化。

（二）导致全球气候变化的人为因素

在地球悠久的历史长河中，虽然诸多的自然因素共同推动了气候的变迁，然而自工业革命以来，人为因素已经成为目前全球气候变化的主要驱动力。在1992年缔结的《联合国气候变化框架公约》中将气候变化定义为："经过相当长一段时间得到的观察结果，在自然气候变化之外，由人类活动直接或间接地改变全球大气组成所导致的气候改变。"这一定义明确指出了人为因素对全球气候变化起到的关键作用。

工业革命以来，随着生产力的大幅提升和经济不断发展，各行各业对劳动力的需求不断增加，人类生活水平提高，医疗条件改善，食物供应增加，这些因素共同推动了人口增长，但因此也导致了全球气候的变化。

1. 能源消费

煤炭、石油和天然气等化石燃料的能量密度高、价格低廉，因此长久以来人类在工业生产和日常生活中将其作为最主要的能源。化石燃料的燃烧会释放出大量的 CO_2、CH_4 等温室气体，这些温室气体在大气中积累，加剧了温室效应，导致全球气温上升。

2. 工业生产

现代工业生产过程中尤其是高能耗的工业生产工艺会广泛使用化石燃料作为能源，如钢铁冶炼、水泥生产、化工生产等，同时在生产过程中产生大量的废气、废水和固体废物等，这些废物如果处理不当会排放出温室气体。

3. 城市化进程

经济的发展导致城市化进程的加快，城市不断向外扩张，占用了大量土地资源。大量人口挤入城市，大规模的城市建设导致城市人造表面不断增加，使得地表反照率降低，吸收更多的太阳辐射，从而加剧城市热岛效应和气候变化。而土地利用的变化导致农业用地比例减少，再加上森林砍伐、湿地开垦，导致碳储量减少，加剧了温室效应。

4. 交通运输

交通运输业对经济发展起着保障作用，工业革命以来经济的快速增长也带动了交通运输业的蓬勃发展，然而传统运输工具如汽车、飞机和船舶等，主要依赖化石燃料，也会产生大量的温室气体排放。随着城市化进程的加快，城市交通拥堵问题日益严重，导致汽车怠速运行时间增加，进一步加剧了温室气体排放。

5. 农业生产

农业生产过程中使用的化肥、农药等化学物质会破坏土壤结构，降低土壤肥力，同时还会产生温室气体。此外，畜牧业产生的甲烷排放也是导致气候变化的重要原因。

二、全球气候变化的影响

全球气候变化对自然生态系统、社会经济和人类生活产生了广泛而深远的影响（图1-1）。

1. 气温上升

全球气候变化对气温的影响最为显著。根据联合国政府间气候变化专门委员会（IPCC）发布的《第六次评估报告综合报告：气候变化2023》，自工业革命以来，全球平均气温已经上升了约1.1℃。这一趋势在过去几十年中尤为明显，尤其是在20世纪80年代以后，气温上升的速度明显加快。全球变暖让世界各个区域均面临着前所未有的气候系统变化，从海平面上升、极端天气事件频发到海冰迅速融化。气温的进一步上升则会进一步加剧这些变化。例如，全球气温每上升0.5℃，极端高温、强降雨和区域干旱就会愈加频发、程度更加严重。在较少人类活动影响的情况下，热浪平均每10年才会出现一次。而在平均气温升高1.5℃、2℃和4℃时，高温热浪出现的频率将可能分别增加4.1倍、5.6倍和9.4倍，其强度也可能分别增加1.9℃、2.6℃和5.1℃。

图1-1 全球变暖影响图
图源：世界资源研究所（WRI）

2. 气候变暖和冰川消融

全球气温上升导致冰川和冰盖融化、冻土加速消融、南极海冰损失。有初步数据显示，在北美西部和欧洲极度负质量平衡的影响下，全球基准冰川遭受了有记录以来（1950～2023年）最大的冰量损失；2023年，南极海冰范围达到有记录以来的最小值，在冬季结束时的最大范围比此前的最低记录还要少100万平方公里，相当于法国和德国面积的总和；受到海洋持续变暖（热膨胀）以及冰川和冰盖融化的影响，全球平均海平面在2023年也达到卫星记录（1993年以来）的最高值；在2013~2023年当中，全球平均海平面的上升速度是卫星记录第一个十年（1993~2002年）的两倍多。

3. 海平面上升

全球气候变化导致冰川和冰盖融化，使得海平面不断上升，威胁沿海城市和岛屿国家的生存安全。根据世界气象组织的报告，2011~2020年全球平均海平面每年上升0.45cm；美国国家航空航天局（NASA）分析了自1993年以来海平面卫星测量数据，观测到海平面总共上升了9.1cm，并预计海平面上升速度将在2050年达到0.66cm/a。海平面的上升对沿海地区的土地、基础设施和人类居住区造成威胁，可能导致洪水、海岸侵蚀和盐水入侵等问题。据联合国环境署统计，全世界有近一半的人口居住在距海洋200km的范围内，百万以上人口的城市中2/5位于沿海地区。如果海平面上升1m，全球将会有$5\times10^6 km^2$的土地被淹没，会影响世界十多亿人口和1/3的耕地。

4. 生物多样性锐减

全球气候变暖正严重威胁地球生物生存与发展。随着气候变暖，极地冰盖融化，海平面上升，许多生物的栖息地受到破坏，一些物种为了适应新的环境而迁移。气候变暖还导致春天提早到来，使得植物开花、卵孵化、青蛙产卵等生物活动提前。这种变化可能打乱生物间的食物链关系，导致生态失调。

5. 极端天气事件增多

全球气候变化导致极端天气事件的频率和强度不断增加，如热浪、干旱、洪水和飓风等。联合国政府间气候变化专门委员会（IPCC）发布的综合报告《第六次评估报告综合报告：气候变化2023》首次单独成章对极端天气事件变化进行了全面和系统的评估，该报告显示：

（1）极端温度事件增多

自20世纪50年代以来，全球大范围暖昼和暖夜天数增加，冷昼和冷夜天数减少；最暖日温度（TXx，日最高温度的年最大值）和最冷日温度（TNn，日最低温度的年最小值）均呈升高趋势，且陆地区域平均的TNn上升幅度比TXx上升幅度大；热浪强度和频次增加，持续时间延长。

（2）强降水事件增加

20世纪中叶以来，经过大量的观测和数据统计发现，在欧洲、北美洲、亚洲、非洲、南美洲有19个区域的强降水事件呈现出增多、增强变化趋势。这些区域分布广泛，涵盖了不同的地理环境和气候类型。有研究预测，当全球温度上升1.5℃时，强降水事件预计在非洲、亚洲（高信度）、北美洲（中到高信度）和欧洲（中信度）的大多数地区发生的频率将显著升高；如果全球变暖温度上升达到或超过2℃，这些变化会扩展到更多的地区或变得更加显著（高信度）。极端天气事件增多将对人类生活和自然系统造成严重影响，如农作物损失、基础设施破坏和生态系统破坏等。

6. 威胁人类健康

气候变化对人类健康构成根本性的威胁。随着全球气候变暖，一些传染病（如登革热、疟疾和寨卡热）的传播范围正在扩大，在2030年至2050年间，气候变化预计每年将使死于营养不良、疟疾、腹泻和单纯热应激的人数增加约25万人。根据世界卫生组织（WHO）

的报告，气候变化直接导致了热浪、野火、洪水、热带风暴和飓风等人道主义突发事件的发生，而且这些事件的规模、频率和强度都在增加；而全球平均气温每上升1℃，心血管疾病的发病率和死亡率可能会增加约2%。

第二节
温室气体与气候变化

一、温室气体与温室效应

（一）温室气体

1. 温室气体的概念

温室气体是指大气中那些吸收和重新放出红外辐射的自然和人为的气态成分。大气中的温室气体包括水蒸气（H_2O）、二氧化碳（CO_2）、甲烷（CH_4）、一氧化二氮（N_2O）、臭氧（O_3）、一氧化碳（CO），以及氯氟烃、氟化物、溴化物、氯化物、醛类和各种氮氧化物、硫化物等极微量气体。《京都议定书》及其修正案中明确指出了二氧化碳（CO_2）、甲烷（CH_4）、一氧化二氮（N_2O）以及氢氟碳化物（HFCs）、全氟化碳（PFCs）、六氟化硫（SF_6）、三氟化氮（NF_3）等氟化气体为需要控制的温室气体。

2. 温室气体的主要来源

不同成分的温室气体其主要来源也不同，见表1-1。

表1-1 温室气体及其主要来源

温室气体	主要来源
二氧化碳（CO_2）	化石燃料（如煤炭、石油和天然气）的燃烧 工业过程（如水泥生产、钢铁制造） 生物质燃烧和分解 土地利用变化（如森林砍伐）
甲烷（CH_4）	农业活动（如牲畜消化过程、稻田种植） 废物处理（如垃圾填埋、废水处理） 化石燃料开采和运输（如天然气、煤炭开采）
一氧化二氮（N_2O）	农业施肥（使用含氮肥料） 化工生产（如硝酸生产） 燃烧过程（如化石燃料和生物质燃烧）
氢氟碳化物（HFCs）	制冷剂和空调设备 泡沫吹塑剂 消防灭火器
全氟化碳（PFCs）	铝冶炼 半导体制造
六氟化硫（SF_6）	电气设备（如高压开关） 绝缘材料

（二）温室效应

1. 温室效应的原理

温室效应是指透射阳光的密闭空间由于与外界缺乏热对流而形成的保温效应，即太阳短波辐射可以透过大气射入地面，而地面增暖后放出的长波辐射却被大气中的二氧化碳等温室气体所吸收，从而产生大气变暖的效应。太阳辐射到地球的光线和地球向外辐射的红外线，都会照射大气中的气体分子，使它们振动、发热，同时又将大部分热能辐射回地面。因此，大气中的温室气体就像地球的隔热毯，它们使热量更难释放到外太空，从而使地球变暖，因其作用类似于栽培农作物的温室，故名温室效应。

宇宙中任何物体都辐射电磁波。物体温度越高，辐射的波长越短。太阳表面温度约6000K，它发射的电磁波波长很短，称为太阳短波辐射（其中包括从紫到红的可见光）。地面在接受太阳短波辐射而增温的同时，也时时刻刻向外辐射电磁波而冷却。地球发射的电磁波波长因为温度较低而较长，称为地面长波辐射。短波辐射和长波辐射在经过地球大气时的遭遇是不同的：大气对太阳短波辐射几乎是透明的，却强烈吸收地面长波辐射。大气在吸收地面长波辐射的同时，它自己也向外辐射波长更长的长波辐射（因为大气的温度比地面更低）。其中向下到达地面的部分称为逆辐射。地面接收逆辐射后就会升温，或者说大气对地面起到了保温作用。这就是大气温室效应的原理（图1-2）。

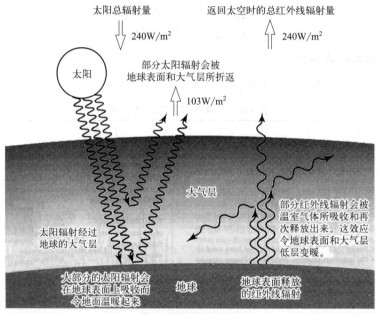

图1-2　温室效应原理
图源：中国生态学学会

2. 温室效应的积极意义

温室效应原本只是地球环境变化的自然现象之一。科学家通过对没有空气的星体如月球的研究确定，如果地球没有大气，其表面平均温度将在冰点以下。因此温室效应存在的积极意义是维持地球宜居环境，否则全球平均温度将降低约33℃，地球表面将会非常寒冷，大部分生物将无法生存。但是当温室气体的浓度急剧升高时，又会对气候变化产生严重影响。

二、温室效应与气候变化的关系

自工业革命以来，由于人类活动释放大量的温室气体，大气中温室气体的浓度急剧升高，结果造成大气中的温室效应日益增强，科学家们把这种人为活动引起的温室效应称为"增强的温室效应"，这正是全球环境科学家们密切关注和担忧的温室效应。

1. 化石能源

化石能源是指可以作为能源使用的化石，是上古时期遗留下来的动植物遗骸在地层中经过上万年演变而来的碳氢化合物或其衍生物，比如煤炭是由植物体转化而来的，石油和天然气大部分是由动物体转化而来的。

温室气体与气候变化

化石能源本质是一种碳氢化合物或其衍生物。碳元素是化石能源燃烧产生碳排放的始作俑者。化石能源的燃烧过程中，碳元素与空气中的氧气、氮气等反应，生成二氧化碳、一氧化二氮、甲烷、水蒸气等温室气体。根据国际能源署（IEA）发布的数据，化石能源燃烧是全球二氧化碳排放的主要来源，占全球温室气体排放总量的近80%。此外，在化石能源的开采、运输和使用过程中也会产生甲烷和氮氧化物等其他温室气体。

2. 增强的温室效应

化石能源的本质，是从上亿年生态循环中沉淀下来的碳。在工业革命之前，大气中的二氧化碳浓度长期稳定，然而以煤为代表的化石能源的过量燃烧，造成了温室气体浓度的显著增加，导致大气对红外辐射不透明性能力的增强，从而引起由温度较低、高度较高处向空间发射有效辐射。这就造成了一种辐射强迫，这种不平衡只能通过地面对流层系统温度的升高来补偿。这就是"增强的温室效应"。若温室效应不断加剧，全球温度也必将逐年升高。

3. 温室效应对气候变化的影响

温室气体浓度的增加是全球气候变化的关键驱动因素之一。当这些气体，如二氧化碳和甲烷，在大气中积聚时，它们会捕获太阳辐射，阻止热量逸散到太空，从而破坏了地球原有的辐射平衡。这种能量失衡导致气候系统内部进行调整，以寻求新的平衡状态。随着气候系统调整，地表温度开始上升。这种升温不仅影响地表，还影响海洋和其他自然生态系统，导致全球气候模式的变化。为了恢复能量平衡，地球系统会尝试通过各种方式释放多余的热量，比如通过海洋吸收更多的热量或改变云层覆盖。然而，随着地表升温，大气中的水汽含量也会增加，因为温暖的空气能够保留更多的水分。水汽本身就是一种强效的温室气体，这就意味着更多的水汽会进一步增强温室效应，形成一个正反馈循环，可能导致气候变化的加速。

如图1-3所示，原本太阳发出的短波辐射量（S）和地球表面反射的长波辐射量（L）能够达到辐射平衡，这时地表温度（T_s）为15℃。当大气中的CO_2浓度增加到原来的2倍时，地面吸收了更多太阳发出的短波辐射，辐射平衡遭到破坏，地球表面反射的长波辐射量（L）减少。根据斯蒂芬-玻耳兹曼公式（$E=\sigma T_s^4$），地表升温1.2℃时辐射平衡恢复，但是大气中产生的多余水汽，又进一步增强了温室效应，使得地表继续升温至2.5℃。这个循环过程是气候变化中一个复杂且持续发展的环节，需要全球共同努力来减缓温室气体的排放，以减轻其对气候系统的影响。

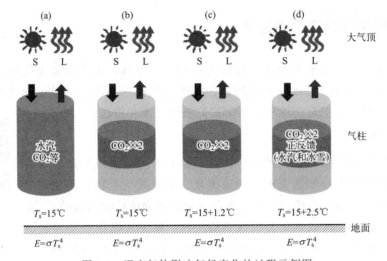

图 1-3　温室气体影响气候变化的过程示例图

图源：丁一汇. 太阳活动对地球气候和天气的影响 [J]. 气象，2019，45（03）：297-304.

三、气候变化减缓与适应路径

受人口增长和经济发展的影响，如果不积极采取有效的管理战略以减轻气候变化风险，全球变暖以及海平面上升等气候相关问题极有可能会对自然系统和人类社会造成广泛且不可逆的严重后果。减缓和适应二者被认为是减轻与管理气候变化风险的缺一不可的路径。其中，"减缓"旨在遏制气候变化的持续恶化，主要通过节能减排以及增加碳汇等方式大幅减少温室气体排放。"适应"则是基于实际情况或者可预期的气候变化风险及其影响，采取相应的管理措施以减轻气候变化带来的潜在影响。在进行有关"减缓与适应"的气候决策时，有必要对气候变化的预期风险和效益进行合理评估。由于各类价值的评价与调整不尽相同，因此需要多种规范性学科分析方法共同参与到政策评估活动中。例如，伦理学有利于明确气候变化风险及其影响的内涵，政治哲学有助于厘清温室气体排放的责任问题，经济学则能够利用成本效益分析等定量方法对温室气体排放进行价值评估。在经济学领域，"低碳经济"被广泛认为是有效抵御与减轻气候变化风险及其影响的可持续发展路径。部分经济学家认为应当尽早加大减排措施投入，发展低碳经济以规避全球气候变化风险。由于气候变化通常具有复杂性与全球性的特点，"气候公平与公正"成为了引发全球热议的话题。大量研究表明，随着时间的推移，大部分温室气体会逐渐累积并扩散到全球范围内，任何个体与群体的人为排放均会广泛地作用于全球气候，因而温室气体的社会成本极有可能被不平等地分配给了低消费或低排放群体。综上，在气候决策过程中，应当严格基于可持续发展战略和公平原则，借助各类规范性分析方法对气候变化风险及其效益进行科学评估，并由此提出有助于合理适应和有效减缓的、具有抗御力的气候变化应对路径。

（一）气候变化减缓路径现状

解决全球气候暖化的趋势迫在眉睫。据政府间气候变化专门委员会（IPCC）于 2014 年发布的气候变化综合报告可知，如若不出台更多且更有效的减缓路径相关气候政策，在基准情景下，21世纪末全球温室气体排放量（CO_2当量）增加区间预计将在75～140Gt/a，这意味着全球平均地表温度（GMST）相比于工业化前水平上升3.7～4.8℃（中等气候响应情况）或2.5～7.8℃（考虑气候不确定性情况），世界各国亟须采取能够实现显著减排目标并将升温幅度限制在2℃以内的减缓路径；而2015年联合国气候变化大会上通过的《巴黎协定》要求"把全球平均气温较工业化前水平升幅控制在2℃之内，并努力将气温升幅控制在1.5℃之内"。因此，这要求各国充分利用各种技术、经济、社会和制度实现低成本科学化的长期温室气体减排目标。然而，此类减缓路径的实施预计将对现有技术、经济、社会和制度造成巨大挑战。

针对关键技术的投资与技术创新以及技术经济性的低成本化有助于减排技术的大规模部署，社会与制度层面的公众意识的提升和积极的国际合作有利于在全球范围内达成共同减排目标。据气候变化相关国际组织以及生态环境部历年工作报告显示，现有气候变化减缓路径主要包括调整与优化能源及产业结构、提高能效、增加碳汇、确定低碳试点，以及非二氧化碳气候强迫因子减排等多种方式。目前世界各国广泛采用的一个典型的减排措施是相对减少对煤炭能源的过度依赖，同时大力发展以风能、太阳能等非碳基能源为代表的可再生能源行业。例如，国际能源署发布的《可再生能源2020》报告指出，得益于中美两国对可再生能源发电行业的大力支持，全球可再生能源的净装机容量在2020年年底达到近200GW，并且极有可能在2025年成为全球最主要的电力来源。包括电气化、氢能、生物能源、碳捕集、利用和封存（CCUS）及其组合技术（BECCS）在内的原有技术与新技术的深度结合被认为有助于成功实现显著减排目标，并且已经在不同尺度上证明以上路径的技术可行性。然而，由于世界各国在社会、经济、制度和价值判断等方面存在差异，在减缓路径上的努力及其预期成本评估各有不同，从而使得特定技术在全球范围内的大规模推广与利用面临较大限制。如何在制度层面管理和协调国际合作，通过技术援助和统一行动等方式深化气候变化减缓路径的全球部署将成为未来的工作重点。

（二）气候变化适应路径现状

气候风险可能给自然系统和人类社会带来不可逆的影响，因此世界各国的公众、政府和私营企业已经开始主动采取相应措施提前适应气候风险及其潜在影响，为气候变化减缓行动提供更多缓冲时间。适应具有地域性与行业差异性，具体方案的实施效果通常受到地区和部门的影响，并非放之四海而皆准。此外，气候变暖趋势以及气候变化的不确定性可能会给许多适应路径带来更大挑战。鉴于气候风险通常具有复杂性和广泛性的特点，气候变化适应路径覆盖了农业领域、水资源领域、自然生态领域、人类健康领域以及国际合作领域等。具体而言，在农业领域，积极培育耐高温和耐强降水的作物新品种以应对农作物产量下降问题，提供针对性的补贴抗旱设备并完善作物保险体系，以保障小规模农户和农耕企业的权益。此外，减少农业市场波动并增加全球贸易开放度有助于应对世界粮食供应短缺问题。在水资源领域，实施优化海水淡化等措施以提高水资源的气候抗御力，开发有助于解决水资源短缺的风险管理技术（如节水技术及策略）以适应气候不确定性带来的水文变化。在自然生态尤其是生物多样性领域，减少填海造陆和退林还耕等改造动植物栖息地的行为，这些措施能够恢复与增强自然生态系统对气候变化的自适应能力。此外，还能够搭建迁徙走廊并辅助脆弱物种迁徙转移到替代地区，以应对气候变化造成的物种脆弱性问题，提高物种的适应和迁移能力。在人类健康领域，加强与完善现有医疗卫生服务体系以及社会保障系统，以应对气候变化相关的健康和安全问题，如提供环境卫生设施以增加清洁水的可获得性，保证疫苗接种和弱势群体的基本卫生保健，加强气候灾害的灾前预警和灾后管理能力。完善的保险体系、社会保障措施和灾害风险管理预计能够改善低收入人群的气候成本分配不平等现象。

（三）气候变化的减缓与适应路径的关系

气候变化的减缓与适应路径既相互区别又相互联系，既有矛盾冲突，又能协同发展。

1. 气候变化的减缓与适应路径的差异

① 时间方面。减缓是为了减少长期气候影响；适应主要是应对当前气候风险。

② 空间方面。减缓会带来全球性收益，因为涉及国际社会中国家间的政治、经济利益；适应主要用于一国国内，对部分国家可带来国家性、地方性收益。

③ 治理模式。减缓是政策规制性的"自上而下"的方式；适应则是受气候影响利益相关方主导的"自下而上"的方式。

④ 在行动相关领域。减缓是在能源、工业、农林和生活领域（如交通、建筑等）、城市规划和设计中的能源利用等领域；适应则是在农业、旅游、医疗、水资源管理、海岸线管理、城市基础设施规划、生态保护等领域。

⑤ 责任主体。减缓的责任主体是以国际合作组织、各国的中央政府、各国的地方政府的政策制定者为主，包括企业、个人和非政府组织等；适应的责任主体是以受到气候灾害影响的组织、个人以及潜在气候脆弱群体为主，包括各国的中央或地方政府的政策制定者、非政府组织等。

⑥ 操作实施方面。减缓旨在减少生产和生活过程中的碳排放水平，容易遭到企业和居民的联合抵制，因此需要借助政府的强力推行；适应更加依赖于社区公众的广泛参与，政府主要是在资金和技术等方面起到支持作用。

2. 气候变化的减缓与适应路径的联系

从国家的宏观层面来说，面对气候变化的风险，减缓与适应的根本目标是一致的，都是为了降低气候变化的影响。从长远发展的战略视角来看，减缓和适应之间能够产生协同作用与互补效果：一方面，有效地实施减缓可以从根本上扭转气候变化的长期趋势，为适应提供了更大的空间和更多的选择，尽早采取有效减缓的措施可以降低适应的难度和成本，有助于适应气候变化；反之，如果没有有效的减缓，面对气候变化的日益加剧，适应性策略也将变得无效。另一方面，适应一旦成功将在很长时间有效，从而有助于减少气候变化造成的灾害损失。因此，气候变化的减缓与适应在一定程度上能够相互协同，这两种应对气候变化的措施缺一不可。

📝 思考题

1. 为什么说实现"碳中和"目标是我国主动担当大国责任、推动构建人类命运共同体的迫切需要？

2. 目前，国际政治经济环境愈发复杂，你认为全球气候治理进程所面临的阻力和分歧有哪些？

3. 为什么说温室效应是维持地球宜居环境的主要因素？

4. 什么是化石能源？请举例说明。

5. 气候变化在全球范围内带来的诸多环境问题有哪些？请举例说明。

第二章
"双碳"相关术语及碳交易市场

第一节 "双碳"相关术语介绍

"双碳"相关术语的介绍

2020年9月国家主席习近平在第75届联合国大会上提出我国于2030年力争实现碳排放达到峰值,到2060年努力实现碳排放与碳吸收达到中和的宏伟目标,中国正式进入绿色低碳发展阶段。2021年2月22日,国务院印发了《关于加快建立健全绿色低碳循环发展经济体系的指导意见》。至此,绿色低碳循环发展经济体系作为顶层设计之一得到了正式部署。

一、碳排放

根据生态环境部发布的《碳排放权交易管理办法(试行)》第四十二条,碳排放被定义为:煤炭、石油、天然气等化石能源燃烧活动和工业生产过程以及土地利用变化与林业等活动产生的温室气体排放,也包括因使用外购的电力和热力所导致的温室气体排放。文件中的描述用语是温室气体排放,也就是说,在碳排放概念下并不仅仅是指二氧化碳的排放,而是指大气中吸收和重新放出红外辐射的自然和人为的气态成分排放。

由于温室气体种类较多,无法全部标准衡量,于是为这些温室气体制造了一个类似于流通货币一样的概念:二氧化碳当量。具体来说,由于各种温室气体对地球温室效应的影响程度不同,为了统一度量整体温室效应,规定温室气体排放量将在一定运算后转化为二氧化碳当量,并以这个概念作为度量温室效应的基本单位。所以,所谓碳中和或者碳排放中的碳都指的是二氧化碳当量(以下写作CO_2当量)。碳排放又可分为以下几种情况:

(1) 碳排放总量

碳排放总量是指某个区域在一定时期内排放的温室气体总量,是衡量国家碳排放状况、界定国家减排责任和义务的关键量化指标。

(2) 碳排放强度

碳排放强度是指每单位国内生产总值(gross domestic product,简称 GDP)引致的碳排放量,是国家(或地区)碳排放总量与 GDP 的比值。常用于衡量经济活动的碳排放效率,以经济产出为基准来评估碳排放的水平,量化一个国家或地区在经济增长过程中对环境的影响。该指标提供了一个关于如何有效地平衡经济增长与环境可持续性之间关系的重要视角。

高碳排放强度通常意味着一个国家或地区在产生每单位 GDP 时会排放更多的温室气体,这通常是不可持续或低效的经济模式的标志。相反,低碳排放强度意味着更高的效率和更可持续的发展模式,因为它能在较低的环境成本下实现经济增长。因此,降低碳排放强度成为许多国家和组织在追求可持续发展时的一个关键目标。这也是国际气候谈判如《巴黎协定》中的重要议题,各方在这些谈判中常常使用碳排放强度作为评估和比较各国减排努力的一个重要指标。

(3) 生产侧碳排放

生产侧碳排放是国家或部门的经济生产活动在本国国内直接产生的碳排放量。生产侧碳排放可以进一步细分为内需排放(又称为"自给性排放")和外需排放(又称为"出口排放")。

其中,内需排放是为生产用于满足本国最终需求的产品所引致的碳排放,包括国产内销的各种产品和服务产生的碳排放,这部分排放与国内消费行为直接相关;外需排放是为生产满足他国最终需求的产品所产生的碳排放,这部分排放是由于本国生产的产品和服务被出口到其他国家所导致的,虽然这部分排放被计入本国的碳排放总量,但实际上它们是为了直接或间接满足其他国家的需求而产生的。

(4) 消费侧碳排放

消费侧碳排放是一个国家或地区全部需求引致的经济生产活动(无论发生在国内还是国外)产生的碳排放,包括本土排放(也称"自给性排放")和境外排放(又称"进口排放")。

其中,本土排放是指本国在生产用于满足本国最终需求的产品和服务过程中产生的碳排放,等同于前面提到的"内需排放";境外排放是指本国的最终需求在其他国家引致的碳排放,这是指一个国家通过进口产品和服务而直接或间接导致的在其他国家境内产生的碳排放。这部分碳排放通常被计入生产国的碳排放总量,但是实际上它是由消费国的需求驱动的。

关注消费侧碳排放,有助于更公平地在全球范围内分配减排责任,帮助制定更为全面和有效的减排政策,包括推动绿色消费、加强国际合作等,还可以在国际碳市场交易和碳税政策制定中起到关键作用。

(5) 净出口碳排放

净出口碳排放是出口排放和进口排放的差值,也是生产侧碳排放与消费侧碳排放的差值,用于描述一个国家或地区在生产和消费过程中对碳排放的实际净输出情况。净出口碳排放为正值表示一个国家为碳排放的净输出国,即该国出口产品产生的碳排放大于它通过进口所消费的碳排放,意味着该国在全球范围内承担了超额的减排责任。而负值则表示一个国家是碳排放的净输入国,即该国通过进口消费的碳排放大于它出口给其他国家的碳排放,这意味着该国高度依赖其他国家的碳排放,对全球减排目标的实现贡献较少。作为净输入国,需要采取措施来减少国内消费所导致的碳排放和减少对外部碳排放的依赖。

通过对净出口碳排放的分析,可以更全面地了解一个国家在全球碳经济中的地位和对全球气候变化的贡献,以及在世界碳排放转移格局中的权责定位。这种分析可以帮助国际社会合理分配减排责任和推动全球合作,以应对全球气候变化挑战。

(6) 人均碳排放量

人均碳排放量可通过碳排放总量除以该国家或地区的总人口计算得到。这个指标有助于评估个人或人均水平上的碳排放情况,揭示不同国家或地区在碳排放上的差异性。

(7) 累积碳排放量

累积碳排放量是指在整个样本期内某个国家或地区排放的二氧化碳总量,通过将样本期内所有年度的碳排放量加和得到。累积碳排放量能反映一个国家或地区在历史上对全球温室效应的贡献,从而揭示其在全球气候变化问题上的历史责任。

(8) 人均累积碳排放量

人均累积碳排放量是累积碳排放量除以总人口数得出的数值。它考虑了不同国家或地区的人口数量差异,有助于评估人均水平上的历史碳排放责任,为制定公平的减排目标和政策提供依据。

二、碳汇与碳捕集

减少碳排放的核心要义是开源节流。开源更好理解的表述应该是抵消,主要是指通过植树造林、植被恢复等措施吸收大气中的二氧化碳,从而减少温室气体浓度的过程活动或者是机制,这一步也常被称为碳汇。而节流其实就是减少排放,比如采取节能技术、增加清洁能源的使用和碳捕集与封存等措施。碳捕集与封存具体是指将工厂(如大型发电厂)所产生的二氧化碳收集起来,并用各种方法储存,以避免其排放到大气中的一种技术。这种技术被认为是未来大规模减少温室气体排放、减缓全球变暖最经济可行的方法。同时,如果能够将收集起来的二氧化碳提纯后再投入到新的生产过程,就变成了碳捕集利用与封存,也就是CCUS。

三、碳达峰与碳中和

中国将力争在2030年前实现碳达峰,在2060年前实现碳中和,这也是常说的"3060目标"及"双碳目标"。那么,碳达峰和碳中和又分别是什么呢?人们常说,当一个事物或者组织壮大到一定的程度之后,必定会走上一个下坡路。碳排放其实和世界上任何一条曲线一样,它也存在自己的峰值,也就是说,碳排放总量会在某一个时点达到历史的最高值,之后逐渐回落,碳达峰便是这个曲线上的最高点。当碳排放与吸收达到了平衡,就实现了碳中和。

从国内外城市发展经验来看,尽管城市规模、发展阶段、产业结构等千差万别,但城市在实现二氧化碳排放峰值过程中，也呈现出一些共性，主要表现在：

（1）城市由规模扩张进入内涵提升的发展阶段

从驱动能源需求和碳排放增长的因素来看，城市经济总量达到较高水平，经济增长速度下降，人口规模增速放缓，人均 GDP 达到较发达水平将推动碳排放增速放缓并达到峰值，实现城市经济社会发展与碳排放增长"脱钩"。

（2）城市产业发展进入工业化后期和后工业化发展阶段

从城市发展阶段看，随着高耗能、高排放行业达到峰值并逐步实现"去产能"，高附加值新兴产业和服务业逐步在城市产业结构中占主导地位，将显著降低城市单位 GDP 碳排放强度，有利于实现城市达峰。

（3）城市新增能源需求主要依靠清洁低碳能源满足

从能源生产消费看，城市对煤炭、石油等高污染、高排放化石能源的消费达到峰值，新增能源需求主要依靠天然气、核电、可再生能源等清洁低碳能源来满足。

（4）城市能源消费结构出现根本性变化

城市工业能源消费率先达峰，建筑、交通运输等能源消费增速放缓。城市内部的发达地区率先达峰，其他地区排放增速放缓。这些能源消费的结构性转变，也是城市达峰的普遍步骤和特征。

（5）判定城市碳达峰的辅助指标相同

对一个既定的行政区划而言，其碳排放的历史轨迹中可能会出现多个平台期，如何判定碳排放的某平台期是否是峰值期，可以用城市化率和人均 GDP 两个数据来做辅助判断。依据国际经验，一个城市的碳排放在城市化率达 70% 左右、人均 GDP 达 1.4 万美元左右时将达到峰值。

在理想的状态下，期待碳排放在达峰后一路下降，最终使得碳排放为零。当然，根据前面的基础概念，这里零碳排放并不代表完全不产生碳排放，而是通过碳汇、碳捕集利用与封存等方式抵消排放量，实现正负抵消，从而达到相对的零排放。

四、碳税与碳关税

为了达到碳达峰与碳中和的目标，就产生了碳税。值得注意的是，碳税中的碳仅指化石燃料燃烧排放的二氧化碳，并不包括其他碳化合物。政府通过碳税的方式对燃煤和石油等化石燃料产品按其中的碳含量比例征税，从而把二氧化碳排放带来的环境成本转化为生产经营的成本，以达到降低二氧化碳排放量的目的。

而碳关税又是什么呢？它和碳税一字之差，又有什么样的差别呢？从概念上来说，碳关税是由美国等西方发达国家单方面发起的一种海关关税，主要针对其进口商品中的一些高能耗、高二氧化碳排放的产品进行征收。所以，相比针对本国控排企业征收的碳税，碳关税则更多的是专门针对进口产品。除了能够促进减少生产活动的碳排放量之外，普遍认为这是一种针对发展中国家的绿色贸易壁垒。欧洲会议在 2022 年正式通过了关于建立欧盟碳边境调节机制（CBAM，俗称"欧盟碳关税"）草案的修正方案。方案表示，2023～2026 年将会是碳关税实施的过渡期，2027 年会正式全面开征碳关税。

五、科学碳目标

那么,讲完宏观角度的"双碳"目标和碳税、碳关税后,这些政策都催生了哪些具体的操作方案呢?科学碳目标是指基于气候科学企业设定的减排路线将与全球温度升高限制于2℃之内的脱碳水平相一致的减碳目标。科学碳目标是为了给企业提供一个清晰的发展路径,从而明确企业所需要减少温室气体排放的速度和程度。科学碳目标有一套非常严格的审核逻辑。首先,企业需要先签署并提交承诺书,表明企业将努力制定以科学为基础的减排目标,而后便会获得最多24个月的时间来设置并提交自己的科学碳目标,具体目标制定过程需要符合相关的方法学。

六、碳足迹

如果说科学碳目标的设立是从整个企业战略层面来设计的话,那么下面这个概念则是针对单个产品碳排放考量的。产品碳足迹主要是指一个产品在其生命周期的各个阶段所产生的所有碳排放量。其中存在两种不同的标准,即从"摇篮"到"大门"和从"摇篮"到"坟墓"。前者指的是从资源的开采、前体的制造、成品的制造到成品离开公司大门过程中产生的碳排放,而后者还会增加产品的使用、维护、再循环、废弃处置等过程中产生的碳排放。从应用上来说,前者主要应用于B2B产品,而后者则主要应用于B2C产品之中。在测算完产品的碳足迹后,企业可以将生产产品的碳排放量在产品标签上用量化的指数标示出来,用这种方式来告知消费者产品的碳信息,从消费者端进行信息披露。除此之外,市面上还有代表通过减排行动降低了产品碳排放的减碳标签,证明该产品比市场同类产品或可以替代的产品的碳排放更低。而市面上的碳中和标签则证明产品依照国内碳中和相关指南和《碳中和承诺新标准》(PAS2060)等国际标准,通过减排及碳抵消等方式实现了产品碳中和。

七、碳资产管理

如果只是以目标和标签的方式来实现减碳目标,似乎还是有点理想化,所以接下来会引入一个概念:碳资产管理。碳资产实际上是指在强制碳排放权交易机制或者自愿碳排放权交易机制下,由政府核发或由国际官方机构核证认可产生的,可用于履约交易或排放抵消的温室气体排放权或减排量的环境权益,这也使得碳资产通常和货币类似,是具有流动性和交易价值属性的。2024年1月5日国务院第23次常务会议通过了中华人民共和国国务院令第775号《碳排放权交易管理暂行条例》,并于2024年5月1日起施行。

这里的碳排放权指的是核证减排量,是碳交易市场的标的。碳排放权交易,简单来说,就是把核证减排量作为商品,通过碳排放权交易系统买卖,这个过程也被称为碳交易。碳排放权是政府根据不同行业的碳排放情况调整数额后发放的,这就是碳配额。在碳交易市场中,有些企业可以合理规划自己的碳资产,而另一些企业则面临着碳资产破产的危机,在这种情况下,产生交易买卖的行为就不难理解了。而为什么在概念中提到强制

《碳排放权交易管理暂行条例》

和自愿这两个定语呢？这里分别对应两个名词，空白企业与非空白企业。前者是指满足碳交易主管部门确定的纳入碳排放权交易标准且具有独立法人资格的温室气体排放单位，放在国内的语境下，则主要涵盖石化、化工、建材、钢铁、有色、造纸、电力、航空等重点排放行业中的部分高能源消费企业，后者则是除前者外的所有企业。这部分企业国家并不强制要求，而大多只是出于企业增强品牌建设和履行社会责任或产生并出售核证碳排放量等自愿目的，主动采取项目减排量交易行为，实现减排或达到自身的碳中和。于是在这样的区分下，就产生了强制性碳交易市场和自愿性碳交易市场。最终企业根据自己的情况，在市场上基于碳资产完成研发、规划、控制、交易和创新，实现企业价值增值的完整过程，也就被称为碳资产管理。

第二节
碳交易市场的产生与发展形态

一、减排目标、成本与可控性

（一）2℃目标共识形成

自联合国气候峰会哥本哈根会议以来，气温升幅限制在2℃以内的目标已经成为全球应对气候变化的共识，但是在科学层面依然存在着潜在的不确定性。由于气候变化所产生的影响十分广泛，表现形式多样化，例如温室效应、海平面上升、冰川融化、极端气候等，因此科学界只能从不同的侧面进行描述，然后将各种观测结果综合到一起，推演出若干种可能的未来情景，从而为政治经济决策提供参考。在过去的几十年里，科学界在对升温范围的评估基础上，综合考虑了各种不同的情景和因素，分析了各种可能的结果，见表2-1。当温度上升超过2℃时，30%的物种面临灭绝的威胁，同时海洋等生态系统将遭到毁灭性打击。

表2-1 不同升温情境下的关键影响

升温值/℃	影响
≥0	区域性食物减产
1~2	北极、阿尔卑斯山以及其他脆弱生态系统遭到严重破坏，珊瑚礁大面积死亡
1.5~3.5	30%的物种面临灭绝的威胁
1.7~2.7	格陵兰岛冰盖不可逆转地瓦解，海平面上升7m，大面积的沿海地区被淹没
2~3.5	海洋热盐循环（海洋的输送带）崩溃
2.5	北极圈夏季海上浮冰完全消失，传统的捕猎种群崩溃，北极熊和其他的冰上物种可能灭绝
2.7~3.7	西部南极冰原不可逆转地瓦解，海平面上升4~5m
每10年温度上升值/（℃/10年）	影响
0.05~0.1	由于不能适应，许多生态系统的生物多样性遭到破坏
0.3	如果温度上升持续，大洋内热盐循环崩溃
0.4	所有的生态系统迅速恶化，有害物种统治地球

表2-1采用的是气候变化风险情景分析。大气平均温度上升本身对人类的影响是有限的，真正带来危害的是其附生影响，例如海平面上升、极端干旱和寒冷。这些后果会对人类的社会经济造成巨大危害，比如百年一遇的洪水超过大坝的承受极限、海水淹没码头。这些风险表明，如果大气温度比工业化前上升2℃，那么全球范围的影响将显著增加，将会发生人类难以承受的气候变化，社会和生态系统将遭到毁灭性的破坏。

2005年，来自30个国家的200名国际知名科学家在英国召开了"避免危险的气候变化：温室气体稳定性科学研讨会"。这次会议讨论了不同气候变化水平对全球以及各个地区所带来的关键影响。会议最终得出结论：如果大气中CO_2浓度达到0.055%，那么根据当时最新的气候模型，升温幅度将超过2℃；如果CO_2浓度控制在0.045%，那么将有50%的概率达到2℃；如果浓度控制在0.04%以下，那么升温幅度将不太可能超过2℃。

如果不对现有的发展模式进行调整就无法实现这一目标。当前大气中温室气体的浓度相当于0.043%的二氧化碳，这个浓度已经使全球变暖了0.8℃。而且由于气候系统的惯性还将在未来数十年中继续上升0.5℃，即使未来每年的排放以当前的速度增长，到2050年温室气体在大气中的存量也会比工业革命之前的0.028%增加近一倍，达到0.055%，更为严峻的是排放速度还在加快。随着经济快速发展的国家不断增加对高碳基础设施的投资以及世界能源需求的增长，以CO_2当量计2035年可能就会达到0.055%。但如果尽快采取一定的减缓措施，仍然有可能实现2℃目标。

由于温室气体的惰性，今天产生的排放将会在大气中滞留上百年，而现在的行动只能对未来40~50年的气候产生有限的影响。但是从另一方面看，人类在今后10~20年的行为将对21世纪的后50年和22世纪的气候产生深远的影响。因此，2℃目标本质上是一种风险评估决策模型的输出结果，它代表了科学界和政治界所能接受的最大潜在风险。

（二）碳的社会成本与行动成本

如何采取行动将全球升温幅度控制在2℃的范围内，取决于碳排放造成的社会成本以及减少排放的行动成本。向大气中排放的每吨CO_2当量所产生的危害带来的损失称为碳的社会成本。碳的社会成本包括各种负面效应给人类经济系统带来的直接或间接损害，例如农作物减产、洪水、干旱等。一个国家的气候政策与该国碳的社会成本直接相关，成本越高，气候政策也就越严格。但是碳的社会成本很大程度上依赖于对未来不确定性事件的价值判断和预期，很可能会被低估或高估。一个被低估的值会导致气候政策过于宽松，而高估的值则会导致气候立法过于严厉，经济承担过高的减排压力对"长尾效应"的计算方式也会对社会成本的测算结果产生重大影响。"长尾效应"是指尽管由气候变化所引起的大规模自然灾害发生的概率较小，但是一旦发生将会给人类社会带来巨大的损失，因此对小概率事件的成本测算，应该按照其造成的最大潜在损失进行累加，而不是计算其平均期望值。

降低排放需要付出行动成本，这些成本包括低碳技术和新设备的开发、购买和实施费用等。家庭和企业会因此面临更高昂的能源账单。所以政策制定者需要在行动、不行动或行动多少之间进行权衡。如果现在和未来碳的社会成本非常高昂，那么人们应当尽快采取行动。斯特恩（Stern）报告估计，如果按照目前的经济发展模式，碳的社会成本相当于使人均消费减少5%~20%；如果要实现2℃目标，到2050年前每年的行动成本大概占GDP的1%，与由此而避免的气候变化的成本和风险相比很小。麦肯锡（McKinsey）研究报告认为，2030年比1990年减排35%甚至70%都是可能实现的，但前提是全球共同采取行动，即使有些减排方式效率并不高。如果行动延迟10年的话将不可能再实现2℃的控制目标。假设目前经济上最可行的减缓方式都得到充分利用，每年造成的成本为2000亿～3500亿欧元之间，不到全球GDP的1%。

降低温室气体排放共有四种方式：一是减少对高排放产品和服务的需求；二是提高能源效率；三是植树造林，避免砍伐森林；四是大力发展低碳技术。根据麦肯锡研究报告的分析，如果每吨CO_2当量的成本（价格）为60欧元，那么相对于基准情景2030年可以减少排放38×10^9吨，如果能够采用成本更高的技术并调整人们的行为方式，还可以再减少排放9×10^9吨。不过这里的前提条件是每吨CO_2当量的成本（价格）为60欧元以上，这意味着CO_2作为一个外部物品将有一个高昂的定价，而在目前的政策体系下，大多数国家的CO_2排放成本还是零。

行动成本包括两个部分：一是减排成本，即相对于现有情景，要实现每吨CO_2减排需要追加多少额外投资，或付出的额外费用；二是适应成本，即适应气候变化带来的风险所需要增加的投资等，例如加强基础设施建设的额外成本。尽管交通运输和建筑业需要的投资额较大，但投资一旦形成，其减排成本是负的。而电力、钢铁等工业部门的投资门槛较低，但减排成本却很高。这些行业最需要的是降低其减排设施运行的成本。大约60%的投资需要进入交通运输和建筑行业，而这两个行业涉及的低碳技术目前已经有几十种，其中有一部分已经得到应用，但还有相当数量的技术停留在小范围适用阶段。同样，工业、能源、农业等部门也有几百种技术等待大规模应用，例如，电力行业的低碳技术有风电、太阳能光伏、太阳能集中供热、核能、地热、生物质能、小水电等。

（三）低碳经济的可控性

无论是斯特恩报告，还是麦肯锡的研究都建立在两个假设之上：第一，现有的技术都能得到不计成本的充分利用；第二，技术将不断发展成熟，满足应对气候变化的需要。在这两个假设之下，低碳经济实际上包含了一个重要的预期，即技术进步需要保持一定的速度，能够有效地提供应对气候变化的解决方案。然而，现有的经济系统尚无法提供完善、可靠的解决方案。

低碳技术可以分为三类：第一类是新能源技术，例如风电、太阳能、潮汐能、生物质能、地热能等，这些能源主要来自自然界，受自然环境的影响很大，特点是能量供应强度低，缺乏稳定性；第二类是能效提高技术，例如工业部门的废气、废热发电等废能回收利用技术，锅炉效率提高、联合循环发电、建筑节能等，另外还有清洁煤技术、新能源汽车技术等，这类技术供应通常稳定但是一些设备成本比较高昂；第三类是碳捕集与封存技术（CCS），此类技术不成熟，成本极高，距离商业化应用尚有很大距离。

在理想的低碳技术与现有的技术之间，存在着一个显著的鸿沟，这个鸿沟并不仅仅是技术指标或成本上的差别，还有应用范围、市场空间的差异。如果要实现2℃的目标，那么就必须寻找整体上最优的低碳技术解决方案，既要考虑成本，又要考虑减排效率。然而，尽管现有的技术远远达不到理想的要求，但为了避免气候灾难仍然不得不尽快采用。从这个意义上讲，低碳经济是一种创造需求的经济模式：解决气候变化问题的迫切要求，先从宏观上演化为大气容量的稀缺性，再从微观上体现为对新技术创新的需求，而技术创新则需要经济秩序的调整，以及资本和政府的推动。

单独一种技术是无法解决气候变化问题的，而大部分低碳技术之间并不存在直接的相关性。如果把现有的经济发展模式所能够自动催生出来的技术创新看作一个集合的话，那么低碳技术大部分是不属于这一集合的。低碳技术并不能通过传统的科学研究体系和经济系统自发地产生，有些技术甚至看起来永远不会具有经济价值。而在2℃目标的红线下，低碳经济对技术的创新路线提出了更明确的要求，即必须具有"可控性"。

温室气体减排与二氧化硫等普通污染物的减排有着本质的差异。由于污染物的排放通常比较集中，容易监测，净化处理技术也已经非常成熟，通过总量控制，结合财税政策，已经达到很好的减排效果。碳排放的分布范围非常广泛，可以分成两个部分：能源供应部门和能源消费部门。前者包括以煤炭、石油、天然气等化石燃料为核心的一次能源、二次能源的生产和传输，例如发电，供热供气等；后者遍及经济系统的各个角落，例如工业、农业、建筑业、交通运输、服务业等。碳排放不仅横向跨越各个行业，而且纵向链条也非常复杂。例如一台计算机的生产销售过程中，整机生产厂家从不同的供应商购买配件，这里面包含着配件的生产和运输耗能，之后经过组装流水线，通过物流配送到消费者手中，这里面同样产生电力与燃料消耗，技术上很难精确计算出每个环节的碳排放量。最终产品所产生的利润在产业链中是按照市场规律进行分配的，而这一分配过程与碳排放的分布情况没有直接关系。例如，配件供应商在原材料加工中产生的碳排放可能高于整机厂家，但利润却可能较低，如果让配件供应商承担更多的责任是不合理的。低碳技术之间亦存在着互相制约的关系。譬如，风电、太阳能等可再生能源由于供电不稳定，会对电网带来严重危害，这就需要在提升可再生能源应用比例的同时，提高电网的自适应能力，两者之间要保持均衡发展；新能源汽车技术多样，如纯电动、混合动力、燃料电池，在投资有限的情况下，这些技术难以同时大规模发展，必须有所侧重，既要考虑到技术锁定风险，又要顾及国际竞争力过度依赖少数几种技术可能会带来很大的隐患。

如何将减排责任和成本合理地分配到不同的行业和不同的技术上，这是低碳经济的核心内容。将高额的减排成本简单地按照排放数量进行分配既不合理也不现实。低碳经济的目标是建立一套合理公平的减排责任与成本分配机制，以避免由于某一个环节承载过重而导致结构失衡的风险，以及分配不公所带来的不履约行为。

二、低碳经济模式定义

（一）三种低碳经济模式

目前对于低碳经济模式并没有统一的定义。本书选择人均排放和单位GDP排放作为两个关键指标。从动态变化的角度以低碳经济模式描绘人均排放，可以综合反映该国的发展模式和社会内涵，是一个公平性指标；单位GDP排放可以体现该国碳生产效率和工业化模式的差异，是一个效率指标。这两个指标可以从整体上反映一个国家低碳经济模式的特征。传统的高碳工业化进程会倾向于导致较高的人均排放和单位GDP排放，而理想的低碳经济模式则是试图将这两个指标压低，在维持经济增速的情况下，同时降低人均排放和单位GDP

排放。由于各国资源禀赋不同，历史背景差异极大，不能简单采用人均排放和单位GDP排放的绝对值或静态值来比较哪种模式更具有低碳特征，而是应该考虑这两个指标的动态变化过程和路径。本部分对1971年到2010年间7个主要发达经济体和4个发展中经济体的人均排放-单位GDP排放轨迹进行分析，归纳出三种演化模式，如图2-1所示（其中人均排放和单位GDP排放均进行了归一化处理）。

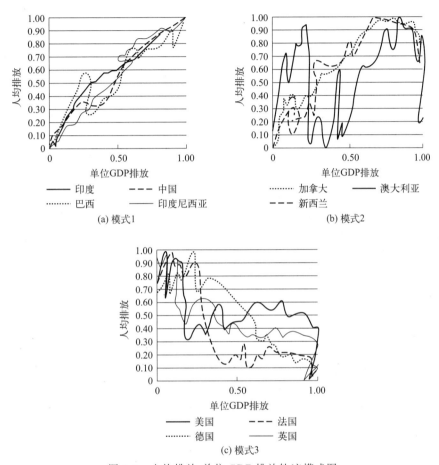

图2-1 人均排放-单位GDP排放轨迹模式图

在模式1中，代表国家为印度、中国、巴西和印度尼西亚，其特点是人均排放和单位GDP排放均不断增长，并未出现峰值。在模式2中，代表国家为加拿大、澳大利亚和新西兰，其特点是人均排放和单位GDP排放同时不断上升，但于2001~2004年之间达到峰值，之后开始下降，在金融危机之后，单位GDP排放增速出现明显回落。在模式3中，代表国家为美国、法国、德国和英国，其特点是人均排放不断下降，但单位GDP排放呈现上升趋势。其中人均排放大多在20世纪70年代达到顶峰之后不断下降，单位GDP排放在2008年金融危机达到顶峰后，出现明显下降。

图2-2对三种模式的国家数据分别进行了平均化处理，得出三条模式平均曲线。假设工业化进程具有相似的发展规律，那么可以将三条曲线连接起来，综合推演成一条完整的低碳经济发展综合路径图（见图2-3）。在这条路径图中，模式1代表工业化中期之前的发展中国家，排放指标呈现快速增长的局面；模式2为工业化中后期国家，已经开始出现人均排放的

峰值拐点；模式3为完成工业化国家，单位GDP排放也开始出现拐点。

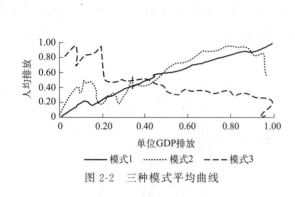

图 2-2 三种模式平均曲线

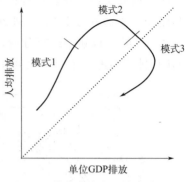

图 2-3 低碳经济发展综合路径图

在这个路径图中，将人均排放和单位GDP排放作为衡量低碳经济模式的核心指标，考虑在动态条件下两个指标的综合运动轨迹，而不是采用绝对值或静态值。在维持现有的工业化模式的前提下，人均排放和单位GDP排放何时达到峰值，应该作为是否进入低碳模式的主要观测指标。通常人均排放首先达到峰值，然后是单位GDP排放达到峰值，这一点可以作为判定一个国家处于何种模式的重要标准。下面以日韩作为案例进行比较分析。

（二）日韩低碳经济增长模式案例比较

根据国际能源署（IEA）的数据，2009年，日本与韩国的温室气体排放量分别为1095.7百万吨和515.5百万吨，CO_2人均排放为8.59吨和10.57吨，单位GDP排放为3746.7吨和1244.3吨（见图2-4和图2-5）。从1971年到2010年之间历史排放数据来看，日本从20世纪90年代开始增长放缓，而韩国同期增速大幅度提升。金融危机后，日本排放有明显下降，而韩国并未受到显著影响。从人均排放来看，日本从90年代开始，人均排放稳定在9吨左右，而韩国人均排放快速增长，并未有放缓的迹象。

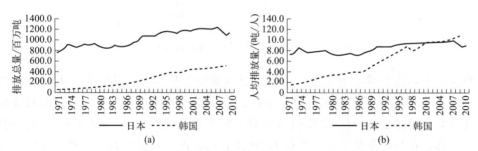

图 2-4 1971~2010 年日韩温室气体排放总量（a）和人均排放量（b）变化趋势

韩国和日本的人均排放及单位GDP排放历史数据表明韩国仍然处于排放快速增长的阶段，而日本已经表现出放缓的迹象。对人均排放-单位GDP排放轨迹图的分析进一步证明了这一判断（见图2-6）。韩国明显呈现模式1的特征，其人均排放和单位GDP排放同时处于快速增长的阶段，而日本则具备模式2的特点，人均排放出现峰值，单位GDP排放也在下降。值得注意的是，2008年金融危机之后日本的各项排放指标均出现了大幅度下滑，而对韩国影响不大，这对两国低碳经济政策的制定具有重要的影响。

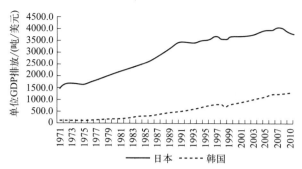

图 2-5 1971～2010 年日韩单位 GDP 排放增长情况

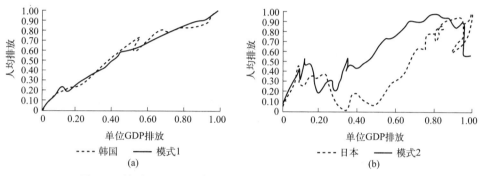

图 2-6 韩国（a）和日本（b）人均排放-单位 GDP 排放轨迹图

从人均排放-单位 GDP 排放轨迹图看出，日本属于典型的模式 2。这一模式的国家具有以下特征：第一，受到 20 世纪 70 年代的两次石油危机的重大打击后，开始有针对性发展新能源产业；第二，已经具备了一定的绿色经济发展模式，人均排放和单位 GDP 排放呈现放缓的趋势；第三，2008 年金融危机对其经济产生剧烈的负面影响，刺激了低碳政策的实施。日本的低碳经济创建经历了三个阶段（见图 2-7）：第一个阶段起始于 20 世纪 70 年代的两次

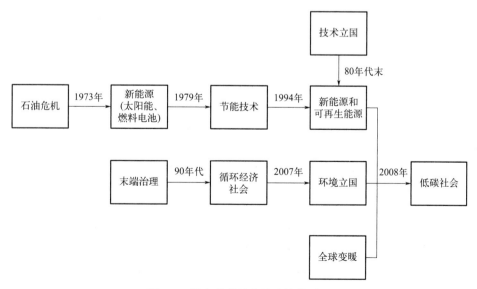

图 2-7 日本低碳社会战略演化过程

石油危机，日本吸取教训开始有规划地发展替代能源技术；第二阶段则是 80 年代末到 90 年代末，在经历了"泡沫危机"之后，日本为了避免进一步衰退，开始转向技术立国战略，创建循环经济是这段时间的核心战略；第三阶段则是 90 年代末以后，日本将气候变化列为重要议题，在全球变暖的大趋势下，逐步提出发展低碳经济、建立低碳社会的长期目标。

韩国属于典型的模式 1，其特点是没有经历 70 年代石油危机的冲击，工业化速度较快，并没有形成成熟的绿色经济发展模式，人均排放和单位 GDP 排放尚未出现峰值。韩国的工业化进程略晚于日本，一直采取追赶型的发展战略。由于韩国的工业化以信息产业和制造业为基础，并没像日本一样培养出全面的环境产业，因此韩国的低碳经济模式更多的是依赖其信息产业和制造业优势，注重培育新的增长点，强化其追赶战略的升级。

韩国低碳经济战略的一个重要特征是以发达的信息技术基础设施为基础，建立起全球第一个国家智能电网，这大幅提升了韩国低碳经济的竞争力。当前世界各国的电网都是一个单向传输与配送的网络，电力生产商通过这个网络向分散的家庭、企业和商业用户供应电力。但在清洁能源时代，现有的电网系统无法安全履行输配的任务。由于发电技术的多样化，更多的不稳定电源将被接入电网，如风电、太阳能，其剧烈的波动会损害电力设备，并且降低电网的调度能力，使得电力供求平衡被破坏。而智能电网能够对需求做出实时响应，既能保持供给稳定，保证用户的基本电力需求，同时又能适应用户需求的周期性波动。由于自然资源有限，难以发展大规模的风电、水电和太阳能，韩国的主要投资方向为住宅太阳能、地热能以及潮汐能等，韩国的目标是到 2030 年可再生能源的比例占到 11%。而可再生能源的发展将极大地依赖于智能电网的建设，在这方面，韩国走在了世界前列。

日本与韩国尽管是全球重要的经济体，但由于相对排放比重较低，本身已经具备较高的能效水平，因此这两个国家的低碳经济模式更加侧重技术创新和新兴产业发展。日本重点是在已有的循环经济基础上，引入低碳的方法，将循环经济升级为低碳社会的建设理念；而韩国则是依赖于信息产业和制造业的强大基础，强调以智能电网为平台，新能源产业为核心的技术创新。

日本模式与欧盟模式颇为相似。2010 年 3 月欧盟委员会正式提出第二个十年发展规划——"欧洲 2020 战略"，其中低碳经济被明确提升为欧洲新的十年战略的核心目标。显然，日本模式与欧洲模式的相同之处是将低碳经济视为一种新的社会发展模式，与就业、人文的发展密切相关，并非简单的经济提振药方。这得益于日本和欧洲社会均已经形成了良好的循环经济和生态经济基础，低碳作为一个新的发展模式，成为整合各种绿色理念的新方法和新工具。

而韩国模式与美国的新能源经济则非常相似。美国奥巴马政府上台之后，执政思路是通过结合硅谷代表的技术创新能力和华尔街代表的资本运作能力，大力发展新能源经济，启动美国的再工业化之路，其出发点是解决金融危机带来的增长困境，即所谓"硅谷+华尔街"模式。韩国由于具备良好的信息产业和制造业基础，也寄希望于低碳经济的契机，创造新的产业增长点。从欧美、韩日低碳经济发展战略可以看出，低碳经济被各国视为一个新的经济或社会发展工具，其最终目的是实现本国经济的可持续增长。低碳经济被用来整合已有的循环经济、生态经济基础，形成更广义的绿色发展模式，这充分体现了气候变化问题作为一个统领全球可持续发展的核心议题的重要地位，也印证了气候变化问题的经济学本质——这是迄今为止规模最大、范围最广的市场失灵现象。

(三)减排目标成本及价格信号形成

一个国家是否采取激进的温室气体减排战略取决于两个因素：一是气候变化带来的潜在风险有多高，二是实施减排成本有多大。日韩面对气候变化具有较大的脆弱性风险，适应能力较低，因此在应对气候变化的基本共识上并没有分歧，而决定其减排动力的因素主要是减排成本的高低。这个成本包括两个方面：一是国家设定碳减排目标后，产业界需要额外承担减排成本，而这部分资源本来可以用于制造产品和服务；二是碳约束对资源配置进行了调整，使得成本在企业之间发生了流动和再分配，即成本转移，如图2-8所示。低碳竞争的实质也因此包括两个层面：一是通过气候谈判在各国之间分配减排成本；二是通过发展低碳经济提升产业竞争力，通过国际产业链博弈转移碳成本。

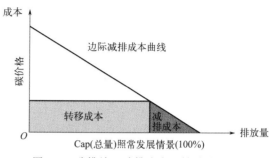

图 2-8 碳排放、减排成本和转移关系图

任何一个国家在制定低碳战略时都需要综合考虑减排成本和转移成本的比重。中国、美国等全球主要排放体面临较高的减排成本压力，因此低碳战略中最为重要的是通过国际气候谈判减少减排责任，获得相对宽松的环境，即将Cap（总量）尽可能向右推移。在Cap既定的情况下，各国需要考虑本国边际减排成本曲线的斜率。如果边际减排成本曲线较为陡峭，则意味着单位减排成本较高，面临较大的减排负担，战略制定会更加倾向于技术创新和灵活的市场机制；反之，单位减排成本较低，减排难度较小，战略制定会更加倾向于行政命令。

一旦确定减排目标之后，相应的Cap对应一个碳成本，这个成本是指要实现该减排目标所必须使用的技术集合中最昂贵的技术成本。为了激励该项技术的应用，必须设定一个相应的碳价格信号。因此，碳价格信号实际上反映的是可行的低碳技术中最昂贵技术的成本。

碳的价格信号可以很模糊，也可以非常确定，这要根据政策工具而定。这些政策可以分成两种：一种是行政命令控制手段，例如2010年4月美国环保署和交通部出台了针对汽车行业的温室气体排放准则。另一种是经济手段，例如税收、交易等。不同的工具对于不同个体之间的成本分配以及公共财政的影响也存在着重要的不同。经济手段可以更有效地将外部成本内部化，实现政府对环境和经济的多重调控目标。如果碳的社会成本可以得到准确的评估，并且市场是完美的，那么碳的价格等于社会成本。

碳税最早由OECD提出，是指根据物质的含碳量来征税。作为能源税的一种，碳税将能源税政策与温室气体排放相挂钩。碳税越高，温室气体排放密度也就越低。碳税将使得化石燃料的价格上升，从而促使企业更多地投资于低碳技术上，减少对高碳产品的依赖，降低排放量。同时，税收所得如果能够用于应对气候变化上，则将进一步促进低碳经济的发展。

迄今为止，真正实施碳税的国家主要集中在OECD。1991年，挪威引入了碳税，涵盖了挪威60%的排放量，税率在17～60美元每吨CO_2之间波动。1990年，瑞典用碳税部分替代了原有的能源税。1996年，丹麦也引入了复杂的碳税体系。英国在1999年提出了气候变化税，并于2001年开始生效。除此之外，荷兰、芬兰等欧洲国家也相继实施碳税。不过，目前大部分碳税形式大于实质，许多国家只是将税种进行了替换，并留有很大余地，而对于排放企业来说，实际缴纳的总税额并没有增加。

另外一种市场工具是排放权交易，即对每个排放实体分配一个排放上限，如果超过了上限，则必须到市场上购买超出的配额，反之则可以出售。根据科斯定理，如果市场是有效的，并且交易成本为零，那么排放权交易可以将外部成本完全内部化。目前已经有多个正在运行的排放权交易市场（或系统），其中最具有代表意义的是欧盟排放贸易系统。

从理论上讲，如果设计完美，碳税与碳交易都能够有效地将外部成本内部化。但究竟实行碳税还是碳交易，始终充满争议。碳税的优点是设计简单，可以为政府提供稳定的财政收入，缺点是缺少灵活性，人为性大，可能会导致成本分配不公平。而碳交易是一种更加灵活的手段，在效率、分配和公共财政方面具有明显的优点，但设计非常复杂，容易出现价格失灵的问题。有些政府可能注重交易，有些可能注重税收或监管，还有一些政府会采取混合政策。政府的选择在各个行业之间也可能各不相同。

无论碳税还是碳交易，一个长期稳定的政策体系是其存在的基础。气候变化是以几十年、上百年为时间尺度衡量的，而资本总是追逐短期利益。要影响公众行为和投资决策，投资者和消费者必须相信碳价格会在未来持续下去，这对长期资本投资尤为重要，诸如电站、建筑、工厂和飞机之类的投资会持续数十年。企业如果对气候变化政策的延续缺乏信心，就可能在决策中不去考虑碳价因素。如果没有碳价，就失去此类投资的动机，因为投资新的低碳技术将存在着风险。企业会担心，如果碳定价的政策不能延续到未来，自己的新产品就不会有市场。其结果可能将是对长期高碳基础设施的投资过多，使后来的减排更加昂贵和困难。

碳价格将经济与低碳技术衔接起来，推动整个经济转变为低碳发展模式。由于整体减排的目标是确定的，通过政府的初次分配，不同行业和企业会承担不同程度的排放约束。企业会在购买排放权、支付碳税，或者使用减排技术之间做出衡量，选择成本最小的方式。资金将流向减排成本较低的领域，低碳技术将变得更有市场竞争力，更多的资本流入到低碳技术的研发之中。

三、全球碳交易市场的发展形态

（一）国际碳市场

1. 基本情况

碳交易市场依赖于排放交易系统（emission trading system，简称ETS）。目前，全球共有20个正在运行中的碳排放交易系统，这些规模不同的交易系统涵盖1个超国家系统（欧盟）、4个国家系统、15个省或州系统以及7个城市系统，覆盖27个司法管辖区，此外，还有6个司法管辖区计划未来几年启动碳排放交易系统（包含中国）。截至2018年底，全球碳市场覆盖的碳排放量占全球排放总量由2005年的5%上升至8%，碳市场经济体GDP占全球经济总量的37%，碳市场拍卖筹集资金累计超过573亿美元。国际碳交易市场的发展主要得益于清洁发展机制和欧盟排放交易系统的出现。在统一货币之后，通过排放贸易欧盟建立起了一个泛欧洲的商品交易市场，在不同国家、不同行业间建立起公平竞争的环境。而清洁发展机制可能是联合国近十年来在促进南北之间经济合作最具创新性的贡献之一。这一规模虽然不大，但极有变革性的贸易机制，打开了南北之间环境合作的资金通道。

2. 欧盟排放交易系统

欧盟内部在 20 世纪 90 年代签订《京都议定书》之后在针对如何利用碳税或能源税来应对气候变化的问题上展开了激烈的争论，不过这场争论始终没有明确的结论。随后出现了要求采用贸易机制来应对气候变化的提议，这项提议得到了政策制定者、商业代表、NGO 以及公众的普遍支持。2003 年，欧盟议会投票决定开展排放交易并被欧盟环境委员会采纳。这是一个公共政策博弈的次优均衡结果。由于欧盟作为一个整体被要求减排 8%，如何内部分配减排指标成了一个极其复杂的问题。采用碳税或者能源税对于传统意义上的国家或许是一种可行的方式，但在欧盟特殊的政治权力结构下则难以操作，因为欧盟各成员国为了保护本国的经济竞争力，均可以通过各种财税政策来规避碳税或者能源税带来的负面影响，从而使其无法起到控制排放的目的。排放交易系统（emission trading system，简称 ETS）可能是解决冲突的最佳方案，市场机制有可能解决初次分配的合理性问题，而且具有目标可控、操作透明的优点。因此，排放交易系统最终得到了欧盟各国的认可。

欧盟 ETS 覆盖了电力行业以及五个主要的工业部门：石油、钢铁、水泥、玻璃和造纸。这些领域的排放设施超过 12000 个，占欧盟 27 个成员国总排放量的 45% 左右。欧盟 ETS 分阶段运行，第一个阶段 2005 年到 2007 年为试验期，第二阶段为 2008 年到 2012 年。总体来说第二阶段将 EUA 的最大排放量控制在了 20.98 亿吨 CO_2 当量，比 2005 年批准的排放量减少了 6.0%。每个成员国需要定期提交国家分配计划（national allocation plan，简称 NAP），声明本国计划分配的排放配额总数、分配方法以及排放设施的清单等。NAP 需要符合一定的要求，例如遵守《京都议定书》和欧盟的规定，分配方案必须透明，不存在舞弊，也不能在 NAP 之外进行额外分配等。经过气候变化委员会审核后，由欧盟委员会决定是否批准。欧盟为每个部门的排放设施制定了完整的温室气体监测与协议，每个排放设施需要按照监测协议对排放数据、排放源、燃料使用方式、测量精度等数据进行详细地记录，并在每年的 3 月 31 日之前报告上一年度的排放数据。该数据由政府指定的独立第三方来核查。每年的 4 月 30 日之前，该排放设施的所有者必须交付等量的配额抵消其上一年排放。如果某个排放设施的排放量超过发放的配额（EUA），则必须到市场上购买超出的数量，否则将面临 100 欧元每吨（CO_2 当量）的严厉处罚。各成员国均设有国家电子记录簿，记录各排放设施的配额数量，并通过欧盟共同体独立交易日志来协调管理。

2004 年 11 月欧盟 ETS 宣布允许有限度地与其它减排机制链接，排放设施可以购买来自清洁发展机制（clean development mechanism，简称 CDM）和联合履行机制（joint implementaion，简称 JI）产生的减排量。这样，欧盟配额交易市场与《京都议定书》下的清洁发展机制市场建立起了直接联系，一个真正意义上的国际碳交易市场被创造出来。这一举措不但给欧盟的排放实体提供了更多的排放权购买渠道，而且极大地激活了发展中国家减排的热情。2007 年之后，整个碳交易市场得到了迅速发展，相应的碳金融衍生品市场也不断壮大。ETS 成为欧洲应对气候变化问题最重要的手段，也是目前国际碳市场的核心推动力之一。

3. 清洁发展机制市场

在 1997 年京都谈判之前，巴西提出可以建立一个绿色发展基金，由那些没有完成履约任务的国家出钱，支持发展中国家的减排工作。但是这一提议受到了发达国家的强烈反对。各方就这一灵活机制如何设计展开了激烈的争论，发达国家要求设法降低自身减排的压力，而发展中国家则不希望发达国家将减排责任变相地推卸给自己，却又希望能够得到一些经济援助。在激烈的对抗和各方妥协下，清洁发展机制最终被确定。

这一机制允许发达国家辅助性地购买发展中国家的项目所产生的减排量，来抵偿自己的减排义务，最终这一建议被《京都议定书》采纳。这对于发达国家来说，提供了一种低成本减排的方式，而对于发展中国家来说，则可以通过出售减排量获得资金支持，让国际碳市场的雏形建立起来。经过4年的争吵，CDM更具体的操作规则被写进了2001年的《马拉喀什协议》，并于2004年随着《京都议定书》生效。2001年之后，世界银行等一些组织已经提前开始推动这一市场的启动。而随着各国对《京都议定书》生效的预期越来越强烈，越来越多的政府和公司参与进来，进一步促成了CDM市场的形成。

CDM机制创造了一种新型的国际碳市场，制造出了一种虚拟的商品——核证减排量（certifed emission reduction，简称CER）。这种商品和欧盟ETS内交易的排放配额有本质的差异，它的制造过程非常复杂。

CDM开发者需要证明所投资项目为温室气体减排做出了真实的贡献，这个贡献体现为额外性（additionality）。所谓额外性是指在没有CDM资金支持的情况下，这些项目由于过高的投资成本、技术门槛和政策不确定性而不会被实施，比如一些太阳能和风能项目。CDM机制认为购买碳减排量的资金只有用来支持那些真正因为成本或技术等障碍过高而难以开展的减排项目，才可以促进发展中国家的应对气候变化行动。因此，与传统的经济性评估不同，CDM项目不是去证明项目的收益率很高，而是要证明项目收益率太低，以至于必须有额外的资金支持才能真正实施。

以风力发电项目为例，CDM开发过程中，首先要确定一个基准线（base-line），这个基准线代表所在地区的发电技术普遍使用情况。例如中国的发电系统以煤电为主，煤电就可以作为基准线。煤电行业的投资收益率一般为8%，只要高于这个收益率，企业就有投资的动力。风力发电由于成本高昂，投资收益率明显低于8%，正常情况下企业不会有投资的动力，这就出现了投资障碍，从而具备了额外性。

为了促进低碳技术的应用，CDM资金需要用来资助这些具有额外性的项目。项目能够获得资金的数量根据实际产生的减排量来衡量。减排量也是一个相对的数值，通过计算项目实施后与假想的基准线情景之间的排放差额确定。例如煤电是高碳排放，而风力发电的排放几乎为零，在替代了同等电量的煤电之后，产生的碳排放量差额就是减排量。

整个CDM开发过程需要经过指定第三方机构（designated operational entity，简称DOE）的审核，并最终通过联合国CDM执行委员会（Executive Board，简称EB）的批准才具备进行交易的资格。

CDM实现了一个思维的大转变，即如何将资金支付给那些最需要的项目，并能够确切地保证这些资金用在了支持碳减排上。它鼓励那些在常规的评价体系中不具备投资价值，但能够带来减排的项目，告诉投资者减排是有价值的，向经济系统提供了一个有效的激励信号，鼓励高成本低碳技术的应用。

（二）区域碳市场

1. 基本情况

区域碳交易市场呈现出多样性的局面，这在美国市场上得到了充分体现。目前美国出现了多种形态的碳交易体系：以行政单位为基础的西部气候倡议，以行业为基础的地区温室气体倡议，以企业自愿承诺为基础的芝加哥气候交易所，以及适合北美地区的项目减排机制（也称为碳抵消机制）气候储备行动。每种制度形态均是为了满足各地区不同的减排目标和减排策略，从而最大限度地为各个地区提供多元化的减排交易工具。

2. 以行政单位为基础的区域联合减排

美国西部地区的加利福尼亚州、新墨西哥州、亚利桑那州、俄勒冈州、华盛顿州等五个州于2007年发起成立西部气候倡议（Western Climate Initiative，简称WCI），其目标是通过各个州之间的联合，推动气候变化政策的实施，特别支持采用市场手段来实现减排目标。2008年，WCI提出建设单独的区域性排放交易系统，其目标是该地区的温室气体排放总量到2020年比2005年下降15%。该系统于2012年启动，每3年作为一个履约期，共覆盖商业、交通、电力、工业和居民燃料5个排放部门，其排放占五个州总排放的90%。

WCI规定配额是政府授予企业的排放许可证，并非私人产权，但这些配额可在二级市场上进行交易，在某些条件下也可以购买其他机制产生的项目减排量。

WCI的出现与美国的政治体系特点是密切相关的。美国是松散的联邦制，允许各州与联邦政府有不同的立场。WCI是一种以行政区域为基础的碳市场构建模式，其出现的原因在于这些州存在相同的利益诉求。对于有些州来说，设定减排目标对本地区的经济发展更有利，因而希望制定更加苛刻的减排政策。例如，加州在气候变化领域一直走在全美的政策最前沿，因此希望通过制定严格的气候政策，开发灵活的市场工具，促进低碳经济的发展。以行政单位为基础构建碳市场是一种比较容易操作的模式，在一些经济相关性很强的地区适合推行。WCI之所以对加拿大和墨西哥的省份开放，也是因为这些地区在经济上有着密切的联系。西部气候倡议的另一个重要目的是通过促进局部地区的减排来推动全美气候立法。实际上，WCI交易系统在设计之初就已经考虑到了未来应当与全美碳交易系统对接。这为西部地区的经济提供了一个保护工具，帮助当地企业提前适应未来的碳竞争压力。

3. 以行业为基础的区域联合减排

2005年12月，美国东北地区的七个州（佛蒙特州、康涅狄格州、纽约州、缅因州、新罕布什尔州、新泽西州、特拉华州）签订了地区温室气体倡议（Regional Greenhouse Gas Initiative，简称RGGI）框架协议。协议设定了各州的温室气体排放上限，并制定了排放交易系统的基本规则。

RGGI和WCI一样也是以州为单位建立的区域性组织。但不同之处在于，作为美国第一个开发的区域排放交易系统，RGGI制定了相对保守的政策。例如，RGGI仅将电力作为排放控制的部门，要求该部门到2018年排放量比2009年下降10%。RGGI设定了一个缓冲期，即在2014年之前各州的排放上限保持不变，但是从2015年到2018年之间每年减少2.5%，最终实现减排控制目标。这一系统也允许购买某些类型的项目减排量来抵消配额不足，但这个指标一般不超过3.3%，并且局限在美国本土内。为了避免出现价格失灵的情况，RGGI进行了许多规则创新。其中最值得提的是安全阈值机制的引入。第一个安全阈值用于应对初始分配不合理致使配额价格过高的问题，即在每个履约期的前14个月内，若市场价格的滚动平均值连续12个月高于安全阈值，则延长履约期。这个规则将使市场有足够的时间来吸收初始分配带来的价格过高风险，重新调整到均衡区间。第二个安全阈值也是为了解决供求关系过度失衡带来的市场风险。如果连续两次出现了第一个安全阈值机制生效的情况，则说明配额的供给严重不足，此时将允许项目减排量的来源从美国本土扩展到北美以及其他国家并将其使用比例上限提高到5%，在某些极端严重的情况下甚至可达到20%。

2006年4月，RGGI颁布了排放交易系统的标准模型，这个模型成为各州制定相关政策的参考。模型将2005年以后装机容量超过25兆瓦的发电设施纳入交易系统，并详细定义了各个元素，对配额分配、交易、履约核查、监测、报告、项目减排量购买等子系统提出设计参考。

RGGI与WCI相比要温和得多，适合那些在应对气候变化方面行动迟缓，需要一定调整时间的州。由于采用了保守的设计方案，RGGI更容易得到各州的支持。此外，由于RGGI仅对电力部门进行排放控制，而这是一个相对封闭的部门，并不会涉及产业的国际竞争问题，因此这一系统并不具有向其他国家扩展的动力。

4. 以企业承诺为基础的自愿减排

2003年，芝加哥气候交易所（Chicago Climate Exchange，简称CCX）开始以会员制运营，共有13家创始会员。CCX的交易标的物称为碳金融工具合约（Carbon Financial Instrument，简称CFI），既包括碳配额，也包括项目减排量。

CCX的会员必须做出减排承诺。2003~2006年为第一个承诺期，要求每年排放量比上一年度下降1%，到2006年比基准年（1998~2001年平均排放量）下降4%。2007~2010年为第二个承诺期，最终比基准年下降6%。

CCX的创新之处在于它是以企业会员为核心运营的自愿配额交易系统。这需要企业具有强烈的环保责任感，并拥有长远的战略目光，同时也对社会信用体系提出了很高的要求。CCX吸引了一批在应对气候变化方面富有社会责任感，并希望提升低碳竞争力的企业加入。CCX允许使用项目减排量并且是美国唯一认可CDM的系统，但是由于CFI的价格远低于欧洲碳市场，实际上并没有发生交易。

由于美国气候变化政策的政治不确定性，2010年年底CCX交易系统彻底关闭，这对美国碳交易市场是个重大打击。这在一定程度上证明了以企业自愿承诺为信用基础的碳交易系统很难获得较大发展。

5. 区域性碳抵消机制

RGGI和WCI的规则允许购买一定的碳减排量以抵消部分配额，这为气候行动储备（climate action reserve，简称CAR）提供了重要的来源。CAR是一个基于项目的减排量机制，所产生的减排量单位称为气候储备单位（climate reserve tonnes，简称CRT），其目标范围是覆盖整个北美。

CAR设计者意识到目前存在于项目减排领域的普遍问题，例如项目不真实或不具有额外性，项目本身带来新的社会和环境问题，交易中减排量被高估出售等。尽管CAR只是一个自愿减排标准，但是设计者依然希望将其发展为一个能够提供高质量、高信用碳减排量的交易系统。

CAR计划覆盖到四大领域，包括交通运输业、工业、农业、林业，排除了可再生能源发电、绿色建筑、发电效率提升等部门，认为这些部门已经被其他机制所考虑，无须再去涉及。同时，CAR暂不接受CDM、VCS（国际核证减排标准）等其他项目减排量机制。

CAR 没有像 CDM 一样考虑世界各国的普遍需求和利益均衡,尽可能覆盖各种不同的行业,而是务实地选择了更有效率的发展策略,注重区域减排特征,以及与本地配额交易系统的衔接。这会使得未来的 CRT 具有良好的信用评级,与此相对应的也是更强的国际话语权和竞争力。

6. 区域碳市场的多样化与灵活性

多样化的美国排放交易系统体现了复杂的区域经济特征,并为美国各州提供了不同的工具选择。对于一些气候政策较为激进,希望尽快建立低碳经济发展模式的州,可选减排目标严格的 WCI,而那些相对保守的州则可以选择 RGGI 等较为温和的市场工具。

未来的美国联邦碳排放交易系统尽管存在着很大的不确定性,但可能会在一定程度上与 WCI、RGGI、CAR 连接。如果这样,在联邦政府制定统一减排规则的同时,州政府将仍然有能力选择合适的区域碳交易市场工具,推动地区经济转型。如果全国交易系统和区域交易系统能够有效地结合,将能够带来更好的减排控制效率。

另外一个引人瞩目的特点是 CAR 在美国碳交易市场的地位。通过 CAR 来支持美国本土的减排项目将更有效地促进低碳技术的发展,特别是对于林业和农业等额外性显著的领域,CAR 可以更好地刺激这些部门的减排投资。配额交易机制更适合用于工业、能源、交通等高排放领域,而减排量交易能有效地覆盖前者所不能涉及的部门,让更多的部门参与从碳交易市场上获益。

尽管美国在国际气候谈判上踟蹰不前,但是国内却一直都在积极地探索碳交易市场。未来美国碳交易市场的整体轮廓已经逐渐清晰:区域性交易系统为各州提供了多样性的选择,而项目减排量交易将为稳定配额交易系统覆盖更多的减排部门,为支持低碳技术进步和可持续发展提供有力的补充。虽然这些交易系统的建立出于不同的利益动机,但是一旦连接起来将从整体上呈现出强大的稳定性和张力。

(三)配额交易与减排量交易的内在关系

世界各区域的经济体会采用两种方式推动经济向低碳模式转型。一种是强迫式,即通过强制性的碳排放配额迫使企业做出战略调整,由此产生配额交易市场;另一种为诱导式,即通过支持某些特定领域的减排项目来鼓励技术创新和应用,由此产生碳交易的自由减排量市场。

配额交易机制更适合工业、能源、建筑、交通等部门,这些部门减排成本较低,可以很快适应减排要求;而其他一些适应能力差的行业,如农业和林业,往往需要额外的资金来支持具体减排项目的实施。这些行业的排放分散,减排障碍较高,减排动力不足,适合采用项目减排量机制。

这两类机制具有很强的互补性,前者侧重于减排效率,而后者在支持可持续发展方面具有很高的潜力。一般配额交易系统都会允许引进一定数量的项目减排量。项目减排量指标可以作为一个缓冲器,能够调节配额供求失衡所导致的价格波动风险,这对配额交易系统的稳健运行非常重要。由于配额交易系统封闭性较强,容易发生价格过高或者过低的致命问题。因此如果将配额交易系统与项目减排量机制连接起来,可以适当地输出系统风险。配额交易偏好于效率,而减排量机制偏好于真实性,这两种机制的混合使用能够有效提高整个碳市场的稳定性。

从定价机制上看，碳排放配额是政府颁发的许可证，其价值无法事先确定，只能在完全竞争的市场条件下，通过市场交易的方式来定价。每个配额交易系统都会自动产生一个市场价格，与系统内的减排成本直接挂钩，代表一个地区愿意购买的外部减排量指标的最高出价。碳减排量的定价取决于配额价格，例如清洁发展机制主要参考欧盟碳排放交易体系（european union emission trading scheme，简称 EUETS）的二级市场价格，结合场外议价的形式。在这种定价模式下，项目减排量总是倾向于流向价格最高的配额交易系统。

减排量机制本质上是用减排量换取资金的机制，资金流向对应着减排量的去向。减排量机制具有天然的寄生性，其本身并没有自我运转的驱动力，通常会附属于某个配额交易系统。因此，配额价格与减排量价格具有一定的相关性。一般情况下，配额价格高于减排量价格。例如，CER 一级市场的价格始终低于欧洲二级市场，而 CER 二级市场的价格则始终低于欧盟配额价格。

（四）全球统一市场的形成

除了欧盟和美国外，澳大利亚、新西兰等国家也已建立本国的碳交易市场，并且允许引进一定数量的外部项目减排量，例如澳大利亚允许使用 CER，这带来了一种潜在的可能性，即这些不同的交易系统之间可能会相互连接，从而形成更大规模的全球碳市场。

配额交易系统（或市场）之间的连接主要有两种方式：一是直接连接，即两个配额交易系统进行规则上的对接，允许相互折算配额，建立配额跨系统流通的渠道；二是间接连接，即不同的配额交易系统之间并不直接连接，但是共同连接到同一个项目减排量机制上，允许使用相同的减排量，从而形成间接关联。这两种连接模式将构成未来全球碳市场的基本形态。全球碳市场的发展将提高流动性，并导致减排成本在不同国家或地区之间转移。英国 ETS 与欧盟 ETS 之间的融合可以看作第一种连接方式（即英国 ETS 加入欧盟 ETS），但这种连接方式短期内在其他国家还难以出现。因为这种连接方式，需要两国之间建立起充分的政治信任，并具有相似的减排成本和气候变化政策。例如，英国是欧盟气候变化政策的主要推动者。如果两国的减排成本差异过大，必然会导致一国交易系统向另外一国转移减排成本的局面。由此所带来的贸易竞争和政治争端对发展初期的碳市场会带来极大的损害。但从长远来看，随着低碳技术应用的规模化，各国减排成本将会逐渐趋同，气候政策不断成熟，连接成本下降，这种方式有可能会在某些地区出现，例如美国和加拿大之间。而第二种连接方式短期内出现的可能性比较大。事实上，CDM 已经被作为欧盟 ETS 连接的市场，而其他履约国家如澳大利亚、新西兰等也允许使用一定数量的 CER。本文重点讨论第二种连接方式。

一个配额交易系统在决定可以引进多少外部项目减排量的时候，将面临选择矛盾：如果允许企业使用过多的低价减排量，那么配额价格将被拉低，碳价格信号无法起到有效的激励作用，而且使用外部减排量并不能带来真实的减排；但如果引入过少的减排量，无法缓解供给不足的局面，配额价格过高，在短期内会增加本国经济的负担，带来政治或经济风险。因此，对于任何一个配额交易系统来说，都存在着一个理论上最优的连接比例，与配额及减排量的价格波动密切相关。

假设几个不同的配额交易系统均连接到了同一个减排量机制上，例如 CDM，那么在 CDM 项目开发不足的情况下，CER 会首先流入价格最高的配额交易系统中，而其他价格较低的系统可能无法吸引到项目减排量。CCX 和欧盟 ETS 的情况即体现了这一情况。尽管

CCX 也允许使用 CER，但是由于其配额价格太低，CER 并没有动力进入 CCX 市场。

此时 CDM 的定价权由欧盟 ETS 价格决定，其他配额交易系统或将面临尴尬的处境：即使该配额交易系统也像欧盟 ETS 一样设定允许购买的 CER 数量上限，但 CER 的成交价格仍必须参照欧盟 ETS 的市场价格来谈判。而如果这一参考价格高于该系统的配额价格，那么就失去了购买的价值和连接的意义。

因此 CER 的定价权将由价格最高的配额交易系统来决定，其他交易系统将不得不参照这个价格来购入 CER。以美国为例，如果联邦政府打算在未来的排放交易系统中引入 CDM，将面临一个困难的政治选择，如果要吸引 CER 进入，就必须提供与欧盟 ETS 相比有竞争力的价格，但这样会在一定程度上提高本国的配额价格，并造成与欧盟 ETS 直接竞争的局面，增加本国减排的总成本。

在未来的全球碳市场里，减排成本不同的配额交易系统会自动地进行分类。配额价格范围相互接近的系统会倾向于与同样的减排量机制进行连接，按照一定比例连接到相应的减排量机制上。同时，各系统的连接比例将逐渐从固定改为浮动，以更好地适应供求关系变化。

而减排量交易机制也会出现多样性的发展格局，一方面体现不同的减排成本差异化，另一方面可以满足不同配额交易系统的连接需求。而 CDM 机制由于能够直接抵消联合国气候变化框架公约（United Nations Framework Convention on Climate Change，简称 UNFCCC）的减排指标，因此相较于其他项目减排量机制具备更高的市场价值。

综上所述，全球碳交易市场一体化进程的第一阶段将呈现如下的局面：各国相继建立配额交易系统，并允许引入外部项目减排量；减排量机制将呈现多样性的局面，逐渐与各个配额交易系统连接。由于各国的气候政策仍在进化之中，减排成本差异较大，这一阶段主要是碳市场基本规则的形成。各国均会采取保守的市场策略，尽管区域性碳交易市场会率先成形，但其相互连接的动力不足。第二个阶段随着气候变化政策的完善以及减排成本的趋同，一些配额交易系统可能会直接相互连接；不同的减排量机制之间也将开始融合，甚至出现互相折算的情况，一个范围更大、流动性更强的碳市场开始逐步形成。

第三节
国内外碳排放现状

一、中国碳排放基本特征研究

本部分在分析中国碳排放现状的基础上，从纵向的年度动态变化角度和部门关联的横向角度深入分析中国碳排放快速增长的驱动因素，为中国的低碳发展决策提供数据基础。

（一）碳排放现状

随着中国经济的快速发展及化石能源消费的增加，中国二氧化碳排放呈现"总量大、增速快、强度下降、人均排放超过欧盟平均水平"的特点，具体如下：

(1) 煤炭源的碳排放占比超过60%

能源结构清洁化将是中国能源改革的一个方向，煤炭是我国主要的碳排放源。根据魏一鸣等的研究，2020年全国碳流图（图2-9，注：终端用能行业自备电厂消耗化石能源产生的碳排放计入终端行业碳排放，不包含在电力行业排放中，未来年路径中分行业的碳排放量也采用此口径），全国二氧化碳总排放量为113.10亿吨。从能源种类来看，煤炭、天然气、石油和工业过程排放的二氧化碳分别为75.00亿吨、6.99亿吨、18.10亿吨和13.00亿吨，其中煤炭源占碳排放比例最大，为66.3%。天然气、石油和工业过程的碳排放占比分别为6.2%、16.0%和11.5%。我国电力以煤电为主，而煤炭的二氧化碳排放系数又相对较高，这就导致了发电排放的二氧化碳大部分来自煤炭类，且在不同行业中，因发电导致的二氧化碳排放量最高，为39.31亿吨，占总排放量的34.8%。除此之外，钢铁、交通和水泥是排放二氧化碳量较大的三个行业，分别为17.30、12.17和11.25亿吨，占二氧化碳排放总量的15.3%、10.8%和9.9%。

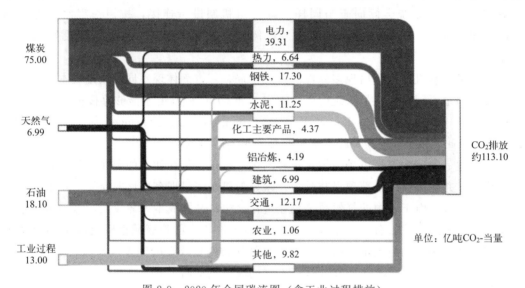

图2-9　2020年全国碳流图（含工业过程排放）

图源：魏一鸣，余碧莹，唐葆君，等.中国碳达峰碳中和时间表与路线图研究［J］.
北京理工大学学报（社会科学版），2022，24（04）：13-26.

(2) 碳排放总量占全球的20%以上且人均碳排放超过欧盟平均水平

从年度动态数据来看，根据二氧化碳信息分析中心（Carbon Dioxide Information Analysis Center，简称CDIAC）数据，2006年中国已经成为最大的碳排放国家，化石能源利用和水泥生产的碳排放为64.1亿吨，占全球排放的21.06%；2013年为102.48亿吨，排放超过欧美总和，占28.59%。此外，2000~2013年的碳排放增长占全球增长的53.52%。相关研究表明：2030年左右将超过OECD国家总和，二氧化碳排放总量持续第一，而且要在2030年左右达到排放峰值。

人均排放在2006年超过了全球人均排放水平，如图2-10所示。随着人均GDP接近并达到中等收入国家平均水平，人均年排放量增长较快，2013年为6.60吨，已经超过欧盟的平均水平（6.57吨），预计未来还将进一步增长，与人均高排放国家的差距将逐渐缩小。

(3) 碳排放强度相对于1980年下降了75%

尽管我国二氧化碳排放总量一直保持快速的增长趋势，但是我国能源消费的二氧化碳排

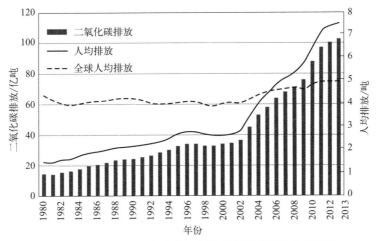

图 2-10 1980~2013 年中国二氧化碳排放总量和人均排放

放强度（2010 年不变价）总体上呈下降的趋势，如图 2-11 所示，由 1980 年的 CO_2 6.21 吨每万元（2010 年不变价）下降到 2014 年的 CO_2 1.57 吨每万元（2010 年不变价），下降了 74.72%。二氧化碳排放强度的下降反映了 1980 年以来我国能源效率的不断提高和能源结构不断优化的巨大成就。我国在"十二五"期间，单位国内生产总值的二氧化碳排放比 2010 年下降 17% 左右，根据国务院节能减排报告，2011 年下降了 1.49%，2012 年下降了 5.19%，2013 年下降了 4.36%。2014 年国务院发布《2014~2015 年节能减排低碳发展行动方案》，要求 2014~2015 年，中国单位 GDP 二氧化碳排放量两年分别下降 4%、3.5% 以上，以实现下降 17% 的目标。

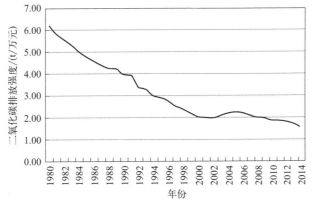

图 2-11 1980~2014 年中国二氧化碳排放强度

（4）工业碳排放几乎占全球工业碳排放的一半

中国正处于以重化工业快速发展为主要特征的工业化中后期阶段，呈现出明显的"高耗能""高排放"特征。根据 IEA 数据，2013 年我国工业制造业和建筑业能源消耗的二氧化碳排放为 28.06 亿吨（IEA，2015a），位居世界第一，超过 OECD 国家排放总和，占全球排放的 45.89%，如图 2-12 所示。

工业能耗与排放量大，与我国重化工业比例高、世界加工厂的工业发展现状直接相关。

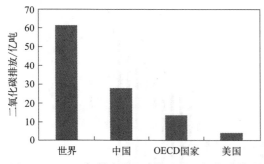

图 2-12　2013 年制造业和建筑业的二氧化碳排放

2006 年以来，我国轻重工业比例一直在 3∶7 左右，高耗能产品如水泥、钢铁、平板玻璃等产量连续多年位居世界第一。2014 年，中国粗钢产量达到 8.22 亿吨，占全球总量的 49.5%；水泥产量达到 24.92 亿吨，占全球总量的 60% 左右。从生产的角度，一方面，存在着大量的落后产能，近年来，由于大气污染治理、节能减排等措施的实施，火电、钢铁、水泥等行业落后产能已基本淘汰；另一方面，部分工业行业出现了产能严重过剩的问题。2013 年我国粗钢产量 7.82 亿吨，产能过剩达到 28%；水泥产能过剩达到 24.4%。根据中国有色金属工业协会数据，2012 年全国电解铝产能为 2600 万吨，产量为 2027 万吨，产能过剩 22%；汽车产能过剩为 12%，玻璃为 93%。另外，战略性新兴产业，如光伏行业也存在产能过剩，太阳能电池产能过剩达 95%，风电设备产能利用率低于 60%。2014 年 1~3 月，钢铁、电解铝、水泥、平板玻璃、造船等严重过剩行业产能利用率都不到 75%。这些都是推高工业碳排放的主要原因，后工业化阶段，工业的低碳发展任重而道远。

(5) 城镇化发展高碳特征显著

我国正处于城镇化发展的新阶段，城镇化水平仍将不断提高。2023 年末我国常住人口城镇化率为 66.16%，城镇化驱动的碳排放增长也较快，主要表现为两个方面：城镇生活能源消费以及与城镇化相关的基础设施建设。

随着我国人民生活水平的提高，城镇地区的生活能源消费已由生存型逐步过渡到发展型和享受型消费，能源消费量增长较快，且电力、天然气等消费占比已超过煤炭，但煤炭仍占有相当大的比例。与大规模、集中式燃煤相比，这种小规模、分散式的直接燃煤不仅效率低，而且会产生更多的污染物及碳排放。近年来随着经济发展，各地大中小城市拓展城区建设，大量的建筑投入施工，城镇建筑面积大幅增加，导致我国新建房屋和基础设施建设消耗了大量的建筑材料，这是我国城镇化过程中能耗高、碳排放量高的主要原因之一。

除了建筑本身导致的能源消耗和碳排放，建筑使用寿命短，过快地进行更新改造也是导致城镇化能源消耗和碳排放高的另一个重要问题。城市规划变更、用地性质改变、地价房价变动等因素，导致城市快速更新和扩张过程中大量既有建筑远未达到其实际使用年限即遭不合理拆除，建筑短命现象严重，导致了巨大的资源浪费。根据我国《民用建筑设计通则》，重要建筑和高层建筑主体结构的耐久年限为 100 年，一般性建筑为 50~100 年，但实际上我国建筑寿命只能持续 25~30 年。根据清华大学建筑节能研究中心的研究，"十一五"期间，我国建筑面积增长近 85 亿平方米，竣工建筑面积高达 131 亿平方米，5 年间共有 46 亿平方米的建筑被拆除。仅从城镇建筑面积来看，"十一五"规划期间累计增长约 58 亿平方米，同期竣工城镇建筑面积达 88 亿平方米，相当于 30 亿平方米的建筑被拆除，约占竣工面积的 34%。此外，近年空置住宅在我国也非常普遍，全国各地出现了大量的"鬼城"，如鄂尔多斯的康巴什新城。

（二）碳排放年度动态变化特征

二氧化碳排放除与经济增长、能源消费总量、能源消费结构等有直接关系，还与经济结构、技术水平、生活行为等有关，因此，本部分从年度动态变化的角度研究1991~2014年二氧化碳排放快速增长的驱动因素。

下面基于对数平均迪氏指数（Logarithmic Mean Divisia Index，LMDI）分解方法从宏观的角度揭示我国人口、人均GDP、产业结构及碳排放强度对二氧化碳排放的影响。

$$C = \sum_i P \times \frac{\text{GDP}}{P} \times S_i \times e_i$$

式中，C为终端能源消费的二氧化碳排放；P为人口；GDP为国内生产总值；S_i为不同产业的增加值占国内生产总值的比例，这些产业分别为农业、工业、建筑业、交通运输仓储业、批发零售业；e_i为农业、工业、建筑业、交通运输仓储业、批发零售业的二氧化碳排放强度。

1992~2014年，我国终端能源利用的二氧化碳排放增长了59.15亿吨，不同因素的影响如图2-13所示。

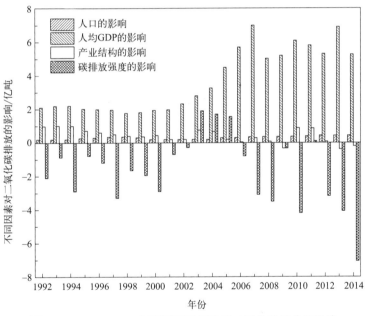

图2-13　1992~2014年不同驱动因素对二氧化碳排放的影响

（1）人均GDP和人口增长是碳排放的主要驱动力

人均GDP增长导致1992~2014年二氧化碳排放增加了69.67亿吨。1992~2001年人均GDP对二氧化碳排放的影响较为稳定，为1.68亿~2.31亿吨；2002~2014年，人均GDP对二氧化碳排放的影响增长较快，为2.83亿~6.54亿吨。我国经济增长的高碳特征显著，以23%的能源和50%以上的煤炭、全球46%的钢铁、58%的水泥，生产了占全球12%的国内生产总值，因此，人均GDP的增长蕴含了大量的二氧化碳排放。人口增加也是近年来我国二氧化碳排放增长的驱动因素之一，相对人均GDP的影响，其影响较为稳定，对二氧化碳排放的影响在0.19亿~0.30亿吨。

（2）工业增加值变化决定了产业结构对碳排放的影响

产业结构变化整体上也是推动二氧化碳排放增长的因素之一，但是其变化波动相对较大，主要取决于工业增加值在 GDP 的比例变化，如图 2-14 所示。

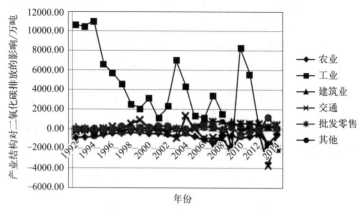

图 2-14　产业结构对 1992～2014 年二氧化碳排放的影响

我国工业是碳密集型行业，以 2014 年为例，工业增加值占国民生产总值的 40.20%，而二氧化碳排放占全部终端能源消费排放的 78.61%。1991～2014 年，我国工业发展明显高于其他行业，如图 2-15 所示，增加值增加了 11 倍多，即工业化程度明显提高，由此导致二氧化碳排放增长了 46.31 亿吨，占我国终端能源利用二氧化碳排放增加量的 78.29%。

建筑业也是我国发展较快的行业，相比 1991 年，2014 年行业的增加值增加了 8 倍多，其快速发展反映了我国城镇化基础设施建设和居民生活水平提高的迫切需求。建筑业本身二氧化碳排放较少，占全部终端能源消费二氧化碳排放的比例不足 2%，但是，建筑业与非金属矿物制品业、黑色金属冶炼及加工压延业、有色金属冶炼及加工压延业等息息相关。由于建筑对钢铁、水泥、玻璃等产品的刚性需求，建筑业增加值的快速增加也间接拉动了工业中高耗能行业的大力发展，进一步加剧了工业的碳密集程度。1991～2014 年农业发展缓慢，增加值仅增加了 1 倍多，因此，增加值比例有所降低，氧化碳排放减少了 1.61 亿吨。第三产业的交通运输、批发零售和其他行业对二氧化碳排放的影响很小，1991～2014 年由于增加值变化导致的碳排放变化几乎为 0，如图 2-15 所示。

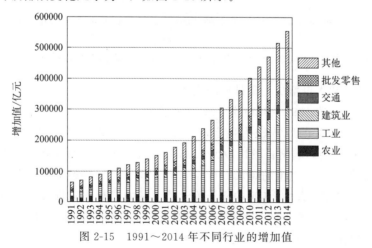

图 2-15　1991～2014 年不同行业的增加值

(3) 碳排放强度下降有效减缓了碳排放增速

二氧化碳排放强度能够在一定程度上反映能源结构和能源效率的变化。二氧化碳排放强度下降是减缓我国二氧化碳排放增速的主要因素，1992～2014年抵消了部分由于人均GDP、人口、产业结构导致的二氧化碳排放增长，减少了39.35亿吨二氧化碳排放，如图2-16所示。

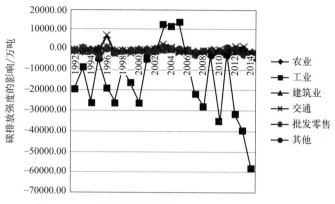

图2-16 二氧化碳排放强度对二氧化碳排放的影响

从年度动态变化来看，由于不同产业二氧化碳排放强度的波动变化，其对二氧化碳排放的影响没有呈现出有规律的变化。2003～2005年，由于二氧化碳排放强度的反弹，导致二氧化碳排放的增加，分别为1.92亿吨、1.48亿吨和1.16亿吨；其他年份由于二氧化碳排放强度的下降，都不同程度地抵消了由人均GDP、人口、产业结构导致的二氧化碳排放增长。在不同产业二氧化碳排放强度对二氧化碳排放减缓的贡献中，起主导影响的是工业二氧化碳排放强度。1992～2014年，工业二氧化碳排放强度下降导致工业行业二氧化碳排放减少35.23亿吨，占二氧化碳排放强度影响的89.55%。根据上述分析，从年度动态变化来看，人均GDP增长、工业化程度提高、人口增加是我国终端能源利用二氧化碳排放增长的重要驱动因素，而二氧化碳排放强度下降则有利于减缓这些驱动因素导致的二氧化碳排放增长。未来我国经济仍会进一步增长，人口规模也将缓慢增长，如果要实现低碳发展，则意味着必须转变经济增长方式，协调不同产业之间的发展，进一步促进技术进步。

（三）碳排放的行业关联分析

事实上，经济系统内各行业的二氧化碳排放不仅是由最终需求驱动的，各行业之间的相互关联关系也在一定程度上影响了其二氧化碳排放，那么，哪些因素对主要碳排放行业的二氧化碳排放起着决定性的影响？从碳排放的角度来看，这些行业存在怎样的关联关系？为了回答这些问题，下面从最终消费需求、行业投入-使用关系的角度，针对行业二氧化碳排放的弹性进行研究，以期发现影响二氧化碳排放的重要因素，为制定二氧化碳减排政策措施提供决策支持。

非零技术系数的灵敏性计算公式如下：

$$\varepsilon_{e_i a_{kl}} = \frac{a_{kl} x_l b_{ik}}{(1-a_{kl}b_{lk})x_i}$$

式中，$\varepsilon_{e_i a_{kl}}$为技术系数变化1%，行业i的二氧化碳排放的变化量；e_i为行业i的二氧化碳排放量，$i=(1,2,\cdots,n)$；a_{kl} 为技术系数，$a=\dfrac{x_{kl}}{x_l}$，$k=1,2,\cdots,n$ 和 $l=1,2,\cdots,n$；x_i 和为 x_l 为行业 i 和 l 的产出；b_{ik} 和 b_{lk} 为里昂惕夫逆矩阵 **B** 的元素。

最终需求系数的灵敏性计算公式如下：

$$\varepsilon_{e_i h_{kl}} = \dfrac{\Delta \dfrac{e_i}{e_i}}{\dfrac{\Delta h_{kl}}{h_{kl}}} = \dfrac{b_{ik} h_{kl} g_l}{x_i}$$

式中，$\varepsilon_{e_i h_{kl}}$ 为最终需求系数变化 1%，行业 i 的二氧化碳排放变化量；e_i 为最终需求系数 $h_{kl} = \dfrac{y_{kl}}{g_l}$，$g_l$ 为最终需求 l 的合计，y_{kl} 为第 p 类最终需求对行业 k 的需求 $p,l=1,2,\cdots,m$。

"最大相关灵敏性"在本节中定义为系数变化 1%，相关行业二氧化碳排放变化在 0.1% 以上的灵敏性。二氧化碳排放较大行业的技术系数和最终需求系数与二氧化碳排放的灵敏性关系如表 2-2 所示。在这些灵敏性结果中，分为直接影响和间接影响。对于某个行业的二氧化碳排放来说，如果与这个行业相关的最终需求系数或技术系数导致了这个行业二氧化碳排放的变化，称为直接影响；如果这个行业之外的其他行业之间的技术系数或最终需求系数导致了这个行业二氧化碳排放的变化，称为间接影响。例如，对于农业的二氧化碳排放来说，城镇居民对农业的最终需求系数变化 1%，农业二氧化碳排放变化 0.18%，这是直接影响；城镇居民对食品加工制造业的最终需求系数变化 1%，农业的二氧化碳变化 0.18%，这是间接影响。

表 2-2　高排放行业的主要弹性关系

行业	使用者	灵敏性/%
农业相关行业		
农业	农业	0.17
农业	城镇居民	0.18
农业	农村居民	0.11
农业	食品加工及制造业	0.44
食品加工及制造业	城镇居民	0.18
煤炭开采业相关行业		
煤炭开采业	煤炭开采业	0.20
煤炭开采业	石油加工及炼焦业	0.13
煤炭开采业	非金属矿物制品业	0.13
煤炭开采业	黑色金属冶炼及加工压延业	0.14
煤炭开采业	电力热力生产及供应业	0.48
黑色金属冶炼及加工压延业	黑色金属冶炼及加工压延业	0.12
电力热力生产及供应业	电力热力生产及供应业	0.25
非金属矿物制品业	建筑业	0.17
建筑业	固定资本形成总额	0.42

续表

行业	使用者	灵敏性/%
石油加工及炼焦业相关行业		
石油加工及炼焦业	化学原料及化学制品制造业	0.19
石油加工及炼焦业	黑色金属冶炼及加工压延业	0.12
石油加工及炼焦业	交通运输业	0.26
化学原料及化学制品制造业	化学原料及化学制品制造业	0.15
建筑业	固定资本形成总额	0.33
化学原料及化学制品制造业相关行业		
化学原料及化学制品制造业	农业	0.16
化学原料及化学制品制造业	化学原料及化学制品制造业	0.63
化学原料及化学制品制造业	塑料制品业	0.19
化学原料及化学制品制造业	其他	0.10
通信设备计算机及其他电子设备制造业	通信设备计算机及其他电子设备制造业	0.10
建筑业	固定资本形成总额	0.31
化学原料及化学制品制造业	出口	0.12
非金属矿物制品业相关行业		
非金属矿物制品业	非金属矿物	0.25
非金属矿物制品业	制品业	0.73
建筑业	建筑业固定资本形成总额	0.75
黑色金属冶炼及加工压延业相关行业		
黑色金属冶炼及加工压延业	黑色金属冶炼及加工压延业	0.43
黑色金属冶炼及加工压延业	金属制品业	0.17
黑色金属冶炼及加工压延业	通用设备制造业	0.11
黑色金属冶炼及加工压延业	交通运输业	0.10
黑色金属冶炼及加工压延业	建筑业	0.42
建筑业	固定资本形成总额	0.51
电力热力生产及供应业相关行业		
电力热力生产及供应业	化学原料及化学制品制造业	0.13
电力热力生产及供应业	电力热力生产及供应业	0.51
建筑业	固定资本形成总额	0.34
建筑业		
建筑业	固定资本形成总额	0.96
交通运输业相关行业		
交通运输业	交通运输业	0.17
交通运输业	其他	0.16
建筑业	固定资本形成总额	0.22
交通运输业	出口	0.11

续表

行业	使用者	灵敏性/%
批发零售业相关行业		
批发零售业	其他	0.15
批发零售业	城镇居民	0.22
批发零售业	出口	0.14
建筑业	固定资本形成总额	0.12
其他		
其他	其他	0.24
其他	城镇居民	0.24
其他	政府	0.32

(1) 建筑安装工程总额推动了主要排放行业的碳排放增长

① 建筑业的固定资本形成总额是最终需求系数中导致二氧化碳排放变化最大的。由于 2012 年建筑业的固定资本形成总额占全部固定资产形成总额的 54.22%。建筑业的固定资本形成总额系数变化 1%，将导致建筑业的二氧化碳排放变化 0.96%，固定资本形成总额对煤炭开采业、石油加工及炼焦核燃料业、化学原料及化学制品制造业、非金属矿物制品业、黑色金属冶炼及加工压延业、电力热力生产及供应业、交通运输业、批发零售业的二氧化碳排放影响也较大，灵敏性系数分别为 0.42%、0.33%、0.31%、0.75%、0.51%、0.34%、0.22% 和 0.12%。

建筑业包括房屋和土木工程建筑业、建筑安装业、建筑装饰业和其他建筑业。房屋和土木建筑是高耗能的产品，建筑业与非金属矿物制品业、黑色金属冶炼及加工压延业具有较高的使用关系，技术系数分别为 0.19 和 0.14。我国正处于快速的城镇化进程，加大对建筑业的投资是必然的。但是，我国建筑整体寿命较短，导致建筑业的投资效率是较低的，并且是高碳排放的。因此，正确对待和处理既有建筑，进行合理的维护，延长其使用寿命，有利于减缓碳排放。根据相关研究，对于住房建材（水泥、钢铁、玻璃等）的能耗，单位竣工面积约耗费 131.6kg 标准煤，按照 50 年的寿命计算，每年的建材能耗为 2.6kg 标准煤；按 30 年计算则为 4.39kg 标准煤。

② 城镇居民对高排放行业的弹性主要表现为对农业和其他行业碳排放的影响。一方面表现为直接影响，即城镇居民对农业的需求系数将导致农业碳排放变化 0.18%；对其他行业的需求系数变化将导致其他行业碳排放变化 0.24%。另一方面为间接影响，城镇居民对食品加工及制造业的需求变化 1%，也将导致农业碳排放变化 0.18%。在城镇居民的最终消费中，农业、食品加工及制造业和其他行业的消费支出相对较大，分别占 8.19%、17.75% 和 34.77%。据一些统计资料表明，我国存在较为严重的食品浪费，尤其是城镇居民。中国农业大学调查显示，保守推算，我国 2007~2008 年仅餐饮浪费的蛋白质达 800 万吨，相当于 2.6 亿人一年的所需，浪费脂肪 300 万吨，相当于 1.3 亿人一年所需。

③ 农村居民对高排放行业的弹性主要表现为对农业碳排放的影响，农村居民对农业的需求系数将导致农业碳排放变化 0.11%。在农村居民的最终消费中，农业的消费支出占 17.77%。

④ 政府消费的需求系数对高排放行业的影响较小，主要影响其他行业的碳排放变化，消费系数变化1%，其他行业碳排放变化0.32%，主要是由于政府对其他行业的需求最多，占政府最终消费的96.47%。

⑤ 出口系数也是影响高排放行业的一个重要因素。出口系数直接影响化学原料及化学制品制造业、黑色金属冶炼及加工压延业、交通运输业、批发零售业的碳排放。此外，通信设备、计算机及其他电子设备制造业的出口系数对化学原料及化学制品制造业的碳排放是间接影响。主要是由于这些行业的出口比例相对较高，通信设备计算机及其他电子设备制造业占的比例最高，为22.02%；化学原料及化学制品制造业、黑色金属冶炼及加工压延业、交通运输业、批发零售业分别占3.67%、2.24%、4.17%和9.03%。

(2) 建筑业对钢铁、建材等行业的刚性需求导致了主要排放行业的碳排放增长

技术系数对高排放行业的影响明显高于最终消费需求系数，而且以直接影响为主。

① 对于农业的碳排放来说，农业和食品加工及制造业对农业的使用变化1%，农业碳排放分别变化0.17%和0.44%。食品加工及制造业对农业的使用是固定的，刚性的，很难通过改变食品加工及制造业对农业的需求，实现碳排放的减缓。然而，据一些统计表明，我国在农产品加工过程中，存在较大的浪费，水果、蔬菜等农副产品损失率高达25%~30%。

② 对于煤炭开采业来说，煤炭开采业、石油加工及炼焦业、非金属矿物制品业、黑色金属冶炼及加工压延业、电力热力生产及供应业的关联关系产生直接影响，以电力热力生产及供应业最大，为0.48%；黑色金属冶炼及加工压延业的使用，电力热力生产及供应业的使用，以及建筑业对非金属矿物制品业的使用产生间接影响。我国是以煤炭消费为主的国家，尤其是以煤电为主，电力热力生产及供应业等行业对煤炭开采业的需求短期内也是刚性的，因此先进发电技术、清洁可再生能源发电技术的应用是有利于减缓碳排放的。

③ 对石油加工及炼焦业来说，化学原料及化学制品制造业、黑色金属冶炼及加工压延业、交通运输业对碳排放产生直接影响，为0.19%、0.12%和0.26%；化学原料及化学制品制造业的使用产生间接影响。

④ 对于化学原料及化学制品制造业来说，农业、化学原料及化学制品制造业、塑料制品业、其他行业的关系是直接影响，以化学原料及化学制品制造业的使用产生的弹性最大为0.63%。由于行业之间的相互关系，通信设备计算机及设备制造业的使用是间接影响。化学原料及化学制品制造业为农业提供农药和化肥，据一些统计表明，我国是世界上农药和化肥使用量最高的国家，单位面积氮肥施用量是发达国家的2倍以上，以占世界7%的耕地养活了世界22%的人口，却消耗了世界近35%的农药和化肥，导致土壤退化、环境问题突出。过度的农药和化肥使用，一方面对人体健康产生了不利影响，另一方面增加了碳排放。因此，控制农药和化肥的使用，将在很大程度上减少化学原料及化学制品制造业的碳排放。

⑤ 对于非金属矿物制品业来说，表现为技术系数的直接影响，而且影响的行业相对较少，以制品业的使用弹性最大，为0.73%。非金属矿物制品业提供了水泥、砖瓦、玻璃、石灰等建筑的基本原材料，鉴于当前这些原材料的不可替代性，针对此行业的有效政策是合理控制建筑业发展速度，延长建筑使用寿命。

⑥ 对于黑色金属冶炼及加工压延业来说，表现为技术系数的直接影响，主要是黑色金属冶炼及加工压延业、金属制品业、通用设备制造业、交通运输业和建筑业。其中黑色金属冶炼及加工压延业和建筑业的影响较大，分别为0.43%和0.42%。

⑦ 电力热力生产及供应业是我国最大的碳排放行业，主要是由于我国以煤炭发电为主，煤电占全部发电量的80%以上。化学原料及化学制品制造业、电力热力生产及供应业使用的直接影响较大，尤以电力热力生产及供应业的影响较大，为0.51%。这主要是由于电力供应行业从电力生产企业购买发电量，再进行供应。通信设备计算机及其他电子设备制造业的使用是间接影响。

⑧ 对于交通运输业，表现为建筑业、批发零售业和其他行业的直接影响。由于建筑材料的运输，以及批发零售的物流配送需求，这两个行业对交通运输业的弹性也是刚性的，但是合理规划运输，也有利于减缓碳排放。

⑨ 对于批发零售业，表现为其他行业对批发零售业的使用导致的直接影响。

⑩ 对于其他行业，表现为其他行业使用的直接影响。

以上分析了我国碳排放现状以及快速增长的驱动因素，说明以下3点。

第一，从年度动态变化来看，人均GDP增长、工业化程度提高、人口增加是我国终端能源利用二氧化碳排放增长的重要驱动因素，而二氧化碳排放强度下降则有利于减缓这些驱动因素导致的二氧化碳排放增长。因此，未来中国要实现低碳发展，意味着必须协调经济增长与碳排放、不同产业之间的发展、碳排放与技术进步等关系。

第二，从横向行业关联的角度，建筑业的固定资本形成总额是高排放行业碳排放的主要拉动力量，对除农业、其他行业、建筑业在外的7个行业表现为间接影响，以非金属矿物制品业和黑色金属冶炼及加工压延业最为突出，弹性分别为0.73%和0.42%；建筑业的碳排放，则主要是由固定资本形成总额导致的，弹性最大，为0.96%，接近1%。出口系数也是影响高排放行业的一个重要因素。出口系数直接影响化学原料及化学制品制造业、黑色金属冶炼及加工压延业、交通运输业、批发零售业的碳排放。此外，通信设备、计算机及其他电子设备制造业的出口系数对化学原料及化学制品制造业的碳排放是间接影响。从行业间角度来看，主要是与建筑业关系紧密的黑色金属冶炼及加工压延业、非金属矿物制品业等，农业与食品加工及制造业，煤开采业与电力热力生产及供应业等这些行业间的技术系数导致的弹性较大。

第三，上述年度动态变化的纵向分析和行业关联的横向研究表明，二氧化碳排放不仅与经济增长方式紧密相关，而且关系产业发展及我国在全球经济中的战略定位。未来低碳发展战略需要综合考虑社会经济各个方面，从国家宏观战略出发，将低碳发展理念融入国家重要发展决策，并全面部署，避免单一政策导致二氧化碳减排效果不能达到预期效果的情况出现。

二、全球碳排放

相比于国内碳排放，全球碳排放情况更加复杂，下面以全球贸易中农业行业的碳排放为例进行介绍。

（一）农业碳排放情况

研究显示，在全球温室气体排放中，化石能源燃烧约占56.6%，粮食系统排放的温室气体约占全球温室气体排放总量的1/3，全球粮食系统已经成为全球温室气体排放的主要来源。全球粮食系统温室气体排放的主要来源包括：土地开垦和森林砍伐，释放大量CO_2和

N_2O；生产和使用化肥和其他农用化学品导致的 CO_2、N_2O 和 CH_4 排放；反刍动物（牛、绵羊和山羊）养殖过程中的肠道发酵，释放 CH_4；稻田生产水稻，排放 CH_4；牲畜粪肥管理，释放 N_2O 和 CH_4；以及在食品生产和加工中燃烧化石燃料，排放 CO_2。据粮农组织统计数据，2020年全球粮食系统产生了全球 21% 的 CO_2 排放、53% 的 CH_4 排放和 78% 的 N_2O 排放。因此，本节通过分析全球农业贸易中的碳排放反映全球碳排放的情况。

现有的研究将粮食系统分为：农场大门、土地利用变化、生产前和生产后三个阶段，并对这三个阶段主要温室气体（CO_2、CH_4 和 N_2O）的排放进行了测算，结果表明，各个阶段产生的主要温室气体并不相同。图2-17展示的是2020年农场大门、土地利用变化以及生产前和生产后三个阶段的温室气体排放占比情况。在农场大门阶段，N_2O 是最主要的温室气体，这一阶段与农作物和畜牧业生产相关，如动物肠道发酵、施肥、水稻种植等，所以在这些过程中产生的 N_2O 和 CH_4 占据大多数的排放。在土地利用变化阶段，CO_2 是最主要的温室气体，这一阶段主要是指原有草地林地为开垦农田及牲畜养殖等农业活动让出空间，导致土地原本清除碳的能力下降。在生产前和生产后阶段，CH_4 和 CO_2 是主要温室气体，这一阶段代表的则是粮食生产中的直接能源使用（例如拖拉机和其他机械、灌溉泵、渔船）和场外间接排放，例如电力生产、化肥制造、食品运输、加工、零售和废物处理。

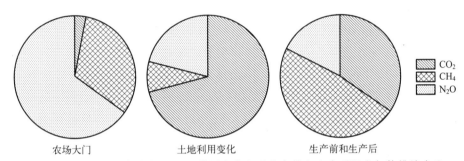

图 2-17　2020 年农场大门、土地利用变化以及生产前和生产后温室气体排放占比

农业可以通过提供原材料、供应食物和为人们创造就业机会等方面来支持经济发展。特别是对发展中国家而言，农业活动在创造财富方面发挥着至关重要的作用。然而，农业活动也会导致温室气体排放的增加，例如在生产的初始阶段，即饲养牲畜、耕种和施肥的阶段，温室气体排放会显著增加。从长远来看，农业生产导致的温室气体排放不容小觑，其产生的温室气体排放导致的气候变化反过来又将极大影响农业部门的生产，危害全球粮食系统安全。在全球气候变暖的背景下，降水强度和变化概率将大幅上升，许多地区发生洪水和干旱的风险也随之增加，降水和温度的变化使得农作物生产力发生变化。更频繁和更严重的干旱将增大水资源压力，加剧土地退化，增加水和粮食短缺的风险，导致世界粮食减产，进而影响作物生产、粮食价格以及粮食安全。据估计，全球平均气温每升高 1℃，全球小麦产量减少 2.6%，水稻产量减少 0.3%，玉米产量减少 2.7% 大豆产量减少 4.3%。此外，气候变异性的增加和干旱也将在一定程度上制约畜牧业发展。气候变化对不同地区不同作物的影响也存在差异。气候变化对小麦和玉米产量的影响要大于对水稻、大豆和其他作物的影响。同时，极端天气事件的发生可能导致粮食和谷类作物歉收，进而导致农产品价格上涨和食品安全问题的产生。

据统计，2019 年世界人口为 77 亿，到 2030 年将达到 85 亿。人口的持续增长对农业生产提出了更高的要求，同时也为减少碳排放、缓解温室效应带来了挑战。然而，目前减少与农业相关的碳排放却没有得到足够的重视，可能是因为这些排放是人类生存不可避免的环境成本。研究发现，农业CO_2排放量占全球CO_2排放量的7%~14%。尽管农业CO_2排放目前占比较小，其减排路径仍面临多重的复杂挑战：一方面，农业是最易遭受气候变化影响的产业；另一方面，CO_2是大气中存在时间较长的温室气体之一。不仅如此，日渐增长的人口数量也是农业碳排放面对的不可忽视的问题之一。因此，农业的CO_2排放在全球温室气体排放中扮演了不可忽视的角色。

（二）全球农业贸易现状

随着社会的发展，农业融入全球化的程度逐渐提高，全球农业贸易的速度和规模也显著增长。农业作为国民经济建设和发展的基础产业，不仅可以保障基本的粮食需求，而且为其他产业提供了大量的原材料和发展动力。随着全球化的加剧，农产品会以食品和非食品的形式参与全球贸易。这意味着食品和非食品贸易都会影响全球农业部门CO_2排放量。

2000~2016年，全球农业贸易额年增长率为6%。从世界商品出口来看农产品贸易额大幅增长，2008~2018年，年均增长为3.1%，增幅达到36%。随着全球化程度不断加深，国际贸易规模的不断扩大，地方粮食系统以前所未有的方式演变为全球粮食供应链。因此，历史上与当地粮食系统相关的社会经济和环境挑战在跨越国界的情况下呈现出更大的规模。如图2-18所示，2021年，全球农业产品进出口贸易总额达到36416.7亿美元，比1961年增长了约54倍，是2001年的1.4倍。2021年全球农业产品进出口贸易总量达到3499.7兆吨，比1961年增长了约8倍，是2001年的1.4倍。

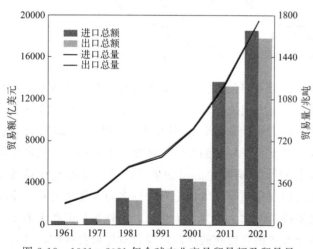

图2-18 1961~2021年全球农业产品贸易额及贸易量

目前，大多数研究表明扩大农业贸易或贸易自由化对环境没有积极作用，但也有学者认为区域环境可以从农业贸易扩张中受益。在许多国家，作物（如棕榈油、橡胶、咖啡、大豆和生物燃料）、牲畜和加工食品部门（肉类、牛肉、乳制品和渔业）都是造成环境退化的原因。土壤侵蚀、农业过度用水、水资源短缺、森林砍伐和生物多样性丧失等问题都与农产品贸易加速有关。在巴西和阿根廷，出口地区（森林砍伐和草地转换）以及进口地区（用草代替饲料导致永久草地减少）大豆产量增长的负面影响被揭示出来。温室气体排放增加、化肥使用增加也是贸易加速刺激全球气候变化的重要后果。巴西、印度、印度尼西亚和撒哈拉以南非洲等许多发展中国家和地区也探讨了热带森林砍伐和生物多样性丧失与在边缘森林和丛林地区扩大农业活动的关系。此外，非洲和南美洲的农业贸易对地下水枯竭、物种灭绝和气候干燥产生了一定的影响。

据估计，到 2050 年世界人口将增加近 20 亿，到 2100 年将再增加 10 亿。世界人口的增加将导致全球粮食需求量的增加，进而迫使粮食生产规模加大。而以 CO_2 为主的温室气体排放导致的温室效应预计将改变世界各地的农业生产力，降低全球粮食产量，增加粮食价格和粮食的不安全性。扩大粮食生产既要满足日益增长的人口的生存需求，同时也要减少温室气体排放对环境的影响。尽管农业发展和贸易对于全球粮食安全具有重要意义，但其对温室气体排放的影响却不可被忽视。随着人口增长带来的食品消费的增加和农业工业化的发展，预计未来全球农业温室气体排放量将稳步增加。

拓展阅读

浙江湖州新能源云数智化碳管理平台

浙江省湖州市于 2022 年 3 月推出《湖州市绿色低碳共富综合改革实施方案》，创建了"碳惠湖州"调节机制及数智应用场景，推行工业"碳效"改革。2023 年 2 月，湖州获批成为浙江省绿色低碳创新综合改革试验区，国家电网在湖州成立了"国网新能源云碳中和创新中心"。

湖州供电公司依托国网新能源云数字经济平台，承担"双碳"数字化研究任务。围绕企业碳管理的诸多问题，打破能源行业数据壁垒，挖掘数据资产价值，提升能源全产业链数字化、智能化水平。在湖州上线了市域工业碳平台，并升级为省级"双碳"服务平台（图 2-19）。

打造了服务居民绿色普惠减碳平台"碳达人"（图 2-20），为政府实施宏观调控和监管决策提供数智服务，为企业精益决策、节能降碳提供技术支撑，为公众践行绿色低碳行为提供便捷应用。全面服务公共机构、企业的"双碳"工作，以数字化赋能政府"双碳"管理决策，推动经济社会发展绿色转型。

2023 年已覆盖湖州市 3999 家规模以上企业与 7984 家规模以下企业，并为省内 49345 家规模以上企业赋码评级，为 206 家金融机构及辖区内 9611 个网点与企业提供碳效能效、绿色金融等服务。基于企业碳排放强度评价结果，已完成 81 个项目的绿改申报，节约用能 2.4 万吨标准煤，减少二氧化碳排放 6.4 万吨。引入 47 家第三方节能服务机构，组织重点企业开展"碳效＋能效服务"，服务企业采用绿色减碳技术和清洁能源，已完成 108 个绿色技改项目，推动 450 家工厂提档升星。在湖州，累计获得绿色金融贷款超 132 亿元；在浙江，绿色金融贷款超 650 亿元，极大促进产业低碳转型。推动工业企业参与绿电交易，累计成交 18.6 亿千瓦时，节约用能 3.2 万吨标煤。

碳普惠平台覆盖三百万用户，接入中国银联、支付宝、公共交通、垃圾分类等平台 1800 多万条数据。平台通过各类活动形式，为湖州居民提供环保袋、公交券及电子券福利等，累计兑换超 18 万份。在湖州，已接入 20925 家居民分布式光伏，每年可归集碳汇量 8.4 万吨；采用光伏发电、纯电动汽车出行、空调需求侧响应和植树造林碳汇等减排项目相结合的方式，为大型活动提供碳中和服务，分别协助 2022、2023 和 2024 年度湖州市两会、安吉生态文明建设推进大会、2022 年度绿色创新大会以及 2023 年首个全国生态日主场活动等，中和碳排放量 405.2 吨。

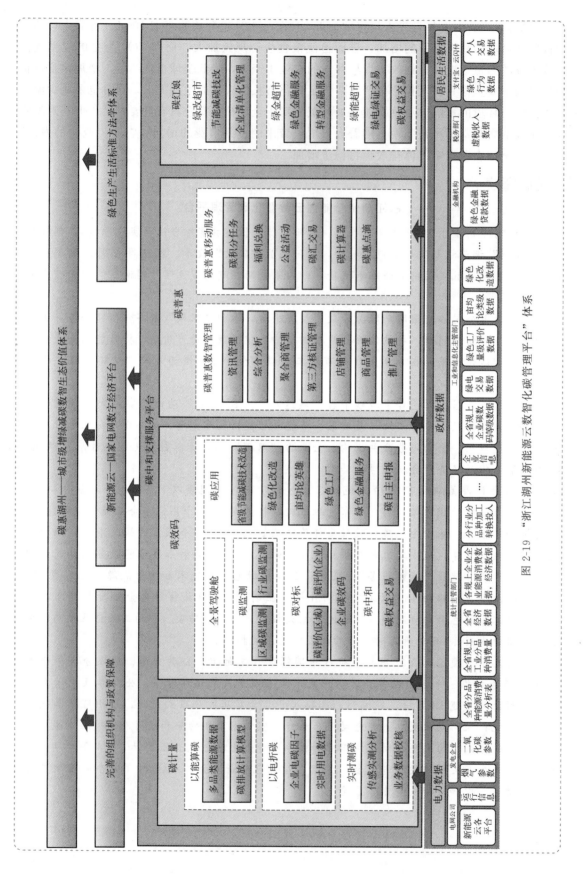

图 2-19 "浙江湖州新能源云数智化碳管理平台"体系

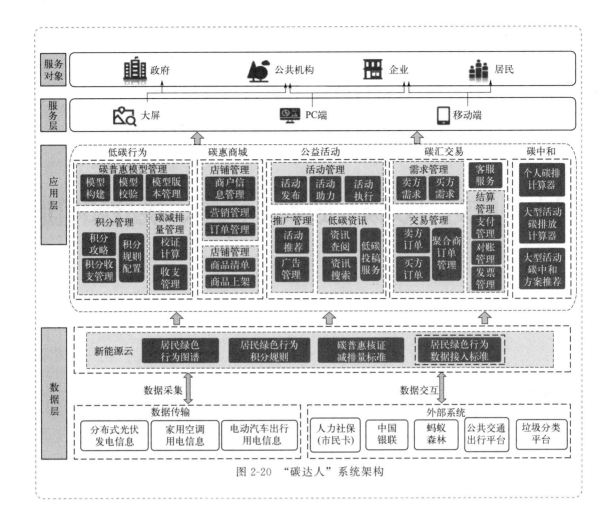

图 2-20 "碳达人"系统架构

思考题

1. 中国已经进入碳交易的起步阶段,在交易模式方面也出现了一些碳交易投资模式,请举例说明。
2. 请简述《巴黎协定》的重要意义和主要内容。
3. 欧盟应对碳达峰碳中和的举措有哪些?
4. 什么是碳汇?碳汇的典型做法有哪些,请举例说明。
5. 为什么《联合国气候变化框架公约》是温室气体排放权交易的依据?

"双碳"时代推动
石化行业技术
创新和产业升级

第三章
国内外应对"双碳"政策、措施、挑战和机遇

第一节
国外应对"双碳"政策、措施

一、国际公约

在过去几十年里,全球气候变化问题引起了国际社会的普遍关注,《联合国气候变化框架公约》《京都议定书》及《巴黎协定》等协议的签订是具有里程碑意义。

国际公约

(一)第一次世界气候大会

第一次世界气候大会于 1979 年在瑞士日内瓦举行,在这次大会上,科学家们发出严厉警告:在大气中的二氧化碳浓度增加将导致全球升温。二氧化碳对环境的巨大影响首次被提上议事日程,受到了国际社会的广泛关注。

(二)《联合国气候变化框架公约》

《联合国气候变化框架公约》于 1992 年 5 月在联合国大会通过,并由 154 个国家共同签署。

作为世界上首个关于全面控制二氧化碳等温室气体排放的国际公约,《联合国气候变化框架公约》提出了国际社会在全球气候变化问题上进行合作的基本框架。公约由序言及 26 条正文组成,遵循"共同但有区别的责任"等基本原则。公约对缔约国具有法律约束力,终极目标是将大气温室气体浓度维持在一个稳定的水平,在该水平上人类活动对气候系统的危险干扰不会发生。根据"共同但有区别的责任"原则,公约对发达国家和发展中国家规定的

义务及履行义务的程序有所区别,要求发达国家作为温室气体的排放大户,采取具体措施限制温室气体的排放,并向发展中国家提供资金以支付他们履行公约义务所需的费用。而发展中国家只承担提供温室气体源与温室气体汇的国家清单的义务,制订并执行关于温室气体源与汇措施的方案,不承担有法律约束力的限控义务。

《联合国气候变化框架公约》确立了5个基本原则:

① "共同但有区别的责任"原则,要求发达国家带头应对气候变化;
② "公平公正"原则,应充分考虑发展中国家的具体国情;
③ 缔约方应采取必要举措,预测、预防和减少导致气候变化的要素;
④ 重视各方可持续发展权;
⑤ 加强各国之间的合作。

(三)《京都议定书》

按照《联合国气候变化框架公约》的规定,1995年3月28日至4月7日,在德国柏林召开了第一次缔约方会议,对发达国家的承诺是否充足进行了审评,通过了第一次缔约方大会的"第一号决定",简称为"柏林授权"(Berlin Mandate)。该会议决定开始谈判发达国家量化的减排温室气体义务,并决定不得为发展中国家增加任何新义务。

1997年12月,第三次缔约方大会在日本京都举行。1997年12月11日由160个会员通过《京都议定书》,其主要内容为限制和减少温室气体排放。协议规定,2008年至2012年,发达国家的温室气体排放量要在1990年的基础上平均削减5.2%,其中美国削减7%,欧盟削减8%。中国政府已于1998年5月29日签署该议定书。

《京都议定书》是第一个为发达国家规定了具有法律约束力的具体减排指标的国际法律文件。议定书明确规定了要求减排的六种温室气体,即二氧化碳、甲烷、一氧化二氮、氢氟碳化物、全氟化碳和六氟化碳,同时规定缔约方应该确保其温室气体的排放总量(以二氧化碳当量计)在2008~2012年的承诺期内比1990年至少减少5%,并且要求缔约方到2005年时,应在履行这些承诺方面做出可予证实的进展,在履行时可以采用"集团方式",即欧盟内部的许多国家可视为一个整体,采取有的国家削减、有的国家增加的方式,整体完成减排任务。

在此基础上,照顾到各国的具体情况,议定书为每个国家确定了有差别的减排指标,即欧盟现有成员国承诺减排8%,美国减排7%,日本、加拿大减排6%,俄罗斯、乌克兰"零"减排,澳大利亚增排8%,冰岛增排10%等。

《京都议定书》还确定了清洁发展机制、排放贸易及碳吸收汇等制度。清洁发展机制目的是一方面协助发展中国家实现可持续发展和有益于公约的最终目标;另一方面,协助发达国家实现议定书为其规定的量化限制和减少排放的目标。清洁发展机制允许发达国家通过资助在发展中国家进行的具有减少温室气体排放效果的项目,获得一部分减排指标,用于完成其在议定书下承诺义务的一部分。与此同时,发展中国家也可以受益于这种项目。

排放贸易的目的是,协助缔约方履行其减排义务。任何此种贸易都应是本国行动的补充。议定书要求公约缔约方会议应就排放贸易,特别是其核查、报告和责任确定相关的原则、方式、规则和指南。

碳吸收汇是指土地利用与土地利用变化活动（如造林、农业土壤等），对大气中二氧化碳的吸收作用。议定书规定，由造林、再造林和砍伐森林带来的土地利用变化和林业活动所引起的温室气体排放的变化，可以用于完成议定书下的承诺指标。

（四）《巴黎协定》

2015年12月，《巴黎协定》（Paris Agreement）设定了21世纪后半叶实现净零排放的目标。《巴黎协定》提出了与工业化初期相比较，到21世纪末将全球平均气温升幅控制在2℃以内，并将控制在1.5℃作为努力的目标，把21世纪下半叶实现人为温室气体排放量与自然系统吸收量相平衡（即碳中和）作为实现该目标的具体措施。

在《巴黎协定》形成的过程中，中美两国元首连续五次发表联合声明，明确了《巴黎协定》的基本原则和框架，为《巴黎协定》的达成、签署和生效发挥了关键作用。在《巴黎协定》的框架之下，我国以"五大发展理念"为核心，提出实现碳中和四大目标：到2030年，中国的二氧化碳排放要达到峰值，并且争取尽早达到峰值；中国单位GDP的二氧化碳排放比2005年下降60%～65%；非化石能源占一次能源消费比重提升到20%左右；中国的森林蓄积量要比2005年增加45亿m^3。

在《巴黎协定》框架下，截至2020年底已有占全球二氧化碳排放量65%以上的100多个国家或地区做出了碳中和承诺。碳中和的做出是国际社会应对气候变化的主动作为。

二、国际应对措施

国际社会的普遍做法是运用法治手段来推进碳达峰碳中和。目前已有127个国家和地区承诺实现碳中和目标，其中许多国家和地区甚至已经将达标时间和措施明确化，并且制定了气候变化相关的法律法规来为实现碳中和提供法律保障。

国际应对措施

（一）国外碳中和的法律政策

1. 欧盟

欧盟在全球可持续发展的潮流中一直是引领者，当前欧盟已将碳中和目标写入了法律。

① 推动碳减排立法。为实现2020年气候和能源目标，欧盟委员会于2008年1月至12月通过"气候行动和可再生能源一揽子计划"法案，形成了欧盟的低碳经济政策框架。该框架是最早具有法律约束力的欧盟碳减排计划，是全球实现减缓气候变化目标的气候和能源一体化政策。

② 提出目标。欧盟委员会于2020年1月15日通过《欧洲绿色协议》，提出欧盟于2050年实现碳中和的碳减排目标，这为《欧洲气候法》的出台和将碳中和目标写进法律做好了铺垫。此外，《欧洲绿色协议》设计出欧洲绿色发展战略的总框架，其行动路线图涵盖了诸多领域的转型发展，涉及能源、建筑、交通及农业等经济领域的措施尤其多。

③ 正式立法。欧盟委员会于2020年3月发布了《欧洲气候法》，以立法的形式确保2050年实现碳中和的欧洲愿景，从法律层面为欧洲所有的气候环境政策设定了目标和努力方向，并建立法律框架帮助各国实现2050年碳中和目标这一目标具有法律约束力，所有欧

盟成员国都承诺在欧盟和国家层面采取必要措施以实现此目标。

2. 英国

在应对全球气候变化、实现碳中和的目标上，英国一直非常积极，已经通过了一系列改革举措，并颁布了《气候变化法》，成为世界上首个以法律形式明确中长期碳减排计划的国家，在该领域保持世界领先地位。

3. 德国

德国的碳中和法律体系具有系统性。

① 出台减排战略。21世纪初，德国政府便出台了一系列国家长期减排战略、规划和行动计划，如2008年的《德国适应气候变化战略》、2011年的《适应行动计划》及《气候保护规划2050》等。除此之外，德国政府还通过了一系列法律法规，如《可再生能源优先法》《可再生能源法》《联邦气候法》及《国家氢能战略》等。

② 正式立法。2019年11月15日，德国政府通过了《气候保护法》，首次以法律形式确定了德国中长期温室气体减排目标：到2030年实现温室气体排放总量较1990年至少减少55%，到2050年实现温室气体净零排放，即实现"碳中和"。德国的《气候保护法》明确了工业、建筑、能源、交通、农林等不同经济部门所允许的碳排放量，并规定联邦政府有责任、有权力监督有关领域实现每年的减排目标。

4. 法国

法国政府也为碳中和目标做出了持续性的努力。法国政府于2015年8月通过了《绿色增长能源转型法》，该法确定了法国国内绿色增长与能源转型的时间表。此外，法国政府还于2015年提出了《国家低碳战略》，从而制定了碳预算制度。2018~2019年，法国政府继续对该战略进行修订，将2050年温室气体排放减量目标调整为碳中和目标。法国政府于2020年4月21日最终以法令的形式正式通过了《国家低碳战略》。法国政府还制定并实施了《法国国家空气污染物减排规划纲要》《多年能源规划》等，为实现节能减排、促进绿色增长提供了有力的政策保障。

5. 瑞典

瑞典气候新法于2018年初生效，该法为温室气体减排制定了长期目标：在2045年前实现温室气体零排放，在2030年前实现交通运输部门减排70%。该法从法律层面规定了每届政府的碳减排义务，即必须着眼于瑞典气候变化总体目标来制定相关的政策和法规。

6. 美国

美国作为一个碳排放大国，其碳排放量在全球占比15%左右。继先后退出《京都议定书》《巴黎协定》之后，时任美国总统拜登于2021年1月20日上任第一天就宣布重返《巴黎协定》，并就减少碳排放提出了若干新的政策。美国在气候领域提出的最新目标是：到2035年，向可再生能源过渡以实现无碳发电；到2050年实现碳中和。为了实现此目标，拜登政府计划投资2万亿美元于基础设施、清洁能源等重点领域。美国的气候和能源政策目标正越来越清晰，在2050年实现碳中和是其长远目标，其战略路径则是由传统能源独立向清洁能源独立转变。

7. 澳大利亚

澳大利亚政府对气候减排并不积极，其气候政策也处在摇摆不定中。直到2007年澳大利亚政府才签署《京都议定书》。

8. 日本

国际能源署的数据表明，日本是 2017 年全球温室气体排放量第六大贡献国，自 2011 年福岛灾难以来，尽管日本在节能技术上有所发展，但仍对化石能源具有很强的依赖性。

① 法律依据。为减少因使用化学能源的温室气体排放，日本此前颁布的《关于促进新能源利用措施法》（1997 年）和《新能源利用的措施法实施令》（2002 年）等法规政策可视为日本实现碳中和目标的法律依据。

除此之外，日本政府还发布了针对碳排放和绿色经济的政策文件，如《面向低碳社会的十二大行动》（2008 年）及《绿色经济与社会变革》（2009 年）政策草案。

② 提出目标。为应对气候变化，日本政府在 2020 年 10 月 25 日公布了"绿色增长战略"，确定了到 2050 年实现净零排放的目标，该战略的目的在于通过技术创新和绿色投资的方式加速向低碳社会转型。

③ 公布脱碳路线图草案。日本政府于 2020 年底公布了脱碳路线图草案。其中不仅书面确认了"2050 年实现净零排放"的目标，还为海上风电、电动汽车等 14 个领域设定了不同的发展时间表，其目的是通过技术创新和绿色投资的方式加速向低碳社会转型。

（二）国外碳中和主要制度

在保障实现碳中和目标的气候立法中，碳市场、碳技术、碳税及补贴等经济手段是各国通用制度。

1. 碳市场

从碳交易市场发展历史来看，碳交易机制最早由联合国提出，当前基本上依照《京都议定书》所规定的框架来运作。目前在各国的碳交易机制中，英国的全国性碳交易立法较为典型。澳大利亚于 2011 年通过的《清洁能源法案》从碳税逐步过渡到国家性碳交易市场，设立了碳中和认证制度和碳排放信用机制，构建了比较完整的碳市场执法监管体系，为碳中和目标的实现奠定了制度基础。

2. 碳技术

联合国政府间气候变化专门委员会第五次评估报告指出，若无 CCUS 技术，绝大多数气候模式都不能实现减排目标。

3. 碳税

碳税可简单地理解为对二氧化碳排放所征收的税，即某一国出口的产品不能达到进口国在节能和碳减排方面所设定的标准，就将被征收特别关税。按其碳含量的比例通过对燃煤和石油下游的汽油、天然气、航空燃油等化石燃料产品征税，实现减少化石燃料消耗和二氧化碳排放。

整体来看，碳税制度在世界大多数国家的行动中有所体现。当前，碳税制度正成为发达国家有关碳中和目标的规则博弈。以欧盟为主的国家正着力设计碳税制度，碳税机制或进入实施阶段。欧盟于 2020 年初签订《欧洲绿色协议》，协议提出要在欧盟区域内实施"碳关税"的新税收制度，欧洲议会于2021年3月通过了"碳边境调节机制"议案，该议案提出将从2023年起对欧盟进口的部分商品征收碳税。英国首相鲍里斯·约翰逊建议利用七国集团主席这一角色来推动成员国之间协调征收碳边境税。美国则在考虑征收"碳边境税"或"边境调节税"。

（三）国外碳中和实施的路径

为实现碳中和目标，一些国家制定了以产业政策为主的减排路线图。

1. 降低煤电供应，发展清洁能源

根据国际能源署（IEA）的测算，从1990年至2019年，包括煤、石油、天然气在内的传统化石能源在全球能源供给中占比约80%，清洁能源的占比很小。推动能源供给侧的全面脱碳是实现碳中和目标的关键，因此，各国从能源供给端着手来实现碳中和。

① 降低煤电供应。从能源供给侧来看，55%的碳排放量来自电力行业，而电力行业80%的碳排放量来自燃煤发电。因此，为实现碳中和目标，全球已有多个国家采取了具体措施来降低对煤炭的依赖。

比如，加拿大和英国于2017年共同成立了"弃用煤炭发电联盟"，目前已有32个国家和22个地区政府加入，联盟成员都承诺在未来的5~12年内彻底淘汰燃煤发电；瑞典已于2020年4月关闭了国内最后一座燃煤电厂；丹麦打算到2050年全面停止在北海的石油和天然气勘探及开采活动，作为能源转型方案的组成部分。

② 发展清洁能源。由于清洁能源中的可再生能源具有分布广、可永续利用、潜力大等特点，清洁能源已成为各国应对气候变化的重要选择。比如，美国于2009年颁布了《复苏与再投资法》，通过贷款优惠、税收抵免等方式，鼓励私人投资风力发电，2019年风能已经成为美国排名第一的可再生能源；德国是欧洲可再生能源发展规模最大的国家，其在2019年出台的《气候行动法》和《气候行动计划2030》中明确提出了将逐年提升可再生能源发电量占总用电量的比重，该比重将在2050年达到80%以上；欧盟则于2020年7月发布了氢能战略，这一战略将推进氢技术的开发；英国、丹麦也提出了发展氢能源战略，为交通、电力、工业和住宅供能。

2. 工业领域开展节能减碳活动

工业是能源消耗和二氧化碳排放的主要领域，2019年经济合作与发展组织（OECD）成员国的工业领域二氧化碳排放量占排放总量的29%。因此，为响应碳中和目标要求，工业领域开展节能减排减碳活动是大势所趋。

3. 打造绿色建筑

行业的碳排放水平对各国实现碳中和目标构成了挑战，绿色化改造建筑对于实现碳中和目标是一个有效的途径。从世界范围来看，各国建筑行业大多采用"绿色建筑"这一节能减排概念，通过构建绿色建筑来最大限度地节约资源，减少碳排放。

4. 布局新能源交通工具

交通运输领域碳排放非常复杂，而且该领域产生的碳排放量非常大，交通运输已成为实现碳中和目标的重要关注领域之一。目前，发达国家在建筑等领域的碳排放量已有所下降，

但交通运输领域却没有太大的改善,因此,减少交通运输业碳排放量、布局新能源交通工具已经提上了各国碳中和的日程。

5. 减少农业生产碳排放,加强植树造林

农业、林业领域是值得关注的碳排放源。目前,农业生产的碳排放量占全球人为总排放量的 19%,发展低碳农业和林业也是实现碳中和目标的关键路径。

(四)国外低碳发展的经验

美国、英国、德国、法国、日本等主要发达国家制定了低碳发展战略,在碳交易市场建设等方面进行了积极的探索,积累了丰富的经验。

1. 重视碳交易市场建设

碳交易市场是实现低碳发展的主要工具。欧盟碳排放交易体系是全球最先进的碳交易体系,现已进入第三阶段。欧盟重视碳交易市场建设,已经获得了直观的利益。

2. 增强公众意识

欧盟的低碳发展体系若被视为一个系统,则其气候政策、高度认可的低碳文化和碳排放交易市场是这个系统的三个关键要素。这三个要素间相互依存、相互制约,共同推动着欧盟整体的低碳发展。重视低碳文化使欧盟的低碳发展体系从"生产"领域扩展到了"消费"领域。

3. 促进温室气体减排

① 通过立法促进温室气体减排。英国于 2008 年通过了《气候变化法案》,以法律形式明确了中长期碳减排目标。随后,气候委员会为英国设定了具体的低碳发展路线图。

② 确定低碳发展的核心。英国将低碳电力确定为低碳发展的核心。从 2008 年到 2030 年,电力行业的碳排放强度（CO_2 当量）从超过 $500g/(kW \cdot h)$ 降低到 $50g/(kW \cdot h)$。

③ 运用限制和激励两种手段促进温室气体减排。英国重视综合运用限制和激励两种手段来促进温室气体减排。一方面,英国政府采取各种措施限制高能耗、高排放和高污染的企业发展；另一方面,英国政府制定一系列税收优惠、设立减排援助基金等激励措施,引导各个领域的企业主动减少温室气体排放量。

4. 控制温室效应

法国于 2000 年颁布《控制温室效应国家计划》,明确了以下减排措施选取和制定原则:

① 确保已制定的碳减排措施得到有效落实。

② 利用经济手段来调节和降低温室气体排放量。

5. 能源转型

1987 年,德国政府成立了大气层预防性保护委员会,这是首个应对气候变化的机构。德国积极发展可再生能源和清洁能源,并于 2010 年 9 月和 2011 年 8 月分别提出了"能源概念"和"加速能源转型决定",从而形成了完整的"能源转型战略"和路线图。

第二节
国内应对"双碳"政策、措施

一、国内政策

（一）我国低碳发展战略的演化过程

由于全球气候变化问题不断加剧，各个国家对其的重视程度也与日俱增。中国作为一个有责任感的发展中大国，依据自身的国情与国力，持续地规划和制订本国的低碳发展路径与战略目标。随着世界发展格局的持续变化，中国从全球应对气候变化事业的积极参与者渐渐转变成为引领者和主导者，相应地，中国的低碳发展战略目标也出现了变化。碳达峰、碳中和目标的提出，为中国低碳发展战略设定了新的目标，注入了新的活力。

1. 中国正式启动低碳发展战略的标志

2006年，中国发布的第十一个五年规划首次明确提出了节能减排约束性指标，指标要求在2005年的水平上，2010年单位GDP能源消费量下降20%，主要污染物排放总量下降10%，此为中国正式启动低碳发展战略的重要标志。

2. 中国提出国家碳减排目标

2009年在联合国气候变化哥本哈根大会上，中国政府向世界宣布，2020年中国单位GDP碳排放量将在2005年的水平上下降40%～45%，这是中国第一次提出国家碳减排目标。中国的碳强度减排目标是符合中国国情的，也是非常有诚意的，尽管引起了世界范围内的关注与争论，但它表明了中国应对气候变化、参与全球气候保护的积极态度，意味着减缓碳排放将成为中国低碳发展战略的主要目标之一。

2011年，中国第十二个五年规划中明确提出，单位GDP能源消耗在"十二五"期间降低16%的同时，单位GDP碳排放降低17%。随后，国家发展和改革委员会根据全国碳强度下降目标，确定了各省份的碳强度下降任务，而各省份也依次向下分解任务。由于碳强度下降幅度主要取决于节能幅度和能源结构调整幅度，因此在第十二个五年规划中还专门提出，"十二五"期间全国非化石能源占一次能源消费比重提高3.1个百分点，进一步强化了碳强度减排目标。自此，碳强度减排目标进入公众视野，与节能目标一起作为我国发展的约束性指标，并成为各级政府工作考核的重点之一。碳强度减排目标的确定，让公众明晰碳强度减排目标与节能目标具有差异性，也清晰展现了中国的低碳发展战略。

2014年，中国与美国签订《中美气候变化联合声明》，声明中提出中国将在2030年左右实现碳达峰并争取尽早实现，以及非化石能源占一次能源消费比重达到20%左右的声明。这是中国第一次提出与国家碳总量控制相关的低碳发展战略目标。紧接着，在2015年召开的联合国气候变化巴黎大会上，中国将上述声明以"国家自主贡献"的形式提出，并明确提出 2030 年单位国内生产总值二氧化碳排放比 2005 年下降 60%～65% 的目标，再一次向世界展现了中国应对气候变化的决心。

2016 年，中国第十三个五年规划中提出，单位 GDP 能源消耗和单位 GDP 碳排放在"十三五"期间分别下降 15% 和 18%、非化石能源占一次能源消费比重上升 3%，以及全国能源消费总量要控制在 50 亿吨标准煤以内，并支持优化开发区域碳排放率先达到峰值。由于构成碳排放总量的主要决定因素是能源消费总量和能源消费结构，因此第十三个五年规划提出的能源消费总量控制目标和能源结构优化目标，基本上能够确定"十三五"期间中国碳排放总量的控制目标值，为 2030 年前碳达峰这一较长期碳总量控制目标的实现打下坚实基础。而支持优化开发区域的碳排放率先达到峰值，既有助于为全国各地区减排工作提供可借鉴的经验，也能有利于促成全国总体碳达峰目标的顺利实现。

3. 中国提出国家碳达峰、碳中和目标

2020 年 9 月，习近平主席在第七十五届联合国大会一般性辩论上提出了中国的碳达峰、碳中和目标。即"中国将提高国家自主贡献力度，采取更加有力的政策和措施，二氧化碳排放力争于 2030 年前达到峰值，努力争取 2060 年前实现碳中和"。党的十九届五中全会还将制定 2030 年前碳排放达峰行动方案作为"推动绿色发展，促进人与自然和谐共生"的一项重要任务提出来。在 2020 年 12 月的气候雄心峰会上，习近平同志发表主题为"继往开来，开启全球应对气候变化新征程"的讲话，宣布了中国提高国家自主贡献力度的新举措，即中国不仅要力争实现上述碳达峰、碳中和目标，还要实现 2030 年单位 GDP 碳排放比 2005 年下降 65% 以上，非化石能源占一次能源消费比重达到 25% 左右的目标。这是中国又一次重大的气候政策宣示，擘画了中国实现碳排放达峰目标的具体路线图，展现了中国应对气候变化的坚定决心和重信守诺的责任担当。

（二）我国碳达峰、碳中和"1+N"政策体系构建

碳达峰、碳中和目标的提出，是我国主动作出的战略决策，是我国向世界作出的庄严承诺，也是一场广泛而深刻的经济社会变革。为深入贯彻落实党中央、国务院关于碳达峰、碳中和的决策部署，2021 年以来，我国加快进行碳达峰、碳中和顶层设计，努力构建碳达峰碳中和"1+N"政策体系（图 3-1）。

国内政策

1. 顶层设计文件

根据《中华人民共和国国民经济和社会发展第十四个五年规划和 2035 年远景目标纲要》的要求，2021 年 10 月 24 日，国务院印发了《关于完整准确全面贯彻新发展理念做好碳达峰碳中和工作的意见》，该文件是碳达峰、碳中和"1+N"政策体系中的"1"，也是我国碳达峰、碳中和工作的纲领性文件。《关于完整准确全面贯彻新发展理念做好碳达峰碳中和工作的意见》坚持系统观念，把碳达峰、碳中和纳入经济社会发展全局，以经济社会发展全面绿色转型为引领，以能源绿色低碳发展为关键，提出了 10 方面 31 项重点任务（表 3-1），明确了我国实现碳达峰、碳中和工作的路线

《关于完整准确全面贯彻新发展理念做好碳达峰碳中和工作的意见》

图、施工图,对指导和统筹"双碳"工作起到纲领性作用。

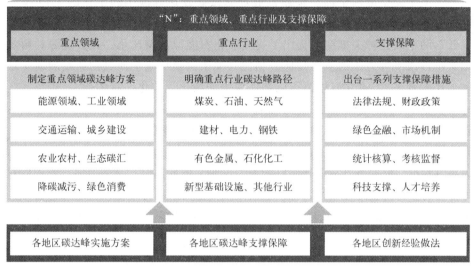

图 3-1 中国碳达峰碳中和"1+N"政策体系示意图
图源:《中国碳达峰碳中和政策与行动(2023)》

表 3-1 我国碳达峰、碳中和工作重点任务

序号	重点任务	任务内容概要
1	推进经济社会发展全面绿色转型	强化绿色低碳发展规划引领,优化绿色低碳发展区域布局,加快形成绿色生产生活方式
2	深度调整产业结构	加快推进农业、工业、服务业绿色低碳转型,坚决遏制高耗能高排放项目盲目发展,大力发展绿色低碳产业
3	加快构建清洁低碳安全高效能源体系	强化能源消费强度和总量双控,大幅提升能源利用效率,严格控制化石能源消费,积极发展非化石能源,深化能源体制机制改革
4	加快推进低碳交通运输体系建设	优化交通运输结构,推广节能低碳型交通工具,积极引导低碳出行
5	提升城乡建设绿色低碳发展质量	推进城乡建设和管理模式低碳转型,大力发展节能低碳建筑,加快优化建筑用能结构
6	加强绿色低碳重大科技攻关和推广应用	强化基础研究和前沿技术布局,加快先进适用技术研发和推广
7	持续巩固提升碳汇能力	巩固生态系统碳汇能力,提升生态系统碳汇增量
8	提高对外开放绿色低碳发展水平	加快建立绿色贸易体系,推进绿色"一带一路"建设,加强国际交流与合作
9	健全法律法规标准和统计监测体系	健全法律法规,完善标准计量体系,提升统计监测能力
10	完善政策机制	完善投资、金融、财税、价格等政策体系,推进碳排放权交易、用能权交易等市场化机制建设

2. "N"系列政策

(1)《2030年前碳达峰行动方案》

"N"系列政策文件之首是2021年10月26日国务院发布的《2030年前碳达峰行动方案》。该方案是碳达峰阶段的总体部署,在目标、原则、方向等方面与《关于完整准确全面贯彻新发展理念做好碳达峰碳中和工作的意见》保持有序衔接,聚焦2030年前碳达峰目标,尤其是针对"十四五"和"十五五"两个碳达峰关键期,提出了提高非化石能源消费比重、提升能源利用效率、降低二氧化碳排放水平等方面的主要目标。相比《关于完整准确全面贯彻新发展理念做好碳达峰碳中和工作的意见》,该方案相关指标和任务更加细化、实化、具体化。

《2030年前碳达峰行动方案》

该方案明确了"N"的政策范围包括能源、工业、城乡建设、交通运输等行业碳达峰实施方案,以及科技支撑、碳汇能力、能源保障、统计核算、督察考核、财政金融价格等保障政策,该方案作为"N"系列政策中的首要文件,对后续出台的"N"系列政策起到统领作用,因此有关部门和单位根据该方案部署制订能源、工业、城乡建设、交通运输、农业农村等领域以及具体行业的碳达峰实施方案,各地区也按照该方案要求制订本地区碳达峰行动方案。

该方案提出了将碳达峰贯穿于经济社会发展全过程和各方面,重点实施能源绿色低碳转型行动、节能降碳增效行动、工业领域碳达峰行动、城乡建设碳达峰行动、交通运输绿色低碳行动、循环经济助力降碳行动、绿色低碳科技创新行动、碳汇能力巩固提升行动、绿色低碳全民行动、各地区梯次有序碳达峰行动等"碳达峰十大行动",如表3-2所示。

表3-2 "碳达峰十大行动"内容一览表

序号	行动名称	主要内容
1	能源绿色低碳转型行动 坚持安全降碳,在保障能源安全的前提下,大力实施可再生能源替代,加快构建清洁低碳安全高效的能源体系	1. 推进煤炭消费替代和转型升级。 2. 大力发展新能源。 3. 因地制宜开发水电。 4. 积极安全有序发展核电。 5. 合理调控油气消费。 6. 加快建设新型电力系统
2	节能降碳增效行动 落实节约优先方针,完善能源消费强度和总量双控制度,严格控制能耗强度,合理控制能源消费总量,推动能源消费革命,建设能源节约型社会	1. 全面提升节能管理能力。 2. 实施节能降碳重点工程。 3. 推进重点用能设备节能增效。 4. 加强新型基础设施节能降碳
3	工业领域碳达峰行动 要加快绿色低碳转型和高质量发展,力争率先实现碳达峰	1. 推动工业领域绿色低碳发展。 2. 推动钢铁行业碳达峰。 3. 推动有色金属行业碳达峰。 4. 推动建材行业碳达峰。 5. 推动石化化工行业碳达峰。 6. 坚决遏制"两高"项目盲目发展
4	城乡建设碳达峰行动 加快推进城乡建设绿色低碳发展,城市更新和乡村振兴都要落实绿色低碳要求	1. 推进城乡建设绿色低碳转型。 2. 加快提升建筑能效水平。 3. 加快优化建筑用能结构。 4. 推进农村建设和用能低碳转型
5	交通运输绿色低碳行动 加快形成绿色低碳运输方式,确保交通运输领域碳排放增长保持在合理区间	1. 推动运输工具装备低碳转型。 2. 构建绿色高效交通运输体系。 3. 加快绿色交通基础设施建设

续表

序号	行动名称	主要内容
6	循环经济助力降碳行动 抓住资源利用这个源头,大力发展循环经济,全面提高资源利用效率,充分发挥减少资源消耗和降碳的协同作用	1. 推进产业园区循环化发展。 2. 加强大宗固废综合利用。 3. 健全资源循环利用体系。 4. 大力推进生活垃圾减量化、资源化
7	绿色低碳科技创新行动 发挥科技创新的支撑引领作用,完善科技创新体制机制,强化创新能力,加快绿色低碳科技革命	1. 完善创新体制机制。 2. 加强创新能力建设和人才培养。 3. 强化应用基础研究。 4. 加快先进适用技术研发和推广应用
8	碳汇能力巩固提升行动 坚持系统观念,推进山水林田湖草沙一体化保护和修复,提高生态系统质量和稳定性,提升生态系统碳汇增量	1. 巩固生态系统固碳作用。 2. 提升生态系统碳汇能力。 3. 加强生态系统碳汇基础支撑。 4. 推进农业农村减排固碳
9	绿色低碳全民行动 增强全民节约意识、环保意识、生态意识,倡导简约适度、绿色低碳、文明健康的生活方式,把绿色理念转化为全体人民的自觉行动	1. 加强生态文明宣传教育。 2. 推广绿色低碳生活方式。 3. 引导企业履行社会责任。 4. 强化领导干部培训
10	各地区梯次有序碳达峰行动 各地区要准确把握自身发展定位,结合本地区经济社会发展实际和资源环境禀赋,坚持分类施策、因地制宜、上下联动,梯次有序推进碳达峰	1. 科学合理确定有序碳达峰目标。 2. 因地制宜推进绿色低碳发展。 3. 上下联动制定地方碳达峰方案。 4. 组织开展碳达峰试点建设

(2) 各部委、省市出台的政策文件

《关于完整准确全面贯彻新发展理念做好碳达峰碳中和工作的意见》和《2030 年前碳达峰行动方案》是我国碳达峰碳中和"1＋N"政策体系的顶层设计文件。顶层设计完成后,国务院财政部、住建部、农业农村部、国资委、交通运输部、生态环境部、工信部等部委出台了碳达峰、碳中和重点领域、重点行业实施方案及相关支撑保障方案,落实"碳达峰十大行动"。其中,重点领域包括能源、工业、交通运输、城乡建设、农业农村、减污降碳等,重点行业包括煤炭、石油、天然气、钢铁、有色金属、石化化工、建材等。

《国家碳达峰试点建设方案》

各省、市、自治区基于资源环境禀赋、产业布局、发展阶段等实际,结合区域重大战略、区域协调发展战略和主体功能区战略,制定本地区碳达峰实施方案和各领域碳达峰实施方案,提出了符合实际、切实可行的任务目标。这些政策文件(表 3-3)为支撑实现我国 2030 年和 2060 年的碳达峰、碳中和目标打下了坚实基础。

表 3-3 各部委、省市基于《2030 年前碳达峰行动方案》出台的政策文件(部分)

序号	领域	政策	发布时间
1	能源	《关于完善能源绿色低碳转型体制机制和政策措施的意见》	2022 年 1 月 30 日
		《关于进一步推进电能替代的指导意见》	2022 年 3 月 9 日
		《"十四五"现代能源体系规划》	2022 年 3 月 22 日
		《氢能产业发展中长期规划(2021—2035 年)》	2022 年 3 月 23 日
		《煤炭清洁高效利用重点领域标杆水平和基准水平(2022 年版)》	2022 年 5 月 10 日
		《"十四五"可再生能源发展规划》	2022 年 6 月 1 日
		《能源碳达峰碳中和标准化提升行动计划》	2022 年 10 月 9 日
		《关于促进光伏产业链健康发展有关事项的通知》	2022 年 10 月 28 日
		《关于积极推动新能源发电项目应并尽并、能并早并有关工作的通知》	2022 年 11 月 28 日
		《加快油气勘探开发与新能源融合发展行动方案(2023—2025 年)》	2023 年 3 月 23 日

续表

序号	领域	政策	发布时间
2	节能降碳	《"十四五"公共机构节约能源资源工作规划》	2021年6月1日
		《"十四五"节能减排综合工作方案》	2022年1月24日
		《高耗能行业重点领域节能降碳改造升级实施指南(2022年版)》	2022年2月11日
		《"十四五"建筑节能与绿色建筑发展规划》	2022年3月1日
		《减污降碳协同增效实施方案》	2022年6月17日
		《关于严格能效约束推动重点领域节能降碳的若干意见》	2022年10月21日
		《重点用能产品设备能效先进水平、节能水平和准入水平(2022年版)》	2023年1月13日
		《公共机构绿色低碳技术(2022年)》	2023年1月16日
		《国家清洁生产先进技术目录(2022)》	2023年1月18日
		《2024—2025年节能降碳行动方案》	2024年5月23日
3	工业	《关于加强产融合作推动工业绿色发展的指导意见》	2021年9月3日
		《"十四五"工业绿色发展规划》	2021年12月3日
		《2021年碳达峰碳中和专项行业标准制修订项目计划》	2021年12月22日
		《关于促进钢铁工业高质量发展的指导意见》	2022年2月7日
		《关于"十四五"推动石化化工行业高质量发展的指导意见》	2022年4月7日
		《关于产业用纺织品行业高质量发展的指导意见》	2022年4月21日
		《关于化纤工业高质量发展的指导意见》	2022年4月21日
		《关于推动轻工业高质量发展的指导意见》	2022年6月17日
		《工业领域碳达峰实施方案》	2022年8月1日
		《建材行业碳达峰方案》	2022年11月7日
		《有色金属行业碳达峰实施方案》	2022年11月15日
		《工业领域碳达峰碳中和标准体系建设指南》	2024年2月4日
4	城乡建设	《关于推动城乡建设绿色发展的意见》	2021年10月21日
		《"十四五"建筑节能与绿色建筑发展规划》	2022年3月1日
		《农业农村减排固碳实施方案》	2022年3月11日
		《城乡建设领域碳达峰实施方案》	2022年6月30日
		《关于扩大政府采购支持绿色建材促进建筑品质提升政策实施范围的通知》	2022年10月24日
		《"十四五"国家储备林建设实施方案》	2023年3月17日
		《国家碳达峰试点建设方案》	2023年10月20日
5	交通运输	《数字交通"十四五"发展规划》	2021年12月22日
		《绿色交通"十四五"发展规划》	2022年1月21日
		《城市绿色货运配送示范工程管理办法》	2022年3月16日
		《贯彻落实中共中央国务院关于完整准确全面贯彻新发展理念做好碳达峰碳中和工作的意见》	2022年6月24日
		《绿色交通标准体系(2022年)》	2022年8月18日
		《关于支持新能源商品汽车铁路运输服务新能源汽车产业发展的意见》	2023年1月31日
		《推进铁水联运高质量发展行动方案(2023—2025年)》	2023年3月16日
6	循环经济	《"十四五"循环经济发展规划》	2021年7月1日
		《"十四五"塑料污染治理行动方案》	2021年9月8日
		《关于做好"十四五"园区循环化改造工作有关事项的通知》	2021年12月15日
		《工业废水循环利用实施方案》	2021年12月29日
		《关于加快推动工业资源综合利用的实施方案》	2022年2月10日
		《关于深入推进公共机构生活垃圾分类和资源循环利用示范工作的通知》	2022年8月31日
		《关于加强县级地区生活垃圾焚烧处理设施建设的指导意见》	2022年11月28日
7	科技创新	《"十四五"能源领域科技创新规划》	2021年11月29日
		《科技支撑碳达峰碳中和实施方案(2022—2030年)》	2022年8月18日
		《关于建立〈"十四五"能源领域科技创新规划〉实施监测机制的通知》	2022年10月25日
		《"十四五"生态环境领域科技创新专项规划》	2022年11月2日

续表

序号	领域	政策	发布时间
8	碳汇	《关于加快推进竹产业创新发展的意见》 《林业碳汇项目审定和核证指南》(GB/T 41198—2021) 《海洋碳汇经济价值核算方法》 《海洋碳汇核算方法标准》	2021年12月6日 2021年12月31日 2022年2月21日 2023年1月1日
9	绿色低碳全民行动	《促进绿色消费实施方案》 《加强碳达峰碳中和高等教育人才培养体系建设工作方案》 《关于实施储能技术国家急需高层次人才培养专项的通知》 《2022年绿色低碳公众参与实践基地征集活动方案》 《绿色低碳发展国民教育体系建设实施方案》	2022年1月18日 2022年5月7日 2022年8月31日 2022年9月19日 2022年11月8日
10	各地区梯次有序碳达峰行动	《浙江省关于完整准确全面贯彻新发展理念做好碳达峰碳中和工作的实施意见》 《河北省碳达峰实施方案》 《上海市碳达峰实施方案》 《江西省碳达峰实施方案》 《陕西省碳达峰实施方案》 《重庆市关于完整准确全面贯彻新发展理念做好碳达峰碳中和工作的实施意见》 《吉林省碳达峰实施方案》 《云南省碳达峰实施方案》 《海南省碳达峰实施方案》 《天津市碳达峰实施方案》 《黑龙江省碳达峰实施方案》 《辽宁省碳达峰实施方案》 《安徽省碳达峰实施方案》 《江苏省碳达峰实施方案》 《宁夏回族自治区碳达峰实施方案》 《湖南省碳达峰实施方案》 《贵州省碳达峰实施方案》 《内蒙古自治区碳达峰实施方案》 《北京市碳达峰实施方案》 《山东省碳达峰实施方案》 《青海省碳达峰实施方案》 《广西壮族自治区碳达峰实施方案》 《四川省碳达峰实施方案》 《山西省碳达峰实施方案》 《新疆维吾尔自治区城乡建设领域碳达峰实施方案》 《河南省碳达峰实施方案》 《广东省碳达峰实施方案》 《陕西省碳达峰实施方案》 《甘肃省碳达峰实施方案》 《西藏自治区碳达峰实施方案》	2022年2月17日 2022年6月19日 2022年7月8日 2022年7月18日 2022年7月22日 2022年7月29日 2022年8月1日 2022年8月11日 2022年8月22日 2022年8月25日 2022年9月7日 2022年9月12日 2022年9月23日 2022年10月14日 2022年10月25日 2022年10月28日 2022年11月4日 2022年11月18日 2022年11月30日 2022年12月18日 2022年12月18日 2022年12月29日 2022年12月30日 2023年1月9日 2023年1月20日 2023年2月6日 2023年2月7日 2023年2月17日 2023年5月11日 2023年7月23日

(3) 政策布局

从碳达峰到碳中和需要经历不同的阶段，政策需求往往也不同。以2021年为起点到2060年，结合国际经验及我国经济社会发展趋势，我国碳达峰、碳中和路径将经历3个各有侧重、导向差异的阶段，相应阶段的政策重心也有所不同。

第一阶段，碳达峰阶段（2030年前）。主要目标：通过坚决遏制高耗能、高污染（以下简称"两高"）项目盲目发展，防止碳排放高位达峰，并在科学评估基础上完成满足未来发展需求的高碳排放产业总体布局。政策重心：在立法方面展开研究，制定具有导向意义的"碳中和促进法"；目标上，要建立以碳排放强度为主、碳排放总量为辅的双控制度；产业结构调整上，充分利用强制命令型手段遏制"两高"项目过快增长；前瞻性布局碳达峰、碳中和科技研发专项；在碳交易方面，实施电力领域碳排放交易市场，逐步扩容和纳入其他领域；投融资政策要纳入气候变化因素，抑制过快流向高碳资产。

第二阶段，碳峰值平台期（碳达峰后 5 年左右）。主要目标：巩固前一阶段的减排成效，防止峰值突破。政策重心：进一步完善碳排放总量管控制度，实施碳排放总量控制下的"两高"项目产能置换和升级政策；有效结合碳排放标准手段和市场激励措施，加速成熟型低碳技术的推广应用；从金融标准、金融产品、激励政策等方面构建完善以碳达峰、碳中和为导向的投融资政策体系，夯实数据核算、气候风险分析、信息披露、人才队伍等能力建设体系。

第三阶段，迈向碳中和阶段（碳达峰后 5 年直至碳中和）。主要目标：稳步推动碳排放逐步下降。政策重心：加快健全碳中和立法体系，实施严格的碳排放总量减排控制制度；充分发挥市场价格机制、竞争机制的引导作用，建立完善的绿色金融体系，加速推动先进低碳、零碳和负碳技术的商业化进程；以公共资金为引导，以私人和社会资本为主力，针对能源、工业、建筑、交通、农业等重点领域的技术研发、推广、应用等全流程精准布局。

3. 协同推进政策

当前我国生态文明建设同时面临着实现生态环境根本好转和碳达峰、碳中和两大战略任务，生态环境多目标治理要求进一步凸显，协同推进减污降碳已成为我国新发展阶段经济社会发展全面绿色转型的必然选择，如何创新政策措施，优化治理路线，推动减污降碳协同增效就显得尤为重要。2022 年 6 月 22 日，生态环境部、国家发展和改革委员会、工业和信息化部、住房和城乡建设部、交通运输部、农业农村部、国家能源局等七部委联合印发了《减污降碳协同增效实施方案》，方案提出，"到 2025 年，减污降碳协同推进的工作格局基本形成""到 2030 年，减污降碳协同能力显著提升，助力实现碳达峰目标"，该方案是碳达峰、碳中和"1＋N"政策体系的重要组成部分，为进一步优化生态环境治理、形成减污降碳协同推进工作格局指明了方向。

4. 标准体系建设

标准是国家质量基础设施的重要内容，碳达峰碳中和标准体系建设是实现资源高效利用、能源绿色低碳发展、产业结构深度调整、生产生活方式绿色变革和经济社会发展全面绿色转型的重要支撑，对如期实现碳达峰碳中和目标具有重要意义。为全面贯彻落实党的二十大报告关于"积极稳妥推进碳达峰碳中和"的重要部署，积极落实碳达峰碳中和"1＋N"政策体系对标准化工作的部署，我国正在加快构建结构合理、层次分明、适应经济社会高质量发展的碳达峰碳中和标准体系。

（1）《碳达峰碳中和标准体系建设指南》

2023 年 4 月 1 日，国家标准化管理委员会联合国家发展改革委、工业和信息化部、自然资源部、生态环境部、住房城乡建设部、交通运输部、中国人民银行、中国气象局、国家能源局、国家林草局发布了《碳达峰碳中和标准体系建设指南》（国标委联〔2023〕19 号，以下简称《指南》）。《指南》明确了碳达峰碳中和标准化工作重点，支撑能源、工业、交通运输、城乡建设、农业农村、林业草原、金融、公共机构、居民生活等重点行业和领域实现绿色低碳发展，推动实现各类标准协调发展。

《指南》明确了碳达峰、碳中和标准体系建设工作的基本原则是：坚持系统布局、坚持突出重点、坚持稳步推进、坚持开放融合。提出的碳达峰、碳中和标准体系包含的主要内容为：基础通用标准、碳减排标准、碳清除标准和市场化机制标准，共 4 个一级子体系、15 个二级子体系和 63 个三级子体系。

《指南》提出了以下四个方面的重点工作：一是形成国际标准化工作合力，提出成立碳达峰、碳中和国际标准化协调推进工作组，设立一批国际标准创新团队等措施。二是加强国际交流合作，提出与联合国政府间气候变化专门委员会（IPCC）、国际标准组织（ISO、IEC、ITU）等机构以及"一带一路"沿线国家加强交流合作对接，推动金砖国家、亚太经合组织等框架下开展节能低碳标准化对话等措施。三是积极参与国际标准制定，提出在温室气体监测核算、能源、绿色金融等重点领域提出国际标准提案，积极争取成立一批标准化技术机构等措施。四是推动国内国际标准对接，提出开展碳达峰碳中和国内国际标准比对分析，鼓励适用的国际标准转化为国家标准，成体系推进国家标准、行业标准、地方标准等外文版制定和宣传推广等措施。

《指南》的发布是全面贯彻落实党的二十大精神，落实党中央、国务院关于积极稳妥推进碳达峰、碳中和决策部署的重要措施，绘制了未来 3 年"双碳"标准制修订工作的"施工图"。

（2）《工业领域碳达峰碳中和标准体系建设指南》

为深入贯彻落实党中央、国务院关于碳达峰碳中和决策部署，充分发挥标准在推进工业领域碳达峰碳中和工作中的引领和规范作用，工业和信息化部组织有关行业协会、科研机构和标准化技术组织编制了《工业领域碳达峰碳中和标准体系建设指南》（工信厅科〔2024〕7号），于 2024 年 2 月 4 日正式发布。《工业领域碳达峰碳中和标准体系建设指南》提出工业领域碳达峰碳中和标准体系框架，规划了重点标准的研制方向，注重与现有工业节能与综合利用标准体系、绿色制造标准体系的有效衔接。希望通过加快标准制定，持续完善标准体系，推进工业领域向低碳、零碳发展模式转变。预计到 2025 年，初步建立工业领域碳达峰碳中和标准体系，制定 200 项以上碳达峰急需标准，重点制定基础通用、温室气体核算、低碳技术与装备等领域标准，为工业领域开展碳评估、降低碳排放等提供技术支撑；到 2030 年，形成较为完善的工业领域碳达峰、碳中和标准体系，加快制定协同降碳、碳排放管理、低碳评价类标准，实现重点行业重点领域标准全覆盖，支撑工业领域碳排放全面达峰，标准化工作重点逐步向碳中和目标转变。工业领域碳达峰碳中和标准体系框架见图 3-2。

二、国内应对措施

国内应对措施

党的二十大报告提出，要"推动绿色发展，促进人与自然和谐共生"，并深刻指出"积极稳妥推进碳达峰碳中和"，强调"积极参与应对气候变化全球治理""实现碳达峰碳中和是一场广泛而深刻的经济社会系统性变革。立足我国能源资源禀赋，坚持先立后破，有计划分步骤实施碳达峰行动"。这些论述反映了中央对实施"双碳"战略所面临问题的清晰判断，体现了我国推动实现碳中和目标的决心与责任担当。中国多年来一直致力于生态文明建设和解决环境问题，通过采取切实行动，以及携手国际社会共同努力，积极应对碳中和全球治理挑战。

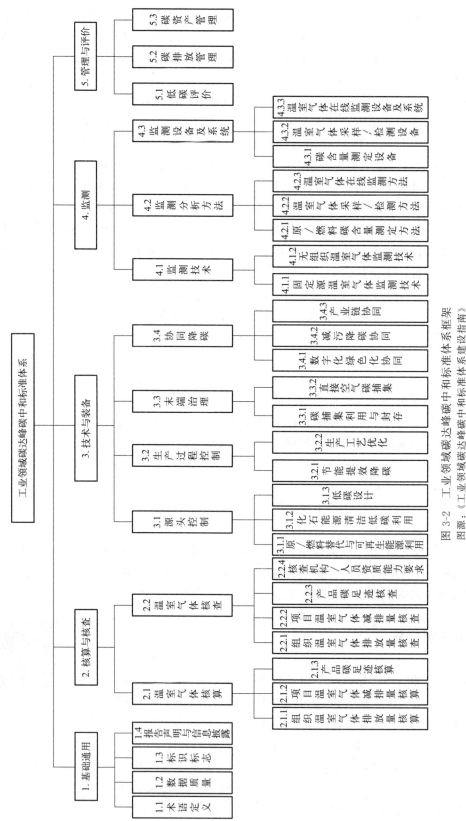

图 3-2 工业领域碳达峰碳中和标准体系框架

图源：《工业领域碳达峰碳中和标准体系建设指南》

（一）国家层面措施

在实现"双碳"目标的过程中，国务院各部委层面积极行动，精心制定并发布了针对重点领域和重点行业的详细实施计划；为了保障这些实施计划的有效执行，各部委还相应制定了一系列支持和保障措施。这些政策措施共同构成了"1＋N"政策体系中的"N"部分，与顶层设计文件相互呼应，形成了一个完整且有机的政策体系。

1. 重点领域措施

国家发展改革委、生态环境部、自然资源部、国家能源局、工业和信息化部、住房和城乡建设部、农业农村部、交通运输部等多个部委，针对能源、工业、交通运输、城乡建设、农业农村、循环经济、生态碳汇、减污降碳、全民行动等重点领域，提出了"双碳"重点任务和措施（表3-4）。同时，强化务实行动，有力有序有效推进各项重点工作。

表3-4 中国重点领域"双碳"任务和措施

序号	重点领域	重点任务和措施
1	能源	大力发展非化石能源 化石能源清洁高效利用 构建新能源占比逐渐提高的新型电力系统 氢能产业和储能技术 能源绿色低碳转型体制机制 标准化提升
2	工业	产业结构优化调整 节能和循环促进能效提升 加强完善绿色制造体系
3	交通运输	优化交通运输结构 推广节能低碳型交通工具 绿色交通基础设施建设
4	城乡建设	绿色低碳城市、县城和乡村 绿色低碳建筑 建筑节能 农村能源转型
5	农业农村	推广清洁能源 优化农业产业结构 低碳技术研发和应用
6	循环经济	废旧物资循环利用 行业废弃物循环利用和资源化利用 农业循环经济 塑料污染治理和过度包装等
7	生态碳汇	生态补偿制度改革 生态保护和修复 生态产品价值实现机制 碳汇核算 国土绿化
8	全民行动	公共机构节能降碳 引导企业做好"双碳"工作 倡导公众参与和绿色消费 加强人才培养

续表

序号	重点领域	重点任务和措施
9	减污降碳	加强源头防控协同 突出重点领域协同 加强环境治理协同 创新管理模式协同

2. 重点行业措施

中国坚持分业施策、持续推进，降低碳排放强度，控制碳排放量。提出开展重点行业碳达峰行动，制定钢铁、建材、石化化工、有色金属等行业碳达峰实施方案或指导意见，明确了碳达峰路径。此外，还推动制定消费品、装备制造、电子等行业的低碳发展路线图（表3-5）。

表3-5 中国重点行业"双碳"任务和措施

序号	重点行业	重点任务和措施
1	钢铁	深化供给侧结构性改革 持续优化工艺流程结构 创新发展绿色低碳技术 共建绿色低碳产业链
2	建材	强化总量控制 推动原料替代 转换用能结构 加快技术创新
3	石化化工	提高低碳原料比重 合理控制煤制油气产能规模 开发可再生能源制取高值化学品技术 推广应用绿色低碳技术装备
4	有色金属	优化冶炼产能规模 调整优化产业结构 强化技术节能降碳 推进清洁能源替代 建设绿色制造体系

3. 支撑保障措施

为确保"双碳"目标顺利实现，生态环境部、财政部、科技部、国家统计局、市场监管总局等，围绕法律法规、财政金融、市场体制、科技创新、统计核算等重点方面，制定了一系列制度保障和政策支持，为推动"双碳"工作任务落地见效提供了有力保障（表3-6）。

表3-6 实现"双碳"目标的系列制度保障和政策支持

序号	重点支撑保障方面	重点任务和措施
1	法律法规	为积极稳妥推进碳达峰碳中和提供司法服务 修订污染防治、自然资源、能源等现有相关法律 加快制定应对气候变化法等综合性法律法规
2	财政金融	加大财政资金支持力度 扩大政府绿色采购覆盖范围 落实税收优惠政策 给予专项贷款、绿色金融等

续表

序号	重点支撑保障方面	重点任务和措施
3	市场机制	施行《碳排放权交易管理办法(试行)》和《温室气体自愿减排交易管理办法(试行)》 建立完善碳排放权登记、交易、结算、企业温室气体排放报告核查等配套制度 加快制定完善《温室气体自愿减排交易管理暂行办法(试行)》相关配套技术规范 对绿色电力交易和电力市场运行等进行指导
4	科技创新	加强基础研究 强化技术研发 加大应用示范 进行成果推广 加强人才培养
5	国际合作	深度参与全球气候治理 加强能源领域合作 加强低碳科技创新合作 开展绿色经贸、金融等国际合作 加强低碳标准和碳计量等方面合作

(二)地方层面措施

各省(区、市)深入贯彻落实国家有关"双碳"工作部署,基于各地区自身发展的实际情况,制定本地区碳达峰行动方案,提出了符合实际、切实可行的任务目标。各地还建立完善了本地区的"双碳"政策体系,体现出区域差异,涌现出一批创新做法,如一些省份将"双碳"工作融入京津冀协同发展、长江经济带发展、粤港澳大湾区建设、长三角一体化发展、黄河流域生态保护和高质量发展等战略实施中,具体措施如表3-7。

表3-7 地方层面各领域"双碳"重点任务及措施

序号	领域	各地区重点任务和措施
1	能源	上海、江苏等沿海地区省份着力发展海上风电 内蒙古、甘肃、青海、新疆等西北地区省份建造大型风电、光伏基地 云南、四川等西南地区省份大力发展水电 山西、内蒙古、陕西等产煤大省着力推动煤炭清洁高效利用
2	工业	河北、江苏、山东等钢铁产量大省推动钢铁企业绿色低碳发展 福建、广东、江苏、安徽、山东等省份推动建材行业绿色发展 浙江、江苏、山东、河南等省份推动纺织业绿色低碳发展 山东、江苏、河北、天津等省份推动石化化工行业高质量发展
3	交通运输	北京、安徽、黑龙江、内蒙古等省区加快建筑绿色节能发展 北京、浙江、贵州、海南等省份推动装配式建筑发展 河北、黑龙江、陕西等北方地区省份推动农村地区清洁取暖
4	城乡建设	福建、广西、海南、江苏、青海等省份发展新能源汽车产业 江苏、河南、河北、山东等省份推动"公转水""公转铁" 湖北等省份发展绿色智能船舶产业
5	循环经济	推动100个左右地级及以上城市开展"无废城市"建设 福建、海南等省份推动建筑垃圾资源化利用 浙江、福建、山东、天津等省份开展废旧物资循环利用

续表

序号	领域	各地区重点任务和措施
6	科技创新	安徽、河北、湖南、湖北、江苏、江西、宁夏、青海、上海、天津等省份印发《科技支撑碳达峰碳中和行动方案》 北京、四川、内蒙古等省区开展绿色低碳技术创新和示范推广
7	碳汇提升	甘肃、吉林、河南、广东、湖南、江苏、江西、上海、云南等省份提出关于科学绿化的任务措施 青海、甘肃、西藏、黑龙江等省份加强草原保护修复 福建、湖北、湖南、河南、江西等省份注重农业农村减排固碳 广东、贵州、河北、江西等省份建立健全生态产品价值实现机制 浙江、海南、广东、山东等沿海省份发展海洋生态系统碳汇
8	全民行动	宁夏、重庆、贵州、福建、江苏、山东、四川、天津等省份推动公共机构节能降碳 山西、黑龙江、福建、山东等省份印发大型活动绿色低碳方案 河北、贵州、福建、江苏、山西、云南等省份印发促进绿色消费实施方案 北京、四川等省份出台关于企业碳达峰的指导意见 天津、上海、海南、山东等省份推广碳普惠机制
9	支持保障	辽宁、湖南、天津等省份明确财政支持碳达峰碳中和工作任务 浙江、广东、四川、重庆等省、市发展绿色金融 天津市出台碳达峰碳中和促进条例 北京、广东、上海、重庆等省、市推动碳市场扩容

（三）企业层面措施

中国政府要求中央企业"一企一策"编制碳达峰行动方案，推进产业结构转型升级，调整优化能源结构，强化绿色低碳科技创新，推进减污降碳协同增效；支持民营企业参与推进"双碳"，以及参与碳排放权、用能权交易等。部分中央企业和民营企业积极编制"双碳"行动方案，明确实现"双碳"目标的重点任务和措施（表3-8）。2023年7月10日，来自电力、钢铁、建材、石化化工、有色金属等领域的12家行业协会和19家企业负责人共同签署《重点行业领域碳达峰碳中和宣言》。

表3-8 企业层面各领域"双碳"主要行动重点任务及措施

行业领域	主要行动名称	重点任务和措施
金融	《中信集团碳达峰碳中和行动白皮书》	绿色金融为产业低碳化提供融资解决方案
	《蚂蚁集团碳中和路线图》	在推进自身减排的同时，带动工业链上下游共同实施降碳举措，推进绿色投资引导资本向低碳领域流动
能源	《中国能建碳达峰、碳中和行动方案》	构建新型电力系统
	《国家电网碳达峰碳中和行动方案》	能源转型、绿色发展
	《国网浙江电力高质量"双碳"行动报告》	构建新型电力系统
	《哈电集团碳达峰方案》	环保产业发展，氢能全产业链布局
	《中国大唐集团碳达峰与碳中和行动纲要》	电力行业新能源替代、技术创新
	《中核集团碳达峰碳中和工作行动纲要》	发展核能产业，技术创新，构建多元清洁能源体系
	《隆基"脱碳"绿色能源解决方案》	"多能互补/源网荷储解决方案""光伏绿氢""高耗能脱碳解决方案"

续表

行业领域	主要行动名称	重点任务和措施
钢铁	《鞍钢集团碳达峰碳中和宣言》	"生态修复解决方案""乡村振兴解决方案"
	《中国宝武碳中和行动方案》	2025年实现碳排放总量达峰,2030年实现前沿冶金技术产业化突破,力争2035年碳排放总量较峰值降低30%,成为我国首批实现碳中和的大型钢铁企业
建筑	《招商局集团碳达峰碳中和行动方案》	从技术创新、业务低碳化、碳资产管理、绿色文化等角度入手,加速推进自身的低碳发展
通信	《中国移动碳达峰碳中和白皮书》	三条行动主线:节能、洁能、赋能;六条路径:绿色网络、绿色用能、绿色供应链、绿色办公、绿色赋能、绿色文化等
	《中国电信碳达峰、碳中和行动计划》	高效支撑"新基建"和数字经济绿色发展
	《中国联通"碳达峰、碳中和"十四五行动计划》	通信网络基础设施绿色化
节能	《中国节能碳达峰碳中和行动方案》	绿色电力、污染治理、绿色建筑和综合能源,生态产品价值,实现机制,标准制定,零碳技术产业孵化等
交通运输	《南方航空碳达峰碳中和行动方案》	推行清洁能源,提升运行管理效率

第三节
我国"双碳"道路上的挑战和机遇

我国"双碳"道路上的机遇和挑战

一、我国"双碳"道路上的挑战

习近平主席指出:"面对生态环境挑战,人类是一荣俱荣、一损俱损的命运共同体,没有哪个国家能独善其身。唯有携手合作,我们才能有效应对气候变化、海洋污染、生物保护等全球性环境问题,实现联合国2030年可持续发展目标。"这一论述高瞻远瞩地点明了加强全球治理的重要性。然而,受限于各国在碳中和技术、政策、认知和行动等方面的较大差异,碳中和全球治理面临多重约束和挑战。

(一)国际形势

碳中和全球治理需要政府层面的政策引导和支持。各国都在以建立健全法律法规体系为重点,加快制定相应的环境保护政策和经济政策,助力碳减排和碳中和目标的实现。然而我国"双碳"工作同时面临国际多边主义、局部冲突等不确定性风险,这就需要通过制定统一的国际碳排放权交易机制和碳税等措施,推动建立碳减排多边机制,加强碳中和领域的国际合作。

（二）能源结构

我国能源结构中化石能源占比较高，由此带来的碳排放也一直居高不下。尽管过去的10年中，化石能源尤其是煤炭的使用总量有所下降，但长久以来，我国能源资源禀赋被概括为"一煤独大"，呈"富煤贫油少气"的特征，属于能源依赖型发展模式。资源依赖型发展模式依靠区域资源的比较优势，通过对自然资源的开采、初级加工并形成初级产品的经济增长模式在短期内会带来强大的经济动力，但容易导致主导产业单一化、经济结构不合理、生态环境破坏严重等问题；过分依赖资源与政府补贴发展的产业模式，一度导致产业"爆发式"扩张而造成价格战与行业失序发展。

煤炭在我国能源产业结构中的主导地位短期内无法改变，这无疑增加了实现碳达峰、碳中和目标的难度，因此相对于主要发达国家和未来"双碳"目标要求，我国能源结构优化仍有较大空间。

（三）产业结构

改革开放以来，在加快推进工业化城镇化进程中，我国产业结构发生重大变化，2012年服务业比重首次超过第二产业，成为国民经济第一大产业，2020年第二产业比重比1978年下降近10个百分点。特别是近年来，我国加快淘汰落后产能，积极化解过剩产能，培育战略性新兴产业，发展现代服务业，为产业绿色低碳转型创造了有利条件。但也要看到，与实现碳达峰、碳中和的目标要求相比，我国产业转型升级的任务仍十分艰巨。我国单位GDP能耗仍然较高，为世界平均水平的1.5倍、发达国家的2至3倍，这与产业结构不合理是分不开的。从三次产业结构看，我国是全球第一制造大国，第二产业占国内生产总值比重长期稳定在40％以上，近年来虽有所下降，2020年仍高达37.8％。第二产业的万元产值能耗是第一、第三产业的4倍以上，这使得我国成为全球第一能源消费大国。2015年后第三产业占比首次超过50％，2020年提升到54.5％，但仍远低于美欧等发达经济体，也低于巴西、俄罗斯、印度、南非等新兴市场经济体。从第二产业内部结构看，制造业总体上处在价值链中低端，钢铁、有色金属、建材、石化、化工等高能耗产业比重偏高，占制造业总能耗的85％，增大了节能降碳的压力。在此背景下，高投入、高能耗、高污染、低效益的企业（简称"三高一低"企业）占比仍然较高，这类企业既是经济增长方式粗放的突出表现，也是造成我国能源消耗高、环境污染严重的主要原因。虽然我国产业结构持续优化，但目前仍未完成工业化与城镇化，仅依靠关停传统"三高一低"企业实现产业节能的做法，并不能支持可持续的节能减排。再从产品结构看，产品能耗物耗高，增加值率低，与国际先进水平还有较大差距。

碳达峰、碳中和对产业结构优化升级提出紧迫要求。碳达峰与碳中和既有区别又具有内在联系。如果2030年前碳达峰的峰值越高，则意味着2060年实现碳中和的压力就越大。加快产业结构调整，不仅是降低碳达峰峰值的重要途径，也将为2060年实现碳中和创造条件。据有关研究测算，今后一个时期产业结构调整对碳减排的总体贡献度超过50％。实现碳达峰、碳中和，对产业结构优化升级提出紧迫要求。三次产业结构调整的重点是提高第三产业比重，逐步降低第二产业比重；第二产业内部结构调整的重点是在严格控制高耗能高排放行业增速的同时，提升低耗能低排放行业的比重；产品结构调整的重点是提升产品附加值，从而降低单位增加值能耗和碳排放强度。适应碳达峰、碳中和的要求，就要加快发展现代服务业，提升服务业低碳发展水平；运用高新技术和先进适用技术改造推动传统制造业水平提升，严控高耗能高排放行业产能，发展战略性新兴产业；提升产品增加值率，生产更多绿色低碳产品。

（四）目标实现周期短

2030年前实现碳达峰，2060年前实现碳中和的目标可谓任重道远，势必会给中国带来一场广泛而深刻的经济社会变革。许多发达国家，比如美国、英国、法国、日本等早已经实现了碳达峰，大部分国家都计划于2050年前实现碳中和。英国和法国从实现碳达峰到计划实现碳中和的时间是59年，美国是43年，日本是37年，而中国对世界的承诺是30年。由于中国依然处于高速发展进程中，这三十年也是中国发展的关键时期，实现"双碳"目标涉及社会、经济、能源、环境等方方面面。因此，与发达国家相比，中国实现"双碳"目标时间更紧、挑战更大、困难更多，对中国能源转型和经济高质量发展提出了更高的要求。

（五）可再生能源消纳和存储的挑战

以新能源替代化石能源是实现碳中和的根本路径，因此构建清洁低碳、高效安全的能源生产和消费体系是必然趋势。非化石能源规模化、产业化面临诸如调峰、远距离输送、储能等技术问题。从非化石能源的自身技术特性来看，风电、光伏、光热、地热、潮汐能受限于昼夜和气象条件等不可控的自然条件因素，不确定性大；生物质能供应源头分散，原料收集困难；核电则存在核燃料资源限制和核安全问题。我国从化石能源向可再生能源转变，还需要在技术装备、系统结构、体制机制、投资融资等方面进行全面的变革。

（六）深度脱碳技术不成熟、成本高的挑战

深度脱碳技术不成熟、成本高的问题也是我国面临的挑战之一。从能源系统的角度看，实现碳中和，要实现能源体系的净零排放甚至负排放。从科技创新的角度看，低碳、零碳、负碳技术的发展尚不成熟，各类技术系统集成难，环节构成复杂，技术种类多，成本高。绿色发展转型需要创新驱动，亟须系统性的技术创新，掌握更多的绿色核心技术、大幅度减碳降碳技术等等，而目前我国很多领域受制于核心关键技术的制约。

二、我国"双碳"道路上的机遇

（一）产业结构优化升级

碳达峰、碳中和给我国产业结构调整带来前所未有的压力，也为产业结构优化升级创造了重大战略机遇。

一是全社会形成绿色低碳发展的广泛共识。我国把生态文明建设纳入"五位一体"总体布局之中，确立绿色发展的新发展理念，坚定不移走生态优先、绿色发展的道路，政府、企业、社会对实现碳达峰、碳中和目标的共识将形成强大合力。

二是传统产业能源效率提升空间巨大。我国传统产业规模庞大，能源结构中化石能源比

重偏高，煤炭消费占比仍超过50%，能源利用效率偏低，减少对化石能源依赖、推动节能降碳的潜力巨大。

三是绿色发展的"后发优势"。我国工业化城镇化起步较晚，新增的工业产能和城市基础设施需求可以通过发展绿色产能和绿色基建来实现，避免传统工业化城镇化带来的"锁定效应"。与此同时，随着以重化工业较快发展为重要特征的工业化接近尾声，传统制造业碳排放将陆续达峰并转入平台期，先进制造业和现代服务业的比重将持续提升，新一代信息技术和绿色低碳技术应用日益广泛并向各产业领域渗透，将为实现碳达峰、碳中和创造条件，并带来巨大的绿色低碳转型收益。

（二）低碳技术创新

能源效率提高无疑将成为最重要的降碳途径。能源强度是衡量能源效率的关键指标。假定其他条件不变，"十四五"期间我国能源强度下降13.5%就可以使碳强度下降13.5%，相当于完成了"十四五"碳强度下降目标（18%）的75%。因此只要保证能源强度下降目标的实现，降碳工作就有了很大的保障，反之则可能难以达到预期目标。中国近年来节能技术取得了长足进步，节能技术创新能力不断提升，为能源强度下降进而为能源效率提升提供了重要的技术保障。

《国务院关于印发"十四五"节能减排综合工作方案的通知》（国发〔2021〕33号）提出了"十四五"期间的非化石能源发展目标，即"到2025年，非化石能源占能源消费总量比重达到20%左右"。根据国家统计局网站公布的相关数据，截至2020年，中国非化石能源消费占能源消费比重已经达到15.9%，"十四五"期间只需要增长4.1个百分点就能实现既定目标。近年来中国非化石能源发展势头良好，这也为非化石能源既定发展目标的实现奠定了良好的基础。

因此，要继续鼓励有利于推动能源效率改善和能源结构优化的技术创新，并集中力量争取在关键技术上取得突破。重点攻关的领域和环节包括：有助于提升电力、金属冶炼、非金属矿物制品、交通运输等高耗能行业节能水平的技术；与可再生能源开发、利用密切相关的技术，特别是消纳大规模可再生能源的智能电网技术；适用的煤炭高效清洁利用技术；改善节能设备、新能源汽车等绿色低碳产品性能和质量的技术等。同时，要进一步完善有利于低碳技术创新的体制机制，有效调动产学研金介等各方面力量参与低碳技术创新，特别是要发挥好企业的主体作用，加快推进市场导向的绿色低碳技术创新体系建设。在提升自主创新能力的同时，注重通过合作研发、人才引进等多种方式，吸收、借鉴国际先进低碳技术。

（三）协同增效

中国各地区因经济规模、产业结构、节能技术、能源结构等差异较大，碳排放量及变化态势也存在明显差异。2018年，山东、内蒙古、河北、江苏、山西、广东、河南、辽宁、新疆9个省份的碳排放在全国碳排放中的份额均超过4%，合计超过55%，这些省份低碳转型对中国碳排放变化有举足轻重作用。究其成因，山东、江苏、广东的经济规模较大；内蒙古、山西、新疆属于中国的能源基地，需要向其他地区输送电力；河北、河南、辽宁的碳排放量较大则主要是因为这些地区高耗能产业占比较高，且能源效率偏低。其余省份碳排放占比相对较低，且其中一些省市（如北京、天津、上海、湖北、四川）甚至可能已经实现碳达峰。因此，不同地区应选择差异化的低碳转型路径。总体来看，经济发达地区应以降碳工作为抓手，大力发展生产性服务业等低碳高附加值产业，加快传统产业与数字经济融合发展，不断提高产业国际竞争力，推动产业向全球价值链中高端环节跃升。经济欠发达地区，特别是支柱产业单一且高度依赖自然资源的地区，则应当在满足碳约束的前提下，延长本地特色优势产业链，引进和培育一批符合本地发展需求的高附加值产业。

此外，经济技术发展水平和资源禀赋的差异并不妨碍区域间实现降碳协同与合作。经济发达地区要积极发挥辐射作用，通过经济技术合作、产业转移、对口（资金、技术、人才）支持等方式带动经济欠发达地区的产业结构、能源结构调整和低碳技术水平提升。邻近地区之间可协同推动新兴产业的链式发展和低碳技术创新。为了促进区域间协同降碳，还需加强相关体制机制建设，如以构建新发展格局、建设国内统一大市场为契机，进一步打破地区行政壁垒、构建跨区域交流合作平台、加快推进全国统一电力市场体系建设等。

（四）试点先行

试点先行是我国构建降碳政策体系的重要经验。试点工作有助于对重要降碳政策的实施效果进行客观评估，总结其中的经验教训，尽量将其可能产生的负面影响降到最低，以保证最终推广的政策具有较高的可接受性和可操作性。为了适应降碳工作的新形势，部分低碳政策的试点工作需要进一步加强，并为下一步推广做好准备，还有一些重要政策亟待启动试点工作。2023 年 10 月 20 日，国家发展改革委印发了《国家碳达峰试点建设方案》（发改环资〔2023〕1409 号），提出将在全国范围内选择 100 个具有典型代表性的城市和园区开展碳达峰试点建设，聚焦破解绿色低碳发展面临的瓶颈制约，探索不同资源禀赋和发展基础的城市和园区碳达峰路径，为全国提供可操作、可复制、可推广的经验做法。首批已在河北、内蒙古、辽宁等 15 个省份开展碳达峰试点建设，到 2030 年，试点城市和园区重点任务、重大工程、重要改革如期完成，有利于绿色低碳发展的政策机制全面建立，有关创新举措和改革经验带动作用明显，对全国实现碳达峰目标发挥重要支撑作用。

思考题

1. 请简述《京都议定书》的重要意义和主要内容。
2. 请问我国新能源行业未来发展前景如何？
3. 《2030 年前碳达峰行动方案》为什么能作为我国未来 10 年推进碳达峰工作的总体规划？
4. 请问如何参与"绿色低碳全民行动"？请举例说明。
5. 我国实现"双碳"目标的进程中，科技创新起到了什么作用？

第四章
清洁能源

当前,我国碳排放主要来源于化石能源的利用过程。《中华人民共和国气候变化第二次两年更新报告》显示,能源活动是我国温室气体的主要排放源,约占我国全部二氧化碳排放的 86.8%。能源活动中,化石能源又占重要地位。

清洁能源与可再生能源两个概念既有联系,又有所区别。《中华人民共和国可再生能源法》中规定,可再生能源是指风能、太阳能、水能、生物质能、地热能、海洋能等非化石能源。清洁能源是一种对能源进行清洁化、高效化和系统化应用的技术体系,清洁能源广义上被认为除了风能、太阳能、水能、氢能、生物质能、地热能、潮汐能等非化石能源以外,还包括了核能、天然气能等不可再生能源。近年来,我国积极布局可再生能源产业。相关数据显示,"十三五"期间,我国水电、风电、光伏、在建核电装机规模等多项指标保持世界第一;截至 2020 年底,我国清洁能源发电装机规模增至 10.83 亿千瓦,占总装机比重接近 50%。为进一步普及清洁能源,助推《巴黎协定》气候目标实现,2023 年 8 月 25 日,联合国大会通过了 77/327 号决议,宣布将每年 1 月 26 日设定为"国际清洁能源日",2024 年 1 月 26 日是全球首个"国际清洁能源日"。

第一节
氢能

目前,氢气因其无碳无毒、单位质量能量密度高及来源丰富等优点,普遍被认为是最具有发展前景的一种清洁能源。作为代替电能的一种能源,氢能在交通运输、工业生产、储能调配以及建筑等领域有着非常广泛的应用前景,是能源转型的重要支柱产业。为推动碳中和目标的实现,积极开发利用以氢能为代表的新型清洁能源,深入推进能源生产与消费革命,加快能源产业结构的转型和优化具有深远意义。

氢能作为一种替代能源进入人们的视野还要追溯到 20 世纪 70 年代。当时，中东战争引发了全球的石油危机，美国为了摆脱对进口石油的依赖，首次提出"氢经济"概念，认为未来氢气能够取代石油成为支撑全球交通的主要能源。1960 年至 2000 年，作为氢能利用的重要工具的燃料电池获得飞速发展，在航天航空、发电以及交通领域的应用实践充分证明了氢能作为二次能源的可行性。氢能产业在 2010 年前后进入低潮期。但 2014 年丰田公司"未来"燃料电池汽车发布后引发了又一次氢能热潮。随后，多国先后发布了氢能发展战略路线，主要围绕发电及交通领域推动氢能及燃料电池产业发展；欧盟于 2020 年发布了《欧盟氢能战略》，旨在推动氢能在工业、交通、发电等全领域应用；2020 年美国发布《氢能计划发展规划》，制定多项关键技术经济指标，期望成为氢能产业链中的市场领导者。至此，占全球经济总量 75% 的国家均已推出氢能发展政策，积极推动氢能发展。

我国氢能产业和发达国家相比仍处于发展初级阶段。近年来，我国对氢能行业的重视不断提高。2019 年 3 月，氢能首次被写入《政府工作报告》，提出在公共领域加快充电、加氢等设施建设；2020 年 4 月，《中华人民共和国能源法（征求意见稿）》拟将氢能列入能源范畴；2020 年 9 月，财政部、工业和信息化部等五部门联合开展燃料电池汽车示范应用，对符合条件的城市群开展燃料电池汽车关键核心技术产业化攻关和示范应用给予奖励；2021 年 10 月，中共中央、国务院印发《关于完整准确全面贯彻新发展理念做好碳达峰碳中和工作的意见》，统筹推进氢能"制-储-输-用"全链条发展；2022 年 3 月，国家发展和改革委员会发布《氢能产业发展中长期规划（2021—2035 年）》，氢能被确定为未来国家能源体系的重要组成部分和用能终端实现绿色低碳转型的重要载体，氢能产业被确定为战略性新兴产业和未来产业重点发展方向。

氢气，化学式为 H_2，分子量为 2.01588，常温常压下，是一种极易燃烧的气体，无色透明、无臭无味且难溶于水。氢气是分子量最小的物质，还原性较强，常作为还原剂参与化学反应。氢气除了用于发电、交通燃料等方面外，它还被广泛用作炼油、氨和甲醇生产以及钢铁制造中。作为能源，氢能有着极具竞争力的优势：与传统的化石燃料不同，氢气和氧气可以通过燃烧产生热能，也可以通过燃料电池转化成电能；而在氢转化为电和热的过程中，只产生水，并不产生温室气体或细粉尘，是一种生态友好的能源；氢气不仅来源广泛，还具有导热良好、清洁无毒和单位质量热量高等优点，相同质量下的氢所含热量约是汽油的 3 倍，是石油化工重要原料和航天火箭动力燃料；储运方式灵活便利，与化石燃料不同，氢能是二次能源，可以通过分解天然气、石油、煤和水来制造，而除了气态，氢气还能以液态或固态氢化物出现。在 −263℃ 液化时，氢的体积会减少到原来的 1/800，在高压罐中压缩后，便于储存和运输。

一、氢能的制备

目前，氢能根据制取方式和碳排放量不同，主要分为灰氢、蓝氢、绿氢这三种类型。灰氢是指通过化石燃料燃烧产生的氢气，在生产过程中会有大量二氧化碳排放；蓝氢是在灰氢的基础上，应用碳捕集和封存技术，实现低碳制氢；绿氢是通过太阳能、风力等可再生能源发电进行电解水制氢，在制氢过程中没有碳排放。目前，我国氢气制取以煤制氢方式为主，占比约 80%。未来，随着可再生能源发电成本持续降低，绿氢占比将逐年上升，预计 2050 年将达到 70%。我国发展"绿氢"具备良好的资源禀赋，中国有着可观的地热、生物质、海洋能、风电和光伏资源以及固体废物的资源化利用，随着近年来技术的进步，可再生能源的发电成本越来越具有竞争力，与此同时，中国拥有强大的基础设施建设能力，为发展"绿氢"提供了得天独厚的优势。

2020年12月29日，全球首个"绿氢"标准，由中国氢能联盟提出的《低碳氢、清洁氢与可再生能源氢的标准与评价》发布。该标准对标欧洲依托天然气制氢工艺为基础推行的绿色氢认证项目，建立了低碳氢、清洁氢和可再生能源氢的量化标准及评价体系，引导高碳排放制氢工艺向绿色制氢工艺转变。通过标准形式对氢的碳排放进行量化，这在全球尚属首次。

工业和信息化部原部长、中国工业经济联合会会长李毅中提出："灰氢不可取，蓝氢可以用，废氢可回收，绿氢是方向。"目前，尽管"绿氢"缺乏成本竞争力，但预测将来仍将是一个不断增长的市场。虽然过去几年，"绿色氢气"市场规模较小、成本较高，但是未来在东亚地区以及国际投资者的推动下，将促成市场规模大幅的增长。

（一）煤制氢

煤制氢工艺主要包括焦化制氢以及煤气化制氢。煤炭焦化以制取焦炭为主，含氢的焦炉煤气属于工业副产氢的范畴，气化制氢则是煤制氢的主要技术路线。煤气化制氢涉及的工艺流程相当复杂，通常包括高温气化生成合成气（H_2＋CO）、CO与水蒸气变换生成H_2和CO_2、脱除酸性气体（CO_2＋SO_2）、氢气提纯等关键工艺环节，进而得到产品氢气。

鉴于我国以煤炭为主要化石能源的能源供应结构，煤气化制氢的最大优势在于原料成本低廉，加之相关的技术路线成熟、装置规模大，因此，现阶段是我国大规模制氢的主流技术。另一方面，煤气化技术也存在工艺流程复杂、配套装置多、设备投资成本大、气体分离成本高、产氢效率偏低等缺点。同时，煤制氢还是高二氧化碳和高污水排放行业，对环境有较大的负面影响。

（二）天然气制氢

天然气制氢技术主要包括蒸汽重整工艺、部分氧化工艺、自热重整工艺以及催化裂解工艺。其中，天然气蒸汽重整工艺自工业化应用至今仍是应用最广泛、最成熟的天然气制氢技术。脱硫预处理后的天然气与水蒸气高温重整转化为主要成分为氢气（H_2）、一氧化碳（CO）和二氧化碳（CO_2）的合成气，合成气与水蒸气经过进一步反应将其中的一氧化碳（CO）转化为氢气（H_2）和二氧化碳（CO_2），最后利用变压吸附（PSA）过程，得到高纯度氢气。相较于煤制氢技术，天然气制氢反应过程产生的环境污染较少，碳排放强度（生产1kg氢气排放约10kg二氧化碳）也大幅降低，因此北美、中东等拥有丰富石油天然气资源的地区普遍采用天然气制氢技术。针对我国石油、天然气等资源供应紧张的现状，实际生产中在天然气资源丰富的地区建设有大型天然气制氢工程。

（三）工业副产氢

工业副产氢指的是现有工业，例如氯碱化工、炼厂重整、焦炉煤气及丙烷脱氢等，在生产目标产品的过程中生成的副产物氢气，通过简单的分离提纯，即可得到产品氢气。在所有的工业副产氢中，只有炼厂催化重整副产氢用于后续化工工艺中，其他的工业副产氢在之前很长的一段时间内基本上都没有得到有效利用，氯碱行业副产氢气大量空放，焦化行业副产焦炉气大多"点灯",资源浪费现象相当严重。对这部分工业副产氢进行提纯利用,既能提高资源利用率和经济效益,又能降低污染、改善环境。

(四)电解水制氢

根据电解水制氢系统工作环境和电解槽所用的隔膜类型不同,电解水制氢技术主要分为碱性(AEL)水电解、质子交换膜(PEM)水电解、固体聚合物阴离子交换膜(AEM)水电解、固体氧化物(SOEC)水电解四种。AEL技术以质量分数为30%的KOH溶液作为电解质溶液,在外加直流电的作用下,水分子在阴极发生析氢反应生成H_2和OH^-,OH^-穿过隔膜进入阳极区,在阳极发生析氧反应生成O_2。与AEL不同,PEM技术则是在直流电源和催化剂的共同作用下,水分子在阳极发生析氧反应生成O_2和H^+,H^+穿过质子交换膜与阴极的电子结合产生H_2。SOEC技术是将混有少量氢气的水蒸气通入阴极(混氢的目的是保证阴极的还原气氛,防止阴极材料Ni被氧化),在阴极发生电解反应分解生成H_2和O^{2-},O^{2-}通过电解质层到达阳极,在阳极发生氧化反应生成O_2。AEM技术的阴、阳极反应与AEL技术相似,不同的是前者电解质溶液只需弱碱性水或纯水。在结构方面,AEM电解槽与PEM电解槽相似,由阴离子交换膜将双极板分隔于膜两侧,紧凑布置。而且AEM电解槽可以使用镍基等非贵金属催化剂,因此有效降低了材料成本。相对于AEL电解槽和PEM电解槽,AEM电解槽结合了AEL的经济性、PEM的高电流密度和高响应能力等技术优点。

在以上四种电解水制氢技术中,AEL作为最早实现产业化的电解水制氢技术,技术储备最为丰富。从最初的航空航天工业,到后来的燃煤电厂发电机冷却用氢,再到如今的大规模可再生能源耦合制氢,基本采用了AEL技术。AEL技术主要应用优势在于工艺路线成熟以及制造成本低,关键零部件已基本实现国产化,在国际上具备较强的竞争力,同等单机规模的AEL电解槽生产成本只有PEM电解槽的25%左右。但该技术存在电解效率低、冷启动速度慢、不适合频繁启停等缺点,导致其难以与具有快速波动特性的新能源电力系统直接耦合。此外,生成的氢气里面还夹杂着碱液和水汽,需要额外的辅助设备除去杂质。与AEL电解槽相比,PEM电解槽设备结构更加紧凑,电解效率更高;工作模式更为灵活,适应性更好,产氢纯度更高,仅需脱除少量水汽。同时耐差压强度更大,压力调控范围更广。基于以上优点,近年来PEM技术迅速兴起,并大规模商业化推广应用。PEM制氢设备在技术指标上优于AEL制氢设备,但考虑到PEM电解水设备高昂的单位造价和暂未被攻克的技术问题,国内大规模"绿电"制氢在中短期仍是以AEL技术为主。中长期来看,离网制氢将逐步成为主流,而PEM技术较AEL技术更加适合在不稳定电源供电情况下制氢,更适配离网制氢模式。未来在制氢设备的选择上,PEM技术与AEL技术混合制氢有望成为多数选择,这样的优化组合将发挥AEL电解水制氢的经济优势和PEM电解水制氢的快速响应能力。

(五)其他制氢新技术

清洁能源制氢方式多样,除电解水之外,太阳能光解水制氢、生物质发酵制氢、生物质热化学转化制氢和核能热化学循环制氢等依托清洁能源发展起来的其他制氢新技术也受到了广泛关注和研究,为提高清洁能源的利用效率提供了更多选择。

未来,氢能将逐渐成为支撑我国经济发展的重要战略能源。不论是电解水制氢、光解水制氢、工业副产氢或是化石燃料制氢,依靠单一路径制备的氢源远远满足不了未来社会发展的需求。最终将形成以可再生能源电解制氢技术为主，光解水制氢、工业副产氢、化石能源制氢为辅的多元化发展的供氢模式，构建绿色低碳的制氢技术路径。

二、氢能的储运

氢气作为工业气体使用的历史悠久，目前工业上用于氢气储运的方法很多。

氢能高压储运设备的基本特点

用于储存的方法有：①气态高压储存氢气，将氢气加压压缩（通常在15MPa的压强下），储存于特制耐压的钢制容器中。②深冷液化储存氢气，在−253℃的低温条件下使氢液化，然后把液态氢储存于保冷的真空绝热容器中。③金属氢化物化学储存氢气，将氢气跟金属或合金进行化学反应，以固体金属氢化物的形式储存起来。④非金属化学储存氢气，将氢储存在有较高储氢能力的化合物中。⑤液态有机化合物吸附储氢，此方法属新型储氢方法，因安全可靠和储存效率高等特点发展迅速。

用于运输的方法有：①压力容器运输，将氢气储存于小型压力容器中（如氢气钢瓶），或是固定在运输工具上的小型压力容器（如氢气集束瓶组）中，再通过传统运输形式进行输送。②液态有机化合物吸附管道运输，是近年发展起来的新型输氢技术，常温下为液态。③长距离管道运输，在工业应用中，管道输送主要是在工厂内部输送，或跨厂区短距离输送。

氢能高压储运设备的发展现状

（一）活性炭吸附储氢

氢气在碳基材料上的物理吸附，是基于作用力弱得多的范德华力，没有化学键的断裂与生成过程，因此吸释氢条件温和，吸附热效应相对较小，活性炭具有较高的比表面积（2000m/g），利用低温和高压条件，可吸附大量的氢气。在−120℃，5.5MPa下，储氢量可达4.0%（质量分数），活性炭储氢材料易得，储氢脱氢操作简单，投资费用比较低。20世纪，科学家发现碳和碳纳米管对氢气有较强吸附能力，其吸附量可达5%~10%，特别是碳纳米管，多壁碳纳米管电极经过100次充放电后，可保持其最大容量的70%，单壁碳纳米管循环充放电100次后，可保持最大容量的80%。但是碳纳米管材料不易获得，成本较高，机理不清。

氢能高压储运设备的规范和挑战

（二）高压储氢设备

根据生产和使用的不同应用方式，高压储氢设备大致可分为：车用高压储氢容器、高压氢气输运设备、固定式高压氢气存储设备。

车用高压储氢容器是燃料电池汽车或氢内燃机汽车上用于储存高压氢气的容器。与车用天然气储存容器相比，其工作压力更高。目前国际上车用储氢容器主要朝着轻质、高压的方向发展，致力于提高效率、增加容器可靠性、降低成本、制定相应标准、优化结构等方面的工作。但是，提高容器最高工作压力并不是一个无止境的目标。压力越高，对材料、结构的要求也越高，成本也将随之增加，同时发生事故造成的破坏力也增大。而在达到单位质量储氢密度要求的情况下，提高容器的可靠性、降低成本、减轻质量是需要解决的关键技术，

氢能高压储运设备的前沿方向

目前国际上已经能生产工作压力为70MPa的全复合材料第4代储氢压力容器。

高压氢气的运输设备主要用于将氢气从产地运输到使用地或加氢站。有的用大型高压无气瓶、"K" bottle 盛装氢气，并用汽车运输；有的直接用高压氢气管道输送。管式拖车用旋压成型的大型高压气瓶盛装氢气。典型管式拖车长 10.0~11.4m，高 2.5m，宽 2.0~2.3m。管式拖车盛装的氢气压强在 16~21MPa 之间，质量在 280kg 左右。"K" bottle 也可以用来输送氢气。"K" bottle 盛装的氢气压强在 20MPa 左右，单个 "K" bottle 可以盛装 $0.05m^3$ 的氢气，质量约为 0.7kg。盛装氢气的 "K" bottle 可以用卡车来运输，通常 6 个一组，可以输送约 4.2kg 的氢气。"K" bottle 可以直接与燃料汽车相连，但气体储存量较小且瓶内氢气不可能放空，因此比较适用于气体需求量小的加气站。氢气也可以用管道运输。在氢气的生产地或者配给地等设置输气站。输气站的任务是接收氢气，经除尘、调压、计量后，以规定的压力把氢气送入压力管道，将氢气输送到需要的地方。目前世界上仅有几条实际可操作的氢气管道，有关氢气大规模输运管道的研究还在进展中。

固定式高压氢气储存设备主要用于在固定场所储存高压气，如加氢站和制氢站内的储气罐、电厂内储存高压氢气的储罐等，其特点是压力高、固定式使用、但是重量的限制不严。一般都采用较大容量的钢制压力容器。容器内氢气的储存量大，一旦发生泄漏爆炸事故，有可能造成严重损失和人员伤亡。

（三）氢能的运输

氢能运输效率低、成本高，是当前氢能商业化发展的一大痛点。以气态储运为例，国内主要以 20MPa 高压气态长管拖车运输为主，单车运氢量 350kg，成本每公斤约 20 元，目前氢气在加氢站的价格普遍在每公斤 50 元至 60 元。而业内认为，有竞争力的终端用氢价格为每公斤 25 元至 35 元。提高单车运载能力、降低储运装备成本，是目前公路运氢的攻克方向。气态储运，国内正积极发展 35MPa 运氢技术，届时单车运氢量可达到 700kg。液态储运，当前液氢槽车单车运氢量可达 4000kg，但因要长时间保持低温状态，储氢成本较高。

除了常规的车船运输，国内外也在探索氢能管道运输方式。管道运输包括天然气管道掺氢运输和新建纯氢管道运输。天然气管道掺氢运输是将氢气以一定体积比例掺入天然气中，形成掺氢天然气，并通过现有天然气管道进行输送。在氢能管道运输方面，据公开数据，全球范围内氢气输送管道总里程已超 5000km，我国的输氢管道建设尚处于起步阶段，目前国内总里程仅 400km，在用管道仅百公里左右。

2023 年，我国 "西氢东送" 输氢管道示范工程启动，管道全长 400 多公里，是我国首条跨省区、大规模、长距离的纯氢输送管道。

虽然输氢管道有明显优势，但也存在前期建设一次性投资成本较大的现实问题。2024 年 2 月，中石油中标内蒙古 125 公里掺氢管道建设工程，投资近 5 亿元，平均每公里投资 400 万元。

三、氢能的应用

（一）汽车领域

在可替代能源的研究中，氢能源在汽车行业中的应用是世界各国未来车用能源的研发重点。氢能有其他能源无法比拟的优越性：热值高，氢气燃烧放热量为121061kJ/kg，而汽油的热值为44467kJ/kg，甲烷为50054kJ/kg，乙醇为27006kJ/kg；燃烧无污染，氢气与氧反应后生成水，反应过程中不会对环境造成污染；来源广泛可再生，不仅化石燃料和生物质中含有丰富的氢，而且水也是最为广泛的氢源。

利用氢能源的车用发动机主要有两种：氢燃料发动机和燃料电池发动机。

氢燃料发动机分为纯氢燃料发动机和掺氢燃料发动机，纯氢燃料发动机是通过对现有汽油机进行适当的改装后直接燃用氢气。氢燃料发动机的实用化比较容易实现，氢气可以在进气管内与空气预混，也可直接喷入气缸形成混合气。氢燃料燃烧产物只有H_2O和NO_x，不会产生颗粒、积碳、结胶、金属等，从而发动机的磨损大大减少，润滑油被污染的程度也减轻，可以认为其是发动机最清洁的燃料。但是由于氢燃料着火温度高，热值高，火焰传播速度快，着火范围宽等特点，氢燃料发动机容易出现早燃、回火、敲缸、发动机热负荷高以及NO_x排放偏高等情况。掺氢燃料发动机大多是将氢作为汽油机的部分代用燃料，掺氢燃烧可以大大改善汽油机的性能和排放污染。

1839年，Wiliam Grove发明了燃料电池，燃料电池（Fuel Cell）是一种等温进行的过程，直接将储存在燃料和氧化剂中的化学能高效（50%~70%）、无污染地转化为电能的发电装置。车用的氢燃料电池主要是质子交换膜燃料电池（PEMFC），其是将氢和氧化剂（氧气或空气）由电池外部分别供给电池的阳极和阴极，阳极催化层中的氢气在催化剂作用下发生电极反应。氢气与氧气发生反应生成了水，电子通过外电路做功并构成电流回路，依靠电能驱动汽车，生成的水不稀释电解质，而是通过电极随反应尾气排出。

燃料电池实质上是化学能转化为电能的器件，是对原子及其结构组合的设计和调控由原子相互作用促成电子输运的技术，其能量利用率高，可以便携使用，不受规模限制，是氢能利用的理想手段。与普通电池不同的是，只要能保证燃料和氧化剂的供给，燃料电池就可以连续不断地产生电能。

（二）氢燃料电池

上文提到的，氢能的另一应用是通过氢燃料电池来实现的。氢燃料电池发电的基本原理是电解水的逆反应，把氢和氧分别供给阳极和阴极，氢通过阳极向外扩散和电解质发生反应后，放出电子通过外部的负载到达阳极。氢燃料电池与普通电池的区别主要在于：干电池、蓄电池是一种储能装置，它把电能储存起来，需要时再释放出来；而氢燃料电池严格地说是一种发电装置，像发电厂一样，是把化学能直接转化为电能的电化学发电装置。而使用氢燃料电池发电，是将燃料的化学能直接转换为电能，不需要进行燃烧，能量转换率可达85%以上，而且污染少、噪声小、装置可大可小，非常灵活。从本质上看，氢燃料电池的工作方式不同于内燃机，氢燃料电池通过化学反应产生电能来推动汽车，而内燃机车则是通过燃烧产生热能来推动汽车。由于燃料电池汽车工作过程不涉及燃烧，因此无机械损耗及腐蚀，氢燃料电池所产生的电能可以直接被用在推动汽车的四轮上，从而省略了机械传动装置。现在，各发达国家的研究者都已强烈意识到氢燃料电池将结束内燃机时代这一必然趋势，已经开发研制成功氢燃料电池汽车的汽车厂商包括通用、福特、丰田、奔驰、宝马、克莱斯勒等国际大公司。

（三）其他氢能应用

氢能在交通、工业、建筑和电力等诸多领域均有广阔应用前景。

在交通领域，公路长途运输、铁路、航空及航运将氢能视为减少碳排放的重要燃料之一。现阶段我国主要以氢燃料电池客车和重卡为主，数量超过 6000 辆。在相应配套基础设施方面，我国已累计建成加氢站超过 250 座，约占全球数量的 40%，居世界第一。根据北京冬奥组委公布的数据，北京 2022 年冬奥会示范运行超 1000 辆氢燃料电池汽车，并配备 30 余个加氢站，是全球最大规模的一次燃料电池汽车示范应用。

目前我国氢能应用占比最大的领域是工业领域。氢能除了具有能源燃料属性外，还是重要的工业原料。氢气可代替焦炭和天然气作为还原剂，可以消除炼铁和炼钢过程中的绝大部分碳排放。利用可再生能源电力电解水制氢，然后合成氨、甲醇等化工产品，有利于化工领域大幅度降碳减排。

氢能与建筑融合，是近年兴起的一种绿色建筑新理念。建筑领域需要消耗大量的电能和热能，已与交通领域、工业领域并列为我国三大"耗能大户"。利用氢燃料电池纯发电效率仅约为 50%，而通过热电联产方式的发电综合效率可达 85% 以上。氢燃料电池在为建筑发电的同时，余热可回收用于供暖和热水。在氢气运输至建筑终端方面，可借助较为完善的家庭天然气管网，以小于 20% 的比例将氢气掺入天然气，并运输至千家万户。据估计，2050 年全球 10% 的建筑供热和 8% 的建筑供能将由氢气提供，每年可减排 7 亿吨二氧化碳。

在电力领域，因可再生能源具有不稳定性，通过电-氢-电的转化方式，氢能可成为一种新型的储能形式。在用电低谷期，利用富余的可再生能源电力电解水制取氢气，并以高压气态、低温液态、有机液态或固态材料等形式储存下来；在用电高峰期，再将储存的氢通过燃料电池或氢气透平装置进行发电，并入公共电网。而氢储能的存储规模更大，可达百万千瓦级，存储时间更长，可根据太阳能、风能、水资源等产出差异实现季节性存储。2019 年 8 月，我国首个兆瓦级氢储能项目在安徽六安落地，并于 2022 年成功实现并网发电。

同时，电氢耦合也在我国构建现代能源体系中发挥重要作用。

从清洁低碳角度看，大规模电气化是我国多个领域实现降碳的有力抓手，例如交通领域的电动汽车替代燃油汽车，建筑领域的电采暖取代传统锅炉采暖等。然而，仍有部分行业是难以通过直接电气化实现降碳的，最为困难的行业包括钢铁、化工、公路运输、航运和航空等。氢能具有能源燃料和工业原料双重属性，可以在上述难以深度脱碳的领域发挥重要作用。

从安全高效角度看，首先，氢能可以促进更高份额的可再生能源发展，有效减少我国对油气的进口依存度；其次，氢能可以进行化学储能和运输，实现能源的时空转移，促进我国能源供应和消费的区域平衡；此外，随着可再生能源电力成本的降低，绿色电能和绿色氢能的经济性将得到提升，被大众广泛接纳和使用。氢能与电能作为能源枢纽，更容易耦合热能、冷能、燃料等多种能源，共同建立互联互通的现代能源网络，形成极具韧性的能源供应体系，提高能源供应体系的效率、经济性和安全性。

四、氢能发展的制约

（一）高成本

氢能需要从化石燃料或无污染能源中获得，在制取过程中需要耗费大量的能源，如不可再生资源、电能、核能等。根据奥斯沃尔德的推算，如果将全美国现有的汽车转变成氢燃料汽车，而产生氢的电能来自风力发电，那么所需的风力发电站将占据加利福尼亚州50%的土地。同样根据奥斯沃尔德的推算，如果美国采用核能源来提供电能获得车用氢燃料，那么需要100座核电站。因此，有关专家指出只有将生产氢气的成本降低到目前的十分之一以下，才能真正启动氢经济。

氢气是气体燃料，它的储存、运输成本高昂。氢气输送必须经过压缩，而压缩到790atm（80MPa）时，其能量少于同样压力下等体积的天然气中甲烷所包含的能量，而且氢气的运输比天然气的运输困难得多。同样1辆能运送2400kg天然气的货车在同样压力下只能装载288kg氢，1卡车汽油所能驱动的汽车数量需要大约15卡车的气态压缩氢气或3卡车的液态氢驱动。

加氢站等基础设施的建设需要很大的投入，如美国阿贡国家实验室提供的研究报告指出：利用现存的或者相近的商业技术来建造氢生产基础设施的成本将高达6000多亿美元。目前，每辆燃料电池车的成本高达8万美元，如此高昂的成本限制了氢能技术的广泛应用和规模化生产。

（二）低安全性

氢气密度小、容易着火和气化，所以，在氢气的制取、储存和运输过程中，都可能面临泄漏和爆炸的危险，而现在的技术条件还无法完全保证氢能在不同状况下的安全性能。

（三）高污染性

从氢的制取来看，目前，主要有两种方法来获得氢气：方法一是电解水；方法二是天然气重整法。而在方法一中，世界上绝大部分地区的最廉价电力是通过烧煤获得，如果用这种来源的电力来电解水，可以想象会有更多的碳排放；在方法二中，天然气和水蒸气反应除了生成H_2外，还会生成CO_2。因此，虽然使用氢能的汽车本身不排放CO_2，但在氢气的制取过程中释放出的CO_2可能比传统汽油发动机汽车释放的还多。

第二节 水能

一、水能资源

水能资源指水体的动能、势能和压力能等能量资源，是自由流动的天然河流的动力和能量，称为河流潜在的水能资源，或称水力资源。水能资源是我国重要的可再生资源，由于水能资源开发不产生"工业三废"等环境污染物，在当前过度依赖化石能源的背景下，开发水能资源等化石能源的替代资源，就是保护生态环境，符合经济可持续发展的战略目标。开发利用好丰富的水能资源，对于满足能源需求、优化能源结构、保障能源安全、减少温室气体排放和促进经济社会可持续发展具有重要意义。我国十分重视水能资源开发工作，新中国成立以来先后开展了多次全国水能资源普查和复查工作。

水能资源是相对清洁又可再生的优质能源。水电将一次能源直接转化为二次能源（电力），利用水的势能，即利用江河流量和落差获得电能，完全是物理过程。其中既不消耗一立方米水，也不污染一立方米水，既不排放一立方米有害气体，也不排放一公斤固体废料，因此水能资源是清洁能源。只要地球上的水循环不止，江河不干涸，水资源就是永恒的，是可再生的。这一点，已为国际社会和大多数能源专家所认可。

当前，能源对经济发展的支撑作用越来越突出，我国正处在经济转型的年代，能源需求的增长是不言而喻的，可我国也是化石能源资源相对贫乏的国家。水电是目前第一大清洁能源，提供了全世界 1/5 的电力，全球有 55 个国家的 50% 以上的电力由水电提供，而中国河流众多，水能资源蕴藏量居世界首位。其中，国内技术可开发量为 5.42 亿千瓦，是仅次于煤炭的第二大常规能源。目前，中国水能资源开发程度为 31.5%，还有巨大的发展潜力。即使是相对丰富的煤炭资源，按目前开采的水平，也大约只可采 60 余年。《"十四五"现代能源体系规划》强调了因地制宜开发水电的重要性，并提出了积极推进水电基地建设的计划。

从当前我国能源结构看，水能资源占比达到 36.5%。我国水能资源开发程度还很低，到 2005 年底仅开发 1.1 亿千瓦，按发电量计算只占技术经济可开发量的 20%，远未达到世界部分发达国家的开发水平，如美国在 1986 年时已开发 53.3%，日本在 1986 年时已开发 95.0%，法国在 1986 年时已开发 92.1%。这些数据表明，发达国家都十分注重优先利用水能资源。而中国有丰富的水能资源，开发利用还有很大潜力。中国水电开发并不存在密集开发和过度开发的问题，停止开发的观点脱离了中国能源供应的实际，脱离了水电开发的实际。

在水能资源蕴藏量及可能开发的水能资源上，中国排在世界第一位。目前，中国水能资源总量超过美国和加拿大的总和，接近巴西和俄罗斯的总和。

二、水能开发

水能资源开发通常是指水电开发，因为水电开发是目前技术最成熟、最具大规模开发条件的水能资源开发方式。加快水电发展是保障能源供应、调整能源结构、实现非化石能源发展目标的重要措施。当前，我国的水能资源开发中存在五个方面的问题。

（一）环保压力

近年来，以"怒江水电开发争议"为典型代表的水能资源开发与生态环境保护之间的冲突问题日益凸显。随着"生态文明建设"被写进党的十八大报告，在大力发展生态文明，建设"美丽中国"的背景下，如何协调水能资源开发的社会刚性需求与生态环境和自然资源保护主张之间的诉求冲突，也已成为我国水能资源开发中的主要障碍。我国的水能资源主要富集于一些大江、大河中，主要分布于我国西部和西南部地区。一方面，流域生态系统在整个生态系统中居于核心地位，存在较为明显的"蝴蝶效应"。另一方面，我国西部，特别是西南部地区的生态环境非常脆弱，如果受到不适当地干预和破坏，很可能导致生态环境产生难以逆转的灾难性后果。水能资源开发利用往往与灌溉、供水、养殖、旅游等其他需要产生矛盾，对社会可持续发展造成了一定的负面影响。此外，水电开发和水电设施建设以及建成以后，将既会对区域环境造成持续性的负面影响，又会对流域内的生物物种产生严重伤害。因此，我国水能资源开发面临着较强的环境保护压力。

（二）经济利益冲突

水能资源开发涉及的利益主体多元，各主体之间的经济利益冲突问题突出，协调困难。有学者指出，资源无论在现实中为私人所有还是公共所有，都为全社会共同所有，并通过对资源的私人或公共利用使社会整体福利增加。换言之，水能资源开发应该促使社会整体福利得到增加。从现实来看，水能资源开发涉及的经济利益冲突主要表现在两个方面。一是非政府投资主体与政府之间的经济利益冲突。随着我国能源领域的进一步开放，水电投资主体的多元化趋势也愈发明显。企业的逐利性与水能资源的社会性，导致投资主体在水电生产管理中权利受限等问题亦随之而凸显。二是水能资源蕴藏地与水电产品主要消费地之间的经济利益冲突。水电的生产所在地与消费地往往不一致，生产地地方政府和当地居民承担了水电生产的全部外部不经济性。加之水能资源开发的生态补偿机制并不健全，致使水能资源开发和水电生产中的利益冲突难以缓解。部分发达国家在处理这一问题上有较为成熟的做法，例如，法国、美国等在保障开发主体适当收益的基础上，通过返还部分利润给当地居民，保障当地居民共同享受水电开发成果。

（三）体制与机制障碍

我国的水电开发领域经历了从计划经济到市场经济、从政府投资到企业投资、从单一主体到多元主体的转变或者变革，外部环境发生了深刻变化。但是，当前水电行业的管理模式仍带有浓厚的计划经济时代的色彩，陈旧且落后的行业管理体制和建设管理体制亟须变革。在电力体制改革和能源监管体制改革尚未完成的今天，水能资源开发的体制与机制障碍仍将存在。此外，水能资源开发涉及水、流域、能源、国土资源、环境保护、交通运输、防汛抗旱、农业、海事等诸多行政部门的管辖事项，存在"九龙治水"的客观情况，产生了诸多弊端。

（四）技术装备水平不高

依托重大水电工程的建设，坚持自主创新，加强技术研发，我国在工程建设中技术和工程装备制造水平方面取得了很大进步，但与美国、加拿大等国相比，我国的技术和装备制造水平仍有较大差距。因此，水能资源开发中技术和装备方面的障碍仍较为明显。

（五）法制供给不足

法律的发展和法制的供给应及时回应社会实践的需要。我国已颁布了以《中华人民共和国电力法》《中华人民共和国水法》《中华人民共和国可再生能源法》等为代表的法律，以及以《取水许可和水资源费征收管理条例》《大中型水利水电工程建设征地补偿和移民安置条例》等为代表的行政法规与部门规章。尽管如此，我国水能资源开发方面的法律规范仍存在问题，表现为：全局性、专业性立法空白，相关立法也没有深入贯彻可持续发展理念；立法零散，不成体系；立法层级偏低、高层级立法缺失等。

第三节 太阳能

一、太阳能产业发展背景

在可供人类利用的各种能源中，太阳是一个"取之不尽，用之不竭"的巨大能源。据估计，在漫长的11亿年当中，太阳所储存的能量仅仅消耗2%。地球和太阳的平均距离为14900万公里，地球上得到的太阳辐射能约占其总辐射能的二百万分之一，即使如此，抵达地球陆地表面范围内的总辐射能（估计到在大气层被吸收的能量）每年约有9.5×10^{20} kW·h，这相当于同期内各种能源（例如水力、火力发电和原子能发电等）向世界能量系统提供的总能量的32000倍。因此，研究太阳能的利用，在很早之前就成为重大课题之一。

太阳能产业作为新能源产业中发展较为成熟的产业，正在为"双碳"目标的实现不断提供助力。2021年，太阳能发电装机容量约3.1亿千瓦，同比增长20.9%。"双碳"目标的提出也为太阳能等清洁能源产业发展带来了全新的战略发展机遇。

太阳能作为主要的可再生能源之一，具有来源广泛、清洁无害、可持续等特点。广义的太阳能是指由太阳内部氢原子发生氢氦聚变释放出巨大核能而产生的，来自太阳的辐射能量，其主要应用领域为光伏发电和光热。

二、太阳能光伏光热的综合利用

光伏发电是利用半导体界面的光生伏特效应将光能直接转变为电能的一种技术。2021年全国新增光伏并网装机容量54.88GW，同比上升13.9%。累计光伏并网装机容量达到308GW，新增装机容量和累计装机容量均为全球第一。

光热是现代的太阳热能科技将阳光聚合，并运用其能量产生热水、蒸汽和电力，目前应用较广的光热技术包括光热发电及太阳能热水器利用。太阳能热利用主要集中于民用供热、农业生产、工业制造等工农业供热场景，也是未来太阳能热利用的主要发展领域。

太阳能光伏和太阳能光热是太阳能大规模应用的主要方式，然而到目前为止，太阳能光伏发电依然存在发电效率低、成本高的瓶颈，太阳能光伏光热综合利用（PV/T）是解决问题的重要途径，其核心是在太阳能光伏发电的同时回收多余热能并加以利用，这不仅对电池有冷却作用，可以提高发电效率和寿命，更重要的是实现"一机多能"，大大提高太阳能综合利用效率，同时降低电热分别供应的成本。太阳能光伏光热综合利用不仅是近年来太阳能研究中最热门的研究领域之一，而且成为太阳能产业界备受关注的方向。

太阳能光伏光热综合利用技术是将光伏电池与太阳能集热技术结合起来，在太阳能转化为电能的同时，由集热组件中的冷却介质带走电池的热量加以利用，同时产生电、热两种能量收益。该技术能够提高太阳能的综合利用效率，且能同时满足用户对高品质电力和低品质热能的需求。

三、太阳能光伏光热综合利用的优点

（一）全光谱利用

以硅材料为例，由于半导体禁带宽度的存在，当太阳辐射投射于光伏电池表面时，只有能量大于禁带宽度的光子才能产生电子空穴对，能量小于禁带宽度的光子将不能对电池的电流作出贡献。晶硅的禁带宽度在 1.2eV 左右，对应太阳辐射的波长为 $1.1\mu m$ 左右，而太阳辐射光谱中波长大于 $1.1\mu m$ 的能量约占太阳辐射总能量的 40%，这也意味着这部分能量将不能产生电子空穴对。太阳能光伏光热综合利用技术则可将这部分能量转换成可利用的热能，实现太阳辐射光谱的全光谱利用，从而提高太阳能的综合利用效率。

（二）多功能利用

对于绝大多数商用光伏电池，电池温度升高会引起光伏转换效率的下降，如果光伏电池吸收的热量受条件限制不能有效释放，反而会导致光伏电池温度升高，引起光伏转换效率的下降。理论与实验研究均表明，在较高的环境温度下，如果不对光伏组件采取冷却措施，其工作温度通常会高达 60~90℃；而在有冷却介质的系统中，光伏电池的工作温度基本上在 30~50℃。太阳能光伏光热综合利用技术在太阳能转化为电能的同时，由集热组件中的冷却介质带走电池的热量，产生电、热两种能量收益，从而提高太阳能的综合利用效率。

（三）降低成本

太阳能光伏光热综合利用技术将太阳能光伏技术和太阳能光热技术结合起来，系统共用了玻璃盖板、框架、支撑构件等，实现了光伏组件和太阳能集热器的一体化，节省了材料、制作和安装成本。另外，太阳能光伏光热综合利用技术有效控制了光伏电池工作温度，避免了电池高温工作，从而提高了光伏电池的运行寿命，也可以说是减少了硅材料的损耗，改善了其经济性。

（四）节约安装面积

建筑是太阳能应用的最佳载体，但目前我国城市中大都是高层或小高层建筑，建筑围护结构可接收到阳光的面积是有限的。若采用太阳能光热技术和太阳能光伏技术两套系统，往往会存在安装位置、安装面积上的矛盾，从而对系统的设计、安装造成困难。采用太阳能光伏光热综合利用技术可以很好地解决这个问题。

（五）电/热输出灵活配置

太阳能光伏光热综合利用技术能够提供电力、热力等多种能量形式，具备太阳能利用的多功能性，从而能够满足用户对不同能量的需求。可综合考虑投资成本及能量需求，在太阳能光伏光热综合利用技术应用中选择合适的光伏电池覆盖率，进行电力输出优先、热力输出为辅的组件选择和系统设计。

（六）易于建筑一体化

太阳能光伏光热综合利用技术可以方便地实现建筑一体化，光伏热水—屋顶、光伏热水—墙、光伏空气—多功能幕墙、光伏—Trombe 墙、光伏—热水窗、光伏—空气窗等一体化方案不仅利用围护结构发电供热，而且大大降低了建筑的空调负荷，获得了额外的收益。

四、太阳能光伏光热综合利用技术的应用途径

太阳能光伏光热综合利用技术的具体应用途径有如下几个方面。

（一）电力—热水

太阳能光伏光热综合利用技术最常见的应用途径是太阳能光伏热水系统，能够同时提供电力和热水，可广泛应用于建筑、工业、农业等，特别是电力和热水需求量都较大的场所，如医院、宾馆等。建筑一体化设计时，可选择有太阳能光伏光热墙、太阳能光伏光热屋顶等。此时需要关注管路防冻问题及水路与电路之间的优化设计，避免相互干扰。

（二）电力—空气采暖

太阳能光伏光热综合利用技术同时提供电力和采暖热空气，也有很好的应用前景。太阳能光伏光热采暖系统针对寒冷地区或者特定用户、场地的需求，在提供电力的同时，也提供热空气直接应用于建筑采暖。光伏—空气集热器、光伏—多功能幕墙、光伏—Trombe 墙等可实现电力—空气采暖，相对而言，此类系统结构比较简单，可靠性最高，维护成本最低。

（三）电力—干燥

传统干燥行业能耗巨大，污染严重，太阳能光伏光热综合利用技术针对某些用户、场地的特定需求，如工业干燥、农副产品干燥、烟草、药材、食品干燥等，可应用能够同时提供电力和热空气。太阳能光伏干燥技术相比于电力—空气采暖，热空气的温度可能要求更高，湿度控制要求更加严格。特别是在地域偏僻、电力不足地区，可通过系统自身提供的电力独立运行。

（四）电力—热泵

热泵系统冬季运行时由蒸发器从低温环境的空气中吸热，导致其表面温度过低而结霜，从而传热阻力增加，存在热泵系统性能下降的问题；而光伏电池发电则是多余的热能不能够被利用，导致电池温度升高，存在效率随温度下降的问题。太阳能光伏热泵系统根据太阳能

光伏与热泵两个系统的特点，不仅利用太阳能发电，而且将光伏电池发电多余的热能提供给热泵系统，提高了蒸发器温度，降低了电池温度，在提高光伏电池输出效率的同时，有效地提升了热泵系统的能效比。

（五）电力—通风

针对夏热冬暖地区的建筑，全年冷负荷较高，且有新风需求，在实现太阳能利用与建筑结合时，作为建筑围护结构的一部分，电池温度上升不仅降低了电力输出效率，而且还增加了室内冷负荷。因此，可通过太阳能光伏光热综合利用技术与通风技术相结合，如太阳能光伏光热窗、太阳能光伏通风幕墙等，主要利用热压通风原理，光伏电池背面的空气被加热后，被热浮力带走，在降低光伏电池温度、提升发电效率的同时，降低室内冷负荷，实现建筑节能。

（六）电力—农业需求

太阳能光伏光热综合利用技术与农业需求的结合，主要是指太阳能光伏光热综合利用技术在农业大棚、珍稀鱼类养殖等方面的应用，在光伏发电的同时，提高环境温度。如太阳能光伏农业大棚，全年利用太阳能产生电力，针对不同作物生长特点，调节大棚温度。夏季光伏的存在及有效通风，抑制了太阳辐射强度过大导致的温度过高；冬季有效利用光伏发电产生的多余热能改善大棚热环境。

第四节 核能

一、核能产业发展情况

核能作为一种清洁能源，在降低煤炭消费、有效减少温室气体排放、缓解能源输送压力等方面具有独特的优势和发展潜力，是实现"碳达峰、碳中和"目标的重要能源组成。近年来核能发电以安全、高效、清洁的方式供应电力，同时又解决环境和气候变化问题，为产业发展提供了非常现实的选择。核电站既可作为基荷供应可调度电力，又可参与调峰响应电能需求，在没有风和阳光时，与间断性的可再生能源（如风能或太阳能）形成很好的补充和支撑。

截至2023年底，我国在运核电机组55台，位居全球第三；我国在建核电站26台，位居全球第一；核能发电量，位居全球第二。我国自主设计的三代核电"华龙一号"——全球首台三代核电机组在中国建成发电，包括出口巴基斯坦的，均已按计划建成投运。自主设计的三代核电"国和一号"正按计划进行建设。在总结设计建设和运行经验的基础上，吸取新的科技创新成果，"华龙一号"和"国和一号"将不断优化升级，"华龙系列"和"国和系列"将是我国核电建设的主要机型。我国核电技术与国际核电大国同处国际先进行列，但核电占比尚只有个位数，发展空间广阔，核电科技研发需求巨大。

二、核能综合利用

核能作为清洁取暖能源之一，使用广泛。以我国为例，目前我国城镇集中供热燃煤热电联产占48%，燃煤锅炉占33%，清洁热源不超过4%；清洁供热、低碳发展要求取缔散煤燃烧和小锅炉、压减大型燃煤锅炉已经成为能源结构转型的大趋势，核电站热电联供具有重要的意义。山东烟台海阳核电站，通过抽汽供热，为7000多户居民、约70万m^2的居民用房提供了源自核能的热能。据测算，核能供热项目首个供暖季（五个月）累计对外供热28.3万GJ，节省标准煤9656t，减排烟尘92.67t、二氧化硫158.9t、氮氧化物151t以及二氧化碳2.41万t，环保效益显著；并使海阳核电厂热效率从36.69%提高到39.94%。目前已完成二期供热工程，为450万m^2的居民用房供热，取代了当地12台燃煤锅炉，节约原煤约10万t，减排18万t二氧化碳。海阳核电正在加快推进以核电热电联产方式进行的核能供热，1、2号机组稍加改造后，即可具备3000万m^2供热能力。随着后续机组建成投运，预计最终可提供超过1亿m^2供热能力，供热半径达130km，每年可节约标煤约数百万吨。

核电站海水淡化：利用二回路低压缸抽汽经换热生成100～120℃热水（中间介质），以热水为动力，采用低温闪蒸技术，通过多效蒸馏、多级闪蒸两套独立的海水淡化装置，生产95℃热淡水8t/h，1t淡水耗电量为1.5kWh，热效率为82%。所生产的热淡水可为居民供热，同时为缺水地区提供淡水。

三、耐事故燃料开发

由于放射性物质主要保存在燃料元件内部，要"从设计上实际消除大量放射性物质释放"，最佳选择是将事故序列中止在燃料元件破损之前。现有的三代核电主要在安全系统的改进上提升核电站的安全性，核电燃料发展新概念——耐事故燃料（Accident Tolerant Fuel），提供更长的事故应对时间、减轻事故后果，在尽量不降低经济性的前提下提高电站安全性，特别体现在燃料的事故安全性能上。例如，降低堆芯（燃料）熔化的风险，缓解或消除锆水反应导致的氢爆风险，提高事故下裂变产物的包容能力，进而从根本上提升核电站的安全性，简化核电站的系统，提高核燃料的燃耗，降低核燃料的费用，提高核电站的可利用率，有利于进一步提高核电的经济性。

四、智慧核电建设

核工业是高科技战略产业，人工智能的应用具有重要意义。通过深入并广泛应用以工业机器人、图像识别、深度自学习系统、自适应控制、自主操纵、人机混合智能、虚拟现实智能建模等为代表的新型人工智能技术，更好地实现核能的快速高效应用。

人工智能应用将提高核电运行安全性，例如"数字孪生"（Digital Twin），就是将实体对象以数字化方式在虚拟空间"复制"，模拟其在现实环境中的运行轨迹。利用数字孪生技术，可以对实体核电站和孪生核电站的数据进行交换分析，促进核电站的运行管理和监测，指导操作员操作和处理事故，更好地确保反应堆运行安全。

通过人工智能和大数据的应用，加强核电关键系统和设备的自动运行监控，及时发现异常或故障，提前进行预防性维修，可以提高系统设备的可靠性、核电站运行的可利用率和经济性。

人工智能还可以协助人对不可达区域进行机器人维修，减少工作人员的受照剂量。核工业机器人要求：①耐高辐照、耐高温、耐腐蚀性液体和气体，特别是摄像头、集成电路器件等；②由于人员不能接近，机器人，包括机器人系统需有高度的可靠性，自诊断能力，自动识别故障并采取相应的应对措施，即具备必要的人工智能；③在发生核事故时核设施附近的环境非常复杂，机器人需具备能自动识别、爬行或潜水的能力。核工业机器人和机器人系统的开发为严重事故处理、核电站退役创造技术条件。

五、模块化小型反应堆技术

在核能技术的研发上，中国已经走在了世界前列，为解决边远、偏僻地区供电问题，中国研发了模块化小型反应堆（SMR）技术。在多种核能技术中，SMR 技术被设想用于小型电力或能源市场，特别是长距离输电到不了的边远地区或孤立电网，对于这些用户，大型反应堆是不可行的。SMR 可以满足更广泛用户和应用灵活的发电需求，包括取代退役的化石能源发电厂，为发展中国家或偏远地区和离网地区提供小型电力的热电联产，以及实现混合核能/可再生能源系统。高度创新的 SMR 可以提供新的解决方案，进一步提高灵活性，推广分布式发电。要切实满足市场需求，新的 SMR 必须真正采用创新理念，绝对不能是目前的第三代反应堆的缩小版。创新的设计：包括固有安全特性，模块化设计（根据需要单个或多个反应堆模块的集成），多功能用途（供电、供热、海水淡化），工厂集成，整体运输，整体安装等；以及其他先进技术的应用，诸如高性能燃料，燃耗增加，有限的膨胀和裂变气体释放量；耐事故燃料，能承受高温不熔化，发生事故时防止或限制氢的产生；改进的堆芯内仪表，准确性更高，减少设计分析和运行保守性；数字化技术和人工智能的应用；低压回路系统采用新型复合材料以取代钢材；采用高机械性能和抗渗性能的先进混凝土等，均可明显提升 SMR 在经济上的竞争力。与间歇性风电、太阳能发电、天然气发电和用于特定应用的柴油发电机相比，SMR 是有竞争力的。如果类似于"即插即用"、设计完全独立于安装地点的解决方案得到证实，有可能使核电工程在短短的 2～3 年内完成，它们可以成为满足市场需求、从而为能源转型作出贡献的最佳选择。以下列出我国正在开发的各类小型堆：

1. 多功能模块化小堆

ACP100 是由中国核工业集团有限公司（CNNC）开发的模块化压水堆设计，旨在产生 125MWe❶ 的电力。ACP100 基于现有的压水堆技术，采用非能动安全系统，通过自然对流冷却反应堆，ACP100 将反应堆冷却剂系统（RCS）主要部件安装在反应堆压力容器（RPV）内。ACP100 是一种多用途动力反应堆，设计用于发电、加热、蒸汽生产或海水淡化，适用于能源或工业基础设施有限的偏远地区。

2. 浮动核电

海上浮动核电站是将小型核反应堆和船舶结合，使核电移动化。一般采用小型核反应

---

❶ MWe：兆瓦电功率。

堆，安全性高。浮动核电站可为海洋平台提供能源，包括电力、蒸汽、热源，并可进行海水淡化，以供给海上平台淡水等，为海洋开发提供支持。浮动核电站还可为孤立海岛、封闭海湾提供电力和能源。

3. 移动核电站的开发

移动核反应堆将建成100kW和1MW两种，该电站可以在公路、铁路、海上或空中安全快速移动，并能快速设置和关闭，以支持沙漠地区、边远地区、无人区的各种任务。

4. 泳池式低温供热堆

泳池式低温供热堆系统简单，主要包括反应堆系统、一回路系统、二回路系统、余热冷却系统、换料及乏燃料贮存系统、辅助工艺系统。热量经两次热交换后进入热网，确保放射性物质不进入热网。泳池式低温供热堆固有安全性好，泳池热容量大，即使不采取任何余热冷却手段，1800多吨的池水可确保堆芯不会裸露，即使没有任何干预，也可实现26天堆芯不熔毁；抗外部事件能力强，水池全部埋入地下，避免因自然原因及人为原因造成重要设备损坏而发生核事故；易退役，放射性源项小，仅为常规核电站的1%，且系统简单，退役时间短；环保效益显著，一座400MWt[1]的低温供热堆可替代32Wt燃煤，或16000万立方米的天然气。

泳池式低温供热堆还可以进一步发展，例如冬季供暖夏季供冷，在用户端设置溴化锂吸热式制冷机，就可为用户提供冷冻水；生产同位素或单晶硅中子掺杂；利用退役燃煤热电联供厂址建设池式低温供热堆，既减少了投资，又保持热网供热。

六、新一代核电技术

核能的广泛利用必然要考虑到核资源的优化和充分利用。2001年，第四代核能系统国际论坛（GIF）发起了有关未来核能系统的联合研究。中、法、韩、日、俄、美、欧盟之间由此展开了积极合作。GIF提出了六大领域的技术目标和相关评估指标：可持续性、经济性、安全与可靠性、废物最小化、防扩散和实体保护。六类最有前景的核系统被选中，其中两类为气体（氦）冷却反应堆，另两类是液态金属（钠、铅合金）冷却堆，还有一类超临界水冷堆，最后一类是熔盐冷却堆。

（一）钠冷快堆（SFR）

在这些被选中的反应堆系统中，几乎所有的GIF合作国都认为使用氧化铀钚（MOX）燃料的先进钠冷快堆（SFR）在21世纪投入商用的可能性最大。我国已率先建成钠冷快中子实验堆，正在建设600MWe（CFR600）钠冷快中子示范核电站。CFR600将设计为采用MOX燃料的池式快堆，其热功率为1500MW，电功率为600MW。一回路中有两个环路，二回路的每个环路有8个模块化蒸汽发生器，三回路是安装了一个汽轮机的典型水—蒸汽系统；蒸汽的参数为14MPa、480℃。反应性控制由两套停堆系统、一套独立补充停堆系统实现，一套非能动余热导出系统与热池相连。CFR600将在2025年以前建成。CFR600的目的

---

[1] MWt：兆瓦热功率，一个兆瓦热单位表示在1小时内，将1兆瓦的电能转化为热能的能力。

是示范燃料闭路循环,为大型 SFR 制定标准和规范。

开发快堆的主要目的是增殖核燃料,使铀 238 裂变或将其高效地嬗变成钚 239(^{239}Pu),缓解天然铀资源可能的短缺。SFR 燃料具有更高的燃耗,使其在堆中停留的时间达到热堆中的两倍,也降低了乏燃料中次锕系核素的含量。SFR 还可设计用来嬗变长寿命核素,以及镅等超钚元素。

在启动 SFR 系列项目前,需要解决此类反应堆的布置、掌握相应的燃料闭式循环等很多科学技术问题。要解决的主要难题是对钚含量较高的钠冷快堆 MOX 乏燃料进行工业化后处理,将周转期缩短为几年。为此国际上正在研究用金属燃料替代 MOX 燃料,以提高燃料的增殖比;研究干法后处理技术,以克服湿法后处理所带来的难题;以及快中子反应堆、干法后处理、金属燃料制备的集成化布置(或称一体化钠冷快中子堆核能系统),以缩短燃料转运的距离和时间。

(二)高温超高温气冷堆

我国于 20 世纪 70 年代中期开始研发高温气冷堆,HTR-10 高温气冷堆实验堆于 20 世纪 90 年代建成。作为国家科技重大专项的 200MW HTR-PM 示范核电站已进入装料调试。HTR-PM 示范电站由两个球床反应堆模块组成,外加一个 210MWe 的汽轮机组。反应堆堆芯入口/出口的氦气温度分别为 250℃/750℃,蒸汽发生器出口的蒸汽参数为 13.25MPa,567℃。2005 年,一条原型燃料元件生产线在清华大学核研院建成,每年可生产 10 万个燃料元件。此后,一个具备年产 30 万个燃料元件产能的燃料元件厂在中国北方的包头建成。

2014 年 GIF 更新的第四代技术路线图显示,超高温气冷堆可在 700~950℃(未来还可能超过 1000℃)的堆芯出口温度范围内供应核热和电力。新技术路线进一步提升反应堆出口氦气温度,高达 1000℃,采用氦气透平循环,提高热效率;同时使核能生产延伸到为工业提供高温工艺热,包括利用核能的高温制氢,以提高制氢的效率。核能制氢(nuclear production of hydrogen)就是将核反应堆与采用先进制氢工艺的制氢厂耦合,进行氢的大规模生产。为此要研究先进的制氢工艺,诸如:正在发展的新技术——热化学循环工艺〔S-I、混合硫(HyS)循环、Cu-Cl 等〕。

(三)钍基熔盐堆

钍基熔盐堆核能系统以 Li、Be、Na、Zr 等的氟化盐与溶解的 U、Pu、Th 等的氟化物熔融混合后作燃料,在 600~700℃的高温低压下运行,其中 LiF、NaF、BeF_2 和 ZrF_4 为载体盐,UF_4 和 PuF_3 为裂变材料,ThF_4 和 UF_4 为增殖燃料,吸收中子后产生新的裂变材料 U 和 Pu。熔盐堆使用低能量的热中子进行裂变反应。熔盐堆的结构材料(设备和管道)采用抗高温抗腐蚀的镍基合金——哈斯特镍基合金 N 来制造。熔盐将堆芯核裂变反应所产生的热量通过中间回路将其传送到热电转换系统。

基于国内丰富的钍资源,钍基熔盐堆亦被视为增殖核燃料的一条途径。为此正在研究设计 2MW 的试验反应堆和 20MWe 模块化钍基熔盐堆研究堆及科学设施。钍基熔盐堆技术仍有很多问题有待解决,而且要建立一套以铀钍循环为基础的核燃料循环工业体系。

(四)铅冷快堆

铅或铅合金中子吸收和慢化能力弱,反应堆中子经济性好,使其具有更高的核废物嬗变和核燃料增殖能力。铅基材料熔点低、沸点高，反应堆可以在低压运行并获得高出口温度，避免高压系统带来的冷却剂系统丧失问题，同时可实现高热电转化效率。铅基材料化学稳定性高，与空气和水反应弱，可避免起火或爆炸等安全问题。铅基材料的载热和自然循环能力强，可依靠自然循环排出余热，大大提高了反应堆的非能动安全性。

当前研究进展：①铅铋工艺技术：实现吨级规模高纯铅铋合金熔炼；②氧控技术：实现高温液态铅铋合金中氧质量分数在 $10^{-6}\%\sim10^{-4}\%$ 范围内的稳定控制；③燃料组件技术：开展了 5 个不锈钢包壳管在高温液态铅铋环境下的腐蚀、力学性能实验，以及液态铅铋腐蚀与中子辐照协同作用实验；④不同氧浓度下候选结构材料的腐蚀界面行为研究，分析氧浓度对腐蚀速率的影响及腐蚀机理，以确定中国铅基研究反应堆（CLEAR-I）最佳氧浓度运行工况。

铅冷快堆比功率高，体积小，稳定性好，是核动力和移动式反应堆的可行选择。

七、乏燃料后处理及放射性废物处理与处置

核燃料的后续处理也是核能利用中至关重要的一环，要实现核燃料的增殖和循环利用必须开展乏燃料的后处理，首先是压水堆乏燃料的后处理，我国已建成并投运了乏燃料后处理中间试验厂，正在建设示范工程，有关后处理技术的各项科研试验正在进行。

放射性废物的安全管理是发展核电必须解决的一个关键问题，要做到合理可行，产生的放射性废物数量尽量低，需要开展大量的科研试验，比如等离子熔融、蒸汽重整等技术。处置最终的长寿命放射性废物需要克服许多重大障碍，深地质处置库是处置此类放射性废物的公认方法。

思考题

1. 氢能的优点有哪些？
2. 请简述氢能制备的方式。
3. 请简述太阳能光伏光热综合利用的优点。
4. 水能开发的主要问题是什么？
5. 新一代核电技术有哪些？

第五章
降碳与循环利用技术

在当前全球气候变化和资源紧缺的背景下，降碳与循环利用技术成为全球关注的焦点。

降碳技术是一种综合性的策略，旨在通过多种途径来减少温室气体的排放，特别是二氧化碳的排放，以应对气候变化的挑战，促进可持续发展。

循环利用技术则致力于资源的有效利用和循环利用，以减少对自然资源的消耗和环境的破坏，是一种将废品转化为可循环利用材料的过程，它与重复利用不同，后者仅仅指再次使用某件产品，循环利用的目标是减少资源的浪费，提高资源的利用效率，对经济发展具有积极的影响，有助于实现资源的高效利用、减少碳排放、延长产品使用寿命、创造就业机会、促进经济增长和推动绿色转型。

降碳与循环利用技术不仅对环境保护和气候变化应对方面有重要影响，也对经济发展和社会可持续性产生深远影响。通过推动清洁能源的发展、提高能源和物质的利用效率、推广循环经济模式等措施，可以实现经济的绿色转型和可持续发展。同时，降碳与循环利用技术也为创造就业机会、改善人民生活质量提供了新的机遇。

当前，降碳与循环利用技术的主流技术分布于各行各业，主要包括能源、工业、农业、废弃物的处置，等等，本章将从环保领域重点介绍固体废物处置与循环利用以及污水处理中的降碳技术及应用。

第一节 固体废物处置与循环利用

一、固体废物的产生

固体废物是指在生产、生活和其他活动中产生的，丢弃或者打算丢弃且物质形态为固态或者几乎为固态的废弃物。这些废物可能来源于家庭、

固体废物处置与循环利用

工业、商业或者农业活动，包括但不限于废纸张、废塑料、废金属、废布料、废电子产品、废轮胎、废木材、废玻璃、建筑废料等。

固体废物的产生具有一定的必然性。

人类的日常生活和各种经济活动是固体废物产生的主要来源。从家庭生活中的饮食、购物、娱乐到工业生产、农业活动、建筑施工等，几乎所有人类活动都会产生一定量的废物。随着人口增长和经济发展，消费模式的变化和生产活动的扩展，固体废物的产生量也在不断增加。

现代社会的消费文化强调快速消费和即时满足，导致了大量一次性产品和包装材料的使用。这种消费模式不仅增加了资源的消耗，也导致了大量废物的产生。此外，产品的短生命周期和大众追求新潮流的消费行为也加剧了废物的产生。

工业化和城市化的进程带来了高效的生产和便利的生活，但同时也产生了大量的工业废物和城市垃圾。工业生产过程中不可避免地会有副产品和废料产生，而城市生活中的消费活动也不断产生废弃物。

当前的产品设计和生产技术往往更注重经济效益而非环境持续性。许多产品设计不易回收利用，或使用了难以分解的材料，从而增加了废物的产生和处理难度。

社会结构和政策也影响固体废物的产生。例如，城市规划、废物管理政策、回收系统的有效性等都会影响废物的产生和处理。

除了人为因素外，自然过程也会产生固体废物。例如，自然界中动植物的死亡和腐烂、自然灾害如风暴和洪水等都会产生一定量的废物。

总之，固体废物的产生是现代社会运作的一个必然结果，与经济发展、消费行为、技术应用和社会组织等多个因素密切相关。因此，为了有效管理和减少固体废物的产生，需要从源头减少、资源回收、产品设计改进等多个方面进行综合考虑和实施。

二、固体废物的分类

固体废物的分类可以根据不同的标准和目的进行划分。主要可以按组成、来源、处理方法和危害性进行分类，见表5-1。

表 5-1 固体废物的分类

分类方式	类别	描述
按组成分类	有机废物	可以生物降解的废物，如食物残余、园林废弃物等。
	无机废物	不易生物降解的废物，如塑料、金属、玻璃等。
	危险废物	具有毒性、腐蚀性、易燃性或反应性的废物，如某些化学品、电池、油漆等。
按来源分类	生活废物	来自家庭和日常生活的废物，如厨余垃圾、纸张、塑料、玻璃等。
	商业废物	来自商店、餐馆、办公室等商业场所的废物，如各种包装材料和容器等。
	工业废物	在工业生产和制造过程中产生的废物，包括工业副产品、废料、化学废物等。

续表

分类方式	类别	描述
按来源分类	建筑废物	建筑活动中产生的废物,如渣土、弃土、弃料、余泥等。
	农业废物	农业生产中产生的废物,如秸秆、畜禽粪便、农用地膜等。
	医疗废物	医疗活动中产生的废物,包括感染性废物、病理性废物、锐器等。
按处理方法分类	可回收物	可以再次利用的废物,如纸张、塑料、金属、玻璃等。
	可堆肥物	可以用于堆肥的有机废物,如厨余垃圾和园林废弃物。
	其他废物	难以回收或处理的废物,通常需要特殊处理或填埋。
按危害性分类	危险废物	可能对人体健康或环境造成直接或潜在危害的废物。
	非危险废物	不具有危险性的普通废物。

三、固体废物的危害

固体废物的处理和处置对环境保护、公共卫生和资源回收再利用具有重要影响。

废物的不当处理可能破坏自然栖息地,影响生物多样性。例如,塑料废物在海洋中形成的"塑料汤"严重威胁海洋生物的生存。有害废物可以导致土壤和水体中的生态平衡被打破,影响生态系统的正常功能。废物中的有害化学物质可以渗透到地下水中,或者通过雨水径流进入河流、湖泊和海洋,导致水质恶化;废物中的重金属、有机污染物和其他有害物质可以积累在土壤中,影响土壤质量和农作物的生长,进而影响食品安全。

不当处理的生活垃圾可能成为病原体的滋生地,比如蚊子和老鼠等疾病传播媒介在这些环境中繁殖,从而增加了传染病的传播风险。人们可能直接或间接接触到废物中的有害化学物质,如重金属和持久性有机污染物(POPs),这些物质可以通过食物链积累并对人体健康造成长期影响。废物焚烧时可能释放有毒气体和颗粒物,如二噁英、硫化物和氮氧化物等,这些污染物对人体健康极为不利。

废物的不当处理需要更多的经济投入来修复受污染的环境和处理健康问题。资源如果未被有效回收利用,造成原材料的浪费,会增加生产成本和经济压力。

不当的废物处理设施(如垃圾填埋场和焚烧厂)可能导致周边地区房地产价值下降,影响居民的生活质量。废物处理不当还可能引发社区居民的不满和社会冲突。

固体废物处理过程还会导致碳排放的增加,例如,垃圾填埋场产生的沼气以甲烷为主要成分,甲烷属于温室气体,而焚烧固体废物会产生大量的二氧化碳和有毒气体,这些污染物的排放不仅加剧了全球气候变化,还会对空气、水体和土壤造成污染,威胁生态系统的稳定性和人类健康。

不过固体废物不能单纯地被看作有害无益的,它具有污染环境和再生利用的双重特性,具有鲜明的时间和空间特征,有些在一定时间和地点被丢弃的物质,也可以说是放错地方的资源。

通过对固体废物回收和再利用,如废纸、废塑料、废金属等,可以减少对原始资源的依赖,降低生产成本;某些废物可以通过焚烧或生物质能转换技术转化为能源,如用废塑料制造燃料或从有机废物中产生生物气;通过有效回收和再利用,可以减少废物的总量,从而减少对填埋场和焚烧设施的需求,减轻环境压力,促进经济的可持续发展。

四、固体废物的控制

固体废物具备"废物"和"资源"的双重特性。一方面,固体废物中往往含有污染成分,长期堆放会对环境造成污染与破坏;另一方面,固体废物中又含有很多有用的物质,相较于废水、废气而言,是最有可能资源化的废物。

在时间方面,昨天的废物正在变为今天的资源,今天的废物可能成为明天的宝藏;在空间方面,废物仅仅相对于某一过程或某一方面没有使用价值,然而往往可以成为另一过程或另一方面的原料。

固体废物的特点主要包括以下几个方面:

① 多样性:固体废物种类繁多,包括生活垃圾、工业废料、建筑垃圾等。不同类型的固体废物具有不同的特性和处理方式,需要采取针对性的防治措施。

② 复杂性:固体废物组成复杂,可能包含有害物质、可回收物质等。因此,固体废物的处理需要综合考虑不同成分的特性,采取合适的处理方法。

③ 持续性:固体废物的产生是持续不断的,随着人口增长和经济发展,固体废物的数量也在不断增加。因此,固体废物防治需要具备持续性和长期性,不能仅仅依靠临时性的解决方案。

④ 环境影响:固体废物对环境造成的影响较大,包括土壤、水体和空气的污染,以及生态系统的破坏。固体废物污染防治需要注重环境保护,减少对环境的负面影响。

⑤ 综合性:固体废物污染防治需要综合考虑废物的减量化、资源化和无害化。减少废物的产生量,提高废物的资源利用率,采取适当的处理方法,使废物对环境和人类健康的影响降到最低。

因此,需要综合考虑不同类型废物的特性,采取适当的处理方法。

固体废物控制的特点主要体现在以下几个方面:

① 源头控制:固体废物控制的首要任务是防止废物的产生。这通常涉及改进或采用更新的清洁生产工艺,以减少或消除废物的产生。此外,也需要提高全民对固体废物污染环境的认识,通过科学研究和宣传教育来推动废物减量化。

② 全过程管理:对于已经产生的固体废物,需要实行从产生到最终无害化处置的全过程严格管理。这包括废物的收集、运输、处理、处置和监测等各个环节,以确保废物不会对环境和人类健康造成危害。

③ 灵活性和适应性:随着工业生产的发展和人类物质生活水平的提高,固体废物的种类和数量都在不断增加。这要求固体废物控制策略需要具有灵活性和适应性,能够应对不同种类和数量的废物。

④ 资源化利用:固体废物中往往含有大量有价值的资源,通过适当的处理,可以实现废物的资源化利用。这不仅可以减少废物对环境的污染,还可以节约资源,推动循环经济的发展。

⑤ 法规和标准支持:固体废物控制需要依靠法规和标准来规范和推动。政府需要制定

和完善相关的法规和标准，明确各方的责任和义务，为固体废物控制提供法律保障。

这些特点要求我们在进行固体废物控制时采取综合措施，从多个方面入手，以实现固体废物的减量化、资源化和无害化。

五、固体废物处置与循环利用和降碳之间的关系

固体废物污染防治一头连着减污，一头连着降碳，是生态文明建设的重要内容。

固体废物处置与循环利用是指通过科学的方法和技术对生活和工业产生的固体废物进行有效管理，以减少其对环境和人类健康的影响。这一过程不仅包括废物的收集、运输、处理和处置，还包括废物的回收和再利用，目的是最大限度地减少废物产生和资源消耗，促进资源的可持续利用。

固体废物处置与循环利用和降碳之间存在密切的关系。固体废物在处置过程中排放的温室气体（如二氧化碳、甲烷等）会对气候变化产生影响。通过有效的固体废物处置措施，循环利用固体废物可以降低对原材料的需求，减少能源消耗和温室气体的排放，从而实现降碳的目标，对全球气候变化起到积极的作用。例如，回收废纸可以减少对林木的砍伐，回收旧塑料可以节约大量的石油资源，这些都可以减少二氧化碳的排放。

固体废物污染防治的核心是减量化、资源化和无害化，协同推进固体废物源头减量、资源化利用和无害化处理，不仅能有效解决固体废物污染环境问题，还可以促进资源和能源节约利用，减少温室气体排放，达到节能降碳的目的。

在源头减量和资源化利用方面，推行绿色生活方式、减少生活源固体废物的产生有助于减少资源消耗，增加再生资源回收利用有利于减少原生材料开采和使用，强化秸秆、畜禽粪污等能源化利用能够替代化石能源。在无害化处理方面，以生活垃圾处理为例，减少生活垃圾填埋处理，提高生活垃圾焚烧发电比例，通过热能回收发电代替化石燃料，具有控制甲烷排放和代替发电的双重碳减排效果。

具体来说，固体废物处置与降碳的关系体现在以下几个方面：

① 垃圾填埋气体的控制：垃圾填埋是常见的固体废物处理方式，但填埋过程中会产生大量的甲烷和二氧化碳，其中甲烷是一种强效的温室气体，在 100 年的时间尺度下甲烷的全球增温潜能值大约是二氧化碳的 20~40 倍。通过采取措施，如收集和利用填埋气体，可以减少甲烷的排放，从而降低温室气体的总体排放量。需要注意的是，由于填埋气体中甲烷的温室效应远大于二氧化碳，因此减少垃圾填埋是控制温室气体排放的重要途径。通过现代化的焚烧发电、焚烧供热代替填埋可以显著减少温室气体的排放。

② 废物焚烧的能源回收：废物焚烧是一种能源回收的方式，通过燃烧废物产生热能，用于发电或供热，从而提高能源利用效率，减少能源浪费，降低环境污染。这种方式可以减少对化石燃料的依赖，降低二氧化碳的排放量。相关研究表明，垃圾焚烧发电替代无沼气回收的露天填埋方式，有明显的温室气体减排效应，每吨垃圾焚烧发电可以减少 0.11 吨二氧化碳排放。

③ 废物资源化利用：固体废物中包含许多可回收和可再利用的物质，如纸张、塑料、金属等。通过回收和再利用这些物质，可以减少对原始资源的需求，降低能源消耗和二氧化碳的排放。据相关研究和测算，每回收利用 1 万吨废旧物资，可以节约自然资源 4.12 万吨，

节约 1.4 万吨标准煤，减少 3.7 万吨二氧化碳排放。

④ 生物降解废物的处理：生物降解废物，如食品废弃物和农业废弃物，可以通过堆肥和厌氧消化等方式进行处理。这些处理过程可以有效地降解有机物，减少甲烷的产生，从而减少温室气体的排放。研究数据表明，1 吨生物质燃烧过程中二氧化碳排放当量约 1.3 吨，而 1 吨生物质自然降解产生的甲烷排放相当于 22.3 吨二氧化碳排放当量，因此生物质燃烧相对于自然降解的温室气体排放，每吨可以减少约 21 吨的二氧化碳排放当量。

六、固体废物的处置与循环利用措施

固体废物的处置是指通过改变固体废物的物理、化学、生物特性的方法，减少已产生的固体废物的数量、缩小固体废物体积、减少或者清除其危险成分的活动，或者将固体废物最终置于符合环境保护规定要求的填埋场的活动。固体废物的循环利用是指将废物直接作为原料进行利用或者对废物进行再生利用。在生产和消费过程中，通过减少资源消耗、废物产生、废物再利用、废物资源化等方式，实现资源的循环利用。固体废物的处置和循环利用是环境保护和资源管理的重要环节，通过科学的方法和技术，可以有效地减少固体废物的环境影响，提高资源利用效率，促进可持续发展。

固体废物的处置与循环利用措施主要包括物理回收、化学回收、生物处理和热回收等。物理回收是将废物经过分类、清洗和破碎等物理过程直接回收利用，如废纸、废塑料的回收；化学回收是通过化学反应将废物转化为原料或能源，如废塑料的化学降解制油；生物处理是利用微生物将有机废物转化为肥料或生物燃料，如厨余垃圾的堆肥和沼气生产；热回收是通过燃烧废物产生热能，用于发电或供暖，如垃圾焚烧发电。

根据固体废物种类的不同，可以采取不同的处置与循环利用措施。

1. 工业固体废物

工业固体废物是指在工业生产活动中产生的固体废物。这些废物可以分为两大类：一般工业废物和工业有害固体废物。

一般工业废物包括高炉渣、钢渣、赤泥、有色金属渣、粉煤灰、煤渣、硫酸渣、废石膏、脱硫灰、电石渣和盐泥等。这些废物通常可以通过处理成为工业原料或能源，从而实现资源再利用。

工业有害固体废物则是指那些含有有毒、有害物质或具有放射性的废物。这些废物对环境和人体健康构成严重威胁，因此需要采取严格的处理和处置措施。这些措施包括填埋、焚烧、化学转化、微生物处理等，有的甚至需要投入海洋。

对于工业固体废物，加强其原料化、能源化利用。推动煤矸石、粉煤灰、尾矿、冶炼渣等工业固体废物在提取有价组分、生产建材、筑路、生态修复、土壤治理等领域的资源化利用。推进退役动力电池、光伏组件、风电机组叶片等新型废弃物回收利用，加强新型废弃物回收利用新技术研发和应用。

工业固体废物处置与循环利用的具体措施包括以下几个方面：

① 废物分类与回收：对于工业固体废物，可以进行分类和回收。通过对废物进行分类，将可回收的物质（如金属、塑料等）分离出来，进行回收和再利用，减少资源的消耗和环境的污染。

② 废物处理：针对不可回收的工业固体废物，可以采用不同的处理技术。例如，采用物理、化学或生物处理方法，对废物进行处理和转化，降低其对环境的危害。

③ 能源回收利用：对于有机废物，如食物废渣、植物残渣等，可以通过生物质能源转化技术将其转化为生物质能源，如生物气体、生物柴油等，实现能源的回收利用。

④ 填埋气体控制与利用：对于进行填埋处理的工业固体废物，需要采取措施控制填埋气体的排放。收集和利用填埋气体中的甲烷，可以减少温室气体的排放，并将其转化为能源。

⑤ 推广循环经济模式：通过推广循环经济模式，将工业固体废物作为资源进行再利用。例如，废物可以被转化为原材料，用于生产新的产品，或者进行再加工和再利用。

⑥ 废物减量化与资源节约：通过工艺改进、生产过程优化等措施，减少工业固体废物的产生量。同时推动资源节约和可持续消费，减少废物的产生和对资源的需求。

案例1：乌海至玛沁高速公路惠农（内蒙古—宁夏界）至石嘴山段项目

该项目在宁夏高速公路路基整体填筑中首次使用工业固体废物煤矸石作为路基填料。新建1公里高速公路综合利用工业固废量约6.2万吨，替代水泥用量约1200吨、替代碎石骨料1.1万吨、替代路基填料5万吨，减少二氧化碳排放量1100吨，实现工业固废规模化、无害化高值利用。

案例2：陕西省宝鸡市岐山县有机固废热解资源化综合利用项目

该项目采用固废热处置及能量高效利用技术，利用造纸行业产生的废塑料等固废为原料，通过热解焚烧处理的方式产生高温烟气，再经过余热回收装置将烟气中的热能转化为高温蒸汽用于满足造纸工艺中的蒸汽需求，余热回收后的烟气最终通过先进的烟气净化系统，保证装置系统的长周期稳定、安全、达标运行。

案例3：乌玛北（石嘴山段）高速公路粉煤灰利用项目

该项目首次将粉煤灰大规模用于高等级道路建设。国家能源集团宁夏电力公司将按计划向乌玛北（石嘴山段）高速公路提供约150万吨粉煤灰，用于路基建设。使用粉煤灰不仅可节约大量自然资源、降低建设成本，并且为加快破解全区固废处置困局，推动固体废物综合利用水平及无害化处置能力提升，顺应自治区加快工业固体废物绿色低碳发展要求，起到示范作用。

2. 生活源固体废物

生活源固体废物是指在人类日常生活中产生的固体废物，包括生活垃圾、商业垃圾、服务业垃圾等。这些废物通常包括纸张、塑料、金属、玻璃、纺织品、食品残渣等。生活源固体废物的产生量随着人口增长、消费水平提高和生活方式改变而不断增加，对环境和人类健康造成了一定的压力。因此，生活源固体废物的有效管理和处理是环境保护和可持续发展的重要任务。

对于生活源固体废物，强化其资源化利用。加强推广厨余垃圾资源化利用技术，合理利用厨余垃圾生产生物柴油、沼气、土壤改良剂等产品。推进园林废弃物、污水处理厂污泥等低值有机废物的统筹协同处置利用，大幅减少有机垃圾填埋处置量。

生活源固体废物处置与循环利用的具体措施包括以下几个方面：

① 垃圾分类与回收：通过垃圾分类，将可回收的废物（如纸张、塑料、玻璃、金属等）与其他垃圾分开收集，以便进行回收和再利用。这样可以减少废物的数量和资源消耗，避免

环境污染。

② 厨余垃圾处理：对于生活中产生的厨余垃圾，可以采用堆肥、厌氧消化等方式进行处理。这些处理过程可以利用有机物生产肥料或生物气体，实现废物的循环利用。

③ 废物焚烧与能源回收：对于无法回收的生活源固体废物，可以采用焚烧技术进行处理。废物焚烧过程中产生的热能可以用于发电或供热，实现能源的回收利用。

④ 填埋气体的控制与利用：对于进行填埋处理的生活源固体废物，需要采取措施控制填埋气体的排放。收集和利用填埋气体中的甲烷，可以减少温室气体的排放，并将其转化为能源。

⑤ 循环经济模式的推广：通过推广循环经济模式，将废物作为资源进行再利用。例如，废物可以被转化为原材料，用于生产新的产品，或者进行再加工和再利用。

⑥ 废物减量化与可持续消费：通过减少废物的产生，推动可持续消费，可以降低废物的数量和对资源的需求。这包括减少包装废物、选择可持续材料和产品等。

案例1：广州市李坑生活垃圾焚烧发电厂

发电厂采用了国际先进的垃圾焚烧技术和烟气净化系统，实现了垃圾的无害化处理和资源化利用。该厂每天可处理2000吨生活垃圾，年发电量可达2亿千瓦时。

案例2：海南省三亚市建立的国内首个农村生活垃圾分类和资源化利用示范点

三亚市自2021年10月起在全市范围内推行生活垃圾分类工作，通过多种形式鼓励村民养成垃圾分类的习惯。在天涯区梅村，每家每户都配备了"四分类"垃圾桶，村民提前将垃圾分类好，工作人员会上门回收。针对可回收垃圾和厨余垃圾，分别制定了每斤奖励20分和1分的标准，以鼓励村民积极参与垃圾分类。此外，在"网红民宿村"博后村，村民也逐渐养成了垃圾分类的好习惯。随着村民经济收入的提高，大家的生态环保意识也日益增强，做好垃圾分类已成为共识。

案例3：阿里巴巴飞蚂蚁平台上门回收旧衣物

阿里巴巴飞蚂蚁平台是一个互联网环保回收平台，采取线上预约免费上门回收旧衣物的模式，以"环保＋公益"的方式处理旧衣物，通过互联网的方式将线上和线下打通。用户可以在飞蚂蚁平台在线预约，平台免费上门回收旧衣物。回收完成后会奖励相应的环保豆、优惠券以及环保证书。此外，飞蚂蚁还创立了环保再生品牌"焕+"，通过环保再生布料的使用与设计师的再设计，将旧衣物制成一些环保布袋、环保材料工艺品等。

3. 农业固体废物

农业固体废物是指在农业生产、农产品加工、畜禽养殖业和农村居民生活中产生的固体废物。这些废物包括农作物秸秆、枯枝落叶、木屑、动物尸体、大量家禽家畜粪便、农业用资材（如肥料袋、农用地膜）废弃物等。

对于农业固体废物，深入推进其综合利用。提升秸秆肥料化、燃料化、饲料化、原料化、基料化等"五化"利用水平，强化秸秆焚烧管控。提高畜禽粪污资源化和能源化利用水平，推动农村发展生物质能。

农业固体废物处置与循环利用的具体措施包括以下几个方面：

① 农业废弃物的堆肥利用：农业废弃物，如秸秆、农作物残余物、畜禽粪便等，可以通过堆肥处理进行资源化利用。将这些废弃物进行堆肥处理，可以得到有机肥料，用于农田的改良和作物的生长。

② 生物质能源利用：农业废弃物中的生物质可以用于生物质能源的生产。通过生物质能源转化技术，如生物质气化、生物柴油生产等，可以将农业废弃物转化为可再生能源，用于发电、供热或替代传统能源。

③ 农田秸秆还田和覆盖利用：将农田秸秆还田或作为覆盖物利用，可以改善土壤质量、保持土壤湿度、减少土壤侵蚀，并为作物提供养分。

④ 农业废弃物的生物降解处理：对于有机废弃物，如果皮、蔬菜残渣等，可以通过生物降解处理，如堆肥、厌氧消化、发酵、菌种处理等。

案例1：农作物秸秆资源化利用

江苏省宿迁市泗洪县通过推广秸秆机械化还田、秸秆饲料化利用、秸秆基料化利用等技术，实现了农作物秸秆的资源化利用。此外，当地还大力发展秸秆板材、秸秆制气等高端产业，提高了秸秆的经济价值。

案例2：畜禽粪便处理与资源化利用

山东省多个城市通过推广"全量收集、发酵还田"的畜禽粪便处理模式，将畜禽粪便转化为有机肥料，用于农业生产。同时，当地还建设了多个大型沼气工程，将畜禽粪便转化为清洁能源，实现了资源化利用。

案例3：农业废弃物制作环保材料

福建省南平市光泽县通过引进环保企业，将农业废弃物（如秸秆、木屑等）制作成环保材料，如环保餐具、环保包装等。这种处理方式不仅减少了农业废弃物的处理压力，还为企业带来了经济效益。

4. 建筑垃圾

建筑垃圾是指在从事拆迁、建设、装修、修缮等建筑业的生产活动中产生的渣土、废旧混凝土、废旧砖石及其他废弃物的统称。按组成成分，建筑垃圾可分为渣土、混凝土块、碎石块、砖瓦碎块、废砂浆、泥浆、沥青块、废塑料、废金属、废竹木等。

对于建筑垃圾，促进其循环利用。在推行建筑垃圾分类的基础上，鼓励建筑垃圾再生骨料及制品在建筑工程和道路工程中应用。推动在土方平衡、林业用土、环境治理等领域大量利用经处理后的建筑垃圾。

建筑垃圾处置与循环利用的具体措施包括以下几个方面。

① 建筑垃圾分类回收：建筑垃圾可以根据材料进行分类回收，如混凝土、砖瓦、木材、金属等，减少资源的消耗。

② 建筑垃圾破碎与再利用：将建筑垃圾进行破碎处理，得到再生骨料，用于生产再生混凝土、再生砖等建筑材料。这样可以减少对天然资源的开采，降低环境污染。

③ 建筑垃圾填埋场管理：对于无法回收和再利用的建筑垃圾，需要进行合理的填埋场管理。采取措施控制填埋气体的排放，收集和利用填埋气体中的甲烷，减少温室气体的排放。

④ 建筑垃圾焚烧与能源回收：对于可燃的建筑垃圾，可以采用焚烧技术进行处理。焚烧过程中产生的热能可以用于发电或供热，实现能源的回收利用。

⑤ 建筑垃圾再生利用：对建筑垃圾进行再生利用，如利用废砖瓦进行路面铺设，利用废混凝土进行路基建设等。这样可以减少对原材料的需求，降低环境影响。

⑥ 建筑垃圾减量化与可持续设计：在建筑设计和施工过程中，采取减少废弃物产生的

策略，如精确测量、精确切割、精确施工等。同时，推动可持续建筑设计和施工，选择可再生材料、节能材料等，减少资源的消耗。

案例1：建筑垃圾资源化利用

北京市朝阳区孙河乡引入建筑垃圾资源化处置项目，将建筑垃圾破碎成不同粒径的骨料，用于生产透水砖、路面砖等建筑材料。这种处理方式既减少了建筑垃圾的填埋量，又实现了资源的循环利用。

案例2：建筑垃圾制砖

河南省许昌市通过引进建筑垃圾制砖生产线，将建筑垃圾破碎、筛分后，加入水泥砂浆等原料，生产出各种规格的建筑用砖。这种处理方式实现了建筑垃圾的资源化利用，减少了天然资源的消耗。

案例3：建筑垃圾制作再生骨料

上海市嘉定区通过建设建筑垃圾再生骨料生产线，将建筑垃圾破碎、筛分、除杂后，生产出符合标准的再生骨料。这些再生骨料可用于生产混凝土、砂浆等建筑材料，实现了建筑垃圾的资源化利用。

第二节
水处理中的降碳技术

水处理中的降碳技术

一、污水的产生和分类

污水是指受一定污染的来自生活和生产的排出水，其来源包括住宅、机关、商业或工业区的排放，以及地表径流、土壤侵蚀、农田排水等。它主要由生活污水、工业废水和初期雨水组成。

① 生活污水：生活污水是日常生活中产生的各种污水的混合液，包括家庭、商业、机关、学校、医院、城镇公共设施及工厂的餐饮、卫生间、浴室、洗衣房等产生的污水。生活污水的主要成分有糖类（如纤维素、淀粉）、脂肪和蛋白质等有机物，以及氮、磷、硫等无机盐类及泥沙等杂质，还含有多种微生物及病原体。影响水质的主要因素有生活水平、生活习惯、卫生设备及气候条件。

② 工业废水：工业废水是工业生产过程中被生产原料、中间产品或成品等物料所污染的水。工业废水种类繁多，污染物成分及性质随生产过程而异，变化复杂。一般而言，工业废水污染比较严重，往往含有有毒物质，有的含有易燃、易爆和腐蚀性强的污染物，需局部处理达到要求后才能排入城镇排水系统，是城镇污水中有毒有害污染物的主要来源。影响水质的主要因素有工业类型、生产工艺和生产管理等。

③ 初期雨水：初期雨水是指雨雪降至地面形成的初期地表径流，可将大气和地表的污染物带入水中，形成面源污染。初期雨水的水质水量随区域环境、季节和时间变化，成分比较复杂。个别地区甚至可以出现初期雨水污染物浓度超过生活污水的现象。某些工业废渣或城镇垃圾堆放场地经雨水冲淋后产生的污水更具危险性。影响初期雨水水质的主要因素有大

气质量、气候条件、地面及建筑物环境质量等。

二、污水中的污染物及其危害

污水中的主要污染物包括病原体污染物、耗氧污染物、植物营养物和有毒污染物等。

污水中的病原体污染物主要来源于生活污水、畜禽饲养场污水以及制革、洗毛、屠宰厂和医院等排出的废水。这些病原体包括病毒、细菌、寄生虫等，如血吸虫卵、霍乱弧菌、伤寒杆菌、痢疾杆菌、肝炎病毒等。病原体污染的特点是数量大、分布广、存活时间较长、繁殖速度快、易产生抗药性，很难灭绝。传统的二级生化污水处理及加氯消毒后，某些病原微生物、病毒仍能大量存活。常见的混凝、沉淀、过滤、消毒处理能够去除水中99%以上的病毒，但出水浊度大于0.5度，仍会伴随病毒的穿透。

污水中的耗氧污染物包括碳水化合物、蛋白质等有机物，这些耗氧污染物在污水中分解时会大量消耗水中的溶解氧，从而影响鱼类和其他水生生物的正常活动。此外，当水中的溶解氧耗尽后，有机物会进行厌氧分解，产生硫化氢、氨和硫醇等气体，导致水质进一步恶化。

污水中的植物营养物主要包括氮素化合物和磷素化合物。氮素化合物包括有机氮、氨氮、亚硝酸盐和硝酸盐等，这些物质在适量的范围内可以促进生物和微生物的生长，但过多的氮素进入水体，会使水体中藻类大量繁殖，产生富营养化现象，进而恶化水质、影响渔业生产和危害人体健康；磷素化合物包括总磷和磷酸盐等，磷是植物生长的重要元素，但过多的磷也会导致水体富营养化，进而影响水质和水生生态系统。

污水中的有毒污染物包括重金属、有机污染物和其他有毒物质，对水生生物和土壤生态系统造成破坏，影响农作物的生长和发育，甚至通过食物链进入人体，对人体健康产生潜在威胁。重金属如汞、铅、镉、铬等，这些物质对人体的神经系统和肾脏、肝脏等器官造成损害，长期暴露可能导致癌症。有机污染物如苯、甲苯、二甲苯、酚类等，这些物质对人体的神经系统、呼吸系统、肝脏等造成损害，长期暴露可能导致癌症。其他有毒物质如磷、硒、亚硝酸盐、总三卤甲烷、三氯乙烯、四氯化碳等，这些物质对人体的神经系统和肾脏、肝脏等器官造成损害，长期暴露可能导致癌症或其他疾病。

三、污水处理行业中的碳排放

污水处理是一项至关重要的环保工作，它对于保护水资源、减少水污染、改善生态环境具有重要的意义。然而污水处理过程实际就是碳排放的过程，污水处理行业的碳排放量约占全社会总排放量的1%，在环保产业中占比最大。

污水处理过程会排放二氧化碳、甲烷和一氧化二氮。二氧化碳的排放源主要有曝气池内有机物的生物分解、沼气利用系统中有机物的燃烧和污泥焚烧炉中的有机物焚烧。甲烷的排放主要源于有机物的厌氧分解，如污泥填埋场、化粪池、厌氧水解池等的排放。一氧化二氮的排放主要源于氮素的生物转化过程，如在生物脱氮系统的反硝化单元。

具体来说主要来自以下几个方面：
① 有机物的分解：污水中的有机物分解过程释放温室气体，如二氧化碳、甲烷和一氧

化二氮,这些气体在污水处理过程中直接排放到大气中。

② 能源消耗:污水处理过程中需要消耗大量的能源,包括电力和燃料。电力主要用于驱动污水处理设备,而燃料主要用于供热、发电等。燃料的燃烧会产生二氧化碳等温室气体,从而导致碳排放。

③ 污泥处理:污水处理过程中会产生大量的污泥,需要进行处理和处置。污泥处理通常包括厌氧消化、焚烧等过程,这些过程也会产生二氧化碳等温室气体。

④ 化学药剂使用:在污水处理过程中,常常需要使用化学药剂来进行沉淀、絮凝、消毒等。化学药剂的生产和使用过程中会产生一定的碳排放。

四、低碳污水处理措施

低碳污水处理对于减少碳排放,降低对气候变化的影响,并促进可持续发展具有重要的意义。

第一,需要源头减少碳排放。污水处理过程中,最主要的碳排放源是有机物的降解过程。因此,我们应该尽量减少有机物的含量,降低化学需氧量(COD)的浓度。这可以通过加强工业生产过程中的污水预处理,加强污水回用以及改进污水处理工艺等措施来实现。

第二,通过节能降耗来达到减少二氧化碳排放的目的,污水处理中的耗能机电设备主要包括水力输送、混合搅拌和鼓风曝气三大类。采用高效电机通常可提高5%~10%的效率。另外还可以加强负载管理,在满足工艺要求的前提下使负载降至最低,同时,设备配置要与实际荷载相匹配,避免"大马拉小车"。

以曝气设备为例,它是污水处理厂最大的电能消耗来源,占总电能消耗的49%~60%。曝气系统节能的核心是在保证出水达标的前提下,按需提供微生物所需的溶解氧,达到供需平衡,避免曝气能耗的浪费。具体方法如下。

① 精确曝气控制:通过安装溶解氧(DO)在线监测仪表,实时监测生化池中的溶解氧浓度。根据实际需求调整曝气量,避免过度曝气或曝气不足,确保微生物在最佳环境下生长。

② 选用高效曝气设备:选择具有较高氧转移效率的曝气设备,如微孔曝气器、倒伞形曝气机等,以提高曝气效率,降低能耗。

③ 曝气系统布局优化:合理布置曝气管道和曝气头,确保曝气均匀分布,避免出现死角和曝气过度集中的现象。

④ 变频调速技术:采用变频调速技术控制鼓风机或曝气机的运行,根据实际需求调整运行速度,降低能耗。

⑤ 智能控制系统:利用物联网、大数据等技术手段构建智能曝气控制系统,实现曝气量的自动调节和优化。

⑥ 污泥回流比优化:合理调整污泥回流比,降低污泥产量,减少曝气量需求。

⑦ 生物处理工艺优化:选择适合水质特点的生物处理工艺,如序批式活性污泥法(SBR)、周期循环活性污泥法(CASS)等,以降低曝气量需求。

⑧ 定期维护和保养:定期对曝气设备进行维护和保养,确保设备处于良好状态,提高运行效率。

第三，采用高效的污水处理工艺来减少碳排放。目前，传统的生物处理工艺中常用的是好氧处理和厌氧处理。在好氧处理过程中，污水中的有机物通过氧化反应转化为二氧化碳，从而产生大量的碳排放。而在厌氧处理过程中氧气供应相对较少，有机物主要通过产生甲烷和二氧化碳等气体来转化。相比之下，厌氧处理的碳排放要比好氧处理低得多。因此，采用厌氧处理工艺能够有效减少碳排放，同时还能产生可再生能源。

第四，通过污水处理后的剩余污泥进行碳的回收利用。污水处理过程中，污泥是不可避免的产物。传统做法是将污泥焚烧或填埋，这不仅浪费资源，产生的二氧化碳还对环境造成了更大的压力。而现在，一种有效方法是通过污泥厌氧消化产生的甲烷来取代传统的能源，同时还可以将污泥中的有机质转化为生物燃料，这种方法不仅减少了碳排放，还能够回收能源，提高污水处理厂的能源自给率。此外，还可以将污泥转化后用作土壤改良剂，促进农业的可持续发展。

污水处理后的剩余污泥中含有丰富的有机物和营养元素，可以作为碳源进行回收利用。具体方法如下：

① 厌氧消化：通过厌氧消化技术，将剩余污泥中的有机物转化为沼气（主要成分为甲烷）。沼气可用于发电、供暖或作为可再生能源，从而实现碳的回收利用。

② 生物炭制备：将剩余污泥进行热解或气化反应，生成生物炭。生物炭可作为土壤改良剂，提高土壤肥力，促进植物生长，从而实现碳的固定和回收利用。

③ 有机肥料生产：将剩余污泥进行堆肥处理，生成有机肥料。有机肥料可用于农业生产，提高作物产量，实现碳的回收利用。

④ 建筑材料生产：将剩余污泥与其他废弃物如建筑垃圾、粉煤灰等混合，生产建筑材料，如砖、混凝土等。这种方法既可以减少建筑材料的碳排放，又可以实现剩余污泥中碳的回收利用。

⑤ 活性炭制备：将剩余污泥经过活化、炭化处理，制备活性炭。活性炭具有吸附性能，可用于水处理、空气净化等领域，实现碳的回收利用。

⑥ 能源植物种植：将剩余污泥作为肥料，种植能源植物如油菜、甘蔗等。能源植物可用于生产生物柴油、生物乙醇等可再生能源，实现碳的回收利用。

第五，借助于新的污水处理技术来实现碳减排。例如，利用膜生物反应器、膜蒸发器等技术，可以提高污水处理过程中的能源利用率，降低碳排放。另外，利用活性炭等吸附剂来吸附污水中的有害物质，可以减少有机物的降解过程中产生的碳排放。

案例1：北京小红门再生水厂

该厂采用先进的曝气生物滤池工艺，实现了污水的高效处理。同时，通过优化运行管理和节能改造，降低了能耗和污泥产量。此外，该厂还利用再生水作为厂内生产用水和景观用水，实现了资源的循环利用。

案例2：上海竹园污水处理厂

该厂采用改良型厌氧-缺氧-好氧污水处理工艺（AAO工艺），通过精确控制曝气量和污泥回流比，实现了污水的高效脱氮除磷。同时，该厂还采用了余热回收技术，将污水处理过程中产生的热能转化为电能，降低了能耗。

案例3：深圳龙岗河污水处理厂

该厂采用膜生物反应器（MBR）工艺，实现了污水的高效处理和污泥的减量化。同时，该厂还采用了太阳能光伏发电技术，为厂内设备提供清洁能源，降低了碳排放。

案例 4：荷兰鹿特丹污水处理厂

该厂采用厌氧消化技术处理污泥，将污泥中的有机物转化为沼气，实现了能源的回收。同时，该厂还利用地热能为污水处理提供热能，降低了能耗。

案例 5：美国波特兰市污水处理厂

该厂采用生态污水处理技术，通过模拟自然生态系统的净化过程，实现了污水的高效处理和生态系统的恢复。同时，该厂还利用再生水作为城市绿化和冲洗用水，实现了资源的循环利用。

思考题

1. 请简述固体废物处理不当对于全球环境所造成的后果。
2. 请问固体废物在什么情况下可以作为资源？
3. 请简述固体废物的处置与降碳之间的关系。
4. 污水处理中碳排放的来源有哪些？
5. 低碳污水处理的措施有哪些？

第六章
二氧化碳的捕集、运输、封存及资源化技术

能源是人类社会得以繁荣的基石。然而,化石燃料等常规能源的利用正在不断地产生温室气体、颗粒物和烟雾等污染物,使得环境问题日益严峻。目前,全世界大约82%的能源来源是化石燃料。化石燃料燃烧导致生成大量二氧化碳并在环境中释放。二氧化碳是一种温室气体(greenhouse gas,GHG)。在所有能产生温室效应的气体中,其对全球升温的贡献超过了一半;因此,大幅度削减二氧化碳的排放,增加二氧化碳的吸收、捕集和利用,是遏制全球变暖最有效的手段。本章旨在简要介绍二氧化碳捕集、浓缩、运输及封存的各种物理和化学技术,及二氧化碳利用的手段。

第一节
二氧化碳的捕集技术

二氧化碳的捕集技术

一、二氧化碳捕集的技术路线

碳捕集和封存(carbon capture and storage,CCS)是清洁能源生产的技术步骤之一。CCS是指在二氧化碳排放到大气之前,从源头将其捕获并将其浓缩储存起来的过程。1992年3月,在阿姆斯特丹举行的第一届温室气体控制技术国际会议上,各国科学家和工程师齐聚一堂,讨论了二氧化碳的去除问题,开始了全球范围内有关CCS的努力。实现能源的清洁燃烧,既可通过去除燃料本身中的碳来实现,也可通过除去燃烧废气中的碳来实现。CCS方法可以减少甚至消除二氧化碳向大气的排放,从而获得清洁的能源。虽然CCS没有将浓缩后的二氧化碳进行利用,但该技术可以在不向环境中排放碳的情况下使用化石燃料。在决定二氧化碳储存或封存之前,可以将二氧化碳用于制造有价值的产品,最终实现CCS策略向CCUS(碳捕集、利用与封存)策略的转变。

发电厂产生并向环境中排放的二氧化碳的量非常大。通常,容量为1000MW的燃煤电

厂每天产生约 3 万吨二氧化碳。发电厂释放的二氧化碳可以通过 CCS 技术得到缓解，但其成本相当高。一个综合的 CCS 系统将包括三个主要步骤：①捕获和分离二氧化碳；②将捕获的二氧化碳进行压缩并运输到封存地点；③将二氧化碳封存到地质层或海洋中。封存的主要选择包括：①使用深层含盐储层；②注入深海；③封存到焦油砂储层中。此外，更好的封存方法是向碳氢化合物沉积物中注入二氧化碳，以提高石油采收率、页岩气采收量或煤层气的产量。该方法利用二氧化碳生产燃料并进行固存，是直接利用二氧化碳的一种手段。深层含盐地层（100～1000Gt）和海洋（1000Gt）具有世界上最高的二氧化碳处理能力，是巨大的碳汇。

CCS 可通过三种技术来实现：①燃烧前 CCS 技术，即碳是在燃料燃烧之前的加工过程中被捕获的；②燃烧后 CCS 技术（也称富氧燃烧技术），即在燃料燃烧后从燃烧产物（即烟道气）中将二氧化碳分离出来；③全氧燃烧技术，即碳与纯氧燃烧产生纯二氧化碳。全氧燃烧需要从空气中分离出 O_2，成本非常高。通过加强土壤、植被（如造林）或海洋（如向海洋中添加铁元素）对二氧化碳的吸收将其从大气中除去，也是一种二氧化碳的封存手段。

富氧燃烧过程

燃烧前 CCS 技术主要应用于煤气化厂，燃烧后 CCS 技术和全氧燃烧技术可应用于燃煤电厂和燃气电厂。燃烧后 CCS 技术是目前最成熟的二氧化碳捕集工艺。Gibbins 和 Chalmer 对天然气和燃煤电厂的三种技术成本进行了比较，结果显示：对于燃煤电厂，燃烧前 CCS 技术减少每吨二氧化碳排放的成本最低，而燃烧后 CCS 技术和全氧燃烧技术的成本相差不多；对于燃气发电厂，燃烧后 CCS 技术减少每吨二氧化碳排放的成本几乎比其他两种技术低 50%。燃烧后 CCS 技术对二氧化碳的捕集效率通常是最低的，该技术对于燃煤电厂和燃气电厂的能量损失分别约为 8% 和 6%。燃烧后 CCS 技术的主要优点是易于与现有电厂整合，但烟气中的二氧化碳的分压和浓度非常低。二氧化碳的运输和储存有一个最低浓度需求，为了达到二氧化碳最低需求浓度所需的额外能源和碳捕获成本是非常高的。燃烧前 CCS 技术主要用于制造工业，在一些行业中也采用全规模 CCS 电厂。在这些工业过程中，混合气体中二氧化碳的含量远高于传统的烟气混合物；由于混合气压力更高，气体体积更小，故与燃烧后二氧化碳捕集技术相比，该技术所需的能量更少；但该技术能量损失仍然很高。预燃烧技术主要用于整体煤气化联合循环技术。该技术需要庞大的辅助系统才能平稳运行。因此，与其他技术相比，该技术的资金成本太高。

此外，不需要分离的碳捕获工艺在发电领域是一项新技术，目前还没有利用该种工艺全面运行的工厂。有一些使用全氧燃烧技术的中试规模和亚规模的试点工厂正在建设中。在全氧燃烧技术领域，最有希望率先运行的是 Net Power 有限责任公司在得克萨斯州建造的 50MWt 的示范电厂，该电厂采用了阿拉姆循环的概念，能确保接近零排放。然而，这一技术需要使用大量的高纯氧气，因此需要一个能源密集型的空气分离装置来生产氧气。空气分离装置和二氧化碳压缩单元的使用使得整个过程的净功率输出显著降低。此外，该技术还存在一些不确定性，需要更多的研究来了解其全面运行状况。尽管如此，由于二氧化碳分离不需要额外的成本，这一技术仍然是一种有前途的、较低成本发电且接近零排放的技术。

表 6-1 汇总了不同二氧化碳捕集工艺的发电效率。表中所示的效率是基于燃料的较低热值计算的。

表 6-1　不同二氧化碳捕集工艺的发电效率比较

燃料类型	过程	净效率/%	净功率/MW
煤（含沥青的）	无碳捕集	44	758
	燃烧前捕集	31.5	676
	燃烧后捕集	34.8	666
	全氧燃烧	35.4	532
	全氧燃烧（阿拉姆循环）	51	226
天然气	无碳捕集	55.6	776
	燃烧前捕集	41.5	690
	燃烧后捕集	47.4	662
	全氧燃烧	44.7	440
	全氧燃烧（阿拉姆循环）	59	303

当使用煤炭作为燃料时，燃烧后和全氧燃烧的碳捕集效率显示出几乎相似的下降趋势。阿拉姆循环的目标效率与没有捕集的参考电厂效率相近。如果这种循环能够更大规模地商业化实施，在保证总碳捕集的同时，整体发电效率将会提高。

当使用天然气作为燃料时，燃烧前的碳捕集效率下降 14 个百分点，燃烧后碳捕集效率下降 8%，传统的全氧燃烧过程的效率为 44.7%。阿拉姆循环表现出非凡的性能，其效率比没有二氧化碳捕集的参考联合循环高出 3 个百分点以上。从表 6-1 的效率比较中可知，阿拉姆循环有望在不久的将来成为化石燃料发电的主导技术。50MW·h 的阿拉姆循环为大规模设施的部署提供了基础。目前，300MW 的天然气发电厂正在开发中。

传统的碳捕集过程导致发电效率降低。这种低效率的存在使得单位电力的生产消耗更多的燃料，从而导致更多二氧化碳的产生。此外，捕集二氧化碳的过程可能以不同的方式影响环境，而不是直接排放二氧化碳。例如，用于分离和捕集二氧化碳的不同物质可能对人体和环境产生不良影响。采用覆盖有涂层的固体吸附剂可减少来自上述物质的粉尘的形成，不过这也可能降低该物质捕获二氧化碳的能力。此外，建议从膜和吸附剂中剥离有机溶剂以防止不良气味的产生。在采用碳捕获之前，应确保减少二氧化碳不会以其他环境影响为代价。

生命周期评价（life cycle assessment，LCA）是正确认识碳捕集方法对环境影响的必要条件。Schreiber 等人采用生命周期评价的方法对单乙醇胺进行燃烧后碳捕集，研究了五个发电厂对环境和人类健康的影响。将全球增温潜能值（GWP）、人体毒性潜势（HTP）、酸化潜势（AP）、光氧化剂形成潜势（POFP）和富营养化潜势（EP）作为影响类别。正如预期的那样，与没有碳捕集的发电厂相比，采用碳捕集技术产生的全球增温潜能值要低得多，但人体毒性潜势却要高出三倍。Schreiber 等人认为，上下游过程（如燃料和材料供应、废物处理和废水处理）会影响具有碳捕集的发电厂的环境影响措施。Viebahn 等人发现，在发电厂实施燃烧后碳捕集技术后，酸化潜势、富营养化潜势和人体毒性潜势增加了约 40%。Veltman 等人也发现了类似的结果：与没有碳捕集的发电厂相比，具有燃烧后捕集的发电厂对淡水的毒性影响增加了十倍，对其他类别的影响可以忽略不计。Cuéllar Franca 等人发现，使用碳利用技术的全球增温潜能值远大于使用碳存储技术的全球增温潜能值。采用全氧燃烧捕集方法的煤粉和 IGCC（整体煤气化联合循环）电厂及配备燃烧后捕集技术的联合循环燃气轮机电厂的全球增温潜能值降低幅度最大。Pehnt等人研究表明，采用燃烧后碳捕集技术的传统燃煤电厂，除全球增温潜能值外，几乎所有类别的环境影响都会增加。溶剂降解和二氧化碳捕集过程造成的能量损失是这一增长的主要原因。与传统发电厂相比，燃烧前捕集技术显示出所有类别环境影响的减少。他们认为，如果能够实现其他污染物的共同捕集，全氧燃烧是减少所有类别环境影响的最有潜力的过程。Nie等人研究了燃烧后和全氧燃烧碳捕集对环境的影响比较。结果表明，除了全球增温潜能值外，几乎所有类别的环境影响都会随着燃烧后的碳捕集而增加。除全球增温潜能值、酸化潜势和富营养化潜势外，全氧燃烧也是如此。然而，与燃烧后的碳捕集相比，全氧燃烧对于上述类别影响的增加量是较少的。

二、二氧化碳捕集的方法

为了减少发电燃烧过程中的碳排放，要将低浓度的二氧化碳浓缩到高浓度，才能输送、利用和/或封存。用于此目的的物理和化学分离技术有膜分离工艺、吸附工艺、溶剂洗涤工艺、水合化分离工艺及低温分离工艺。本节将对上述五种工艺进行简要的介绍与评价。

（一）膜分离工艺

膜分离法利用膜的选择透过性，在膜的两侧产生压力差作为推动力，来将二氧化碳从混合气体中分离出来。常用于二氧化碳的分离膜包括聚合物膜、促进传递膜、无机膜、陶瓷膜等。膜分离技术的核心是膜，膜的性能主要取决于膜材料和成膜技术。优质膜材料应具有较大的气体渗透系数和较高的选择性。既具有高分离性能还具有良好的化学稳定性、物理稳定性、耐微生物侵蚀和抗氧化等性能。这些性能都取决于膜材料的化学性质、组成和结构。与传统的溶剂吸收法相比，膜分离技术是一种低能耗的工艺。近年来，膜分离技术已成功应用于沼气提纯、制氢、空气分离和天然气脱臭等选择性气体分离领域。目前，研究人员已开始研究不同的膜基材料，用于分离不同行业和工艺排放的二氧化碳。

聚合物膜的低制造成本在工业应用领域引起了极大的关注，但其选择性通常是无机膜的 $1/10\sim1/5$。无机膜由于有强大的热稳定性、化学稳定性和机械稳定性，可用于高温下的二氧化碳分离过程。聚合物膜具有较好的塑化抑制性，可用于二氧化碳分离。Hasebe等人制备了含有二氧化硅纳米颗粒的高透气性分离膜。其结果显示，由纳米颗粒形成的气体输送通道可以增强气体的渗透性，同时不会显著降低对气体的选择性，二氧化硅纳米颗粒的合成还具有成本效益。用于扩散分离的陶瓷膜、金属膜和聚合物膜的发展可以使膜在二氧化碳分离方面的效率显著高于液体吸收工艺。Brunetti等对目前膜分离二氧化碳技术进行了综述，并与吸附、深冷等其他分离技术进行了比较。他们指出，膜系统的性能受到烟气条件的强烈影响。Mat和Lipscomb研究并优化了以锅炉进气作为吹扫气流的二级膜工艺，用以提高二氧化碳浓度并进一步将其捕集。使用促进传递膜分离二氧化碳是可行的，即使是低二氧化碳浓度（烟气中体积分数约10%），也有可能实现90%以上的二氧化碳回收率。

1. 聚合物膜

聚合物膜一般通过溶解-扩散机理传递气体分子，这类膜的性能主要受渗透率和选择性的影响，气体分子倾向于通过高分子结构之间的间隙进行扩散，一般来说，聚合物膜的通道越大，它对气体的扩散速度越快，选择性越低。聚合物膜在电力和工业部门二氧化碳捕集过程中的应用尚未成熟，主要挑战与二氧化碳的低分压和烟道气处理规模大有关。为了使膜具有成本效益，需要在工艺设计和膜材料方面进行进一步的创新。为了提高二氧化碳的渗透性和选择性，新型膜（如促进传递膜）在结构本身中包含"载体组分"，在二氧化碳分压低的燃烧后捕集应用中具有优势。

2. 促进传递膜

促进传递膜是在高分子膜中引入活性载体，混合气体和载体之间发生可逆化学反应，进而实现二氧化碳的捕集。常见的促进传递膜包括支撑液膜和固定载体膜：支撑液膜是膜液通过界面张力和毛细管力的作用，附着在聚合物的支撑体上而制成；固定载体膜是通过接枝或聚合等方式将活性基团或载体直接固定在膜材料中或膜表面而制成。

3. 无机膜

无机膜分离二氧化碳主要基于分子筛分机理，因此与聚合物膜相比，无机膜的气体渗透率和选择性要更高，在高温、高压下可以实现气体的分离。无机膜主要针对高温下的工艺开发；然而，高温增加了膜与表面气体组分发生反应及材料内部扩散的可能性，这可能会导致膜寿命的缩短。常见的无机膜包括碳膜、二氧化硅膜、沸石膜：碳膜通常由热硬化性的聚合物分解制备而成；二氧化硅膜通常由溶胶法和化学气相沉积技术制备而成；沸石膜是以沸石为原材料制备而成。Bredesen 等人对高温膜在发电循环中与二氧化碳捕集的整合可能性进行了调查。在燃烧前二氧化碳捕集方案中，离子传导氧传输膜可以把天然气的部分氧化或煤（或生物质）的气化用于合成气生产。致密金属 H_2 选择膜技术使得从合成气中生产无二氧化碳的 H_2 成为可能。最近的工作重点是开发更薄（<5μm）的钯层膜，并通过实验验证其可能性。

4. 陶瓷膜

与上述膜相比，陶瓷膜还处于早期发展阶段。主要研究方向是将金属或氧化物电子导体与质子导电氧化物结合，以获得混合导电膜材料。其他方向有开发单相混合导电膜材料，需要对质子导电膜的运输性和稳定性进行更多的研究。高温陶瓷—碳酸盐双相膜可在 400℃ 以上的温度下从其他气体中分离出二氧化碳。双相膜在燃烧后和燃烧前工艺中均可应用，但需要进一步的研究来证明其应用潜力。

下一代材料，如热重排聚合物，固有微孔聚合物，包含金属有机框架（MOFs）、沸石或其他纳米颗粒的复合材料膜，负载型离子液体膜，碳分子膜及促进传递膜，已显示出在选择性和渗透性方面提高性能的潜力。然而，二氧化碳在这些新型材料中的输运过程尚不清楚。了解膜材料界面上发生的输运过程对于设计高性能膜非常重要。此外，将这些新型膜材料用于有效膜和膜模块中也面临较大的挑战。为了在优化的支撑结构上使用上述下一代高通量薄膜，应该对膜模块的设计进行优化。

（二）吸附工艺

吸附工艺是一项有吸引力的技术，只要对吸附柱进行优化，确保占地面积和成本可接受，吸附性就可以使用到任何发电厂。此外，吸附工艺可以覆盖广泛的温度和压力条件，以便低、中、高温吸附剂的使用，并可以设计用于燃烧前和燃烧后工艺的吸附剂。胺基溶剂往往会分解并形成有毒和/或腐蚀性化合物，而吸附的另一个优点是胺基溶剂的潜在环境足迹最小。使用废物作为吸附剂可能会增强该过程的可持续性。

吸附床通过变压、变温和洗涤方法进行再生，同时释放吸附质。固体吸附剂分为胺基吸附剂（如硅胶、活性炭、四乙烯五胺）、碱（土）金属吸附剂（如 CaO、MgO/ZrO_2、MgO/Al_2O_3）和碱金属碳酸盐固体吸附剂（如 Na_2CO_3、K_2CO_3。三种吸附剂具有不同的吸附环境条件和二氧化碳捕获能力。胺基吸附剂在$-20\sim75℃$、无水蒸气、100kPa 条件下，对二氧化碳的捕获能力为 4.3mmol/g。碱金属吸附剂在 $600\sim650℃$、无水蒸气的条件下，对二氧化碳的捕集量为 1.39mmol/g。碱金属碳酸盐在低温含水蒸气的条件下，对二氧化碳的捕获能力为 2.49mmol/g。碳酸盐体系是基于可溶碳酸盐与二氧化碳反应生成碳酸氢盐，在加热时释放二氧化碳并还原为碳酸盐。

与物理吸附材料相比，化学吸附材料在相对较低的压力下具有更高的选择性和更高的二氧化碳吸附能力，不过也需要更多的能量来进行再生。吸附的二氧化碳可以通过调节压力、温度或有时通过抽真空来回收。调节压力技术是一种商业化的电厂二氧化碳回收技术，其效率可高于 85%。在这个过程中，压力被用来吸附和解吸二氧化碳。在调节温度技术中，通过

化学法

使用热空气或蒸气注入来提高系统温度使吸附的二氧化碳被释放，其再生时间通常比调节压力技术长，但二氧化碳纯度高于 95%，回收率高于 80%。有研究表明，调节温度工艺的运营成本估计为每捕获 1t 二氧化碳，花费约 $80\sim150$ 美元。吸附方法依赖于具有适当纳米特征的先进材料。分子单元组件方法的进步、计算机模拟技术的发展和原位探测手段的发展，使得从分子水平设计二氧化碳捕获材料成为可能。

近年来，人们研究了许多新型的多孔吸附材料，如金属有机框架材料、共价有机框架材料及其他多孔聚合物材料。这些材料的一个共同特征是具有可调节的微孔（<2nm 的孔）及在分子水平上探测结构的能力。新发明的材料包括：带有胺附加微孔的金属有机框架材料，可用于湿气中的捕获；具有氟化孔的金属有机框架材料，通过热力学和动力学手段结合可实现对二氧化碳的选择性吸附；金属有机框架材料使用独特的机制键合二氧化碳，可在较窄的温度范围内产生较大的容量变化；在水蒸气存在条件下能够物理吸收二氧化碳的固体。实用吸附技术的有效部署取决于定制吸附剂的开发，这些吸附剂相互表达两个必要条件：①对二氧化碳的高选择性/亲和性；②在烟气中存在杂质（如 H_2O、SO_x 和 NO_x）时需具备优异的化学稳定性。多孔吸附剂的原子尺度计算机模拟领域的重大进展使得吸附剂与二氧化碳在分子水平上的相互作用得到了精确的描述，从而可以准确地预测材料的吸附特性。研究者建议，新的吸附剂需要具备必要的化学稳定性（潮湿条件和杂质耐受性）、高选择性、高容量（质量分数 $8\%\sim15\%$）及在 $35\sim54kJ/mol$ 的物理吸附范围内的中等吸附热等性能。

虽然化学循环是固体吸附法的一部分，但两者经常被分开。实际中使用的化学回路系统有两种，如图 6-1 所示。

如图 6-1(a) 所示，钙循环过程是基于金属氧化物对二氧化碳的化学吸收，形成固体碳酸盐。然后碳酸盐再生，在高温下释放二氧化碳。这种循环过程也被称为"碳酸盐循环"。由于石灰岩在世界范围内储量丰富且成本极低，氧化钙是最有前景的基材。此外，钾基和镁基材料以及水滑石、锆酸盐和硅酸盐也显示出了很好的发展前景。氧化钙基循环也被称为

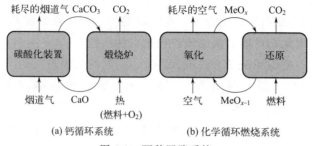

图 6-1 两种回路系统

"钙循环"。钙循环通常在一个单独的流化床反应器中进行,利用反应的方向性,钙化合物在两者之间循环。在碳酸化装置中,混合气流中的二氧化碳与氧化钙结合并放热,留下几乎不含碳的废气。固体则进入煅烧炉里加热分解,生成纯二氧化碳。该技术提高效率的关键在于:二氧化碳捕集步骤释放的热量可在一个有效的蒸气循环中使用,用以产生电力,有可能为现有的工厂进行供电。

钙循环最直接的变体是使用氧气燃烧的煅烧炉为吸附剂的再生提供热量,其对氧气的需求大约是纯氧燃料发电的一半,这种变化在半工业规模上得到了证明。然而,空气分离是需要能量的。各种概念(如通过蒸气水化再生吸附剂、再碳化、石灰石预处理或合成吸附剂材料)及新的反应器概念(如原位燃烧/碳化和间接煅烧)都被提出,以增加燃料的长期循环能力,减少煅烧炉中的燃料和氧气消耗。最近,人们对设计可灵活发电的钙循环装置产生了浓厚的兴趣。除了传统的关闭和打开外,正在研究煅烧吸附剂的中期(几个小时)存储。除发电外,钙循环还能与其他行业产生协同效应:在使用吸附剂从甲烷制氢的过程中,它可以在二氧化碳流旁边产生纯氢气流;钙循环产生的废氧化钙可用作水泥生产的原料,消除了主要的废物流,同时捕集了工厂排放的二氧化碳;吸附剂的类似再利用可以在初级钢铁制造中实现。其他创新的新应用也在不断发展。

在化学循环燃烧系统中[图 6-1(b)],使用金属氧化物作为氧载体,而不是像纯氧燃料燃烧那样直接使用纯氧进行燃烧。在此过程中,金属氧化物被还原为金属,而燃料则被氧化为二氧化碳和水。随后,金属在另一个阶段被氧化,并在该过程中被回收。该工艺的副产物水可以很容易地通过冷凝除去,纯二氧化碳可以在不消耗分离能量的情况下获得。根据所选择的氧载体材料和反应器设计,氧化还原化学循环法可以配置为将碳基燃料高效气化为合成气(各种高价值化学产品的基石),或可设计为完全燃烧碳基燃料用于发电的应用。碳基燃料与空气中载氧中间体提供的氧气的间接燃烧,消除了对使用氧燃烧进行碳捕获的空气分离单元的需要,是一种潜在的高效工艺方案。

目前有多种低成本且适用于该工艺的金属氧化物,包括 Fe_2O_3、NiO、CuO 和 Mn_2O_3。不同的金属氧化物在这一过程中的有效性已经被不同的研究者研究过。Adánez 等人发现,可以使用支撑惰性材料来优化金属氧化物的性能,但惰性材料的选择将取决于所使用的金属氧化物的类型。Lyngfelt 等通过实验研究了两层流化床设计的锅炉中化学循环的可行性,Lyngfelt 和 Mattisson 对该技术进行了综述。Lyngfelt 和 Mattisson 以及 Adánez 等都发现该过程是一种非常有前途的二氧化碳捕集技术。Erlach 等比较了预燃烧法和化学循环燃烧法对整体煤气化联合循环发电系统中二氧化碳的分离情况,发现后者的效率比前者高 2.8%。

吸附剂和循环技术面临的主要挑战包括：①为特定的碳捕集应用设计和制造定制材料；②从各个尺度更好地理解结构与性质之间的关系；③提高材料在其工作周期内的长期反应性、可回收性和稳健的物理性能；④了解材料和工艺集成之间的关系，以产生最佳的捕获设计，实现灵活的操作；⑤化学循环中的氧载体必须在数千次循环中保持形态稳定，同时在粒子碰撞、热冲击和气体杂质的影响下保持其氧容量和机械稳定性。工艺设计和材料设计之间的关系在开发竞争性化学循环系统中非常重要。

（三）溶剂洗涤工艺

不同的溶剂洗涤工艺使用不同类型的溶剂。第一代胺洗涤技术使用单乙醇胺（monoethanolamine，MEA）、二乙醇胺（diethanolamine，DEA）及相关溶剂。第二代胺洗涤技术使用许多特殊类型的溶剂，包括哌嗪及其他溶剂。溶剂洗涤还包括氨水洗涤、贫水溶剂洗涤及多相溶剂洗涤技术。下面对上述技术进行简要的介绍。

1. 第一代胺洗涤技术

该技术使用液体吸附剂从烟气中分离二氧化碳。在加热和/或减压条件下，可以通过剥离或再生过程将二氧化碳再生。典型的吸附剂包括单乙醇胺、二乙醇胺和碳酸钾。Veawab等发现，在各种水相醇胺（如单乙醇胺和二乙醇胺）中，单乙醇胺是吸收二氧化碳效率最高的一种，效率超过90%。随后，Aaron等人对各种二氧化碳捕集技术进行了综述，认为CCS最有前途的二氧化碳捕集方法是单乙醇胺吸收。

虽然该工艺是最成熟的二氧化碳分离方法，但由于从单乙醇胺中释放二氧化碳需要较大的设备尺寸和较高的再生能量（约占所产生生能量的30%），因此该工艺通常被认为是不经济的。再生热能可由太阳能加热系统接收。除此之外，添加剂可以帮助提高系统性能，优化设计可以降低成本并增加能量集成。通过在燃烧后碳捕集过程中使用喷射器技术，可以降低再生溶剂所需的能耗。该技术大规模应用于CCS的另一个重要挑战是其潜在的胺降解，这会导致溶剂损失、设备腐蚀和挥发性降解化合物的产生。此外，胺类排放物可降解为亚硝胺和硝胺，对人类健康和环境具有潜在危害。

为了克服单乙醇胺洗涤能量密集的局限性，采用了另一种称为反应水热液相致密化的技术来固化整体材料，此技术无须使用高温窑。基于单乙醇胺的CCS处理与反应水热液相致密化技术的矿物碳化相结合，形成了抗压强度高达约121MPa的矿物硅灰石$CaSiO_3$。所生产的材料类似于波特兰水泥，可作为建筑和基础设施的增值黏结材料。

2. 第二代胺洗涤技术

第二代胺洗涤工艺已经被十多家公司和组织开发出来，其热工效率约为50%。从燃煤烟气中分离二氧化碳并将其压缩到$1.5 \times 10^7 Pa$的理想功要求是$110 kW \cdot h\ CO_2$。用先进的闪蒸提汽器（AFS）对含水哌嗪（PZ）进行可逆性分析表明，这种典型的第二代系统需要$230 kW \cdot h$。哌嗪的反应速率比单乙醇胺快得多，但由于其挥发性比单乙醇胺大，因此其在二氧化碳吸收中的应用成本更为昂贵，目前仍在开发中。该体系的不可逆性分布在几个单元操作中，因此没有简单的方法来改进第二代胺洗涤工艺。

总体而言，能源改进已经实现了接近$230 kW \cdot h\ CO_2$的等效电力需求，第二代胺洗涤的热力学效率大于50%，改进效率受到理想功要求的限制。应该强调的是，在水泥和钢铁等能源密集型行业实施碳存储的情况下,溶剂再生在某些情况下可能会利用多余的热量。这显示了热驱动分离工艺的显著优势。如果蒸汽必须来自单独的锅炉,则与一次能源使用或成本相关的参数将是比等效电力需求更合适的性能指标。

3. 氨水洗涤技术

氨基碳捕集技术可分为常温法（15～30℃）和低温法（2～10℃）。在氨基湿法洗涤二氧化碳中,烟气通过含氨水。氨及其衍生物与二氧化碳的反应机理多种多样,其中一种是碳酸氢铵的反应。在这种机理中,氨基体系较低的反应热可以节约能量。氨基吸收具有许多其他优点,如潜在的高二氧化碳容量、吸收/再生过程中降解少、在含氧烟气中保持稳定的吸收性能及成本低。通过热力学分析和过程模拟发现,平衡再生能量可降低至1285kJ/kg,NH_3减排系统能耗为1703kJ/kg。该过程由于在室温下运行,因此可避免用于冷却烟气和吸收剂的额外能耗。碳酸氢铵被植物用作肥料并转化为生物质,生物质的再次气化可为能源生产提供燃料。因此,通过二氧化碳转化为肥料的CCS是最方便和可持续的过程,二氧化碳在环境中被循环利用,整个环境保持碳中和。

采用太阳能辅助冷态氨基二氧化碳捕集系统,对燃煤电厂燃烧后二氧化碳捕集进行了不同气象条件下的研究。从经济角度分析发现,太阳能集热器和相变材料设备的价格对电力平准化成本和二氧化碳去除成本有明显的影响。太阳能集热器的价格因地点而异,导致燃烧后二氧化碳捕集系统的成本不同。

4. 贫水溶剂洗涤技术

贫水溶剂洗涤系统是保留水基溶剂的化学选择性的溶剂工艺。其目标是通过利用有机物比水更低的比热容来减少再生溶剂所需的能量。从时间和成本的角度来看,这些第三代溶剂有可能使用第一代和第二代水性胺溶剂的基础设施,从而有可能得到快速发展。

所有的无水溶剂都使用三种已知的二氧化碳结合物质中的一种:氨基甲酸酯、烷基碳酸盐和唑啉羧酸盐。所有报道的配方都被设计为非挥发性,以最大限度地减少逸散性排放并减少对环境的影响。贫水溶剂的二氧化碳吸收焓与水溶剂相当,范围为－50～－90kJ/mol CO_2,表明燃烧后二氧化碳捕获的选择性和可行性相似。贫水溶剂表现出独特的物理性质〔如物理状态（如固体、液体）、接触角、润湿性、黏度和挥发性〕及热力学性质（如导热性和溶剂化自由能）,这些与水性溶剂有很大不同。某些特性可能对二氧化碳捕获性能有害（例如高黏度和低导热性）,而二氧化碳较低的比热容和较高的溶解度是有益的。其他独特的溶剂行为包括:比水性溶剂更高的传质速率,相反的温度依赖（溶剂越冷,吸收得越快）,相变化（例如,浓缩的含二氧化碳物质再生的能力）,使二氧化碳载体不稳定的能力（导致二氧化碳释放所需的温度降低）。在每种情况下,都可以利用这些特性来提高工艺效率。

大多数贫水溶剂都具有可接受的耐水能力,并且所有已报道的溶剂都显示出稳定的水负荷（质量分数高达10%）,而不需要特殊的水管理基础设施。贫水溶剂可能比水溶剂的腐蚀性更小。一些胺类和脒类已被证明有缓蚀剂的作用。此外,它们较低的含水量减少了溶液中碳酸的含量,从而减少了腐蚀。腐蚀减少使在工艺基础设施中使用更便宜的钢合金成为可能,从而有可能降低成本。由于贫水溶剂与水溶剂具有相同的官能团,且杂质的数量由烟道气的流速确定,故贫水溶剂对烟道气杂质的耐受性与水溶剂应当大致相同。

5. 多相溶剂洗涤技术

用于二氧化碳捕获的多相溶剂包括两类,一类是能够形成一个以上液相的溶剂系统（除混溶剂），另一类是液/固系统（沉淀溶剂）。作为吸收/解吸循环的一部分，相变为改善捕获过程的性能提供了一系列机会。其一，形成高密度富二氧化碳相，这样只有一部分溶剂需要再生。具有高反应物和高二氧化碳浓度的极浓相可以显著降低二氧化碳气体的显热和蒸汽需求。低密度相几乎不含二氧化碳并被回收到吸收器，而所有二氧化碳都存在于高密度相中。其二，利用废物流中的低值热在较低温度（<100℃）下强化解吸。其三，来自浓缩溶剂的极端二氧化碳背压可以进行高压解吸，使二氧化碳压缩成本显著降低。其四，被结合束缚的CO_2或反应物本身，可以使CO_2在恒定平衡压力下更有效地积聚，促进化学平衡移动，有利于提高负载能力。

目前正在开发的系统通常在吸收器部分表现为一个均匀的液相。然而，盐溶解度的限制，或疏水/亲脂胺或其他溶解度有限的反应物不混溶，会导致发生相变或不混溶。为此，研究人员正在研究胺、无机盐、有机溶剂和水的组合体系。在最近开发的非水/贫水溶剂体系中，多相效应也有密切的关系和巨大的潜力。

6. 溶剂洗涤工艺面临的挑战

成本、腐蚀、降解、挥发性、气溶胶以及工厂捕集足迹是第一代和第二代胺洗涤系统的主要问题。主要的研究挑战是通过掌握准确预测二氧化碳捕集的潜在液体吸收剂的化学和物理性质的能力来设计高性能的溶剂系统。溶剂开发需要与工艺开发相结合。

溶剂型二氧化碳捕集需要大型设备，属资本密集型技术。该技术很容易用于商业战略部署，但在降低资本成本方面仍需进一步努力。资本成本占项目总支出的50%，吸收塔可占总资本成本的50%，汽提塔可达20%。因此，减少这些装置的尺寸和/或成本可以显著降低成本，从而对部署产生积极影响。过程强化是化学工程的一个领域，专注于制定策略，以显著减少现有装置的尺寸。将过程强化技术应用于溶剂型二氧化碳捕集，可以减小设备规模、提升捕集效率。

（四）水合化分离工艺

水合化二氧化碳分离工艺是将含有二氧化碳的废气在高压下暴露于水中形成水合物的一种新技术。废气中的二氧化碳选择性地进入水合物笼中，与其他气体分离。其机理是基于二氧化碳与其他气体相平衡的差异，二氧化碳比其他气体（如N_2）更容易形成水合物。该技术具有能量损失小（6%～8%）的优点，通过水合物捕获二氧化碳的能耗可低至$0.57kW·h/kg$。提高水合物形成速率和降低水合物压力可以提高二氧化碳捕集效率。四氢呋喃是一种与水混溶的溶剂，在低温下可与水形成固体包合物水合物结构。因此，四氢呋喃的存在可以促进水合物的形成，并经常被用作水合物形成的热力学促进剂。Englezos等人发现，少量四氢呋喃的存在大大降低了烟气混合物（CO_2/N_2）中水合物的形成压力，并使在中压下捕获二氧化碳成为可能。美国能源部认为该技术是目前发现的最有前途的长期二氧化碳分离技术，目前处于研发阶段。

（五）低温分离工艺

低温分离工艺是一种在极低的温度和高压下使用蒸馏法脱除二氧化碳的工艺。这种技术通过冷却介质将含有二氧化碳的烟气冷却到凝华温度（-100～-135℃），将凝固的二氧化碳与其他气体分离，并压缩到100～200个大气压的高压。二氧化碳的回收率可达90%～

95%。低温系统包含内冷闪蒸分离和精馏塔分离两种。由于蒸馏是在极低温度和高压下进行的，因此它是一个能量密集型过程，估计每吨液体形式的二氧化碳的回收需要 600~660kW·h 的能量。许多专利工艺已经被开发出来，研究主要集中在成本优化上。通过仿真和建模对从全氧燃烧烟气中产生高纯度高压二氧化碳的低温工艺进行了评估，低温二氧化碳捕集过程似乎比其他主要碳捕集过程消耗的能源和资金少 30% 或更多。此外，低温二氧化碳捕集过程还具有几个优势：① 是一种微创的补强技术；② 能高效去除大多数污染物（Hg、SO_x、NO_2、HCl 等）；③ 具备可能的储能能力；④ 具有潜在的节水能力。低温二氧化碳捕集是一种很有前途的、变革性的燃烧后碳捕集技术。该工艺可以在每吨二氧化碳捕集的成本低于 45 美元，附加载荷（主要指再生能耗等能量消耗）低于 17% 的情况下，减少 95% 以上的二氧化碳排放。这大约是目前可用技术的能源和成本的一半。此外，低温碳捕集工艺可以轻松改造现有工厂，从烟气中回收水，实现能量储存，并可靠地处理气流中的大多数杂质。

第二节
二氧化碳的运输技术

一、二氧化碳在运输过程中的状态

二氧化碳的运输技术

捕集到的二氧化碳需要被运输到封存的地点，二氧化碳在运输过程中具有四种状态，分别是气态、液态、固态和超临界状态，不同的状态适合不同的运输条件，具有不同的特点。

气态二氧化碳在接近大气压力条件下进行运输，体积庞大，所需管径较大，必要时可通过压缩机进行适当的压缩；在运输距离长时不经济，在管道途经人口密集区域时气态输送安全性相对较好。因此，气态二氧化碳运输适合短距离、低运输量、人口密集的情况。

如果进一步压缩气态二氧化碳，减少增大管径而产生的经济投入，需要对二氧化碳进行液化或固化处理，形成液态或者固态二氧化碳。

超临界状态运输二氧化碳技术是将二氧化碳压缩到超临界状态进行运输，超临界二氧化碳的密度接近于液体，黏度接近气体，具有高密度、低黏度、沿程摩阻较小的特点。

二氧化碳的压缩需要使用压缩机，在压缩过程中需要注意以下几点：

① 由于二氧化碳在 31.3℃、7.14MPa 条件下即可液化，因此二氧化碳压缩机的级间冷却温度不能过低。

② 由于二氧化碳气体相对密度较大，因此不宜采用较大的压缩平均速度，否则气阀的阻力会大大增加，增加能耗。

③ 二氧化碳气体由于含有水分，因此具有较强的腐蚀性，因此，压缩机的气阀、冷却器和缓冲罐等都需要使用耐腐蚀材料。

二氧化碳的液化方式主要包括低温液化和高温液化。低温液化是将常压下的二氧化碳加压到 2MPa 左右，此时饱和温度约为 -20℃，再通过制冷剂吸收潜热使二氧化碳液化。高压液化是将二氧化碳在常温下液化的过程，压力往往需要达到 7.5MPa。

二、二氧化碳的运输

二氧化碳的运输方式主要有三种,分别是管道运输、船舶运输和陆地运输。这三种运输方式适用场景各不相同,各具优缺点。这些运输方式根据不同的外部条件和运输要求,可以单独使用也可以联合使用。

具体运输方式的选择需要综合考虑运输起点与终点的位置和距离,二氧化碳的运输量、品质、温度和压力,运输过程成本以及运输设备等方面的因素。

(一)管道运输

管道运输是指将二氧化碳通过管道输送到目的地。目前管道运输二氧化碳技术已经比较成熟,二氧化碳运输管道可分为陆上管道和海上管道。

管道运输具有连续性强、输送量大、输送距离远、输送成本低、输送过程环保、安全性高等优点,同时管道运输大多数铺设为地下管道,节约土地资源的同时,也不受天气因素的影响。这种方式适用于二氧化碳捕集地点和利用设施的位置较为固定且距离较远的情况。

但是由于该方法只适用于固定地点之间的运输,因此灵活性较差;另外管道运输对二氧化碳气体中的水、氧气和硫化氢等杂质的量有严格的限制,以防止它们对管道造成腐蚀破坏,这就要求在运输之前必须对二氧化碳进行净化处理;此外,大规模的管道网络大大提高了管道运输的投资成本;同时为了防止管道中的液态二氧化碳汽化,需要控制管道内的温度和压力,对管道的耐高压程度也提出了更高的要求。

(二)船舶运输

船舶运输是指将二氧化碳通过船舶运输到目的地。这种方式适用于跨海运输和跨国运输。

船舶运输的优点是运输灵活便捷、输送量大、输送距离远、中小规模和远距离二氧化碳运输成本较低,也是采用离岸二氧化碳封存的重要运输途径,但是此方法受到地理条件的限制,仅适用于内河与海洋运输,同时需要建设大量的码头和船舶设施,前期的投资成本较高。

当然,在实际的运输过程中,还需要考虑二氧化碳的泄漏问题,除难以察觉的自然泄漏之外,还有可能因碰撞、火灾、沉没或者搁浅事故造成意外泄漏。这些泄漏的二氧化碳会由液态转化为气态覆盖于海平面上空,从而造成两方面的危害。一是二氧化碳溶解到海洋中,降低海面表层水的pH值,造成表层鱼类以及各种浮游生物的死亡;二是海面的二氧化碳薄层会隔绝海洋和大气之间的氧气交换,造成近海面生物缺氧,甚至会导致船员窒息。

(三)陆地运输

陆地运输二氧化碳的技术目前更加成熟,包括公路运输和铁路运输。

这种方式适用于输送量较小、距离较近的情况。

公路运输的优点是灵活性高、机动性和适用性强、投资成本低、各个阶段之间的衔接灵活、可动态调整,但是具有单次运量小、运输成本较高、连续性差、易受天气和交通状况影响等缺点。

铁路运输比公路运输的距离长、通行能力大，因此所需的成本相对较低，但是该运输方式要求二氧化碳的捕集地点和运输终点最好靠近铁路，这样可以利用现有的铁路设施来降低成本，当地域限制大时，需要公路运输和船舶运输作为辅助。

第三节 二氧化碳的封存技术

将二氧化碳捕集并长期封存起来是减排的主要途径，目前二氧化碳的封存方式主要包括地质封存、海洋封存、矿物化封存和焦油砂封存等。

二氧化碳的封存技术

一、二氧化碳的地质封存

将二氧化碳注入和储存到枯竭的油气田、不可开采的煤层和深层咸水（盐水）层中，称为二氧化碳的地质封存。一般来说，二氧化碳储存在 $800\sim1000m$ 的深度。地下封存的优点是储存量大、安全性高，但是需要选择合适的地质条件，投资成本较高。目前，地质封存被认为是储存大量二氧化碳最可行的方案。研究表明，深层咸水层的二氧化碳储存潜力可达 $400\sim10000Gt$，枯竭油气田的储存潜力仅为 $920Gt$，不可开采煤层的储存潜力为 $415Gt$。将二氧化碳注入油气层中能实现二氧化碳封存，同时还可以提高石油的开采率；通过将二氧化碳高压注入地层并恢复地层压力，还可以提高天然气的采收率。二氧化碳注入地层后会通过煤的孔隙结构扩散并被物理吸附，这使得二氧化碳的永久滞留成为可能。盐离子与二氧化碳分子之间的化学反应及随后与矿物颗粒的反应也是重要过程。储气条件下二氧化碳—盐水—矿物体系的润湿性对油井中二氧化碳的存储效率有很大影响。

二氧化碳的地质封存具有较高的预期保留率，预计停留时间至少为数千年。通过不同的物理和化学机制进行捕获，典型的地质储存库可容纳数千万吨二氧化碳。二氧化碳地质封存一般要求储层具有适当的孔隙度、厚度和渗透率，盖层具有良好的密封能力，并且地质环境稳定。此外，储存地点与二氧化碳源的距离、有效储存容量、潜在泄漏途径及经济条件等可能会限制某地作为储存地点的可行性。

二氧化碳的地质封存有三种基本形式。a. 超临界状态：二氧化碳被注入储层后，在浮力作用下，上升至盖层之下，并逐渐扩散形成二氧化碳储层。b. 溶解状态：随时间的推移，二氧化碳逐渐溶解于地层水中，溶解的速度由二氧化碳与地层水接触的表面积控制。溶解后的二氧化碳以溶解态的方式通过分子扩散、分散和对流进行运移，极低的地层水运移速率确保了二氧化碳在地层中的长期封存。c. 化合物状态：注入地下的二氧化碳在地层温度、压力下，与地层矿物发生反应生成化合物，从而得到封存。

由于二氧化碳特殊的物理和化学性质，二氧化碳进行地质封存后会使原有的储层、盖层以及水文地质情况产生一系列的变化，二氧化碳地质封存的影响因素包括封存层特性、密封层特性、注入过程、监测和评估以及社会接受度等。这些因素需要在实施储存项目时进行综合考虑和管理，以确保储存的安全性和有效性。具体影响因素如下。

① 封存层特性：封存层的特性对二氧化碳地质封存的影响很大，包括封存层的孔隙度、渗透率、孔隙结构、岩石类型等。这些特性决定了封存层对二氧化碳的吸附、溶解和封存能力。

② 密封层特性：密封层是指位于封存层上方的岩层，其主要作用是防止二氧化碳从封存层泄漏到地表。密封层的特性包括渗透率、厚度、岩石类型等。良好的密封层能够有效阻止二氧化碳的泄漏。

③ 注入过程：注入过程是将二氧化碳气体注入地下封存层的过程。注入过程中的压力、温度、注入速率等因素会影响二氧化碳的分布和封存效果。合理的注入过程可以提高封存效率和安全性。

④ 监测和评估：对地下二氧化碳储存进行监测和评估是非常重要的。监测可以帮助了解封存层和密封层的变化情况，评估可以评估封存层的封存能力和泄漏风险。监测和评估的结果对于决策制定和风险管理非常关键。

⑤ 社会接受度：二氧化碳地质封存是一项涉及地下资源利用和环境保护的技术。社会接受度是影响二氧化碳地质封存实施的重要因素。公众对于封存项目的认知、参与和支持程度会影响项目的可行性和可持续性。

二、二氧化碳的海洋封存

海洋封存，是指将二氧化碳通过轮船或管道运输到海洋中的某个场地，并灌注到海底以下地质体中进行封存的方式。直接向海洋注入二氧化碳可以降低大气中二氧化碳浓度的峰值及其增长率。然而，使用这种方法注入海洋的二氧化碳估计有15%~20%将在数百年后重新泄漏回大气中。海洋覆盖了地表的70%以上，是最大的天然二氧化碳汇。据估计，海洋含有约38000Gt的碳，并以每年约1.7Gt的速度从大气中吸收碳。同时，海洋每年产生50~100Gt的碳（以浮游植物的形式），这比陆地植被摄入量要大。海洋中的碳储量是巨大的，大约是大气中的50倍。在大于3km的深度，由于二氧化碳的密度高于周围的海水，它将液化并沉入海底。数学模型表明，以这种方式注入的二氧化碳可以保存数百年。House等人进一步表明，将二氧化碳注入深度大于3km的深海沉积物中，即使存在较大的地质力学扰动，也可以将二氧化碳进行永久的地质储存。因此，深海储存可以为二氧化碳提供潜在的汇。

二氧化碳海洋封存的主要方式包括溶解和生物地球化学反应。溶解是指将二氧化碳气体直接注入海水中，使其溶解为碳酸盐离子。海水中的碳酸盐离子可以长期稳定地储存二氧化碳。生物地球化学反应是指将二氧化碳气体注入海洋中，通过海洋生物的作用将其转化为有机物质，如藻类的生长和海洋生态系统的生物吸收。

二氧化碳海洋封存的优势在于海洋具有较大的容量，可以吸收和储存大量二氧化碳，相对于地下封存来说，海洋封存不需要寻找合适的地下封存层和密封层。此外，海洋封存可以促进海洋生态系统的生物多样性和生产力，对于海洋环境的保护和可持续利用具有潜在的益处。

由于海水的覆盖不仅可以避免二氧化碳泄漏时直接排放到大气中，而且附加的海水压力降低了对盖层密封性的要求，二氧化碳封存在海底以下具有更高的稳定性。因长期的海水交换作用，海底地层中的孔隙流体与正常海水的化学组成更接近，可以降低二氧化碳注入过程中压力不平衡诱发裂隙活动带来的泄漏危险性。然而，二氧化碳海洋封存也存在一些挑战和风险。首先，二氧化碳的溶解和生物地球化学反应过程可能会对海洋生态系统产生影响，如酸化和氧化还原条件的改变。其次，海洋封存需要考虑二氧化碳的注入位置、速率和深度等因素，以确保封存的安全性和有效性。此外，对于二氧化碳海洋封存的环境影响和生态风险需要进行全面的评估和监测。因此，在实施二氧化碳海洋封存时，需要综合考虑环境保护、生态风险、可持续发展等因素，制定科学合理的管理和监测措施，以确保封存的可行性和可持续性。

三、二氧化碳的矿物化封存

二氧化碳的矿物化封存技术模拟了自然界钙镁硅酸盐的风化过程，即利用富含钙、镁等元素的天然矿物或工业废弃物与二氧化碳反应，生成稳定的碳酸盐产物，达到永久且高效封存二氧化碳的目的。矿物的碳化过程包括自然碳化和加速碳化。

① 自然碳化：从热力学角度来看，二氧化碳的矿物化封存过程的吉布斯自由能为负，因此该过程在自然条件下是可以自发进行的，但是大气中二氧化碳浓度相对较低，因此该反应在自然界中进行得十分缓慢。自然碳化就是二氧化碳与碱性矿物在自然条件下发生反应的过程，是全球地球化学碳循环的主要机制之一。

② 加速碳化：为了加快碳化反应速率，提高碳化程度，需要人为地改变反应条件以加快碳化反应。现阶段有关加速碳化的方式主要包括优化反应条件，比如压力、温度、固液比、气体湿度、气体及液体流量、固体颗粒大小等，以及改进预处理技术，比如通过热处理、机械活化等方式增加矿物的碳化程度、提升反应速率，降低运营成本。

二氧化碳矿物化封存的优势在于可以将二氧化碳永久地封存，避免其进入大气并减少对气候变化的影响。此外，矿物化封存不需要寻找合适的地下封存层和密封层，可以利用广泛存在的岩石资源进行封存。然而，矿物化封存也存在一些挑战和限制。首先，矿物化封存过程需要大量的能源和资金投入，包括二氧化碳捕获、运输和注入等环节。其次，选择合适的岩石和反应条件对于矿物化封存的效果至关重要。此外，矿物化封存技术目前还处于研究和实验阶段，需要进一步的技术发展和实践验证。因此，在实施二氧化碳矿物化封存时，需要综合考虑技术可行性、经济可行性和环境影响等因素。同时，还需要加强研究与合作，推动矿物化封存技术的发展和应用，以实现减少温室气体排放的目标，并为过渡到低碳经济提供一种可行的选择。

四、二氧化碳的焦油砂封存

在这一过程中，压力为200bar、温度为400℃的压缩二氧化碳被注入深海石油——焦油砂层中。在大约600~1000m的深度，二氧化碳将以超临界流体的形式存在，此时其相对密度为0.6~0.8。超临界二氧化碳在含盐地层水中会上浮，直到遇到密封层才停止。超临界二氧化碳具有良好的溶解能力，沥青可溶解于超临界二氧化碳中变成液体，使得从不可开采的沥青层中提取沥青变得容易。

第四节
二氧化碳的资源化技术

二氧化碳的
资源化技术

二氧化碳的资源化技术指的是将提纯后的二氧化碳投入到新的生产工艺中，可以在工业、农业和生活中起到积极作用，这些二氧化碳可以转化为附加值较高的产品，这样不仅可以消除二氧化碳泄漏存在的隐患，同时能够达到二氧化碳减排的目的。

二氧化碳的利用方式有直接利用和间接利用两种。直接利用，指二氧化碳直接被应用到有价值的过程中。如二氧化碳作为惰性气体，用于电弧焊接和灭火材料，也可以用作冷却剂，对食品进行冷却与冷冻；而且能够充当清洗剂，用于清洗光学零件和精密机械零件等。间接利用，指二氧化碳被转化为有价值的化学品、材料、燃料、燃料添加剂及能源动力。二氧化碳的间接利用又可分为化学转化和生物转化。化学转化主要是将二氧化碳转化为基础化学品、有机燃料或者固定为高分子材料；生物转化，二氧化碳主要作为农作物的气肥促进其光合作用的效果，可以增加农作物的产量等。下面详细介绍二氧化碳的直接利用、化学转化及生物转化。

一、二氧化碳的直接利用

利用二氧化碳本身独特的物理性质，可以将它应用于多个领域，如焊接、灭火、冷却、保鲜、清洗，提高油气采收率等。

（一）二氧化碳在电弧焊接中的应用

二氧化碳在电弧焊接中有广泛的应用，特别是在金属焊接领域。以下是二氧化碳在电弧焊接中的一些主要应用：

① 气体保护焊接。二氧化碳可以用作保护气体，形成焊接区域的惰性气氛，防止焊接区域与空气中的氧气和水蒸气接触，从而减少氧化和污染，这种焊接方法被称为气体保护焊接。

② 提高焊接电弧稳定性。二氧化碳的添加可以提高焊接电弧的稳定性，使焊接过程更加可控和稳定。这对于焊接质量的提高和焊缝的均匀性非常重要。

③ 熔化率调节。二氧化碳的添加可以调节焊接的熔化率，使焊接过程更加适应不同材料和焊接条件。通过调整二氧化碳的流量和焊接电流，可以控制焊接的熔化深度和焊缝的形状。

④ 成本效益。相比于其他保护气体，如氩气，二氧化碳是一种相对便宜的气体，因此在大规模焊接生产中，使用二氧化碳可以降低成本。

需要注意的是，尽管二氧化碳在电弧焊接中有许多优点，但它也有一些局限性。例如，二氧化碳的使用可能会导致焊接过程中产生更多的飞溅和气孔，因此在一些特殊的焊接应用中，可能需要使用其他保护气体来取代二氧化碳或与二氧化碳混合使用。

（二）二氧化碳在灭火方面的应用

由于二氧化碳本身不燃烧，又不支持一般可燃物的燃烧，同时二氧化碳的密度又比空气的密度大，因此，二氧化碳常被作为灭火材料，用二氧化碳隔绝空气，以达到灭火的目的。特别是在电气设备、化学品储存和特殊环境下的火灾控制。以下是二氧化碳在灭火中的一些主要应用：

① 电气设备灭火。二氧化碳是一种常用的灭火剂，特别适用于电气设备火灾。由于二氧化碳是一种惰性气体，它不会导致电气设备的短路或损坏。二氧化碳可以迅速扑灭火焰，并有效地降低火灾的热量，切断氧气供应。

② 化学品储存灭火：二氧化碳也被广泛用于化学品储存区域的火灾。二氧化碳可以迅速扑灭火焰，并不会对储存的化学品造成污染或损害。

③ 特殊环境下的火灾控制：二氧化碳还被用于控制一些特殊环境下的火灾，如船舶、飞机和地下室等。由于二氧化碳是一种密度较大的气体，它可以迅速填充并覆盖整个空间，有效地控制火灾。

需要注意的是，二氧化碳灭火系统的使用需要特殊的安全措施和操作，以确保人员的安全。在使用二氧化碳进行灭火时，人员应迅速撤离火灾现场，并避免直接接触二氧化碳。

（三）二氧化碳在制冷方面的应用

固体二氧化碳（干冰）在融化时直接变成气体，整个过程需要吸收大量的热量，从而降低周围的温度，因此，干冰常被用作制冷剂。相比传统的制冷剂，二氧化碳制冷剂具有较低的全球增温潜能值和较短的大气寿命，对环境的影响更小。因此，二氧化碳作为制冷剂在可持续发展和环保方面具有重要意义。以下是二氧化碳作为制冷剂的一些主要应用。

① 商业和家用制冷。二氧化碳被广泛用于商业和家用制冷设备，如超市冷藏柜、冷冻室和冷库。二氧化碳制冷系统具有高效、环保和安全的特点，可以提供稳定的制冷效果。

② 车辆空调。二氧化碳制冷系统也被用于汽车和其他交通工具的空调系统。相比传统的氟利昂制冷剂，二氧化碳制冷剂具有更小的环境影响和更高的制冷效率。

③ 工业制冷。二氧化碳制冷系统在工业领域中也有广泛应用，如食品加工、制药、化工和电子制造等行业。二氧化碳制冷系统可以满足工业生产中对低温和精确控制的需求。

④ 超临界二氧化碳制冷。在高压和高温条件下，二氧化碳可以形成超临界状态，具有类似气体和液体的性质。超临界二氧化碳制冷技术被广泛研究和应用，可以用于高效能的制冷和热泵系统。

⑤ 人工降雨。用飞机在高空中喷洒干冰，干冰投放到云层中时就会吸热升华，从而使云层迅速降温，让云层中的一些水蒸气和小水滴凝成小冰晶或大的水滴，达到人工降雨的效果。

（四）二氧化碳在食品饮料行业方面的应用

由于二氧化碳本身的惰性和抑制作用，可以用二氧化碳来储存食物，有效防止食品中微生物和害虫的生长，避免食物变质和有害健康的过氧化物产生，同时还有保护和维持食品原有的风味和营养成分的作用。另外二氧化碳还可以作为碳酸饮料、啤酒等的制作原材料。以下是二氧化碳在防腐方面的一些主要应用。

① 食品保鲜：二氧化碳可以用作食品保鲜剂，延长食品的保质期。在食品包装中注入二氧化碳可以减少氧气的存在，从而抑制微生物的生长和食品的氧化。这种方法常用于保鲜肉类、鱼类、蔬菜和水果等。

② 防腐剂：二氧化碳可以用作防腐剂，抑制微生物的生长和繁殖。在一些食品和饮料加工过程中，二氧化碳可以用来控制微生物污染，保持产品的新鲜度和品质。

③ 饮料碳酸化：二氧化碳是制造碳酸饮料的关键成分。将二氧化碳注入饮料中可以增加其气泡，改善口感，同时也具有抑制微生物生长的作用，从而延长饮料的保质期。

需要注意的是，二氧化碳在防腐方面的应用主要集中在食品和饮料行业，其他领域的应用相对较少。此外，二氧化碳的使用应遵循相关的法规和标准，确保其安全性和有效性。

（五）二氧化碳在清洗方面的应用

由于二氧化碳的特殊性质，气态、液态和固态二氧化碳均在清洗方面有一些应用，特别是在工业和家庭清洁领域。以下是二氧化碳在清洗方面的一些主要应用：

① 干冰清洁：干冰清洁是一种使用固态二氧化碳（干冰）颗粒进行清洁的方法。干冰颗粒在接触物体表面时迅速转变为气态，产生爆炸性的冷凝效应，从而将污垢和污染物从物体表面去除。干冰清洁方法适用于许多不同类型的表面，如金属、塑料、玻璃和木材等。

② 二氧化碳喷雾清洗：二氧化碳喷雾清洗是一种使用液态二氧化碳喷雾进行清洁的方法。液态二氧化碳喷雾具有较高的渗透力和溶解力，可以有效地去除油脂、污垢和污染物。这种清洗方法常用于工业设备、机械零件和电子器件等。

③ 二氧化碳气体清洗：二氧化碳气体也可以用于清洗一些敏感的设备和器件，如光学元件、电子元件和精密仪器等。二氧化碳气体具有无色、无味、无毒的特点，不会对清洗对象造成损害。

需要注意的是，二氧化碳在清洗方面的应用需要根据具体情况和清洗对象的特性进行选择和操作。在使用二氧化碳进行清洗时，应遵循相关的安全操作规程，确保人员安全和清洗效果的实现。

（六）利用二氧化碳提高油气采收率

该方法不仅有助于石油和天然气的额外生产，还可将二氧化碳长期封存在地下。下面对其进行详细介绍。

1. 利用二氧化碳提高原油采收率

二氧化碳可与原油混溶，且与其他类似的混溶流体相比更廉价，这使其很适合用于提高原油的采收率。向油藏注入二氧化碳时，它与残余原油互溶。当二氧化碳密度高（被压缩时）和石油含有大量的"轻"（即低碳）烃（通常是低密度原油）时，互溶最容易发生。当压强低于某一最低值时，二氧化碳和原油将不再混溶。随着温度的升高（二氧化碳密度降低）或原油密度的增加（轻烃含量降低），通过二氧化碳提高原油采收率所需的最小压强增大。因此，在评估二氧化碳提高原油采收率的适用性时，油田运营商必须考虑枯竭油藏的压力，低压油藏可能需要通过注水的方式进行再加压。当注入的二氧化碳与剩余原油发生混溶时，二氧化碳就会取代岩石孔隙中的油，将其推向生产井。当二氧化碳溶解在原油中时，原油膨胀，同时黏度降低，这些有助于提高置换过程的效率。一旦注入的二氧化碳进入生产井，随后注入的任何气体都将沿着该路径流动，从而降低了注入流体从储层岩石中冲刷石油的整体效率。

2. 利用二氧化碳提高页岩气采收率

一些研究称，二氧化碳在地下水存在的情况下与页岩等岩石的相互作用，导致孔隙网络显著增长、渗透率增加。在极端环境下及在分子到场尺度的可变几何受限区域中，理解二氧化碳、水、固体相互作用的基本物理和化学过程，对于在广泛的地质环境中有效利用二氧化碳作为工作流体（例如压裂液）至关重要。在能源回收中使用二氧化碳对于释放常规和非常规烃类资源的潜力、提高整体可持续性（包括净碳排放和水需求）非常重要。通过先进材料的发现来调整复杂环境中的材料化学性质，为受控实验室和现场尺度测量制定明确的协议，以及基于动态升级和降级研究对含有源自岩石和二氧化碳的各种成分流体的生命周期进行动态优化，可以加速该领域的创新进程。

超临界态二氧化碳通过膨胀和降低黏度来促进油气采收率的提高。然而，与含水层中的主盐水相比，二氧化碳的密度较低，在通过高渗透层的通道时导致二氧化碳的浮力降低，从而降低了整个过程的效率。为了克服这些问题，二氧化碳以泡沫形式注入，这可以降低裂缝等高渗透区域和含油较少的重力覆盖区域的气体流动性。此外，泡沫被设计成在残余油存在的情况下能破裂，使油和气之间能够接触，从而实现捕油。泡沫被认为是一种复杂的流体，其中气相被分隔在气泡中，气泡由表面活性剂稳定的液体膜构成。

气体体积分数为 $0.5\%\sim0.6\%$ 的泡沫已被成功应用，更大气体体积分数（$0.8\%\sim0.9\%$）可以通过使用纳米颗粒代替或与传统表面活性剂结合来达到。二氧化碳泡沫作为流体的新应用之一是页岩气生产的水力压裂。其主要优点是进行作业所需的水量更小，泡沫的流变特性可以更好地控制裂缝中的流体流动性。使用智能纳米颗粒来稳定泡沫可以显著减少水的消耗并最大限度地利用二氧化碳。这种方法面临的主要挑战有两点：一是要了解二氧化碳泡沫在储层温度、压力和盐度条件下通过可变渗透率介质（纳米孔、微孔和裂缝）的行为；二是要了解二氧化碳泡沫与页岩之间的反应性，以预测碳储量。

3. 利用二氧化碳提高煤层气产量

提高煤层气产量和在煤层中储存二氧化碳的过程包括：①从烟道气流中捕获二氧化碳；②将二氧化碳压缩以运输到注入点；③将二氧化碳注入煤中以提高甲烷回收率；④储存二氧化碳。当静水压力降低时，例如钻井时，甲烷从煤基质的微孔中解吸，并通过夹板流向井筒。诱导甲烷从煤层中释放的主要方法是降低总压力，通常是通过使地层脱水、用泵来实现或向地层中注入另一种惰性气体（在这种惰性气体中，表面的甲烷会被其他气体取代）来降低甲烷的分压。脱水和储层压力枯竭是一个简单但效率相对较低的过程，就地回收不到 50% 的天然气。降低煤层静水压力会加速解吸过程。一旦脱水发生，压力降低，就可以释放产生的甲烷。依据裂缝系统的性质，有些煤层气井最初主要产出水，随后天然气产量增加，水产量则下降；有些井则不产水，而是立即产气。可以采用水力压裂或其他完井增强方法辅助提高采收率，即便如此，由于渗透率通常较低，必须在相对较小的间距上钻许多井以实现低成本的产气。

煤层气的生产潜力取决于不同盆地的不同因素，包括裂缝渗透率、开发历史、天然气运移、煤的成熟度、煤的分布、地质构造、完井方案、静水压力和采出水管理。在大多数地区，自然发育的裂缝网络是最受欢迎的煤层气开发区域。地质构造和局部断裂已经发生的地区，往往会诱发自然压裂，从而增加煤层内的生产路径。二氧化碳被注入后沿着煤层的天然裂缝移动，并从该处扩散到煤的微孔中，在微孔处被优先吸附。在煤中，二氧化碳比天然存在的甲烷更容易被吸附到储层岩石表面。在注入后，二氧化碳从一些吸附位点取代甲烷。二氧化碳与甲烷的比值因盆地而异，且与煤中有机质的成熟度有关。通过应用二氧化碳提高煤层气产量的技术，还可能回收多达20%的有机质。此外，一些煤层气中二氧化碳含量高的事实表明，至少在某些情况下，二氧化碳可以安全地储存在煤中。

二、二氧化碳的化学转化

化学转化是指将二氧化碳通过化学反应转化为基础化学品（如甲醇、甲酸、一氧化碳、烯烃等）、有机燃料（如汽油、生物柴油等）和高分子及其他材料（如可降解塑料、石墨烯、碳纳米管等）。

（一）二氧化碳制备甲醇

二氧化碳和氢气通过催化剂的作用，在一定的温度和压力下，可以生成甲醇和水，反应方程式如式(6-1)。

$$CO_2 + 3H_2 \xrightarrow{\text{催化剂}} CH_3OH + H_2O \tag{6-1}$$

由于这个反应是放热且气体分子数减少的反应，因此低温和高压条件是有利于反应进行的，而对产物水的脱除则会打破原本的化学平衡，有利于甲醇的合成。另外，没有参加反应的二氧化碳和氢气还可以循环进入反应器中参与下一次的反应。

由于二氧化碳反应惰性大、难活化，因此需要使用高活性、耐失活和寿命长的催化剂。常用于二氧化碳加氢合成甲醇的催化剂为铜基体系，具有高比表面积、高分散性和高性价比等优点。

（二）二氧化碳制备甲酸

二氧化碳与氢气在催化剂的作用下可以直接合成甲酸，此过程是没有副产物生成的，反应方程式如式(6-2)。

$$CO_2 + H_2 \xrightarrow{\text{催化剂}} HCOOH \tag{6-2}$$

此反应常用的催化剂有均相和非均相两类。均相催化剂主要包括贵金属 Ru 和 Rh 的配合物，具有活性高、速度快、选择性好以及利用率高等优点，但是反应过程会存在金属残留、催化剂成本较高和无法再次利用的缺点；非均相催化剂的主要活性组分包括镍、铜、金、钌等，具有易分离、可重复利用等优点，更适合工业应用。

另外还可以使用光催化、电催化以及生物酶催化技术还原二氧化碳制备甲酸。

（三）二氧化碳制备一氧化碳

二氧化碳可以用于生产一氧化碳，一氧化碳在工业生产中起到重要作用，可以作为几乎所有的液体燃料或基础化学品的气体原料。

高温裂解法是利用二氧化碳在高温条件下与氧化物载体发生裂解反应，制得一氧化碳和氧气的混合物，由于整个过程是在高温条件下进行的，因此能耗较高。

二氧化碳可以在催化剂的作用下与甲烷发生反应，生成一氧化碳和氢气，反应方程式如式（6-3）。

$$CO_2 + CH_4 \xrightarrow{\text{催化剂}} 2CO + 2H_2 \tag{6-3}$$

此反应常用的催化剂包含贵金属催化剂（如钯、银、铂等）和非贵金属催化剂（如铁、钴等）。贵金属催化剂在反应中具有优异的活性和稳定性，但是成本较高，不利于工业应用；非贵金属催化剂可以得到较高的二氧化碳转化率和合成气产率。

另外还可以使用光催化、电催化技术还原二氧化碳制备一氧化碳。

（四）二氧化碳制备烯烃

二氧化碳制备烯烃的过程主要有两种技术路线，分别是一步法和两步法。一步法一般指通过二氧化碳氧化低碳烷烃来制备烯烃或者是二氧化碳与氢气反应制备烯烃，两步法是先以二氧化碳为原料制备中间体，如甲醇、合成气等，中间体再进一步与氢气发生反应，生成烯烃。

二氧化碳氧化低碳烷烃制备烯烃技术主要有"一步法"和"两步法"两种机理："一步法"指的是二氧化碳在催化剂的作用下，与烷烃分子发生反应，生成烯烃和水、一氧化碳，反应方程式如式（6-4）；"两步法"指的是烷烃首先在催化剂表面脱氢，生成氢气，氢气再和二氧化碳发生逆水煤气变换反应，生成一氧化碳和水。

$$C_nH_{2n+2} + CO_2 \xrightarrow{\text{催化剂}} C_nH_{2n} + CO + H_2O \tag{6-4}$$

二氧化碳加氢制备烯烃主要有两步，第一步是通过逆水煤气变换，二氧化碳和氢气反应生成一氧化碳，第二步是生成的一氧化碳在催化剂的作用下，和氢气发生反应生成烯烃和水。氢气的浓度会影响烯烃的产率，当氢气的浓度变大时，二氧化碳的转化率会增大。

（五）二氧化碳制备燃料

二氧化碳制备汽油的机理是首先通过逆水煤气变换反应将二氧化碳还原为一氧化碳，随后通过费-托合成转化为 α-烯烃，再经过聚合、芳构化和异构化等反应，最终生产汽油的馏分。

另外藻类可以从水中获取二氧化碳、碳酸、碳酸氢根等形态的碳源，固定二氧化碳后转化为生物柴油。

（六）二氧化碳制备高分子及其他材料

二氧化碳和环氧化合物在催化剂的作用下共聚合成聚甲基乙撑碳酸酯（PPC塑料），其合成过程直接消耗二氧化碳。该反应的催化剂包括均相和非均相两种，与非均相催化剂相比，均相催化剂在配体结构、空间效应和电子效应等方面具有可精确调节的优点。PPC塑料能通过焚烧、填埋、生物降解等方式进行处理，产物只有水和二氧化碳，无二次污染，可以有效地解决"白色污染"等环境问题。

以二氧化碳为原材料制备石墨烯的方法主要包括超临界二氧化碳剥离技术和镁热还原技术。石墨烯是一种由碳原子紧密堆积成的单层二维蜂窝状晶格结构的材料，具有优异的光学、电学和力学特性。

三、二氧化碳的生物转化

生物转化基本上可分为基于光合作用的和基于非光合作用的两大类方法。光合作用方法包括：①利用藻类和蓝藻进行光合作用；②利用无机催化剂和微生物进行光合作用和混合生物光电催化。非光合作用方法包括：①发酵（包括厌氧发酵和气体发酵，气体发酵指利用气体作为碳源进行发酵的技术）；②生物电催化；③使用催化剂和酶的微生物合成法。

光合作用法，即将二氧化碳作为气肥，直接用于植物生长促进的方法。二氧化碳作为气肥的主要应用包括三个方面。其一，温室种植。在温室中，可以通过增加二氧化碳浓度来促进植物的生长。通常，温室中的二氧化碳浓度会维持在远高于室外空气中的浓度水平。这样可以提供更多的二氧化碳供植物进行光合作用，促进植物的生长和产量。其二，室内种植。在室内种植环境中，如室内花园或垂直农场，通过向种植区域供应二氧化碳可以提高植物的生长速度和产量。这种方法可以通过二氧化碳发生器或二氧化碳气瓶来实现。其三，水培系统。在水培系统中，通过向水中注入二氧化碳可以提供植物所需的碳源，促进植物的生长。这种方法常用于蔬菜和水果的生产，特别是在没有土壤的环境中。需要注意的是，二氧化碳作为气肥的应用需要根据植物具体的需求和环境条件进行调节和控制。过高的二氧化碳浓度可能对植物产生负面影响，因此应根据植物的生长阶段和光照条件等因素进行合理的控制和管理。

与光合作用系统相比，非光合作用生物系统具有许多潜在的优势，包括多种多样的生物、潜在目标化学物质范围更广及避免光合作用效率低下的能力。好氧系统还具有生产效率高、连续培养能力强、与人工光合作用兼容等优点。一些非光合作用生物可以利用来自可再生能源的低成本、低排放的电子，并且其中的许多生物可以用廉价且无处不在的由氢、一氧化碳和二氧化碳组成的气态碳原料来培育，比如工业废气、沼气或合成气。微生物也比几种藻类和蓝藻菌株更容易通过合成生物学和基因工程进行修饰。

尽管如此，光合作用和非光合作用方法都面临多重挑战，包括二氧化碳和氢气在水中溶解度较低、对遗传工具和代谢过程的理解仍显不足、已探索的菌株数量有限，以及产品下游加工技术存在局限性。总体来说，非光合作用的应用比光合作用的更早也更加成熟。

> **拓展阅读**
>
> **建成 CCUS 全产业链基地，解决低渗透油藏的开发难题**
>
> 中国石油化工股份有限公司胜利油田分公司于 2021 年 7 月开始建设百万吨级 CCUS（碳捕集、利用与封存）项目。该项目覆盖油田的 12 个油藏区块，含油面积 $48km^2$，设计注气井 73 口、采油井 166 口，新建 15 座注气站、2 座集中处理站、2 座分气增压点，配套建成了百万吨、百公里高压常温密相 CO_2 输送管道，设计压力 12MPa，设计输送能力 100 万 t/a，全长 109km。

CCUS 应用于石油开发上,可以实现驱油增产和碳减排双赢,是化石能源大规模低碳利用的新兴技术。胜利油田提出 CO_2 高压混相驱油与封存技术,建立"压驱+水气交替驱"注入模式,配套全密闭高效注采、脱碳回注等技术,打造了"低耗高效、规模输送、增油减碳、零碳排放、循环利用、安全封存"的全产业链核心技术和首台(套)装备系列。

该项目作为国内大规模 CCUS 全产业链示范基地和标杆工程,为我国推广应用低成本、低能耗、安全可靠的 CCUS 技术体系提供了有效案例:平均每年可减排 CO_2 100 万吨,相当于植树近 900 万棵,近 60 万辆经济型轿车停开一年,大幅消纳区域碳排放,探索出了一条降碳与碳利用并举、油气增储稳产和绿色低碳发展并重的能源企业绿色低碳转型发展之路。

该项目的运营使我国 CCUS 产业步入商业化运营,年增油 20 万吨以上、新增效益约 1.78 亿元,预计提高采收率 17%。项目在国内实现了高压混相驱油工程示范,对于破解国内油田开发难题、提高国内油气产量、降低油气开采成本有着现实而深远的意义。

该项目攻克了一批原创性、革命性、引领性技术难题:高压混相驱油与封存技术,实现了低渗油藏高效开发与碳封存,达到国际领先水平;研发的国内首台(套)高效密闭地面注入装备和大输量 CO_2 管道输送离心泵,打破了国外技术垄断;攻克了采出液防腐难度大、集输热力难保障等技术瓶颈,实现 CO_2 全链条的循环利用。

2023 年 1 月 5 日,《实现增油减碳的国内首个百万吨级 CCUS 项目建设与产业化运营管理》荣获全国企业管理现代化创新成果一等奖。2023 年 6 月 13 日,百万吨级 CCUS 示范工程在波兰华沙顺利通过碳收集领导人论坛(CSLF)认证,拥有在全球实施 CCUS 项目的"通行证"。2023 年 12 月在《联合国气候变化框架公约》第 28 次缔约方大会(COP28)上该项目代表中国参展亮相。

胜利油田推进实施的百万吨级 CCUS 项目,能够形成低成本、低能耗、安全可靠的 CCUS 技术体系和产业集群,为我国大规模实施 CCUS 项目提供工程实践经验和技术储备,对于减少碳排放、促进油田增产、保障能源安全具有重要意义。

思考题

1. 简述二氧化碳捕集的技术路线分类及不同技术路线的特点。
2. 分析二氧化碳的物理吸收法和化学吸收法的区别。
3. 二氧化碳的运输方式有哪些,各有什么特点?
4. 在二氧化碳运输过程中,管道运输和船舶运输各有什么特点和适用范围,需要解决哪些技术和安全问题?
5. 生物法捕集二氧化碳的原理和应用现状如何,未来的发展方向是什么?
6. 说明二氧化碳地质封存、海洋封存和矿物化封存的原理?
7. 分别解释自然碳化和加速碳化。
8. 二氧化碳资源化利用的途径主要有哪些?哪些领域具有较大的应用潜力和市场前景?

第七章
化工行业碳中和技术

第一节
化工行业与碳中和

目前我国二氧化碳年排放量达到 100 亿吨，其中化工行业排放量不到 5 亿吨，远小于电力、钢铁、水泥等排放大头，从总量看化工行业并非主要排放源。但从强度看，化工单位收入排放量高于工业行业平均水平，而且不同区域由于经济结构、能源结构及发展水平不同，面临差异化的压力，在排放总量控制目标于区域和行业维度层层分解的过程中，化工行业在部分地区可能会面临来自碳排放的发展桎梏。因此，化工行业是我国在实现碳中和道路上节能减排的重点关注对象。

一、化工行业的"碳"在哪里

想要实现化工行业的碳中和，需要先了解化工行业的"碳"在哪里。基础化工的主要产品是有机物，有机物的显著特征就是包含碳元素。这些碳元素从哪里来？煤炭给化工行业提供了最原始的原材料，包含大量的碳元素和少量的氢元素；石油的主要组成部分也是碳氢化合物，还包含少量的硫、氧等元素。

可以想象这些碳元素的旅程：它们从煤炭或石油出发，通过燃烧（即氧化，与氧结合）等一系列化学工艺，迁移到了最终的化工产品中。不同的化工产品需要的碳的比例不同，例如塑料里的碳通常与氢和氧按一定比例结合在一起。在生产过程中，有的二氧化碳是制备产品的化学反应过程中附带的生成物，而有的碳元素因为"挤"不进化工产品需要的特定比例中，成了多余的部分，只能"跑"出来，在外与氧充分结合，就有很大可能产生二氧化碳。

那么如何统计产生的二氧化碳呢？由于化工行业涉及许多复杂的生产环节，其中的二氧化碳排放量是用核算法而非在线监测来统计的。根据《中国石油化工企业温室气体排放核算方法与报告指南（试行）》，我国化工生产中的碳排放主要分为五个方面，分别是燃料燃烧二氧化碳排放、废气的火炬燃烧二氧化碳排放、工业生产过程二氧化碳排放、二氧化碳回收利用量、净购入电力和热力隐含的二氧化碳排放。通过加减算法，可以核算出化工企业二氧化碳的排放量。

二、化工行业"脱碳"行动指南

（一）新型供给侧结构性改革加速脱碳进程

碳中和将为化工行业带来新一轮高质量的供给侧结构性改革。没错，这里出现了政府工作报告中经常提到的供给侧结构性改革。前文提到化工行业为国民输送生产生活必需品，在碳中和背景下，化工行业的产品、生产方式可能都会有非常大的革新，因此在生产生活必需品或原材料的供给比例与种类上也会有很大的创新空间。

虽然碳中和直接"消灭"的对象——CO_2是化工行业生产过程中难以避免的排放物，但是对于化工龙头企业来说，企业积累的自身生产存量（即现存产量）的优势，反而可以应用到碳中和的政策红利中。

化工行业的市场不会是一个完全自由竞争的市场，龙头企业更具竞争优势。否则，化工行业的所有企业都可以自由进入或退出竞争，而且在二氧化碳排放方面受到很小限制。一旦有碳中和的限制，化工行业的能源消费结构和工业生产过程都会受到约束，企业不能随心所欲地扩大产能。这个时候怎样才能更有效率呢？政策制定者会更加关注"挑大梁"的龙头企业。龙头企业不仅能利用政策的利好面，也能在行业中有更多的议价权。这样一来，小企业就逐渐要去产能、转型，甚至一些环保不合格、融资能力较差的小型化工企业会被淘汰。此外，随着原材料价格的上涨，部分中小型企业的原料供给难以得到保证。同时，小型化工企业还存在融资困难，甚至资金链断裂的风险。相反，龙头企业反而越做越强，优秀企业的能效指标达到世界领先水平，且越来越规范化。虽然小型化工企业存在这样的阵痛期甚至会"牺牲"，但就整个化工行业而言，行业运行的效率提升了。这是供给侧结构性改革提供的机会。

（二）政策引导促进产业链整合

当前，多地已经开始进行政策方面的引导。内蒙古印发"十四五"能耗双控新政，提出了较为严格的"十四五"能耗控制目标，打响了全国碳中和政策落地第一枪。文件还给出了各个行业的具体安排，在化工领域，从2021年起，内蒙古将不再审批焦炭（兰炭）、电石、聚氯乙烯（PVC）、合成氨（尿素）、甲醇等一系列产品的新增产能项目。

所以，在碳中和背景下，化工行业需要进行产业链的深度整合。未来，我国的化工行业可能会有这样的趋势：现有的龙头企业继续保持行业优势，而运营业绩优良的基础化工民营企业积极布局市场高附加值细分领域，与现有龙头企业形成互相制约并共同竞争的格局。

第二节
化工全产业链碳减排技术

全产业链碳减排技术

一、过程节能增效碳减排技术

（一）工艺的节能增效

常见的化工生产工艺有分离、精馏、纯化等，其中分离是耗能较大的一个工艺。据美国橡树岭国家实验室报道，美国化学、炼油、林业和采矿业的分离工艺占其总能源消耗的5%~7%，分离工艺的节能增效技术最多可以减排CO_2约1亿t/a。华东理工大学在工业污水微通道脉动振荡分离方面发现微界面振荡现象及效应，揭示振荡离心力克服毛细作用力的新原理，构建微通道脉动黏附—颗粒群沸腾脱附—微界面振荡脱附分离过程，研发了基于微通道脉动振荡的五倍级效率技术，克服了膜法水处理通量低、抗污染能力差的弊端，促进五倍级效率技术在甲醇制烯烃反应废水高温、高压等苛刻处理过程的应用，估计减排CO_2达50×10^4 t/a。

（二）催化剂的使用

《欧洲催化科学与技术路线图》提出，重点发展解决能源和化工生产中问题的催化剂及通向清洁和可持续未来的绿色催化剂，应用于化石燃料、生物质利用、CO_2利用、环境保护的催化技术和提高化工过程的可持续性等领域。华东理工大学、四川大学等单位开发了生物质热解液沸腾床加氢脱氧催化剂，拟投入年产1×10^4 t生物汽柴油工业示范项目，可减排CO_2约2×10^4 t/a。

（三）高耗能通用设备电气化改造

高耗能通用设备电气化改造是碳减排的重要方向，如蒸汽裂解装置电气化改造。蒸汽裂解器目前主要以化石燃料为能源，由于高温要求，蒸汽裂解装置电气化改造极为困难。来自比利时佛兰德斯、德国北莱茵—威斯特法伦州和荷兰的六家石化公司于2019年开始共同研究如何使用电力来操作石脑油或蒸汽裂解器。

二、产品提质耐用碳减排技术

产品提质耐用主要包括发展高效耐用的化工新材料，与传统化工材料相比，性能更优异或具备某种特殊性质，如轻质化等，一定程度上可使航空航天、信息产业、新能源汽车、健康医药等领域原材料损耗减少，从而实现碳减排。并且，高效耐用材料与一些新型增材技术相结合，还可以进一步节省原材料。例如，3D打印技术仅消耗产品本身需要用到的材料量，可极大节省原料。目前，3D打印技术主要有熔融沉积技术、选择性激光烧结技术和立体光固化技术。

近年来，四川大学攻克了聚合物基微纳米功能复合材料等高分子化工新材料应用于 3D 打印加工技术的难题，突破了传统加工难以制备复杂形状制品和目前 3D 打印难以制备功能制品的局限。

三、废弃聚合物循环碳减排技术

废弃聚合物可作为原料回收使用，使用这些"次级原料"，可以减少从头合成所需的能源，并减少初级原料的用量，实现碳减排。

聚合物循环主要包括以下五个循环：
① 基于可再生原料的循环；
② 直接重复使用，约 18% 的聚合物可以直接重复使用；
③ 对材料要求重复使用，如汽车和包装塑料材料的再利用；
④ 化学循环，即使用化工产品作为二次原料，从而替代其他原料，例如将塑料废弃物经过一系列的化学反应重新生成塑料和其他有价值的化学品；
⑤ 对废弃聚合物进行燃烧，以回收热能和利用所产生的 CO_2。

四川大学开发了一种聚对二氧环己酮聚合物，废弃后即可热解回收单体，单体回收率最高可达 99%。对不宜回收的应用领域，可完全实现生物降解。

四、工业共生技术

不同部门或企业之间可进行材料、能源、水和副产品/废弃物交换的合作。共生的工厂、企业之间的相互依赖程度不断提高，形成了具有成本、规模、市场和创新竞争优势的产业集群，从而实现工业共生而绿色生产，促进碳减排。例如，在化工生产中，H_2 既是能源的清洁替代品，也是重要的产品和化学反应的原料，通过产业集群可以创造一个内部的 H_2 市场，将生产者和消费者集中在一起。

西班牙电力公司 Iberdrola 与化肥制造商 Fertiberia 合作建造了绿色 H_2 生产厂，采用太阳能光伏电力，为电解槽提供动力，产生的绿氢用于化肥制备，从而大大减少了碳排放。

五、非二氧化碳温室气体减排技术

化工行业非 CO_2 温室气体主要为 N_2O 和三氟甲烷（CHF_3），分别来自己二酸、硝酸、己内酰胺及氟化工等生产过程。非 CO_2 温室气体来源不一样，其处理方式也不相同。

己二酸生产过程中产生的 N_2O 在尾气中的体积分数约为 38%，是硝酸氧化阶段的副产物，目前，己二酸生产中应用成熟的 N_2O 处理技术分别为催化分解法、热分解法和循环回收生产硝酸法三种：

① 催化分解法需要建立一个分解车间，分解温度在 400～800℃，使用催化剂将尾气中的 N_2O 分解生成 N_2 和 O_2。这项技术在我国的辽阳石化、德国的巴斯夫均有应用。

② 热分解法在索尔维位于韩国和巴西的工厂、德国的朗盛化工均有应用。该技术在一

级分解室中将天然气和己二酸生产所排放的尾气混合，N_2O 在此作为氧化剂，将天然气氧化成 CO_2 和水蒸气。反应方程式如式(7-1)：

$$4N_2O+CH_4 \rightleftharpoons 4N_2+CO_2+2H_2O \tag{7-1}$$

该技术与催化分解技术相比，分解率差不多，投资成本略低，但运行时需要天然气或者燃油，因而运行成本较高。其优点是不需要催化剂，尤其对于不掌握催化剂研发技术的发展中国家，热分解技术易于掌握，也便于推广。

③ 循环回收生产硝酸法主要应用于法国的索尔维生产厂，至今运行良好。该技术是通过反应器内的热气体将己二酸生产所排放的尾气加热至700℃，这些经过预热的气体被注入燃烧室后加热至1000℃，N_2O 分解为 NO 和 N_2，随后这些气体再经过冷却，在 0.3MPa 压力下进入吸收塔生成硝酸。

除上述减排处理技术外，通过控制催化剂及反应条件等，也能调节 N_2O 的排放量。例如，热分解过程中，提高分解温度能将更多的 N_2O 转化为 NO，NO 进一步被氧化为 NO_2，NO_2 进入吸收柱后被氧化为硝酸，硝酸的生成量会相应增加，N_2O 的回收率也因此提高。同时，随着分解温度的提高，在此过程中可以实现更多的 NO_x 减排。

在硝酸生产领域中常用的 N_2O 处理技术也分为三类：① 一级处理法：主要是通过源头铂金网改良，抑制 N_2O 产生；② 二级处理法：在铂金网下方安装 N_2O 催化分解剂，减少 N_2O 排放，又称高温选择性催化还原法；③ 三级处理法：在尾气中处理 N_2O，又称尾气处理法。按照尾气温度的不同，三级处理法又分为高温尾气处理法和低温尾气处理法：对于尾气温度在 425~520℃ 的硝酸生产工艺，适用高温尾气处理法；对于尾气温度低于 425℃ 的硝酸生产工艺，可以采用低温尾气处理法。

目前，实现工业化的有二级处理法和三级处理法，但这两种方法在我国应用差异很大。由于受天然气供应的限制，我国开展（清洁发展机制）CDM 项目中的企业只有河南晋开化工和广西柳州化工使用三级处理法，其余大部分厂家均采用二级处理法。硝酸行业的附加值较低，企业更愿意选择一次性投资和运行成本较小的二级处理法。同时，二级处理法也是 CDM 方法学认可的技术。因此，可以选用二级处理法作为我国硝酸行业 N_2O 减排技术。

到目前为止，国内外还没有实现工业化的己内酰胺生产过程 N_2O 减排技术，考虑到其 N_2O 的产生环节与硝酸生产过程一样，可以借鉴硝酸生产过程 N_2O 的减排技术，对己内酰胺生产过程 N_2O 减排潜力进行估算。

CHF_3 减排主要采用高温分解的方法，根据高温的获取方式，又可以分为燃气热分解技术、过热蒸汽分解技术和等离子体高温分解技术。

第三节
零碳原料和零碳能源替代技术

一、零碳原料制备化学品技术

在化工生产中，采用生物质制备化学品可以代替化石原料作为碳原

零碳能源替代技术

料，实现碳零排。

美国《生物质技术路线图》规划，2030年生物基化学品将替代25%的有机化学品和20%的石油燃料，2050年生物基化学品和材料将占整个化学品和材料市场的50%；据欧盟《工业生物技术远景规划》，2030年生物基原料将替代6%～12%的化工原料和30%～60%的精细化学品，在高附加值化学品和高分子材料中，生物基产品将占到50%。

我国生物基经济近年来保持20%左右的年均增长速度，总产量已达到$600×10^4$ t/a，部分技术接近国际先进水平。据规划，我国未来现代生物制造产业产值将超1万亿元，生物基产品在全部化学品产量中的比重达到25%。

二、零碳电力及零碳非电能源替代

（一）零碳电力

在化工生产过程中，以电代煤、以电代油、以电代气、以电代柴，采用清洁发电即零碳电力，让能源使用更绿色。

发电用的可再生能源主要为太阳能、风能、水能、生物质能等，即太阳能发电、风电、水电、生物质发电等。

水电是水能利用的一种重要方式，一般有大坝式水力发电、抽水蓄能式水力发电、川流式水力发电、潮汐发电四种类型。我国是全球水资源最丰富的国家之一，2019年我国水电累计装机容量位于世界第一，目前世界上最大的水电站就是我国的三峡水电站。水电具有在运行中不消耗燃料，发电成本、运行管理费用比煤电低的特点。此外，水电工程还具有防洪、灌溉、供水、航运、旅游等综合效益，因此水电发展十分重要。

风电分为陆上风电和海上风电。我国风力资源十分丰富，主要集中在东北和西北地区、青藏高原西北部以及东南沿海地区，可开发利用的风能储量为10亿千瓦。得益于丰富的风力资源，近年来我国风力发电规模快速扩大，2020年我国已成为累计陆上风电装机总量全球第一、累计海上风电装机总量全球第二的风电大国。风电是环保能源中技术最为成熟的一类，也是目前成本最低的环保发电方式。

太阳能发电分为光伏发电和光热发电，目前我国提到的太阳能发电一般指光伏发电，其技术也较为成熟。光伏发电主要有集中式和分布式两种。集中式大型并网光伏电站是集中建设的大型光伏电站，直接并入公共电网，通过高压输电系统供给远距离负荷；分布式光伏发电主要利用分散的太阳能资源，因地制宜布置在用户附近，就近解决用户的用电问题，同时可将余量并入电网。我国拥有丰富的太阳能资源，主要集中在西北地区，年日照时间在2200小时以上的土地面积占全国土地面积的2/3。目前我国光伏产业链发展位居全球领先地位，累计光伏装机规模排名全球第一。

生物质发电主要包括利用农林废弃物直接燃烧或气化发电、垃圾焚烧或填埋气化发电和沼气发电。生物质发电虽然不是主要的发电方式，但是它能够在提高电网灵活性方面发挥作用。我国生物质资源较为丰富，但目前生物质发电的经济性较差。

核电也称核能发电，是利用铀原子核裂变时释放出的热能对水加热产生的蒸汽推动蒸汽轮机进行发电。核能是一种具有高能量密度和高稳定性的清洁能源。核能发电过程中不会产生二氧化碳及二氧化硫、粉尘等有害物质。20 世纪 80 年代以来，我国开始以谨慎的态度发展自己的核电技术，目前已经发展到第四代核电站。2020 年我国核电发电量位列世界第二，总装机容量位列世界第三。

（二）零碳非电能源

零碳非电能源替代是以 H_2 或者生物质作为燃料，为化工生产提供热量。本书第四章第一节对氢能技术进行了介绍。

零碳电力替代最适用于要求中低温度的化工行业，而氢能和生物质能可用于满足高温要求的化工行业。但目前，大部分化工厂使用零碳电力和零碳非电能源需要对硬件设施及装置进行升级改造。因此，化工行业可以通过逐步推进过程电气化和零碳能源替代，实现碳零排。

2021 年 5 月，德国巴斯夫欧洲公司与莱茵集团在德国路德维希港市共同建成一座总装机输出达到 2GW 的近海风电场，为巴斯夫化学品生产基地提供绿色电力，并助力实施绿氢生产工艺。

第四节 二氧化碳制备化学品碳负排技术

二氧化碳制备化学品碳负排技术的发展与应用

本节介绍 CO_2 制备化学品碳负排技术的发展与应用。CO_2 的资源化技术原理已在第六章介绍。

一、二氧化碳耦合绿氢的转化技术

CO_2 耦合绿氢转化技术以太阳能、风能、核能为能源电解水，以电解水制备的绿氢作为原料，将 CO_2 转化为甲醇、甲酸、合成气等高价值化学品。所得的化学品可作为原料进一步反应，形成化工行业价值链中的众多重要产品。其中，CO_2 可来自燃烧尾气、化学工业过程等。绿氢的制备及储存、CCS 等相关技术已分别在第四章和第六章介绍。

二、二氧化碳直接转化碳负排技术

CO_2 直接转化碳负排技术以 CO_2 作为共聚单体生产具有高附加值的产品，如尿素、甲醇、有机酸酯、可降解聚合物、聚合物多元醇、碳酸盐矿等。

图 7-1 展示了 CO_2 直接转化碳负排技术的目标产品及其在欧洲的发展现状：目前，尿素、水杨酸、聚（丙烯）碳酸酯、循环碳酸盐等技术最为成熟，已达商业化应用阶段；无机碳酸盐、甲酸、甲醇等技术处于中试阶段；有机酸、有机氨基甲酸盐、醛类、醇类、二甲醚等技术尚处于实验室开发阶段。

近年来，我国 CO_2 化工利用技术也取得了较大进展，部分技术完成了中试及示范，如合成甲醇技术、合成可降解聚合物技术、合成有机碳酸酯技术及矿化利用技术等。相关技术

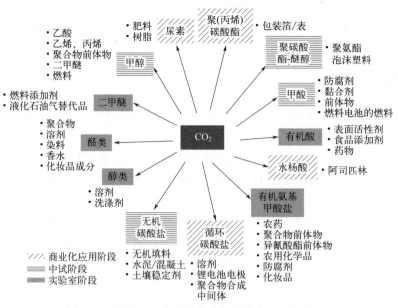

图 7-1 欧洲 CO_2 直接转化碳负排技术的目标产品

图源：德国化学工程和生物技术协会（DECHEMA）

已在本书第六章介绍。

通过化工过程及装备的节能提效、绿色高效催化剂的开发等措施，可提高化学品及材料生产相关资源与能源利用效率，构建低碳发展体系。化工行业应推进电气化升级及清洁能源替代，采用生物质等零碳材料作为原材料的力度，形成资源的最大化循环利用，实现零碳能源和资源替代；加大 CO_2 的捕集，用于制备化学品，实现碳负排。

第五节
信息碳中和技术路径

信息碳中和技术路径

世界经济论坛数据显示，物联网、AI（人工智能）技术等技术相结合可在全球范围内减少约 15% 的 CO_2 排放。化工行业可与数字技术耦合，以数字化转型、智能化发展驱动，并支撑企业提质增效、转型升级和创新发展。

一、大数据技术实现碳排放精准计量及预测

对化工行业碳达峰与碳中和进程进行计量和预测，并评估不同技术条件和政策情景下的差异是一项复杂的系统工程，涉及对化工行业各部门经济活动碳排放水平的测算、对自然环境碳吸收水平的估测，以及对社会经济发展的推演等一系列科学问题。利用大数据技术和方法开展碳排放和碳吸收计量及预测，能够有效解决精准度不高和预测效果不佳的问题。

(一)大数据技术实现对排放因子的优化调整

对化工行业各部门经济活动的碳排放水平进行测算时,要对排放因子进行动态调整以避免不确定扰动因素的干扰。首先采用大数据方法对大气 CO_2 浓度变化趋势和 CO_2 净排放量变化趋势进行分析,确定排放因子设定造成的趋势差异影响;再通过聚类分析和关联规则分析,确定因子内部的关联性;然后将具有相似特征的区域聚合成一类,构建能够消减差异的最优排放因子组合,实现能源碳排放驱动因子体系协同、高效地发挥作用。

(二)大数据技术实现碳排放和碳吸收的全面精确计量

运用大数据技术,可以实现日频度、月频度的能源碳排放动态监测核算,不仅能缩短计量分析周期、提高计量精度,还可以降低计量成本、提高计量效率。通过对不同区域、不同主体的碳排放数据进行分析,动态跟踪碳排放变动趋势;对碳排放与碳捕集、碳封存联系结果进行分析,实现对 CO_2 全生命周期变动的监测追踪;结合地质与生态环境的变化对碳排放和碳吸收水平的演化规律进行分析,反演大气中 CO_2 浓度值和浓度变化趋势,实现对碳排放和碳吸收的全面精准计量。

(三)大数据技术实现多情景碳达峰、碳中和进程的精准预测

综合大数据优势构建化工行业碳排放趋势预测模拟系统,实现对碳排放的追踪和长期预测;通过模拟不同技术条件和政策情景下各地区、各行业经济活动能耗变化情况,追溯生产过程中的能源消耗;通过分析经济活动发展变化规律,测算多种情景下人类活动和自然界净碳排放的逐年变化,实现对碳达峰、碳中和进程的精准预测。

二、AI 实现能源高效调度利用

AI 技术是解决复杂系统控制与决策问题的有效措施,在化工行业的深入应用,有助于推动清洁能源生产,降低碳排放,以实现由高碳向低碳再由低碳向碳中和的转变。在化工行业,降低能耗成本和减少污染物排放同等重要。因此,在确保能源系统供能可靠性和高质性的同时,应用 AI 技术实现能源高效调度和利用,成为世界各国碳减排的重要实践举措。

(一)碳中和对能源调度提出了智能化要求

现代能源系统规模庞大、结构复杂,碳中和背景下的智能调度在保障系统安全、稳定运行的同时还要提高其经济性。AI 技术的发展对能源调度提出了更高要求,如煤炭运输过程中实现对传送带异常情况的检测。经济社会的发展、人民生活水平的提高、碳中和愿景的约束都对能源调度提出了智能化、高效化要求。

(二)AI 助力实现能源精准调度

AI 技术发展为实现能源高效智能调度提供了可能。基于机器学习的智能算法被广泛应用于求解能源调度的最优方案,如正余弦优化算法(SCA)、基于柔性行动器-评判器框架的深度强化学习方法(ALFRED)等,提高了调度准确性和有效性。例如:煤炭运输领域通

过智能传输机实现对传输带上的异物、转载点堆煤情况等的识别。

三、物联网支撑工业运行节能技术

针对减少工业生产过程碳排放的问题，基于物联网技术构建化工应急管理系统（包括基础支撑层、数据支撑层和应用支撑层）。基础支撑层为系统运行提供了安全有效的软硬件环境，同时提供视频监控等基础信息。数据支撑层保证各子系统的正常运行、数据交换、公众服务等，化工园区日常数据同样存储于其中。

应用支撑层包括监测监控、安全监管、应急管理等子系统。

① 监测监控：运用二维、三维地理信息系统（GIS）对环境、能源和设备进行监控，对排放气体进行实时监测，控制温室气体的排放。

② 安全监管：实行危险源管理和风险管控，进行风险的管控和排查，降低化工泄漏风险，发现化工生产管理中不合理的地方，减少管理过程的人力、电力消耗。

③ 应急管理：利用三维 GIS 与虚拟现实技术（VR）进行模拟演练，构建应急救援演习数据库，使参与人员快速了解事故情况、人员调度和车辆行驶情况，实现应急资源的高效分配，减少风险发生时园区的损失。

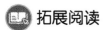

鲁西集团：技术管理两手抓助力"双碳"目标实现

随着国家"双碳"目标的提出，鲁西化工集团股份有限公司（以下简称"鲁西集团"）积极行动，以梳理碳足迹、摸清碳排放"家底"为起点，通过提升检测核算能力、推行碳减排措施、实施CCUS（碳捕集、利用与封存）技术等一系列方式，持续强化碳排放管理，多措并举降低碳排放量。

碳排放管理是一项专业性、系统性强的工作。鲁西集团积极组织碳排放管理能力培训，邀请专家针对碳排放政策、法规及标准进行解读，帮助企业了解国内外相关政策法规，确保在合规的前提下开展碳排放管理工作。组织碳排放管理员学习碳减排专业技能，提高对"双碳"的理解认识，增加相关的知识储备，并挑选优秀碳排放管理员参加全国碳交易大赛，进一步锻炼队伍，提升企业碳排放管理水平。

碳排放统计核算是有效开展各项碳减排工作的基础。动力分公司作为园区自有电厂，从源头入手开展碳排放管理工作，明确了煤质检测规范，制定了以煤质检验为核心的温室气体统计核算制度，实现系统内元素碳含量实测的全覆盖，有效保证了碳排放数据的准确性。此外，积极推进科学高效的煤炭采样方法，入炉煤自动采制样项目于 2023 年 6 月投入运行，有效保证了煤样采制过程中的均匀性、代表性，提高了核算数据的可靠性和稳定性。同时，运用智慧园区平台实时采集涉碳数据，实现了生产数据、用能数据、碳配额数据等关键指标的一键计算，为合规高效核查提供可靠依据。

鲁西集团大力推进CCUS技术，坚持"储备一批、中试一批、成熟一批、扩大一批"的原则，先后完成了液体二氧化碳资源利用项目和 5000t/a CO_2 加氢制甲醇中试项目，为化工园区固碳减碳积累实践经验。另外，下属各企业成立节能降碳研究课题组，以降低供电碳排放强度、供热碳排放强度作为主要控制目标，对低碳排放实施路径和措施进行深度剖析。为实现能源总量控制，减少碳排放，各单位纷纷实施能量综合利用节能技术改造，开展余热余压回收、能源梯级利用、汽轮机改电机、循环水泵节能改造等工作，有效降低了合成氨能耗和碳排放强度。

积极开展节能低碳宣传，全专业参与低碳检查，提高各层级人员对碳排放管控的认识；完善能源计量管理，加强能源统计与数据分析，通过收集"金点子"活动，号召全员为节能降碳出谋划策，倡导低碳办公、低碳出行，营造了节能降碳的浓厚氛围。

未来，鲁西集团将继续深入研究碳排放相关政策法规，着力推动碳排放信息化存证，积极推动节能降碳智慧化，充分利用智慧园区平台将涉碳数据多源统筹、集中管理，逐步完善碳排放管理体系，建立近零碳园区。

思考题

1. 过去化工企业的发展模式是什么样的？
2. 碳中和背景下，未来化工企业的发展模式将如何转变？
3. 发展模式转变背景下，有发展潜力的企业具有什么特征？
4. 己二酸生产中应用成熟的 N_2O 处理技术有哪些？
5. 硝酸生产领域中常用的 N_2O 处理技术分为一级处理法、二级处理法和三级处理法，请分别介绍这三种处理方法。

第八章 生物制药行业碳中和技术

第一节
生物制药行业过程降碳技术

一、生物制药工业生产及用能特点

1. 行业概况

生物药品是指以微生物、细胞、动物或人源组织等为起始原材料，用生物学技术制成，用于预防、治疗和诊断人类疾病的制剂。生物药品是我国医药工业重点发展的产品领域，超过 900 家企业从事生物药品的生产，目前一批研发型生物技术公司正逐渐成为促进我国医药工业创新驱动发展转型的重要力量。生物药品主要包括抗体药物、疫苗、重组蛋白药物、血液制品等产品。

2. 生产设备及重点耗能环节

生物药品生产过程主要包括生物培养、分离纯化、制剂等单元操作，采用的工艺设备有生物反应器、离心机、色谱设备、过滤设备、注射剂灌装设备、灯检机、冻干机、灭菌柜等。工艺辅助系统主要包括工艺用水制备等，采用的设备有纯化用水机组、注射用水机组和纯蒸汽发生器等。公用工程包括供水、供气（汽）、供电、供热、制冷、空气净化、环境监控、仓储、生物灭活等，采用的设备有空调系统、空压机组、真空机组等。

生物药品企业生产中主要涉及的一次能源有天然气、水等，二次能源有电力、蒸汽等。蒸汽主要用于加热、灭菌、工艺用水制备等，电力主要用于工艺设备和生产设备的拖动等。水主要用于工艺和清洗。

二、生物医药企业数字化转型

目前,绿色生产理念已经持续深入制药企业,在工业和信息化部公布的近三年年度绿色制造名单之中,列入了上百家医药企业,反映出医药企业在推进绿色制造方面的努力和取得的成效,正加速推进绿色蝶变。越来越多的医药企业通过坚持"绿色为本",开展数字化转型,构建清洁、低碳、循环的绿色制造体系。

生物医药企业数字化转型是指利用数字化技术进行企业管理、资源组织、产品生产、产品服务等。生物医药企业数字化转型是一个复杂的系统工程,需要同时满足生产运营的高效、高质量、安全、节能环保等要求,需要全方位精细把控,从而实现提高效率、降低成本、控制风险、转换新旧动能等目的。

生物医药企业数字化转型技术框架体系是一个"五层二列"的结构,如图8-1,包括工艺设备层、网络通信层、采集控制层、平台层、业务应用层五层和安全管理、合规管理二列。其中,采集控制层的能源管理系统(EMS)和生产环境智能控制系统(BMS)、业务应用层的生产制造执行系统(MES)等通过交互可以保障能源、水等资源的供应和洁净环境的控制,具体内容还包含洁净空调净化系统、环境监测系统、智能环保处理系统等,共同为特殊生产及环境要求提供保障。

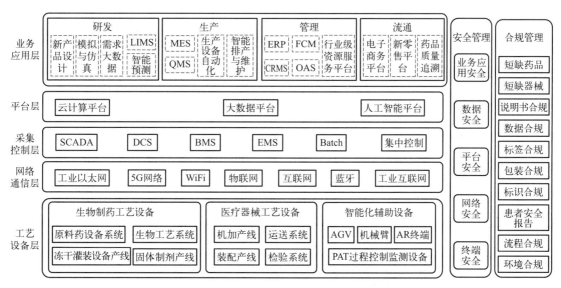

图8-1 生物医药企业数字化转型技术框架体系

LIMS—实验室信息管理系统;QMS—质量信息管理系统;ERP—企业资源计划;FCM—Firebase 云消息传递,由 Google 提供的跨平台云服务;CRMS—客户关系管理系统;OAS—办公自动化系统;SCADA—数据采集及监控系统;DCS—集散控制系统;MES—执行系统;AGV—自动导引车;PAT—过程分析技术

数字化智能工厂成为转型项目的新标杆,其中在能源方面,数字化工厂能源管理平台监测工业用电、用水、蒸汽等,为核心设备建立能源档案,实时监测和分析,降低批次的能耗。例如美国辉瑞全球数字化工厂转型的目标之一就是在进一步提高产品质量的前提下降低能源消耗和排放,目前项目已交付的亮点包括实时的流程监控和风险识别、能源和环境绩效

管理以及企业可靠性工程。总体的效益体现在：产品产量和质量都得到了提高，产能损失最大程度地减少，能源成本普遍降低，资产利用率得到提高，环境友好度能够满足当前和未来的法规要求。

生物制药企业在数字化转型成功之后，才能在实现轻松合规和提高运营效率、资产回报率、最大生产力的同时，减少碳排放，实现环境可持续性。

三、生物制药领域一次性使用技术

在生物制药领域，一次性使用是指一次性使用后即抛弃使用物品或设备的行为。基于一次性使用的技术，被称为一次性使用技术。一次性系统设备或耗材由塑料制成，这些部件或耗材通常已使用伽马射线进行灭菌并使用其他技术密封。

随着一次性系统应用的推广，一次性使用系统几乎可以涵盖整个生物制药工艺过程的各个操作单元，从上游细胞培养到下游纯化，直至终灌装。具体包括工艺上游的一次性生物反应器、一次性储配液袋、一次性取样袋、一次性管路、一次性无菌连接器和传感器等；下游的一次性色谱柱、一次性过滤组件、一次性无菌灌装系统等。

一次性使用技术的优势主要包含四个方面：

一是产能提高。在完成一批次的生产后，不锈钢制造设备需花费大量的时间和成本来完成清洁工序，包括设备的清洁、灭菌和验证环节。相比之下，一次性生物工艺系统则仅需要把使用过的耗材进行更换，便可快速进行下一批次的生产，完全省略了 CIP（原位清洗）和 SIP（原位消毒）步骤。举个例子，若一家生物制药企业一年可生产 15 批次的单克隆抗体，在使用一次性生物工艺系统的情况下，可以增产 4 个批次，达到 19 个批次。

二是节能减排。由于不需要单独清洁，一次性生物工艺系统对能源和纯净水的依赖更小。使用一次性生物工艺系统的企业能减少 46％ 的用水量和能源消耗，并且减少了大规模清洗设备所产生的酸性和腐蚀性污水，降低环境污染风险。

三是建设成本、人工成本降低。一次性生物工艺系统在工厂建设上具有极大优势，初始投入相比不锈钢生产系统降低了约 40％。另外，由于不锈钢反应器比较庞大，需要在建设初期就完成平面图设计，之后还有固定安装、调试以及检验的程序，建设周期往往长达一年到一年半不等。而小巧轻便的一次性生物工艺系统设备，可以实现即插即用，且不需要过多的人工参与，在设备到位的前提下，仅 6 个月便能完成建设，甚至建设周期更短。并且，由于一次性生物工艺系统主要依赖于耗材进行生产，所以，只要使用的产品是来自通过验证的耗材供应商，工厂便可立即开工。

四是交叉污染风险降低。交叉污染在生物制药行业一直以来都是不可回避的问题，当使用相同设备生产多种抗体或蛋白时，一旦清洁不到位，就会存在潜在的交叉污染风险。且残留的蛋白质污染物可能会因为额外的纯化步骤导致产能下降，甚至最坏的情况下会导致该批次产品直接作废。反观一次性生物工艺系统，则几乎可以消除批次之间交叉污染的风险。

总体来说，一次性使用技术具有高效、灵活、封闭、便宜、节能的优点，当然也存在着不足，例如规模受限、供应链安全得不到保障、缺少完善的标准体系等。而对于已有产品进入商业化生产的生物制药企业来说，不锈钢系统仍然是最具成本效益的选择。但随着技术持续进步，一次性技术推广障碍将被逐步突破，且药品生产质量管理规范（GMP）鼓励直接接触细胞产品的无菌耗材应当尽可能使用一次性材料,因此企业可适时搭配一次性系统,在保证效益的同时,更加方便节能。

四、生物制药领域膜分离技术

膜分离技术

膜分离技术是将处于同一分子水平上的物质通过半透膜,其他杂质被选择性分离过滤的技术。在生物制药领域的应用中,实现了对药品的分离、浓缩与提纯。

近年来,膜分离技术在制药领域得到了广泛应用,并且随着科学技术的发展,工艺流程、工艺水平日益完善。生产环节决定了药品的质量,分离、浓缩作为制药生产过程中的关键环节,必须得到重视,而膜分离技术在其中发挥着至关重要的作用,也应该提高对其的重视。膜分离技术作为分离纯化技术,在实际发展过程中具备较高的适应性和低能耗、无污染、无相变等优点,因此得到了行业企业的高度认同。

目前,在制药领域中,根据膜选择性差异,常用的膜分离技术有以下几种:微滤、超滤、纳滤、反渗透以及渗透技术。每项技术的应用方面各不相同,微滤主要针对不溶物进行筛选分离,以此实现高度浓缩,这也是目前膜分离技术中最为成熟的技术分支之一,常用于分离、纯化混合液体或者水溶性悬浊液。超滤和微滤类似,在处理高分子、大分子化合物、病毒等混合溶液时高效,可以有效截留直径大于 $0.02\mu m$ 的微粒,目前主要应用在注射液、口服液等药品的制备中。纳滤可以用于过滤直径在 $1\sim10nm$ 的微粒,如小分子有机物、溶剂、无机盐等,在脱盐或者浓缩有机质分离等方面效果显著。反渗透以及渗透技术都是通过化学势差、压力差之间的相互作用来完成分离纯化,在制药领域,主要用来进行溶液浓缩和纯化分离。

膜分离技术在制药领域中主要应用在抗生素、水溶性维生素(维生素C)、氨基酸等生物发酵制药方面的分离、纯化、浓缩、回收,见表8-1。在生物发酵制药领域应用膜分离技术,首先是通过一级超滤和一级微滤对分子直径较大的物质进行过滤,其次是通过二级超滤来对发酵液进行更细致的过滤。两级过滤之后能够较大地提高发酵液目标成分的浓度,最后对获取到的透过液继续进行浓缩,最终实现对目标产物的提炼。

表8-1 生物发酵制药中膜分离技术的应用

生物发酵制药	生产工艺	膜技术主要作用	应用效果
抗生素	发酵、过滤、浓缩和干燥	抗生素发酵液的澄清、产品的浓缩和脱盐及废液中抗生素的浓缩;微滤膜除去青霉素G发酵液中的菌丝体;去除蛋白质及其他大分子杂质,消除萃取时的乳化现象	溶剂萃取后纳滤膜浓缩,循环利用后成本约节约近八成;膜浓缩后再用溶剂萃取,萃取设备产能高,溶剂用量显著降低
维生素C	发酵法	山梨醇在细菌作用下发酵形成制备VC的中间体2-酮基-L-古龙酸,古龙酸经提纯后进一步转化生产	采用超滤膜系统可以省去预处理、加热、离心等工序,降低能耗,古龙酸收率提高;以膜技术处理维生素C发酵液实现了工业化生产
氨基酸	微生物发酵法	选用以糖类和铵盐为主要原料的培养基,积累特定氨基酸。溶剂透过膜的过程称为渗透,溶质透过膜的过程为渗析,且以电渗析、反渗透、超滤、自然渗析和液膜技术较为常见	纳滤膜可将氨基酸生产残液回收浓缩,菌种培养费及其分离环节节能减排效果突出

在抗生素生产过程中,溶剂萃取后纳滤膜浓缩,循环利用后成本节约近八成;膜浓缩后

再用溶剂萃取，萃取设备产能高，溶剂用量显著降低。

在维生素 C 生产过程中，采用超滤膜系统可以省去预处理、加热、离心等工序，收率提高的同时，降低了能耗。

在氨基酸的生产过程中，以电渗析、反渗透、超滤和液膜等技术为主的制备过程较为常见，菌种培养及其分离环节节能效果突出，纳滤膜可将氨基酸生产残液回收浓缩，节能减排效果突出。

结合膜分离技术在制药工业中的具体应用，将其主要特点归纳总结为以下四点：第一点是简单的工艺流程，膜分离技术简化了制药工业的工艺流程，提高了效率；第二点是实现了产品质量的保证，膜分离技术能够保证药品的纯度，能够确保药物充分发挥其功效；第三点是低能耗，由于在使用膜分离技术进行分离的过程中不会发生化学反应，因此环保性较高，也能够避免出现污染和浪费；第四点是低运行费用，膜分离技术的操作和设备都较为简单，因此所需要的运行成本较低。

膜分离技术采用一张选择性薄膜，借助外加推动力作用，可实现溶质与溶剂或溶质与溶质之间的分离、提纯、浓缩，其具有高效率、高质量、低消耗、低成本、环保的优势，为生物制药产业落实"双碳"目标赢得了更多的发展空间。

五、生物制药领域真空冷冻干燥技术

真空冷冻干燥技术也称为冻干技术，其基本原理是依据水的三相变化，使物料在低温环境下冻结成固态，然后在真空状态下使水分由固态升华为气态，最终使物料脱水，从而获得脱水干制品。

冻干技术在医药尤其是生物制药方面，发挥着非常重要的作用。一般适用于以下制剂的制备：①理化性质不稳定，耐热性差的制剂；②细度要求高的制剂；③灌装精度要求高的制剂；④使用时需要迅速溶解的制剂；⑤经济价值高的制剂。近年来很多开发出的药品，尤其是生物药品，都是用真空冷冻干燥设备制成药剂的，而且冷冻干燥处于制药流程的最后阶段，它的优劣对于药品的品质起着关键的作用。

冷冻干燥技术应用广泛，主要具有以下优点：药品低温下干燥，一般不会产生变性或失去生物活力；药品中易受热挥发的成分和易受热变性的营养成分损失很少；含水量极低药品中微生物的生长和酶的作用几乎无法进行；药品冻干后能最好地保持药品原来的体积和形状；复水时，与水的接触面大，能快速还原，并形成溶液；药品在近真空下干燥，环境中的氧气极少，使药品中易氧化的物质可以得到保护；能除去药品中 95% 或更多的水分，便于运输和长期保存；冻干药品可以在室温或冰箱内长期储存。

真空冷冻干燥技术具有干燥时间长、速率低、能耗大、投资费用高等缺点。相关研究表明，升华干燥过程的能耗占冻干总能耗的 48%。因此，如何创新冻干装备、精准控制干燥工艺、缩短冻干时间、提高干燥效率、降低能耗已经成为冻干技术亟待继续突破的关键问题。

近年来真空冷冻干燥技术在节能方法上的研究不断深入，下面介绍几种冻干过程中的节能降碳技术。

一是预处理节能低碳技术。物料在冻干前进行相应的预处理，可去除部分水分，或形成微孔通道，从而达到提高干燥效率、降低能耗、减少碳排放的目的。例如，在冻干前，采用超声波预处理，通过超声波与介质之间相互作用所产生的热能和超声波空化效应，在物料中形成微孔通道，快速去除物料中部分水分，缩短干燥时间，达到降低能耗的效果。此外，结合高压脉冲电场处理，可以在物料组织结构不被破坏的基础上提高细胞膜的通透性，从而有效缩短冻干时间，降低运行成本。

二是真空冷冻联合干燥技术。将冷冻干燥与其他干燥方法依据各自优点进行组合，可弥补单一冷冻干燥能耗高的缺点。真空冷冻联合干燥技术根据物料的基本特性，将两种或两种以上的干燥技术以优势互补为原则进行组合，分阶段对物料进行脱水，以降低物料干燥的运行成本、提高干燥产品的品质并最大程度地保留物料的理化性质。目前研究的冷冻联合干燥主要有：热风-真空冷冻联合干燥、微波-真空冷冻联合干燥、红外-真空冷冻联合干燥、热泵-真空冷冻联合干燥等。

三是高效节能低碳冻干设备的创制。例如冻干设备热利用，冻干过程中，在供给物料升华所需热量的同时，大量热量散失到环境中被浪费。然而，物料升华所需的热量远低于冻干机中制冷系统产生的总冷凝热负荷，用压缩机的高温高压排气来加热物料，热量是足够的。研究人员提出了一种基于自热回收技术的冷冻干燥新工艺，通过应用自热回收技术循环整个过程中的热量。物料升华后的蒸汽经压缩机压缩，压缩后的高温高压蒸汽与物料通过换热器进行换热，蒸汽冷凝得到的冷凝水进入排水管，物料吸热继续升华，产生的蒸汽再次被压缩机吸入，循环不断进行，不需要进一步的加热，基于自热回收技术的冷冻干燥工艺具有巨大的节能潜力。此外，为了达到节能低碳的目的，制冷系统可以利用变频水泵和变频风机来代替传统的定频水泵和定频风机。而鉴于小型冻干机以及中大型冻干机的容量差异，可以采用变容量压缩机，如在小型试验冻干设备上采用涡旋式压缩机来代替活塞式压缩机，而在中大型中试设备上利用螺杆式压缩机替换活塞式压缩机，从而使压缩机与冻干机的能量匹配，达到降低能耗的目的等。

未来真空冷冻干燥设备将不断实现自动化、数字化、连续化和智能化，从而更加高效、节能、低碳。

六、其他相关技术

1. 微载体高密度细胞培养技术

微载体高密度细胞培养技术以对细胞无害的微小颗粒作为载体，使细胞在其表面附着生长，提高培养过程细胞密度，通过持续搅动使微载体保持悬浮状态。该技术适用于以动物细胞为表达载体的基因工程重组蛋白、多肽、单克隆抗体、疫苗等生物技术药物产品的生产。

微载体生物反应器为悬浮培养的关键设备，与传统贴壁培养方法相比，一个微载体生物反应器的生产能力等同于200个传统转瓶机同时工作的生产能力。与传统转瓶机相比，单位产品电耗下降95%，水耗下降20%以上，废水产生总量下降5%～10%，单位产品成本下降40%～50%。除此之外，一次性生物反应器具有预先灭菌，即开即用，省去在线清洗、灭菌以及验证，一次性投入低，避免交叉污染等优点，能较大程度地促进细胞培养的发展，成为生物制药领域发展的一个重要方向。

微载体高密度细胞培养技术能实现哺乳动物细胞的大规模培养，达到节能减排的目的。

该技术能够实现批次产能的提高，可以减少多批次生产中设备的清洗、消毒，减少工艺用水的消耗以及废水的产生与排放。与多批次小批量生产相比，规模化大生产的电力能源消耗水平也大幅降低。

2. 外置过滤器连续灌流细胞培养技术

连续灌流培养法是用于哺乳动物细胞培养生产单克隆抗体等分泌型重组治疗性药物的重要生产技术，其规模化的连续生产，能有效降低生产的能源和资源消耗。

该技术采用外置式过滤器，在一个过滤器堵塞后，可切换至另一过滤器继续生产，而堵塞的过滤器可以拿去清洗。两个过滤器交替使用，大大延长高密度细胞培养时间，提高了生产效率和产量。采用外置式过滤器的连续灌流细胞培养技术，原料和辅料消耗下降15%～25%，水耗下降16.7%，电耗下降7.2%，每单位产品能源成本下降3.6%，原辅料成本下降25%，单位产品成本下降15%以上。废水排放总量减少6.4%，化学需氧量（chemical oxygen demand，COD）、生化需氧量（biochemical oxygen demand，BOD）和氨氮排放量分别下降8%、12%和20%，工业固废总量下降16.7%。

我国在大规模连续灌流培养哺乳动物细胞生产工艺的核心技术之上，通过技术创新，建成了外置式旋转过滤器细胞培养产业化系统，提高产量的同时，大大降低生产能源和资源的消耗。

3. 发酵液直通工艺技术

该技术适用于以发酵液为原料经萃取、反萃、结晶、裂解等工序制成药品的生产工艺，是以发酵液为原料直接进行后续加工，可省去提取、反萃、结晶、溶剂回收等多个工序，物耗、能耗大幅降低。应用发酵液直通工艺生产7-氨基脱乙酰氧基头孢烷酸（7-ADCA），可省去原工艺中丁酯提取、共沸结晶等高能耗、高污染的生产工序，能耗降低约30%，重铬酸盐指数（COD_{Cr}）降低约27%，产品收率提高1.3%，制造成本下降8%。

4. 移动式连续离子交换分离技术

该技术适用于维生素C、赖氨酸等产品生产的分离及精制工序，采用连续式自动旋转离子交换系统，产品成分和浓度保持稳定，可同时去除或者分离具有不同特性的物质。与传统固定床式离子交换柱法相比，树脂用量减少50%以上，洗涤水用量可节约20%以上，酸液消耗量降低9%，碱液消耗量降低65%，产品总收率有所提高，单位产品原料消耗量降低约8%。

5. 高效动态轴向压缩工业色谱技术

该技术适用于天然产物和生物大分子（多肽、蛋白质等）的分离制备，采用活塞装柱，并在操作过程中保持柱床压缩状态。与传统多次结晶工艺相比，单位产品溶媒消耗量降低30%～60%，产品收率提高20%以上，单位产品运行成本下降20%以上。

6. 超声波、负离子空气洗瓶技术

（1）超声波洗瓶技术　适用于玻璃瓶、塑料瓶等清洗，利用超声波粗洗及高压水多级冲洗，使瓶子达到洁净要求，有利于减少玻璃瓶破损率，西林瓶利用率可达到100%，生产能力是毛刷洗瓶机的3～4倍，用水量较毛刷洗瓶机减少25%。

（2）负离子空气洗瓶技术　适用于塑料瓶清洗，不适用于玻璃瓶。该技术是一种干洗技术，利用产生的负离子风吸附尘埃上的静电去除粉尘，节水、节能，不使用清洗剂，无污

染。负离子空气洗瓶较水清洗瓶费用降低60%以上。

7. 三合一无菌制剂生产技术

该技术适用于无菌制剂塑料容器的吹塑制瓶、灌装、封口全过程。在无菌状态下，该技术可在塑料容器内单机完成制瓶、液体灌装、封口三项工序，无需洗瓶，设备占地面积小，单位产品生产成本下降20%。

8. 溶剂回收技术

（1）渗透汽化膜技术适用于有机溶剂的回收利用，是一种以有机混合物中组分蒸发压差为推动力，依靠各组分在膜中的溶解与扩散速率不同来实现混合物分离的过程，应用于有机溶剂的脱水，比恒沸精馏法节能50%～67%，溶剂回收率达到97%以上。

（2）碳纤维吸附回收技术适用于低浓度高风量有机工艺尾气的净化。以活性碳纤维为吸附材料，有机工艺尾气经活性碳纤维吸附、截留、脱附后，进行回收利用。有机溶剂回收率达到80%以上。

工艺过程污染预防可行技术见表8-2。

表8-2 制药工业工艺过程污染预防可行技术

生产环节	可行技术	目的	技术适用条件
原料使用	采用无毒或低毒的原辅料替代高毒的原辅料	降低废物的毒性，防止有毒有害物质进入环境	化学合成类、发酵类、提取类制药企业
	选择无毒或低毒的溶剂		
	尽量减少卤代烃和芳香烃的使用		
	减少含氮、含硫酸盐、重金属物质的使用	降低生产废水中的NH_3-N、硫酸盐浓度，提高厌氧生化处理效果	
工艺过程	酶催化技术	降低原料消耗，减少有机溶剂的使用，减少污染物的产生	6-氨基青霉烷酸（6-APA）、7-氨基去乙酰氧基头孢烷酸（7-ADCA）、7-氨基头孢烷酸（7-ACA）、去乙酰基-7-氨基头孢烷酸（D-7ACA）、头孢西丁酸、头孢氨苄、头孢拉定、阿莫西林、头孢克洛、头孢丙烯、头孢羟氨苄等产品及医药中间体生产的反应合成工序
	发酵液直通工艺	省去提取、反萃、结晶、溶剂回收等多个高耗能工序，降低物耗和能耗，实现节能减排	适用于以发酵液为原料经萃取、反萃、结晶、裂解等工序制成7-ADCA等药品的生产工艺
	膜分离技术	提高收率、降低成本	分离、精制与浓缩
	移动式连续离子交换分离技术	简化工艺、减少树脂用量和酸碱液消耗量	维生素C、赖氨酸等产品生产的分离、精制
	高效动态轴向压缩工业色谱技术	分离物理化学性质相近的目标化合物	天然产物和生物大分子（多肽、蛋白质等）的分离制备

续表

生产环节	可行技术	目的	技术适用条件
工艺过程	超声波、负离子空气洗瓶技术	不使用清洗剂	塑料瓶清洗
	三合一无菌制剂生产技术	节约水和能源消耗	无菌制剂塑料容器的吹塑制瓶、灌装、封口
有机溶剂回收	渗透汽化膜技术	减少能耗、提高溶剂回收率	有机溶剂的脱水
	碳纤维吸附回收技术		低浓度高风量有机工艺尾气的净化

第二节
生物制药废水、废渣减排技术

一、生物制药污染物排放情况

1. 废水

（1）生产工艺废水包括微生物发酵的废液、提取纯化工序所产生的废液或残余液、发酵罐排放的洗涤废水、发酵排气的冷凝水、可能含有设备泄漏物的冷却水、瓶塞/瓶子洗涤水、冷冻干燥的冷冻排放水等。其中洗涤水（包括设备洗涤水、洗瓶水）是其中主要的排水源，生物工程类药品生产过程中，设备洗涤水、洗瓶水很少重复使用，该部分废水排放的量比较大。根据调研，一般洗瓶水、设备洗涤水分别占生物工程类制药企业非生活污水排放量的30%~40%、20%。

（2）制药用水制备系统排放的高盐水制药用水可分为饮用水、纯化水和注射用水。纯化水是用蒸馏法、离子交换法、反渗透法或其他方法制得的供制药用水，注射用水是用纯化水经蒸馏所得，因此在制备纯化水和注射用水时会有少量污水排出这部分排水相对生物工程类制药来说，所占比重也不小，最大的占20%左右。

（3）实验室废水包括一般微生物实验室废弃的含有致病菌的培养物、料液和洗涤水，生物医学实验室的各种传染性材料的废水、血液样品以及其他诊断检测样品，重组DNA实验室废弃的含有生物危害的废水，实验室废弃的诸如疫苗等的生物制品，其他废弃的病理样品、残渣以及洗涤废水。

（4）实验动物废水包括动物的尿、粪，以及笼具、垫料等的洗涤废水及消毒水等。

2. 废气

生物工程类制药的废气主要来自发酵过程产生的发酵尾气、提取过程中溶剂的挥发。与发酵制药的废气来源种类是一致的，只是由于生物工程类制药的发酵罐小、溶剂使用单一和用量较小，所以废气排放的量并不大。

3. 固体废物

生物工程类固体废物有废培养基、废动物尸体等，还有其他药物残渣、动物粪便等。

二、生物制药废水减排方向和技术

废水的数量大，种类多，是制药企业污染物无害化处理的重点和难点。制药工业废水通常具有组成复杂，有机污染物种类多、浓度高、色度深、毒性大等特征，从抗生素的制药水质特征来看，该类废水成分复杂，有机物浓度高，溶解性和胶体性固体浓度高，pH值经常变化，温度较高，带有颜色和气味，悬浮物含量高，含有难降解物质和有抑菌作用的抗生素，并且有生物毒性等。

1. 生物制药废水处理技术

废水处理技术按作用原理一般可分为物理法、化学法、物理化学法、生物法以及多种方法的组合处理。

（1）物理方法是利用物理作用将废水中呈悬浮状态的污染物分离出来，在分离过程中不改变其化学性质，如沉降、气浮、过滤、离心、蒸发、浓缩等。物理法常用于废水的一级处理。

（2）化学方法是利用化学反应原理来分离、回收废水中各种形态的污染物，如中和凝聚、氧化和还原等。化学法常用于有毒、有害废水的处理，使废水达到不影响生物处理的条件。

（3）物理化学方法综合利用物理和化学作用除去废水中的污染物。如吸附法、萃取法、离子交换法和膜分离法等。

（4）生物方法利用微生物的代谢作用，使废水中呈溶解和胶体状态的有机污染物转化为稳定、无害的物质，如 H_2O 和 CO_2 等，生物法能够去除废水中的大部分有机污染物，是常用的二级处理法。

（5）多种方法的组合处理上述每种废水处理方法都是一种单元操作。由于制药废水的特殊性，仅用一种方法一般不能将废水中的所有污染物除去。在废水处理中，常常需要将几种处理方法组合在一起，形成一个处理流程。流程的组织一般遵循先易后难、先简后繁的规律，即首先使用物理法进行预处理，以除去大块垃圾、漂浮物和悬浮固体等，然后再使用化学法和生物法等处理方法。预处理单元选择的重点应是提高废水的可生化性与降低能耗。

2. 生物制药废水处理工艺

由于制药废水复杂多变的特点以及制药企业迅猛发展后废水处理量的增加，必须不断改进并组合采取多种方法加以完善，同时，还应兼顾废水处理系统的最优化设计。图8-2所示为制药废水处理的基本工艺流程。

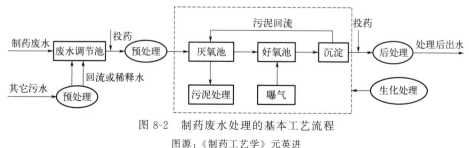

图 8-2 制药废水处理的基本工艺流程
图源：《制药工艺学》元英进

首先采取必要的物理方法进行预处理，如设调节池调节水质、水量和pH，采用格栅截留、自然沉淀和上浮等分离方法。也可结合实际情况再选用某种物理或化学法处理，以降低水中的悬浮物（suspended substance，SS）、盐度及部分生化需氧量（biochemical oxygen demand，BOD），减少废水中的生物抑制性质，提高废水的可降解性，为废水的后续生化处理奠定良好基础。

预处理后的废水再进行生化处理。可根据其水质特征选择某种厌氧、好氧工艺或厌氧好氧等组合工艺处理。

生化处理池采用两段或三段生化处理，包括厌氧池、好氧池和污泥沉淀池。第一段生化处理工艺采用高容积负荷和大量微生物，第二和第三段生化处理工艺可采用低容积负荷。若出水要求高，生化处理工艺后还需采取其他方法进行后续处理。

高效而经济的废水处理工艺在脱色和提高可生化性的同时，能尽量减少物化污泥的产生。确定具体工艺时，应综合考虑废水的性质、工艺的处理效果、基建投资及运行维护等因素。总体原则是技术可行、高效实用、合理经济。

3. 常用的生物制药废水污染治理技术

下面分类介绍常用的生物制药废水污染治理技术：

（1）物理化学处理技术

① 混凝沉淀/气浮法处理技术。该技术通过投加混凝剂使水中难以自然沉淀或上浮的胶体物质以及细小的悬浮物聚集成较大颗粒，然后通过沉降或气浮实现固液分离。适用于发酵类、提取类悬浮物浓度较高废水的预处理和制药废水生化处理后的深度处理。可有效去除制药废水中的磷、色度、胶体、SS等。SS的去除率90%以上。常用的混凝剂有铝盐、铁盐、聚合盐类等，絮凝剂常用聚丙烯酰胺等。

② 臭氧氧化处理技术。该技术适用于含苯、酚、醛、氰等污染物废水的处理，常结合固液态催化剂或紫外线（UV）光催化用于难降解制药废水的预处理或制药废水深度处理。可生化性（BOD_5/COD_{Cr}）可提高到0.3以上，COD_{Cr}去除率可达40%以上。臭氧投加量宜采用试验确定，接触时间一般为1～3h。

③ 芬顿（Fenton）试剂氧化法处理技术。该技术适用于难降解的化学合成类制药废水生化处理前的预处理和原料药生产废水生化处理后的深度处理。具有加药种类多、成本较高，且产生较多物化污泥、增加废水中的盐分等特点。包括传统芬顿、光芬顿、微电解芬顿等。采用该技术处理制药废水，pH宜为3～4，水力停留时间宜为2～4h。COD_{Cr}去除率可达60%以上。

④ 吹脱法处理技术。该技术适用于NH_3-N浓度大于1000mg/L的制药废水处理，也可用于高含硫化物制药废水的处理，NH_3-N去除率为60%～90%，氨可回收利用。产生的碱性有机恶臭气体，可采用水吸收或酸吸收的方法处理后达标排放。

⑤ 汽提法处理技术。该技术适用于NH_3-N浓度大于1000mg/L的制药废水处理。采用该技术时，pH控制在10～13，温度控制在30～50℃，常温条件下处理1t废水的蒸汽用量为200～300kg。NH_3-N去除率为70%～96%，氨可回收利用。产生的碱性有机恶臭气体，可采用水吸收或酸吸收的方法处理后达标排放。

⑥ 多效蒸发处理技术。该技术适用于含盐量大于30g/L的分离提取、精制、溶剂回收等工序产生的高含盐制药废水处理，能耗高、运行费用高。蒸发的效数（大于等于1）不

同，蒸汽用量也不同。盐的去除率可达95%以上。产生的有机废气可采用水吸收或酸吸收、吸附等方法处理后达标排放。

⑦ 机械蒸汽再压缩（MVR）处理技术。该技术适用于高含盐制药废水除盐、废水深度处理及中水回用。采用该技术时，进水 COD_{Cr} 浓度小于等于450mg/L，固含量小于等于0.3%，蒸发温度105℃左右。COD_{Cr} 去除率可达93%以上。产生的有机废气可采用水吸收或酸吸收、吸附等方法处理后达标排放。

（2）厌氧生物处理技术

① 水解酸化处理技术。该技术适用于难降解制药废水的预处理。COD_{Cr} 容积负荷高于 $2kg/(m^3 \cdot d)$，水力停留时间宜大于8h。可提高废水的可生化性，COD_{Cr} 去除率可达20%以上。

② 升流式厌氧污泥床（UASB）处理技术。该技术适用于高浓度制药废水处理。UASB通常要求进水中SS含量小于1000mg/L，COD_{Cr} 去除率为60%～90%。沼气脱硫后可作为燃料利用，沼气不便利用或利用不完时，需设火炬处理。

③ 厌氧颗粒污泥膨胀床（EGSB）处理技术。该技术适用于高浓度制药废水的处理。有机容积负荷一般高于UASB，占地面积小，抗冲击负荷能力强，COD_{Cr} 去除率为60%～90%。沼气脱硫后可作为燃料利用。

④ 内循环（IC）厌氧反应器处理技术。该技术适用于处理以碳氢化合物为主要污染物的高浓度制药废水，如维生素C生产废水等。IC反应器高径比一般可达4～8，反应器的高度达到20m左右。中温条件下，COD_{Cr} 容积负荷一般在 $10kg/(m^3 \cdot d)$ 以上。COD_{Cr} 去除率50%～80%。

⑤ 厌氧膜生物反应器处理技术。该技术适用于高浓度制药废水的处理，启动快、具备较强抗冲击负荷能力。常温条件下（20℃～30℃），反应器 COD_{Cr} 的容积负荷为 $3kg/(m^3 \cdot d)$～$6kgCOD_{Cr}/(m^3 \cdot d)$；中温条件下（35℃～40℃），反应器 COD_{Cr} 的容积负荷为 $5kg/(m^3 \cdot d)$～$10kg/(m^3 \cdot d)$。COD_{Cr} 去除率为60%～90%。沼气脱硫后可作为燃料利用。

（3）好氧（缺氧）生物处理技术

① 缺氧/好氧（A/O）工艺。该技术适用于处理中低浓度的制药废水，进水 COD_{Cr} 浓度低于2000mg/L。对于高浓度制药废水，为保证稳定的脱氮效率，该工艺前段需配套生化处理技术削减 COD_{Cr} 和 BOD_5。根据脱氮要求情况，可以设置多级A/O。O段溶解氧应维持在2mg/L以上，pH应控制在7～8之间。缺氧与好氧水力停留时间宜控制在1∶3左右，在碳氮比（C/N）小于5的情况下需补充反硝化碳源。

② 膜生物反应器（MBR）处理技术。该技术适用于生化处理出水指标要求较高的制药废水处理，宜作为生化处理的后端工序，也可用于废水深度处理，COD_{Cr} 去除率可达70%～90%。

③ 曝气生物滤池（BAF）处理技术。该技术适用于处理有机物和悬浮物浓度较低的制药废水，常用于深度处理，进水SS含量一般要求小于60mg/L，COD_{Cr} 去除率为30%～50%，$NH_3\text{-}N$ 去除率可达70%以上。

发酵类制药工业废水污染防治可行技术见表8-3。

表 8-3 发酵类制药工业废水污染防治可行技术

可行技术	污染预防技术	污染治理技术	污染物排放浓度水平（色度除外）/(mg/L)						适用条件
			COD_{Cr}	BOD_5	SS	NH_3-N	总氮	总磷	色度（稀释倍数）	
可行技术1		①预处理技术（多效蒸发或MVR/吹脱或汽提/水解酸化/混凝沉淀/强化水解）+②厌氧（UASB/EGSB/IC/UBF/厌氧膜生物反应器）+③多级A/O+④混凝沉淀/气浮	120~500	60~350	60~400	35~45	30~70	1~8	60~80	协商间接排放（如协商排放的间接排放约定限值不在此范围内,应采用与协商约定应适应的处相理技术）
可行技术2	原辅料替代+发酵液直通工艺/膜分离技术/移动式连续离子交换分离技术	①预处理技术（多效蒸发或MVR/吹脱或汽提/水解酸化/混凝沉淀/强化水解）+②厌氧（UASB/EGSB/IC/UBF/厌氧膜生物反应器）+③多级A/O+④芬顿氧化（臭氧氧化+BAF/MBR）+氧化吸附+混凝沉淀	50~120	10~40	10~60	5~35	15~70	0.5~1	30~60	直接排放
可行技术3		①预处理技术（多效蒸发或MVR/吹脱或汽提/水解酸化/混凝沉淀/强化水解）+②厌氧（UASB/EGSB/IC/UBF/厌氧膜生物反应器）+③多级A/O+④芬顿氧化（臭氧氧化+BAF/MBR）+氧化吸附+混凝沉淀+过滤	30~50	5~10	5~10	3~5	10~15	0.3~0.5	20~30	特别排放
可行技术4		①预处理技术（多效蒸发或MVR/吹脱或汽提/水解酸化/混凝沉淀/强化水解）+②厌氧（UASB/EGSB/IC/UBF/厌氧膜生物反应器）+③多级A/O+④除芬顿氧化技术之外的高级氧化技术+膜分离+MVR	30~50	5~10	5~10	3~5	10~15	0.3~0.5	20~30	特别排放

固体废物污染防治可行技术见表8-4。

表8-4 固体废物污染防治可行技术

序号	固体废物	预防技术	治理技术	技术适用条件
1	氨基酸、维生素发酵菌渣、水提药物残渣	作为有机肥和饲料的生产原料进行综合利用	无害化处置	发酵类、提取类制药
2	废包装材料等	收集后资源化利用	无害化处置	发酵类、化学合成类、提取类、制剂类制药
3	废水处理过程中产生的污泥	浓缩+压滤+干化脱水技术;浓缩+高压压滤脱水技术	脱水后污泥根据《国家危险废物名录》或者危险废物鉴别标准和技术规范鉴别,属于危险废物的作为危险废物处置,属于一般固体废物的按一般固体废物处置,鼓励进行综合利用	发酵类、化学合成类、提取类、制剂类制药
4	发酵菌渣等培养基废物(不包括利用生物技术合成氨基酸、维生素、他汀类降脂药物、降糖类药物过程中产生的培养基废物)	—	委托有资质的单位处理(如焚烧、协同处置)、"点对点"定向利用、自行焚烧规范处置	发酵类制药
5	根据《国家危险废物名录》或者危险废物鉴别标准和技术规范鉴别属于危险废物的固体废物	—	委托有资质的单位处理	发酵类、化学合成类、提取类、制剂类制药

三、生物制药废渣减排方向和技术

生物制药废渣减排方向和技术

制药废渣是指制药过程中产生的固体、半固体或浆状废物,是制药工业的主要污染源之一。

防治废渣污染应遵循"减量化、资源化和无害化"的"三化"原则。首先要采取各种措施最大限度地从"源头"上减少废渣的产生量和排放量。其次,对于必须排出的废渣,要从综合利用上下功夫,尽可能从废渣中回收有价值的资源和能量。经综合利用后的残渣或无法进行综合利用的废渣,应采用适当的方法进行无害化处理。

1. 减量化处理技术

采用原辅料替代技术,从源头上控制,制药工业应采用无毒、无害或低毒、低害的原辅料替代高毒和难以去除高毒的原辅料,以减少废物的产生量或降低废物的毒性。例如发酵类制药中维生素C的生产可采用水提取替代甲醇提取,维生素B_{12}的生产可采用硫氰酸盐替代氰化物;所用催化剂宜选择毒性低或活性持久的、不易流失的催化剂;制药生产过程应减少含氮物质、含硫酸盐辅料、含磷物质、重金属等的使用等。在微生物发酵生产中,为提高生产效率、保证产量、避免资源浪费,必须保证菌种优良,可以通过菌种改良技术选育合适的菌种。从基因水平改良，提高基质至产物的转化率，可使氧至产物的转化率相应提高，氧消耗下降的同时使产生的发酵热减少，从而降低冷却动力消耗；筛选菌丝较短，分支较多的菌株，可降低发酵液黏度，减少动力消耗，从形态上改良菌种是降低发酵过程中能源消耗的一个重要途径。菌种改良技术在降低发酵过程中能源消耗的同时，也能减少生产过程中废渣的产生。此外，制药工业在生产过程中采用低碳环保的工艺技术或设备对实现污染预防也起到至关重要的作用，相关可行技术见本章第一节表 8-2。

2. 资源化处理技术

生物制药药渣有机质含量高并有丰富的菌丝蛋白、多糖及矿物质营养，制药废渣大多用于有机肥和饲料生产方面。

复合微生物肥料是一种很有应用前景的无污染生物肥料，过去的工艺是将未经硝化的污泥通过烘干进行杀灭病菌后，再混合造粒成为有机复合肥。此工艺存在的问题是污泥烘干过程中臭味较大，生产成本控制主要表现在燃料成本较高。目前改进工艺后采用污泥堆肥发酵，可使有机物腐化稳定，把寄生虫卵、病菌、有机化合物等硝化，提高污泥肥效。其中加入锯末或秸秆既能作为膨胀剂，也可增加养分含量。本工艺与普通工艺并无多大区别，仅在混合部分增加了一个掺混微生物的工艺。该工艺优点为恶臭产生相对减少，病菌通过发酵过程基本被消除；缺点是占地面积较大。其中以烘干工序为关键，控制不当对有机物质及微生物均有一定影响。

微生态制剂具有组成复杂、性能稳定、功能广泛、无毒、无害、无残留物、无耐药性、无污染等特点，是一种很好的饲料添加剂。大量的喂养试验证明，它具有防病、抗病、促生长、提高消化吸收率和成活率及除臭、净化环境、节约饲料等功能；对改善肉、蛋、奶的品质和风味有较好的功效，是高附加值的菌体蛋白饲料；有利于改善生态环境、保障人体健康。其生产工艺流程为：新鲜药渣经离心分离机分离及高速脱水、滤渣粉碎、高温气流干燥器干燥后，滤液仍含有丰富的营养成分，经减压浓缩后再进入高温气流干燥器干燥，成品经粉碎后装袋即为产品。该系列产品质量好、成本低，在市场上有很强的竞争力，同时不产生二次污染。

仅把制药废渣作有机肥使用，制药废渣的营养利用价值低；而在饲料方面，因制药废渣中的药物残留带来的安全隐患，影响了制药废渣在饲料方面的发展。

除此之外，还可将其制成多肽和氨基酸产品，以及花卉营养土，依次包括如下工艺步骤：①用微波干燥法干燥湿料废渣，至干废渣的含水量为 8%～12%；②用复合蛋白酶酶解步骤①得到的干废渣，所述复合蛋白酶为木瓜蛋白酶和中性蛋白酶；③酶解之后，在 70～75℃下进行灭酶 10～15min；④步骤③得到的酶解液加工成多肽和氨基酸产品，其酶解残渣晾晒干制成花卉营养土，从而提高废渣的利用价值，同时减少环境污染。

3. 无害化处理技术

对于综合利用后的废渣，或需要作为危废处置的药渣，必须将其转换为无害物质。可以通过化学转化、焚烧、无氧热解达到无害化的目的。还可以采用生物法，即利用微生物的代谢作用将废渣中的有机污染物转化为简单、稳定的化合物，从而达到无害化的目的。湿式氧化法则是在高压和 150～300℃ 的条件下，利用空气中的氧对废渣中的有机物进行净化，以达到无害化的目的。而填埋法一般情况下是废渣经过了减量化和资源化处理，然后对剩余的无利用价值的残渣进行填埋处理。同其他方法相比，此法的成本较低，且简便易行，但常有潜在的危害性。例如，废渣的渗滤液可能会导致填埋场地附近的地表水和地下水严重污染，因此，要认真仔细地选择填埋场地，并采取妥善措施，防止对水源造成污染。

第三节
制药供应链的降碳对策

全球控制碳排放的紧迫性日益提高，然而对于制药行业而言，其碳足迹的贡献却很少受到可持续发展界的关注。加拿大麦克马斯特大学 2019 年的一项研究评估了大型制药公司报告的碳排放量，发现制药行业的碳排放强度高于汽车制造业，制药行业的市场价值比汽车行业小 28%，但碳排放却高出 13%。

制药行业愈发感受到只有瞄准其整个价值链才能实现更小的碳足迹，并最终转向更绿色的运营。制药的碳足迹贯穿其整条供应链，从药物活性成分（API）的原材料，到生产、包装与分销。

一、原材料制备

制药供应链碳足迹的源自药物活性成分的原材料制备。目前小分子药物原料药的生产主要依赖于从石油化石燃料中提取的化学物质，其原材料和溶剂的化学合成过程涉及众多能源密集型步骤，除了在药物合成的某些特定步骤中使用生物催化剂，真正可持续生产的合成小分子药物是罕见的。

生物制药公司试图利用合成生物学方法合成取代依赖化石燃料的化合物的物质。2022 年 11 月，双虹生物宣布实现世界首例商业规模的天麻素（天然镇痛剂）生物合成生产，即通过合成生物学发酵生产天麻素，使其无需依赖化学合成与野生或种植的天麻植物。双虹生物通过利用基因组学、代谢组学和合成生物学，构建了"酶催化药物发现平台"和"天然产物生物全合成平台"两大创新性技术平台，用于可持续的药物活性成分生产。除了天麻素，双虹生物正在推进丰富的生物合成化合物管线，目标是到 2025 年提供十几种商业规模的医药产品。合成生物学，将为未来小分子药物生产带来一次绿色革命，在提高人类健康质量的同时确保地球的可持续发展。

二、绿色能源

制药公司供应链的另一个碳密集型阶段是制造成品药。制药和生物技术公司深知实现有意义的减排必须摆脱化石燃料。在绿色能源方面，制药行业似乎都致力于做出改变。

净零排放竞赛极具挑战性。为实现这一目标，国际医药巨头正采取一系列可再生能源计划和自然气候解决方案。2021 年，能源和自动化巨头施耐德电气推出了振兴制药行业获得可再生能源的"供能计划"。通过该计划，制药商将有机会在其整个价值链中获得可再生能源。强生制药的目标是到 2025 年能源结构完全为可再生能源——电力，2030 年自身业务实现碳中和，2045 年其价值链实现净零排放。默沙东制药计划到 2025 年整个业务实现碳中和，并在 2030 年之前将价值链排放减少 30%。辉瑞制药承诺 2030 年实现碳中和，减少 46% 的直接排放量，100% 的电力来自可再生能源。诺华制药计划 2025 年实现碳中和，并于 2030 年在整个供应链中实现碳中和。

三、连续式制造方式

绿色能源对减少与药品生产相关的碳排放产生了较大的影响，而另一个有效方法是采用连续式制造（continuous manufacturing）方式。这是将多个单独的生产阶段组合成一条连续的生产线，是药品批量制造的有效替代方法。

连续式制造方式当前主要是用于小分子药物原料药制造。尽管连续式制造方式应用于更复杂的药物分子方面还需付出大量努力，但随着使用连续式制造方式的药品种类的增加，连续制造的应用将变得更具吸引力。

2014 年安进生物技术公司在新加坡开设了一家价值 2 亿美元的生物制药厂。因采用连续净化方法，与传统的制药设施相比，安进公司的碳排放量减少了 69%。该公司计划在 2027 年实现碳中和。

四、运输

对制药业而言，不仅药品生产会产生巨大的碳足迹，将药品从工厂分发到患者手中的过程也会对环境产生重大影响。

制药企业药品分销阶段的碳足迹主要源于使用冷链运输。这种运输方式主要用于对温度敏感的产品如胰岛素或某类疫苗的运输，使其在受控温度下不影响功效或安全性。

冷藏车需要额外的能量来驱动冷却系统，即运输制冷装置（TRU），使产品保持在受控温度。根据低排放运输和能源研究技术组织 Cenex 的数据，柴油拖车 TRU 平均每年产生约 8t 二氧化碳，相当于四辆轿车平均每年的碳排放量。

减少冷链运输碳排放的一个有效方法是采用绿色燃料。氢化植物油（HVO）是一种可再生的生物基燃料，可用于柴油发动机。与普通柴油相比，HVO 可减少高达 90% 的温室气体排放。其他替代燃料包括压缩天然气、液化天然气、液化石油气，以及可再生的生物甲烷气和生物液化石油气。

除了绿色燃料，减少包装材料的使用量同样可以减少冷运的碳排放。在运输过程中采用更有效的产品包装方式，使用于运输药品的包装数量减少，占用更少的运输空间意味着运输产品所需的车辆更少，供应链分销阶段的碳排放则更低。执行更严格的环境标准或鼓励更绿色的运营，也将推动制药公司朝着正确的方向发展。

制药行业都有实现净零目标的愿望，该行业要正确履行其使命，需要在整个价值链层面进行全面思考，即价值链的所有方面都需要实现净零排放的目的，而不仅是将困难或减排压力外包出去。

拓展阅读

中国首家制药工厂宣布实现碳中和

2022年8月19日，生物制药企业勃林格殷格翰正式宣布，其位于上海张江的人用药品生产基地——上海勃林格殷格翰药业有限公司获得由中国广州碳排放权交易中心有限公司和德国莱茵 TüV 颁发的碳中和认证证书，标志着该工厂成为中国制药行业首家获国内外权威认证的碳中和工厂。

上海张江工厂是勃林格殷格翰亚太地区最重要的生产中心之一，该工厂在2014年碳排放达到峰值后，在能源使用、生产制造过程和物流管理等方面做了多项脱碳设计，用8年实现了零碳目标。

一般来说，企业的碳中和之路分为两步：内部节能减排，外部通过碳交易、碳信用去购买绿色能源。该工厂的碳中和主要从四方面实现。一是100%可再生电力转换，包括在所有能够利用的屋顶铺设太阳能光伏板、采购远景能源有限公司位于天津的太阳能发电站产出的电力绿色权益。二是能效提升，包括全面采用更节能的LED照明系统，利用分区、分组、自动调光等措施提高照明能效；利用内置热泵和三维热管进行生产装置优化，充分利用余热和余压；以及设备升级迭代，提高能源利用效率，逐步淘汰全球增温潜能值（GWP）高的制冷设备。三是碳补偿（采购碳信用），即通过勃林格殷格翰全球总部认可的渠道，投资并持续跟进多个环保项目，帮助改善欠发达地区的生活条件，比如在四川帮助农民改造炉灶，最终转化为碳信用额度。四是绿色行为，对内倡导"绿色低碳"理念，落实到员工日常行为中，如减塑、优先自然光照明、绿色出行、绿色差旅等；对外影响上下游供应商，"可持续发展"是张江工厂优选供应商的重要条件，与供应商共同探索"绿色合作"，实现协同效应。

药品的生产制造有GMP（药品生产质量管理规范）要求，保证药品的生产环境需要大量能耗，所以医药行业在碳中和上可以做的事情很多。比如药品研发，研发中心的重要工作是优化药品前端生产工艺，相当于优化化合物的合成路径，比如把十几个步骤创新缩短至三四个步骤，过程中使用的化学试剂就会大幅度减少。另外，设计也要考虑避免易制毒、易制爆、有毒有害的化合物的使用。再比如，药品都有药盒，在生产过程中把纸张的克重降下来，使用有森林回收证的纸张，等等。

作为中国制药行业首家碳中和工厂，勃林格殷格翰通过自身在碳中和方面的实践和经验，为行业绿色化提供可行的解决方案，助力中国"双碳"目标早日实现。

来源：经济观察网

思考题

1. 生物制药企业应该如何面对越来越严峻的减排压力和挑战？
2. 为什么越来越多的生物制药企业均选择了使用一次性生物工艺系统？
3. 为什么说膜分离技术为生物制药产业落实"双碳"目标赢得了更多的发展空间？
4. 冻干过程中的节能降碳技术有哪些？
5. 生物制药废渣的减排方向和技术有哪些？

第九章
其他行业领域碳中和技术

第一节
建筑领域碳中和技术

随着全球城镇化发展，建筑领域的能源、资源消耗量整体呈现持续上升趋势，相应的碳排放量也持续攀升。建筑领域的碳排放包括隐含碳排放和运行碳排放。其中，隐含碳排放来自建材生产、建造与拆除过程中，而运行碳排放可分为直接排放和间接排放。直接碳排放来自建筑物内部化石燃料燃烧过程，如炊事、生活热水、壁挂炉等的燃气使用和散煤使用；间接碳排放来自外界输入建筑的电力、热力。本节主要介绍建筑建造、构造与环境营造碳减排技术，建筑能源系统碳零排技术，建筑绿化系统碳负排技术。

一、建筑建造、构造与环境营造碳减排技术

（一）工业化建造技术

工业化建造通过将建筑构件进行模块化、标准化生产和装配，大幅降低建材生产损耗、节约施工工序、提高组件回收利用率，进而实现源头减碳。相比传统现浇施工建筑，工业化建造在建材生产到施工建造阶段可节约材料20%左右、节约水资源60%左右、减少施工碳排放20%左右，且预制率越高，减碳效果越好。工业化建造对资源和能源的利用率也有不同程度的提高，如施工现场的建筑垃圾和废弃物相应地减少，建筑废弃物的回收率可达一半以上，这也可带来一定程度的碳减排。

以北京市和深圳市两个建筑面积相近的项目为例。案例1位于北京市大兴区，建筑面积

为 50461m²，采用了底层钢框架和顶层门式框架结构，结构安全等级二级、使用年限为 50 年；案例 2 位于广东省深圳市，建筑面积约为 50000m²，采用预制钢结构体系，预制率 50%，预制构件厂运输车辆为柴油重型半挂牵引车，载重 30t，项目现场距离预制构件厂 100km。

如表 9-1 所示，案例 1 单位面积 CO_2 排放量为 $0.228t/m^2$，案例 2 的单位面积 CO_2 排放量则为 $0.056t/m^2$。其中，通过预制方式极大减少了混凝土和钢筋的浪费，使得案例 2 建材生产阶段碳排放量不到案例 1 的 1/4。

表 9-1 传统建造方式与工业化预制装配式建造方式碳排放量对比

案例	不同阶段隐含碳排放量(CO_2)/t				单位面积 CO_2 排放量/(t/m^2)
	建材生产	运输	施工	合计	
案例 1	10905.5	139.3	461.6	11506.4	0.228
案例 2	2460.3	320.2	28.7	2809.2	0.056

（二）建筑围护结构技术

建筑围护结构技术主要通过优化墙体、屋面、地面及门窗等建筑围护结构性能，减少 20%～50% 的建筑能耗。建筑围护结构可以分为传统建筑围护结构与新型建筑围护结构。

1. 传统建筑围护结构

传统建筑围护结构减排方式包括增强墙体保温性能（如厚重型墙体、夹心保温墙体等）、增强围护结构气密性（如高气密性门窗构造）及采用相变墙体等方法。传统多结构的被动式优化能够对特定气候下的建筑进行减排，大部分对严寒及寒冷地区适用。

这类技术主要包括呼吸式双层幕墙、特隆布墙及动态可调节内外遮阳技术。

（1）呼吸式双层幕墙

呼吸式双层幕墙是一种节能环保型幕墙，主要由外层幕墙、空气交换通道、进风装置、出风装置、承重格栅、遮阳系统及内层幕墙（或门、窗）等组成，且在空气交换通道内能够形成空气有序流动的建筑幕墙。呼吸式双层幕墙无需专用机械设备，可完全依靠自然通风，降低建筑能耗，是一种重要的建筑节能技术。

目前，呼吸式双层幕墙主要应用于高层建筑外围护结构。夏季进、出风口打开，室外空气从底部进气口进入热通道，在热通道内进行热量交换加热后，在热压的作用下上升并从上部排风口排出，从而减少热能进入室内，降低建筑能耗。冬季，关闭进风口、排风口，可形成封闭的空气缓冲层，提高幕墙的保温性能，进而降低整栋建筑的能耗，减少碳排放。

（2）特隆布墙

特隆布墙系统又称集热蓄热墙系统，由朝南的重质墙体与相隔一定距离的玻璃盖板组成。在冬季，太阳光透过玻璃盖板，被表面涂成黑色的重质墙体吸收并储存起来，带有上下两个风口的墙体使室内空气通过特隆布墙被加热，形成热循环流动。玻璃盖板和空气层抑制了墙体所吸收的辐射热向外的散失。重质墙体将吸收的辐射热以导热的方式向室内传递。但是，冬季的集热蓄热效果越好，夏季越容易出现过热问题。目前采取的办法是利用集热蓄热墙体进行被动式通风，即在玻璃盖板上部设置风口；另外，利用夜间天空的冷辐射使集热蓄热墙体蓄冷或在空气间层内设置遮阳卷帘，在一定程度上也能起到降温的作用。

通过对位于辽宁大连农村地区采用特隆布墙的被动式太阳房进行实测，可得结果为太阳房室内温度在夏季比对比房低5℃，冬季高9℃，说明特隆布墙确实能有效减少建筑冷热负荷，降低建筑能耗，减少建筑碳排放。

（3）动态可调节内外遮阳技术

动态可调节内外遮阳是指能够在遮阳的同时不遮挡景物，并且保持了室内通透感，还可以有效降低建筑能耗。

在夏季遮阳百叶控制光线照度及减少室内辐射热；在冬季遮阳百叶的自动调整可以保证太阳辐射热能的获取。

目前，动态可调节内外遮阳技术可应用于办公楼与公寓楼南侧外窗的遮阳，该技术可有效降低夏季制冷能耗，同时在冬季可通过改善传热系数的方式降低采暖能耗，进而有效地改善居住建筑全年整体节能效果，减少建筑碳排放。

传统建筑围护结构受限于稳定性较差的动态调节能力，无法满足围护结构随室外环境及室内人员变化的动态响应需求。随着人们对室内环境舒适性需求的不断提升，传统方式很难在满足人们需求的同时达到理想的建筑节能效果。因此，近年来一些新型建筑围护结构被提出。

2. 新型建筑围护结构

新型建筑围护结构主要包括机械可调、流动可调、外加磁场、形状记忆金属等。

（1）机械可调

机械可调是指通过对围护结构进行构件的机械调控以改变墙体的传热能力。如可在墙体组装空腔并在空腔内部布置保温板。左侧保温板完全闭合时，墙体热阻大、传热能力差；右侧通过机械控制将保温板旋转开启一定角度后，墙体热阻逐渐减小，另外，也可对墙体内部组装卷轴进行机械控制以实现传热可调。在空腔中放下卷轴形成狭窄的独立绝热空气层，此时墙体呈现高热阻；将卷轴收起后，空腔内部的大空间形成自然对流，此时墙体呈现低热阻。

（2）流动可调

流动可调是指在墙体内部布置管路，通过控制管路内流体的流动情况改变墙体热阻。当管内流体静止时，传热过程以导热为主，此时墙体热阻高；当管内流体流动时，传热过程从导热转变为强迫对流换热，墙体传热能力提升。但值得注意的是，该方式需要泵提供额外的动力，因此需综合分析流动可调带来的收益与泵运行能耗之间的关系。此外，管内流体还可与水源、土壤源等自然冷热源相结合，进一步优化节能。

（3）外加磁场

外加磁场是指在墙体内部布置管路，管路中流体含有可悬浮的磁性颗粒，通过外加磁场控制传热可调。无外加磁场时墙体及管路内部正常导热；外加磁场后管路内的磁性颗粒在磁场作用下线性聚集排布，形成导热通道，强化墙体传热。

（4）形状记忆金属

利用形状记忆金属制备的通风可调围护结构可受温度控制产生形变，此类形状记忆金属在夏季高温时会发生形变，形成通风口；冬季低温时收缩，闭合通风口。

美国康奈尔大学科技校区的被动式节能宿舍楼高约82m，共26层，堪称世界上最高的被动式节能大楼。通过低碳化设计，建筑室内取暖对电网电力依赖程度极低，应用技术包括围护结构被动式保温、热回收、遮阳和消除热桥等,用极小的能耗就能一年四季保持室温25℃左右,大幅降低了冬季采暖与夏季制冷的能耗。大楼比传统建筑节能70%~90%,一年可减排CO_2 882万t,相当于新种植5300棵树木。

(三)建筑热环境营造技术

建筑热环境营造技术是指能够控制影响人体冷热感觉的环境因素的技术,是对建筑供暖制冷需求的满足。

对于建筑供暖方面,适宜的室内环境营造方式能够降低负荷强度,进而减少碳排放。如采用"部分时间、局部空间"的环境营造理念能有效降低室内环境营造负荷强度。近年来,一些轻薄型地暖设备被提出,出现一种架空式地板辐射供暖末端,架空的目的在于改善传统地板供暖末端热惯性大的问题,为间歇性供暖提供一定的思路,有助于通过环境营造方式降低负荷强度。

在建筑制冷方面,辐射制冷是一种利用外围护结构实现建筑降温的有效途径。其原理是物体表面通过天空冷辐射向外太空辐射能量从而导致温度降低。例如,清晨树叶上的水珠,就是由于夜间树叶向天空辐射热量,进一步使得温度降低至露点以下而结露的一种现象。近年来,也有相关研究在尝试创新辐射制冷材料,应用于建筑围护结构外表面铺设,从而实现建筑降温。

(四)建筑光环境营造技术

在建筑光环境营造方面,合理的遮阳能降低太阳辐射的热,但是需要权衡光热与自然采光的关系。其中,电致变色玻璃技术与光导管技术都是能够有效改善建筑光环境的手段。

1. 电致变色玻璃技术

电致变色玻璃可以在电场作用下实现对光透过或吸收的主动调控性,从而选择性地吸收或反射外界热辐射和阻止室内热量散失,以达到降低温控能耗的目的,同时提高室内光线的舒适度。目前,电致变色玻璃已经成为新型建筑节能产品的重要发展方向,随着人们对建筑节能性与舒适度的要求越来越高,其应用前景会越加广阔。

电致变色玻璃可应用于办公建筑、居民建筑的外窗,它拥有两种状态。透明褪色态是电致变色玻璃变为透明时的状态,适用于室外照度水平不高的情况;完全着色态是电致变色玻璃不透明时的状态,适用于室外照度水平较高的情况。这使得建筑在调控室内光环境的同时,也能够选择性地吸收或反射外界热辐射和阻止室内热量散失,进而降低整栋建筑的能耗,减少碳排放。

2. 光导管技术

光导管技术是一种太阳能被动式技术。它是一种无电照明系统,白天可以利用太阳光进行室内照明。其基本原理是,通过采光罩高效采集室外自然光线并导入系统内重新分配,再经过特殊制作的光导管传输后由底部的漫射装置把自然光均匀高效地照射到任何需要光线的地方。在办公建筑、工业建筑等建筑屋顶设置光导管,可在节省室内空间的同时,也为室内提供照明,有效降低建筑照明能耗与碳排放。

二、建筑能源系统碳零排技术

建筑是用能大户,全面提高建筑电气化水平,一方面能有效减少化石燃料的直接燃烧,进而降低建筑用能的碳排放;另一方面电气化程度越高,建筑直接利用可再生能源的可能性越高。

本小节主要介绍太阳能建筑一体化技术、风能与建筑表皮结合技术、热泵式空调技术、生物质锅炉技术和相变蓄冷/蓄热技术。

(一)太阳能建筑一体化技术

太阳能建筑一体化技术是指通过被动与主动方式于建筑层面利用太阳能的技术。

1. 太阳能被动式利用技术

太阳能被动式利用技术指的是充分利用建筑本身的自然潜能,在建筑周围环境、遮阳、通风,以及能量储存中被动利用太阳能的技术。通过建筑朝向,吸收太阳热能,起到保暖效果;利用建筑的合理布局、内部空间加强空气对流与室内采光,降低建筑能耗;利用节能环保材料对太阳热能进行蓄存,有利于能源的转化。太阳能被动式利用技术可以有效降低建筑的制冷、供热、通风、照明能耗,达到降低建筑碳排放的目的。

2. 太阳能主动式利用技术

太阳能主动式利用技术主要是通过太阳能板实现光-电转换和光-热转换,使太阳能得以利用,以承担生活供热和供电。每 $15m^2$ 太阳能热水集热器和 $12m^2$ 太阳能热风集热器的组合可在一个冬季时段为住户提供超过 18900MJ 热量。在满足建筑 49.7% 能耗贡献率条件下,可保证平均 $70m^2$ 供暖空间供暖,相当于节约 1054kg 标准煤。

城市地面空间小,而建筑表面为太阳能光伏板大面积铺设提供可能。设计开发可与建筑融合的高效光伏组件,推广"光伏建筑一体化"技术是充分利用太阳能资源、建设低碳可持续建筑的有效途径。此外,还可通过在屋面铺设大面积太阳能光伏板,扩大太阳能采集面积、优化铺设角度等方式将太阳能资源最大化利用。建筑屋顶层可装设可随季节变换和调整角度的叶片造型光伏板。它能够根据外界条件,实时调节自身角度,最大化利用太阳能资源,为建筑提供充足的电力,极大地降低建筑能耗,实现建筑碳减排。

3. "光储直柔"用能系统

相比于传统能源结构,可再生能源波动性高、随机性大。为适应新型能源结构,提出了"光储直柔"用能系统,其是应对上述挑战的重要途径。

该系统是在光伏建筑一体化建设基础上,在建筑用能方面推广设备电气化与全直流化,开发直流供配电关键设备与柔性化技术;在建筑蓄能方面实现分布蓄电常态化,实现建筑用电总量与用电时间柔性可调。如在建筑周边全面配置智能充电桩,白天吸纳光伏发电和接收电网低谷电,同时向电动车供电,夜间向建筑供电,为建筑用电高峰期调峰提供保障。"光储直柔"将区域能源系统与建筑能源系统耦合,从"源网荷储用"多维匹配,实现可再生能源高效利用。

现阶段,国内已建设多个"光储直柔"示范项目。以 1 栋居住建筑及其周边公共设施为对象，探究社区"光储直柔"系统应用可行性与节能减碳潜力。该项目采用光伏板发电，铺设于公共区域屋顶，可产生约180kW·h电能。蓄能侧配备容量/发电容量为300kW/600kW·h的集装箱式储能系统，并建设400~600kW充电桩，满足社区多向供电。用电侧包括建筑用电与公共区域用电，建筑内采用楼宇全直流方式用电，社区公共区域采用直流照明与供电，共约有1000kW直流负荷。在直流微网建设上实现多微网互联互通，实现直流电网间平衡与互补。通过综合能源服务的模式创新实现分布式光伏、储能、充电桩、建筑用能与电网的友好互动，保证系统高效稳定运行。

澳大利亚新南威尔士大学的泰瑞能源技术大楼是本科生和工程专业研究生的教育中心。技术大楼建筑面积约16000m^2，其中运用了多项构造减碳技术，曾获得澳大利亚绿色建筑委员会评定的6星绿星设计等级。该大楼设有一个三代发电系统，功率为800kW。大楼顶部铺设有1100m^{2}的150kW光伏阵列，与三代发电系统共同连接到校园电网，其设计目标是减少55%的CO_2排放。在目前的条件和内部负荷下，泰瑞能源技术大楼光伏产电不仅能够自给自足，在白天还能向校园电网输送电力。

（二）风能与建筑表皮结合技术

建筑环境中风能具有无污染、低成本的特点，其利用形式包括被动式和主动式两种。

1. 风能被动式

建筑自然通风是最常用的被动式形式之一，是一种利用室外风力造成的风压，以及由室内外温差和高度差产生的热压使空气流动的通风方式。通过风洞实验和计算流体力学（CFD）模拟等方法，优化建筑结构与布局，合理利用建筑自然通风潜力，可减少建筑的通风能耗与碳排放。

此外，开发利用风能的装配式外墙保温装饰板，具有削弱外墙风力和热量转化的有益效果。保温板为曲面结构，可对寒风流起到导流作用，减少外墙冷空气向室内扩散，同时风筒设计能转化风力为动力，进一步削弱外墙风力强度；风力转化成的动力能带动摩擦结构，产生热量提高外墙温度，进一步增强保温效果，减小冬季热量损失。计算表明，单个板材结构依靠风能可使温度提高4.86℃，当用于严寒地区外墙时，墙体温度可提高11.25℃。

2. 风能主动式

风能主动式利用是将风力发电装置与建筑结合，为建筑提供额外电能。为强化局部风能，提出了非流线体型、平板型、扩散体型等建筑集中器模型，充分利用屋顶风、风洞风和风道风。

例如，巴林世界贸易中心三座直径为29m的屋顶风力涡轮，可满足大厦每年11%~15%的耗电量；广州珠江大厦高303m，设备层最大风速可达10m/s，能有效为涡轮机提供动力，产生电能。

风能发电设备还可与建筑表皮结合，使其在满足正常的建筑围护结构功能的同时，产生额外的电能，减少建筑的碳排放。该技术适合应用于高层建筑。上海中心大厦作为一栋超高层建筑就采用了建筑风力发电一体化技术。在大厦外幕墙上，有与其整合在一起的270台500W的风力发电机，每年可以产生118.9万kW·h的绿色电力，有效减少了上海中心大厦的非绿色电力消耗。

（三）热泵式空调技术

热泵是在动力驱动下，通过热力学逆循环连续地将热能从低温物体（或介质）转移到高温物体（或介质），并用于制冷或制热的装置。利用热泵技术，能将低温热源的热能转移到高温热源，从而实现制冷和供暖。

1. 太阳能直驱式空气源热泵

太阳能和热泵技术是节约常规化石能源最有前途的两种方式，两者有机结合的太阳能直驱式空气源热泵更能达到优势互补的目的。由于太阳能受季节和天气影响较大且热流密度低，各种形式的太阳能直接热利用系统在应用上会受到一定的限制。因此，热泵技术得到广泛重视。太阳能直驱式空气源热泵系统的光伏阵列，能将接收到的太阳能转化为直流输出的电能，随后直流输出的电能通过具有最大功率点跟踪和基于后端压缩机负载频率进行变频调控的光伏逆控一体机，控制光伏组件的输出自适应于其最大功率点，使其始终能够高效率运行，给空气源热泵机组提供能量来源。

以江苏某绿建设计三星办公楼为例，其采用一级太阳能直驱式空气源热泵（air source heat pump，ASHP）。系统中设置多台并联模块化 ASHP 机组。该办公楼建筑面积为 $6758m^2$，且位于夏热冬冷、室外温度相对较高的南通市。该办公楼设置自动监测系统，能对热泵系统机组及水泵关键参数进行实时监测，使空气源热泵实际制热能效比（COP）值达到 2.8，与普通冷水机组相比，提升了能源利用效率，减少了建筑碳排放。

2. 水源热泵

与空气源热泵定义近似，水源热泵机组是以水为冷（热）源，制冷（热）水的设备。水源热泵机组工作原理实质上就是在夏季将建筑物中的热量转移到水源中；在冬季，则从相对恒定温度的水源中提取能量，水源热泵的效能比通常在 4.0 左右。

例如，绿建三星建筑上海世博中心采用水源热泵，夏季利用黄浦江储热，从而冬季进行供热。与燃气供热相比，年运行一次能耗可减少 40%～60%，年运行费用可以减少 50%～70%，年运行能耗节省 5740MW·h。

3. 地源热泵

地源热泵机组是以土壤/土地等为冷（热）源，制取冷（热）风的设备。地源热泵技术是通过管路设备将浅层地热转化为高品质的热量，并应用于建筑的供热、制冷，地源热泵的能效比通常在 4.0 左右。

以绿色能源与环境设计先锋奖（LEED）金奖建筑成都来福士广场为例，该建筑的地下室、电影院区域，包括两栋写字楼的供冷供热，借助的都是地源热泵。与锅炉供热系统相比，采用地源热泵系统要比电锅炉加热节省 2/3 以上的电能，比燃料锅炉节省约 1/2 的能量。由于其热源更为稳定，与普通中央空调相比，地热调热泵的制冷、制热效率要高出 40% 左右。

大型公共建筑可采用地埋管式地源热泵式空调，兼顾供热、供冷和免费冷却功能。其中地源热泵出水温度设置为两套，高温出水设备供应干湿风机盘管和辐射供冷供暖，标准出水设备用于新风系统的冷却除湿。地源热泵的使用，使建筑能够用最少的能源满足建筑的冷热负荷需求（表 9-2）。

表 9-2　各类热泵的比较

项目	地源热泵	水源热泵	太阳能直驱式空气源热泵
原理	利用地下常温土壤或地下水温度相对稳定的特性,通过输入少量的高品位能源(如电能),运用埋藏在建筑物周围的管路系统或地下水与建筑物内部进行热交换,实现低位热能向高位热能转移的冷暖两用空调系统	利用从地球表面浅层的水源(如地下水、河流和湖泊)中吸收的太阳能和地热能而形成的低品位热能资源,采用热泵原理,通过少量的高品位电能输入,实现低品位热能向高品位热能转移的一种技术	一种利用高品位能源使热量从低品位热源流向高品位热源的节能装置。采用逆卡诺循环原理,将空气作为热泵的低品位热源,通过蒸发器、压缩机、冷凝器等实现热量传递
特点	利用可再生的地热能资源,经济、高效、节能,环境效益显著	水热容量大,传热性能好,一般水源热泵的制冷供热效率或能力高于空气源热泵	制热效率高
功能	供暖+空调+生活热水	供暖+空调+生活热水	供暖+空调
投资	高	高	低
运行能效	能效比可以达到 4.0	制冷、制热系数可达 3.5~4.4	受环境影响,需要太阳能提供电力作为辅助热源
适用地区	适用于建筑密度比较低的公共和住宅建筑	适用于有持续水源区域	供暖效率随室外温度的下降而下降,在严寒或易霜地区不宜使用
安装要求	热交换是在地下进行的,必须通过地下打井进行热量传输,因此需要有足够的场地实现能量交换	合适的水源是使用水源热泵的限制,不需要设专门的冷冻机条件,且水源必须满足一定的温度、水量和清洁度	宜放置在屋顶或地面

（四）生物质锅炉技术

生物质锅炉以生物质能源作为燃料,可分为蒸汽锅炉、热水锅炉、热风炉、导热油炉等。燃料主要以玉米秸秆、小麦秸秆、棉花秆、稻草、树枝、树叶、干草、花生壳等生物质废弃物为原料,经粉碎后加压、增密成型制成。生物质燃料的加工成本低、利润空间大,价格远远低于原煤,可代替煤炭。

按照用途,生物质锅炉可分为两类:热能锅炉和电能锅炉。生物质热能锅炉直接获取热能,而生物质电能锅炉又将热能转化成了电能。其中,生物质热能锅炉应用最广泛且技术比较成熟。

以黑龙江省某小镇集中供热项目为例,该项目供暖面积为 23.5 万 m^2,通过集中供暖锅炉装备技术改造,用一台 14MW 秸秆直燃锅炉替代了 10t 老式燃煤锅炉热源。项目推广建设每个供热期消耗秸秆 1.48 万 t,替代燃煤 8225t,减排 CO_2 约 1.5 万 t,年生产生物质炭灰 2600t,替代化肥 43t,减排 CO_2 约 300t。

（五）相变蓄冷/蓄热技术

1. 微胶囊相变悬浮液蓄冷技术

相变材料具有较高的储能密度,储能能力是同体积显热物质的 4~5 倍。将相变材料微胶囊化是一种新型的相变材料封装技术,该技术将导热率较低的相变材料包裹到更具亲水性的高分子复合物壳体内。微胶囊化封装技术可以提高相变材料的蓄冷能力。由于相变材料具有特定的相变温度范围，所以相变材料可作为蓄冷介质使用在空调系统中，能够使蒸发器获得较高的蒸发温度，从而可以提高系统的使用效率，降低设备能耗。

微胶囊相变悬浮液蓄冷技术可应用于太阳能空调技术中。白天太阳能集热器可以吸收太阳辐射热能驱动制冷机运行，产生制冷效果。在没有冷负荷需求的时候，冷量储存在蓄冷箱体内，箱体内的相变材料会吸收冷量而发生相变。当用户末端需要提供制冷效果时，温度较高的冷冻水从室内将热量送至蓄冷箱体，箱体内固态的相变材料吸收热量发生相变，释放冷量给冷冻水，冷量再由冷冻水供给用户。这种系统可以在太阳能充足的时候蓄冷，供给夜晚或者日光不充足的时候使用，并且可以在太阳辐射最大的时候集中蓄冷，使得效率得到优化，降低建筑能耗。

2. 带相变蓄热器的空气型太阳能供暖技术

带相变蓄热器的空气型太阳能供暖技术的系统主体由空气型太阳能集热器、集热器风机、相变蓄热器、负荷风机及辅助加热器组成。空气在太阳能集热器和相变蓄热器之间、相变蓄热器和负荷风机之间形成两个循环环路。相变蓄热器包含多个供空气流动的矩形断面的通道，这些通道相互平行并用相变材料隔开。相变材料蓄存日间的太阳能，并在夜间加热通道内送风，以满足夜间房间负荷的需要。

以内蒙古自治区通辽市某空气式太阳能相变热泵供暖项目为例，该项目采用空气式太阳能热泵供暖系统代替原有的电锅炉为某建筑供暖。根据通辽市的气候特点，该系统由空气源热泵系统承担建筑的主要热负荷，太阳能集热器产生的热量作为热泵系统的主要低温热源。在无太阳能时，热泵系统也可从环境中吸取热量，电加热器作为辅助热源，保障室内供暖的连续性及舒适性。太阳能集热器、热泵系统及其辅助设备放置在屋顶，供暖末端采用散热器和风机盘管。系统制热能效比（COP）为 2.6~4.3，COP 变化受气候条件及环境温度影响较大，平均 COP 为 3.6，相对于单一空气源热泵供暖，整体能效较高，节能效果显著。

三、建筑绿化系统碳负排技术

本小节主要介绍生态建筑技术、天然建筑材料技术以及建筑集成碳捕集技术。

（一）生态建筑技术

1. 建筑立体绿化技术

建筑立体绿化技术主要是围绕构件及建筑本身的主体结构所形成的绿化技术，包含了屋顶绿化、墙体绿化、半地下室绿化三个方面。屋顶绿化国际上的涵盖面包括屋顶种植，还包括一切不与地面、土壤相连接的特殊空间的绿化。墙体绿化一般存在于基础砌筑的人工植物种植槽中，在夏季，墙体绿化的设计能更好地隔热，而且还能降低辐射带来的影响；在冬季，墙体绿化不仅不会影响到墙面太阳辐射热，而且还能给予一定的保护效果。

悉尼垂直绿化公寓（one central park）便运用了建筑立体绿化技术。植物在烈日下发挥遮热、断热与冷却的作用。另外，由于植物蒸腾作用带走室内热量，也可实现建筑的整体降温。这有效降低了建筑在夏季的冷负荷，减少了空调能耗，降低了碳排放，并且植物本身能

够吸收 CO_2，进一步降低建筑碳排放。

2. 建筑垃圾资源化再生利用技术

建筑垃圾资源化再生利用技术，从再生骨料、再生混凝土及砂浆、建筑垃圾在道路工程中的应用等领域对建筑垃圾进行再利用。

上海市虹桥枢纽作为资源利用生态道路核心技术的一部分，其建设过程中产生的建筑垃圾及渣土等就有 800 万 m^3 左右。通过使用建筑垃圾资源化再生利用技术，近 50 万 m^3 的建筑垃圾及渣土在道路工程中得以转化应用。目前有一些代表企业，骨料资源化利用率可以达到 95％以上。

（二）天然建筑材料技术

低碳建筑的设计提倡使用可再生能源的建筑材料来实现建筑设计生态化，更多地使用可再生能源建材等天然节能型材料。天然建筑材料主要分为两种：第一种是天然的有机材料，如木材、竹、草等来自植物界的材料与皮革、毛皮、兽角、兽骨等来自动物界的材料；第二种是天然的无机材料，如大理石、花岗岩、黏土等。

在各种建筑材料中，木材是唯一具有可再生、可自然降解、固碳、节能等环境特征的材料。木结构建筑在节能环保、绿色低碳、防震减灾、工厂化预制、施工效率等方面凸显更多的优势。

从建材生产阶段来看，与仅使用钢筋混凝土的基准建筑相比，木材的使用，可使碳排放降低 48.9％～94.7％。

另外，秸秆建材的发展势头也十分迅猛。秸秆建材是指以农作物秸秆为主要原材料，按照一定的配比，添加辅助材料和强化材料，通过物理、化学或两者结合的方式，形成的具有特殊功能和结构特点的建筑材料的统称。秸秆建材具有无辐射、无污染、无毒害的众多优点，且建筑物的结构十分稳定。当前秸秆建筑材料主要有以下几种：秸秆砖、秸秆人造板材（分为使用胶黏剂和不使用胶黏剂）、秸秆水泥基复合材料。

天然建筑材料固碳技术的应用使建筑不仅在建造生产过程中的碳排放大大减少，且建筑运行时自身也能够发挥吸碳作用，有效减少建筑碳排放。2017 年 7 月，缅甸落成 700 余平方米绿色建筑，几乎全部由秸秆建材建造而成。并且在缅甸夏季高温多雨的气候条件下，秸秆建筑群的建造和使用未受影响。

南洋理工大学新体育馆是新加坡乃至东南亚首个采用现代工程木结构——层压胶合实木（mass engineered timber，MET）为主要材料的大型建筑，于 2017 年 4 月投入使用。MET 是可持续性能最优良的建筑材料之一，在建筑材料中碳耗量最少，而且拆除后可重复利用。与混凝土相比，MET 施工轻便，减少了对重型建造设施的需求。南洋理工大学新体育馆采用了两种形式的 MET，即 72m 大跨度弧形屋面结构及其他部分梁柱构件采用层板胶合木，墙体、楼板和室内装饰等采用正交胶合木。不仅如此，建筑结构的建造工期也比传统方法缩短了 33％。

（三）建筑集成碳捕集技术

目前，关于建筑碳捕集技术的研究非常有限。有学者研究了建筑集成碳捕集（building

integrated carbon capture，BICC）的可能性，将建筑物的外墙作为从空气中吸收 CO_2 的人造叶子，并转化成对环境无害的有用副产品。得出结论，BICC 在物理上是可以构建的，并且可以与其他技术（如碳纤维转盘）整合，以降低大气中 CO_2 浓度。

此外，碳捕集与封存技术已在国内外新型低碳建材中有了一定的应用。这种技术将含氢氧化钙、硅酸二钙、硅酸三钙等矿物成分的胶凝材料在低水胶比条件下进行碳化养护，最终将 CO_2 以碳酸盐的形式稳定地固定在材料中。

以麻制建筑保温材料汉麻混凝土（hempcrete）为例，汉麻混凝土是一种将工业大麻茎和石灰、水等混合而成的建筑保温材料，此种植物纤维材料相比于其他墙体填充的保温材料而言，具有很好的固碳性能。同时兼具重量轻、强度高、防潮、防火、隔声、隔热、抗震、耐腐蚀、环保等特点，近些年已在英国、法国、美国、澳大利亚等国得到广泛应用。

第二节
农业领域碳中和技术

联合国政府间气候变化专门委员会第 6 次评估报告指出，农业生产对全球温室气体总排放的贡献率约为 22%。与能源、工业领域不同，农业对 CO_2 的吸收与排放达成一种自然平衡，因此 CO_2 排放不作为温室气体统计，其温室气体排放主要体现为 CH_4 和 N_2O 等非 CO_2 温室气体。农业农村实现碳中和的途径主要包括三方面：降低农业排放强度，提高农田固碳能力，推进资源循环与可再生能源替代。本节主要介绍种植与养殖碳减排技术、农田土壤固碳增汇技术、农业有机废弃物资源化利用技术。

一、种植与养殖碳减排技术

非 CO_2 温室气体减排是控制农业温室气体排放的关键。稻田、施肥、牲畜肠道、牲畜粪便产生的温室气体排放分别占我国农业温室气体排放总量的 43%、20%、26%、10%。本小节主要介绍稻田 CH_4 减排、土壤 N_2O 减排、牲畜肠道及粪便 CH_4 减排技术，以及现代机械化、信息化农业效率提升技术。

（一）高效种植技术

在种植方面，通过改良水稻品种、优化水稻水分养分管理、优化施肥方式、提高农业生产效率等技术提升农田生产系统固碳减排能力。

1. 稻田甲烷减排技术

我国是水稻种植大国，种植面积为世界第二，2023 年水稻种植面积已达 4.34 亿亩。稻田是 CH_4 的主要排放源之一。

（1）稻田 CH_4 的产生

稻田 CH_4 的排放是土壤 CH_4 产生、再氧化及排放传输三个过程综合产生的结果。①CH_4

产生：稻田 CH_4 是产甲烷菌在厌氧环境下利用根部的有机物质转化而来，这部分贡献 70%～80% 的 CH_4 排放。②CH_4 氧化：产生的 CH_4 有 19%～97% 在输入大气前被土壤甲烷氧化菌氧化，这个过程主要发生在水稻根际及土壤-水交界面两个区域。③CH_4 传输：CH_4 的传输方式有扩散和通过植株排放，其中 95% 以上的 CH_4 通过水稻植株排放，剩余的部分则以扩散的方式排放。

(2) 稻田 CH_4 减排技术

目前，稻田 CH_4 减排技术主要包括合理的水分管理措施、适宜的水稻品种选育、合理的田间管理方式及合适的联合措施。

① 水分管理。稻田常规淹水发生时，CH_4 的排放量会大量增加，因此发展合理的水分管理措施可以显著降低稻田 CH_4 排放。采用季节中期排水和间歇性灌溉而不是连续供水可以减少 CH_4 排放，特别是在中国西南地区，采用间歇灌溉模式，可有效减少高达 59% 的 CH_4 排放。

② 新品种选育。不同水稻品种种植的稻田 CH_4 排放量差异较大。一般来说，稻田 CH_4 排放与水稻生物量成反比，水稻生物量越大，越多的碳会固定在植株中，从而减少 CH_4 排放。中国科学院研究发现，与普通水稻相比，杂交水稻的 CH_4 排放率低 5%～37%。通过现代水稻育种可减少水稻种植过程中 7%～10% 的 CH_4 排放。

③ 覆膜栽培技术。覆膜栽培技术指的是在稻田中开沟起厢，在厢面上覆盖塑料膜，然后在塑料膜上打孔方便水稻移栽。灌溉的时候确保厢面无水，沟内有水，保持土壤湿润。

覆膜栽培技术减少 CH_4 排放的原理如下：

原理一：增加农膜覆盖度能有效增加土壤表层温度并维持最佳的土壤湿度，从而增加土壤中微生物的生物含碳量，进而使土壤中微生物活性增强，并加大与产甲烷菌竞争消耗土壤残留物的能力与效率，可以减少 CH_4 的产生和释放。

原理二：覆膜栽培技术能增加 CH_4 在土壤中的存留时间，使 CH_4 被各类反应消耗，从而降低 CH_4 排放。

原理三：覆膜栽培技术可在非稻田生育季节最大程度将淹水稻田排干，从而有效减少稻田中 CH_4 的排放。

④ 联合措施。多种措施联用可显著提高碳减排效益。中国农业科学院试验结果表明，施用缓释肥、节水灌溉及两种措施配合技术，可分别减少稻田温室气体排放约 19%、21% 和 41%。

2. 土壤氧化亚氮减排

(1) 土壤氧化亚氮的产生

土壤的 N_2O 排放包括直接排放和间接排放，主要通过硝化作用和反硝化作用完成。在有氧条件下，NH_3 或 NH_4^+ 通过土壤微生物的作用被氧化成 NO_2 和 NO_3，其中产生的 NO_2 能通过化学作用分解为 N_2O。在厌氧状态下，土壤中的 NO_3 和 NO_2 能够通过土壤微生物还原成气态氮氧化物（NO_x），N_2O 也是其中的一种产物。

外源氮肥（氮肥和有机肥）是农田 N_2O 排放的重要影响因素。外源氮肥的投入会直接影响土壤氮素的供应，进而影响土壤 N_2O 的产生。由氮肥施用及生物固氮作用产生的 N_2O 量约占年排放量的 60%。

（2）土壤氧化亚氮的减排技术

减少土壤 N_2O 排放主要从减少 N_2O 的产生、减少氮肥施用并提高氮肥利用率的角度进行，主要调控措施包括：氮肥减量施用、添加抑制剂、长效缓释氮肥施用、测土配方施肥及多种措施联用。

① 氮肥减量施用。一般情况下，氮肥当季利用率低（<30%），投入土壤的氮素得不到充分利用，这就导致了我国氮肥用量在持续快速增长的同时，粮食产量增加缓慢。因此，提高氮肥利用率，降低氮肥投入，可有效降低农田 N_2O 排放。具体而言，与常规施肥相比，在氮肥减量处理下，玉米农田系统可以由温室气体排放源转化为吸收温室气体的碳汇。

② 添加抑制剂。在偏酸性土壤中减量施用氮肥，并添加氮抑制剂，在向土壤中施用氮肥的同时施用生物炭、石灰等改良剂，可有效减少土壤中 N_2O 排放。如在酸性土壤上使用控释氮肥，添加氮抑制剂（脲酶抑制剂或亚硝酸盐抑制剂，如二氰胺和 3,4-二甲基磷酸盐），施用生物炭、石灰、白云石粉和其他改良剂，可以减少 28%~48% 的 N_2O 排放。生物炭施用可以减少 10%~90% 的 N_2O 排放，pH 改善物质（如石灰）可以减少约 40% 的 N_2O 排放。

③ 长效缓释氮肥施用。我国常用的氮肥是碳酸氢铵和尿素，二者肥效短，挥发损失量大，氮素利用率低。选用长效缓释氮肥可在提高氮肥利用率的同时有效减少温室气体排放。与常用的氮肥相比，长效缓释肥可有效减少 N_2O 排放达 50%。

④ 测土配方施肥。测土配方施肥技术是以调节 N、P、K 元素平衡为原理的技术，该技术可有效减少氮肥的用量，大大提高氮肥的利用率，从而有效降低土壤 N_2O 排放。测土配方施肥是以土壤测试和肥料田间试验为基础，根据作物对土壤养分的需求规律、土壤养分的供应能力和肥料效应，在合理施用有机肥料的基础上，提出 N、P、K 及中、微量元素肥料的施用数量、施用时期和施用方法的一套施肥技术体系。

该技术体系包括"测土、配方、配肥、供肥、施肥"五个环节。测土配方施肥的减排效益体现在：

效益一：使施肥量和施肥时期更符合作物对养分的需求，提高作物产量；

效益二：提高了化肥的利用率，避免化肥过量施用，有利于节本增收，减少化肥流失量，进而减少由于氮肥过量施用造成的 N_2O 排放量过大，是一项兼顾粮食安全和生态安全的环境友好的减排技术。

⑤ 多种措施联用。肥料既是作物高产优质的物质基础，又是潜在的环境污染因子，不合理施肥就会造成环境污染。施肥既要考虑各种养分的资源特征，又要考虑多种养分资源的综合管理、养分供应和需求，以及施肥与其他技术的结合。多种措施联用可以加强土壤固碳能力。研究发现，较长的秸秆还田年限（6~10 年）配合适当的免耕措施及减量施用氮肥等措施更有利于土壤有机碳的增加。

（二）高效养殖技术

畜牧业排放的温室气体占全球温室气体排放总量的 18%。牲畜向大气排放温室气体包括两种途径，一是牲畜通过胃肠道体内发酵产生 CH_4 以嗳气或矢气的形式释放到大气中；二是牲畜排出的粪、尿等有机物通过体外厌氧发酵产生的温室气体释放到大气中。肠道发酵占畜牧业温室气体排放的 90%，而粪便管理占剩余的 10%。

高效养殖碳减排技术主要是通过精细管理，在粪便管理、饲料利用效率、物流筹划等方面较散养更易实现碳减排。如可通过繁育动物新品种、改造动物基因、改善牲畜饲料、有效管理粪便及实现规模化养殖等技术，降低动物饲养过程中的碳排放，从而达到养殖业温室气体减排的目的。

1. 牲畜肠道甲烷减排技术

（1）肠道甲烷的产生

胃肠道 CH_4 排放主要来自瘤胃（87%～90%），其余来自后肠（10%～13%），瘤胃产生的 CH_4 主要通过嘴和鼻子释放到大气中。反刍动物（如牛、羊）可通过瘤胃和后肠发酵产生 CH_4，而非反刍动物（如单胃动物）主要通过后肠发酵产生 CH_4。

由于反刍动物瘤胃内是厌氧环境，并且存在大量的纤维分解菌、产甲烷菌及其他厌氧微生物，牲畜采食饲粮后，被吞食的饲粮在瘤胃中微生物的作用下进行厌氧发酵，瘤胃内的微生物将糖类和单胃动物难以降解的纤维素发酵降解成挥发性脂肪酸、H_2、CO_2 等。产生的 CO_2、甲酸、乙酸、甲胺等被机体继续消化和利用，在产甲烷菌（如反刍动物体内甲烷短杆菌、甲酸甲烷杆菌、巴氏甲烷八叠球菌）的作用下合成 CH_4。其中，瘤胃内产 CH_4 的主要途径是 H_2 和 CO_2 的氧化还原反应。

（2）肠道甲烷的减排技术

肠道排放 CH_4 是维持瘤胃微生态的必要过程，不能完全消除。农业生产中，需要综合采用饲养管理改进和饲料调控技术来实现胃肠道 CH_4 减排。饲养管理改进主要分为喂养方式和饲料加工改进；饲料调控技术主要包括调整饲粮精粗比例、添加脂类物质或植物提取物等。通过改进饲养技术，如增加粗饲料中浓缩物的比例和在牲畜饲粮中添加抑制剂，可减排 20%～40%。

① 饲养管理。一般而言，饲料分为粗料和精料，其中粗料包括干草、青贮料和秸秆等，它们能够保持瘤胃食物结构层的正常作用，而精料包括谷物、含淀粉丰富的根茎等。

可通过三种饲养管理措施减少 CH_4 生成：

措施一：饲喂时先喂食粗料后喂食精料，通过胃的能量会更多，CH_4 生成量就会减少；

措施二：在饲粮中添加能量蛋白，可以提高饲料利用率，降低饲料营养成分在瘤胃中的分解率，抑制瘤胃发酵，提高动物机体对饲料的吸收利用等；

措施三：采取少量多次的饲喂方式或增加粗料采食量，增加水的摄入量，使更多的饲粮营养经过瘤胃，以此来达到减少瘤胃 CH_4 产生的目的。

② 饲料调控。牧草的化学处理和物理加工（如切碎、碾碎、制粒）都能够影响瘤胃和肠道的 CH_4 产生量。

方法一：改变饲料粒径。饲料的颗粒大小可以影响饲料的消化利用率，饲料经粉碎或制粒后可显著减少动物 CH_4 产量。饲料加工可以破坏细胞壁，动物自由采食被磨碎或制粒后的饲粮，使瘤胃食糜的流通速率加快，降低微生物对细胞壁糖类的消化率，提高饲粮利用率，从而降低 CH_4 产量。有研究表明，以氨化和切短的秸秆作为饲粮，瘤胃 CH_4 减少量可大于 10%。

方法二：调整精粗比例。日粮的不同精粗比例与瘤胃 CH_4 的生成量有直接关系。精饲粮糖类以丙酸形式发酵，丙酸作为氢的受体消耗 H_2，从而减少 CH_4 的产生。粗饲粮糖类以乙酸形式发酵，纤维素分解菌大量增殖，瘤胃进行乙酸发酵，产生大量 CO_2 和 H_2，瘤胃氢分压升高，产甲烷菌大量生长繁殖，CH_4 合成增加。因此，适当增加饲粮中的精料比例，选用优质粗饲料，可以有效减少 CH_4 排放量，提高饲料的利用效率及动物的生长性能。

方法三：加入添加剂。在日粮中添加脂类物质（脂肪或脂肪酸）可通过改变瘤胃发酵类型来减少瘤胃 CH_4 的产生，是最自然的一种瘤胃 CH_4 合成的调控措施。其作用机制有：a. 日粮中的脂类物质在瘤胃中发生氢化作用，不饱和脂肪酸竞争性利用氢，打破氢平衡，进而降低 CH_4 的生成量；b. 当日粮中加入脂肪时发酵类型改变，在丙酸发酵的过程中直接抑制产甲烷菌的活动。已有研究表明，月桂酸、亚麻油酸、豆蔻酸是目前抑制 CH_4 生成最有效的三种脂类。

美国加利福尼亚大学戴维斯分校开发了以海藻作为添加剂的牲畜饲料，研究发现向牛饲料中添加不同种类的海藻能够减少多达 90% 的 CH_4 排放。奶牛瘤胃中的古菌通过酶来分解有机物从而产生 CH_4 等气体，而海藻中的一些成分能够干扰这些酶的作用，使得古菌难以完成合成过程从而减少 CH_4 的产生。Mootral 农业技术公司以大蒜为原料生产的饲料添加剂能够减少 40% 的 CH_4 生成。

研究表明，给北澳大利亚的肉牛补充热带豆科合欢草属 *Desmanthus* 植物可以减少其体内 CH_4 的排放；补充葡萄残渣可以显著降低体外瘤胃培养单日产气量中 CH_4 的比例；补充青蒿提取物可以减少 CH_4 生成，其可以作为调控奶牛瘤胃 CH_4 生成的抑制剂；培育高生产性能的动物，通过调高饲喂能量饲料的比例，减少 CH_4 气体的释放；CH_4 生产可能潜在地受动物个体瘤胃形态和功能差异影响，动物遗传可能会影响 CH_4 生产机理。

2. 牲畜粪便管理温室气体减排

养殖场产生的粪便废弃物（包含粪、尿、冲洗水）中有机物占 8%～10%、水溶性蛋白质约占 1%。表 9-3 显示我国规模化养殖场猪粪的各组分含量。粪便主要污染物包括悬浮物、氨氮、磷，可生化性好，污染负荷高，属于高浓度有机废弃物。粪便在收集及堆放过程中均会产生温室气体，其中堆放过程占主导。

表 9-3　我国规模化养殖场猪粪的各组分含量

组分	含量/%
干粪	29
猪尿	31
总氮	0.46
总磷	0.14
铜	0.0027
锌	0.0043
挥发性固体	6.91

牲畜粪便温室气体减排措施主要包括选择合适的收集和堆放方式。

（1）粪便收集

我国畜禽粪便收集方式主要有干清粪、水清粪、水泡粪 3 种清粪方式。其中水泡粪、水清粪会消耗大量水，增加粪污产生量。同时这两种方式可形成厌氧环境，增加 CH_4 产生量。干清粪方式不仅能减少粪污产生量，还可减少 CH_4 产生量，具有一定优势。

(2) 粪便堆放

粪便中含有大量的有机物、氮、水，这些物质可在微生物作用下分解为 CH_4、N_2O。粪便的有效管理及处理，可降低环境污染，减少温室气体排放。在粪便堆放过程中，可添加黄土、膨润土、黏土等吸附剂，降低堆放过程中温室气体的排放。

3. 动物转基因技术

动物转基因技术是用转基因技术改良家畜、家禽和鱼类的经济性状，以及生产某些药物和蛋白质。动物转基因技术是通过实验室方法将外源基因导入其基因组，并使其与动物本身的基因整合在一起，从而在细胞分裂过程中增殖并在动物体内表达，能够稳定遗传给后代的动物方法。下面介绍环境友好型动物转基因技术。

可通过阻碍消化酶与食物的接触，降低营养物质沿肠道的扩散速度，影响养分物质的吸收和利用。如在饲料中添加酶抑制剂，可有效提高饲料消化效率，同时减少 C、N、P 的排放。然而酶抑制剂受温度、储存时间影响较大，因此，利用动物转基因技术可规避这个缺点。如用原核注射方式可获得能产生转纤维素酶的转基因猪，提高纤维的消化率。腮腺特异表达植酸酶转基因猪、腮腺特异表达木聚糖酶转基因猪，可充分利用饲料中的 P、N，减少粪便中 P、N 的排放，其减少量分别达 46.2%、16.3%。

（三）农业效率提升技术

农业效率的核心在于农业生产以最小的资源投入和环境代价，获得最大的经济社会及生态价值。

1. 电气化信息技术

在农业生产上，电气化主要是电能使用和农业生产中的机械化和自动化。积极推进耕作机、收割机、精准施肥机、变频水泵等在农业中的应用，可提升农业效率，并实现减排目的。下面以精准施肥机和变频水泵为例进行介绍。

(1) 精准施肥机

我国农业生产中化肥利用效率十分低，仅为 33%，远低于欧美发达国家 50%～60% 的平均水平。较低的化肥利用效率不仅会加剧土壤、地下水污染和温室气体排放，也严重影响我国现代化农业的发展。究其原因是传统的施肥过程主要根据个人经验及劳动意愿进行，势必会导致土壤肥料盈余或不足（其中 2/3 的化肥属于过量施用），从而引起土壤污染，造成土壤质量下降，降低农田的生态效益。精准施肥机能够结合具体生产情况，自动调节施肥量，优化施肥技术，提高化肥利用效率，减少施肥带来的环境污染。

(2) 变频水泵

在灌溉方面，传统的漫灌会消耗大量水资源，同时柴油燃烧会带来一定的空气污染，增加温室气体排放。结合电子技术推动变频水泵，应用变频水泵进行灌溉，根据实际情况，对灌溉水流量进行科学的调节，从而节约水、电资源，提高生产效益，降低环境污染风险。

在农业机械生产方面，有效保障农业耕作时间、合理规划农机配置，可有效提高农业机械的工作效率。合理安排农机之间的衔接时间，使得整地、播种、施肥、收获等作业工序在恰当时间开始，同时一定程度上增加季节性农业机械使用时间，减少农机空转时间，提升使用效率。

2. 规模养殖信息化技术

畜禽产品的大需求量促进了畜禽的规模化、集约化养殖。与传统的散养相比，规模化养殖可提高饲料转化比，提高产量，降低养殖成本。同时，规模化养殖还具有缩短畜禽生长周期、便于管理等优点。如畜禽产生的粪尿可集中排放、处理，减少管理成本及环境压力。可借助信息技术，通过智能设备运行管理，大大节约人力物力成本，提高养殖效率。

二、农田土壤固碳增汇技术

农田土壤固碳增汇技术以高产、低排、高效为目标，以增汇、减排、低能、促循环为思路，从作物品种、种植模式、耕作方式、管理措施等方面协调农田系统的碳源和碳汇。

农田土壤固碳增汇技术主要从控制碳的生产性输入及消耗、减少农田生产系统的碳排放、增加农田生产系统的碳汇，以及提高农田生产系统的碳循环利用出发，包括保护性耕作、有机肥施用、秸秆还田、节水灌溉和复合种养等。

（一）保护性耕作

农田耕作方式主要有免耕、深耕、翻耕和旋耕。耕作主要通过对土壤的扰动，改变土壤水分、温度、微生物活性及作物根系变化，进而影响土壤呼吸和土壤有机碳储量。可采用保护性耕作（如深耕、免耕）来代替常规的耕作措施，减少对土壤的扰动，降低表层土壤的碳排放。

深耕因打破犁底层、有效促进作物根系生长、提高水分利用效率而被广泛应用。如在黄土高原地区种植玉米时，深耕可使土壤 CO_2 日排放速率显著低于其他耕作方式，这可能是由于深耕增加土壤孔隙度、增强通气性，使得土壤温度快速降低，致使表层土壤微生物呼吸速率降低，利于土壤固碳减排。

免耕可以有效降低微生物的呼吸作用，降低土壤有机质矿化，增加有机碳储量，减少土壤碳排放。同时，免耕还可减少机械耕作引起的碳排放，达到间接减排的效果。研究发现，免耕可降低土壤碳排放的幅度为 7.7%～41.3%。

（二）有机肥施用

有机肥代替化肥施用是有效降低水稻产生温室气体水平的手段之一。如在常规施肥下，稻田表现为碳源，其温室气体（CO_2 当量）净排放速率为 203kg/(hm^2·a)；而施用有机肥时，稻田温室气体（CO_2 当量）排放速率为 -311kg/(hm^2·a)，表现为碳汇。研究发现常规施肥，农田表现为温室效应的源，而有机肥代替50%氮肥、有机肥处理均能将农田系统变为碳汇。

有机肥施用处理较化肥施用处理可减少温室气体排放，主要体现在：①有机肥处理可显著提高土壤微生物活力，促进养分的循环及转化，为作物提供更多的有效养分，增加作物碳储量；②有机种植可降低 N_2O 排放，化肥处理下稻田 N_2O 排放是有机肥处理的5倍左右；③化肥种植模式下的运输成本是有机肥处理的6倍；④有机种植可通过增加有机物的输入，增加土壤有机碳储量；⑤与化肥处理相比，有机种植可降低对外部投入的依赖；⑥施用有机肥可显著提高土壤黏粒含量，一般土壤黏粒含量越高，越利于土壤碳的储存。因此，有机肥种植可提高碳稳定性。

（三）秸秆还田

1. 秸秆还田固碳效益

秸秆直接还田是当前土壤改良的有效途径之一。秸秆还田不仅可以充分利用农作物废弃资源，还利于土壤有机碳累积，增强农田生态系统的固碳能力。然而，秸秆施用可增加土壤活性有机碳，为微生物提供更多碳源，刺激微生物生长，从而增加有机碳矿化，进而促进温室气体排放。可见秸秆还田既具碳汇潜力，又是重要的碳排放源。整体而言，秸秆还田增加的固碳量远大于土壤呼吸引起的 CO_2 排放量，是农田固碳减排措施之一。

对稻田系统的研究发现，秸秆还田可减少 N_2O 排放，增加稻田土壤中有机碳储量。此外，秸秆还田还可与有机肥配施，强化土壤碳汇能力。研究发现，与免耕、施用有机肥处理相比，秸秆还田和有机、无机肥配施的增汇潜力最大。

秸秆还田的固碳效果与作物品种、施氮量、耕作方式、秸秆还田年限等因素有关。稻田秸秆还田有机碳增加量比小麦、玉米秸秆还田更高。高施氮量（>240kg/hm^2）不利于有机碳的固定，施氮量为 120~240kg/hm^2 利于作物生长和土壤固碳。与单作相比，轮作条件下可增加深层土壤（>40cm）有机碳含量。较长的还田年限（6~10 年）与适当的耕作（免耕结合旋耕、翻耕）等更利于土壤有机碳的增加。

2. 秸秆还田方式

根据秸秆前处理的方式，可将其还田模式分为：直接还田、堆肥还田及炭化还田。

（1）秸秆直接还田

秸秆直接还田是将新鲜秸秆按照不同方式直接施入土壤。根据施入方式，可以分为翻压还田、覆盖还田、留高茬还田。①翻压还田是通过机械把秸秆粉碎后，直接翻入土壤；②覆盖还田是把秸秆粉碎后直接覆盖在地面，或者不粉碎整株直接覆盖在土壤上；③留高茬还田是指农作物收割时留下一定高度的秸秆，然后直接翻种到土壤中。

秸秆经过微生物作用，逐渐腐解。秸秆还田需要适当加入一些氮磷肥或者石灰，以促进秸秆腐烂。秸秆还田可有效减少秸秆搬运过程中的人力、燃油等引起的温室气体排放。另外，施用秸秆可显著提高土壤有机质、全氮的含量，增加土壤碳含量，增加土壤碳汇功能。

（2）秸秆堆肥还田

堆肥是农林废弃物处理的有效技术，也是有效减少温室气体排放的手段之一。堆肥是在微生物作用下将有机质分解为腐殖质，同时释放大量有效 N、P、K 等养分，供给作物生长。堆肥可将秸秆转化为相对稳定的有机肥和土壤改良剂，并添加到土壤中，转化为稳定的土壤碳，可减少有机废弃物中的碳降解率，达到减排的目的。

（3）秸秆炭化还田

秸秆炭化还田技术是指秸秆在完全或部分缺氧且温度相对较低（<700℃）条件下，经热裂解炭化产生炭粉，炭粉经过加工处理制成炭基肥并施用于土壤的一种技术。该技术利用了生物炭还田固碳原理，即生物质通过热解可将植物通过光合作用吸收的碳部分转化为生物炭，其含有较高的浓缩芳香碳和较低的氧，难以进行化学和生物降解。当以生物炭还田时，

可能仅有约 5% 的碳在土壤微生物的作用下缓慢矿化分解成 CO_2 返回到大气中。此过程减碳量约为 20%，整个循环过程为碳负排，且循环次数越多，减碳程度越大。秸秆炭化还田技术的一般流程包括秸秆收集、造粒、炭化、加工制炭基肥、还田等环节。

（四）其他

1. 复合种植系统

（1）轮作及间套作系统

与单作相比，轮作、间套作能增加农田系统的多样性，提高系统的固碳能力。不难发现油菜-水稻种植系统有利于提高系统年产量，可减少稻田 CH_4 排放，提高系统固碳能力；相比于双季稻和中稻系统，再生稻的农资投入和稻田 CH_4 排放量显著降低，且植株固碳量较高。油菜-再生稻系统在高产的同时，能够减少水稻种植系统农资投入和温室气体排放，提高系统固碳能力。

（2）农林复合种植系统

相对于单一的农田或者林业模式，适宜的农林复合系统如苹果-作物复合系统能改变土壤理化性质，提高土壤水分利用效率，有效增加凋落物数量和质量，增加土壤有机碳输入，提高土壤有机碳储量。复合系统能够更有效地捕获和利用光、水分、养分，通过增加植物生物量来提高固碳能力。农林复合系统可使 0~1m 土层土壤有机碳储量提高 30~300t/hm^2。

（3）种养结合模式

种养结合是一种较好的田间管理模式，有利于降低稻田温室气体排放。与水稻单作相比，稻虾模式可降低 CH_4 排放，降低幅度为 19.0%~19.5%，且增加了水稻产量。整体而言，种养结合模式有利于温室气体的减排，其减排潜力（按 CO_2 当量计）约为 284~476kg/($hm^2 \cdot a$)。

2. 水分管理技术

水分管理是农田生产中一项重要的农业管理措施，特别是在干旱与半干旱地区，灌水是获得农业高产稳产的重要手段之一。土壤水分是农田碳循环（植物光合作用、CO_2 及 CH_4 排放）的关键因子。在一定变化范围内，灌水量与农田净初级生产力固碳量和土壤 CO_2 排放量具有显著的相关性。不同灌溉方式也影响碳循环，研究发现，与漫灌相比，滴灌处理可提高系统碳含量约 25%。

3. 地膜覆盖技术

地膜覆盖技术可以有效地利用光、热、水、土壤等自然资源，实现农田高产增效。地膜覆盖技术对农田系统碳循环的影响表现在：①地膜覆盖可提高土壤温度和水分，提高养分供应，提升生物质碳含量；②地膜覆盖可通过生物量的提高来增加农田生态系统的碳输入。

4. 温室大棚碳汇技术

大气中 CO_2 的浓度普遍低于植物生长所需的 CO_2 浓度，加之温室大棚处于密闭环境且具有较高的种植密度，往往会出现 CO_2 供应不足的现象，导致作物 CO_2 吸收率降低。一般情况下，植物正常生长的 CO_2 浓度为 700~2500g/m^3，而密闭温室大棚内的 CO_2 浓度最低

时不足 $400g/m^3$，极不利于植物的光合作用。

大棚碳汇技术（即 CO_2 气肥增施技术）是指在塑料大棚种植过程中，向棚内通入一定量的 CO_2，充分满足作物生长的同时再利用光合作用将 CO_2 以有机碳的形态固定在植物体内。大棚碳汇技术可提高农作物的碳吸收和储存能力，从而提高 CO_2 气肥的利用率，减少温室气体的排放。采用大棚碳汇技术有助于提高大棚温室蔬菜产量，避免投入高、见效慢、效益低等问题。

然而，单纯且盲目地向大棚内输送 CO_2 也存在一定问题，如降低了作物中的 N、P 等元素含量，提高了作物纤维素含量，降低了果实营养，口感变差。另外，简单延长 CO_2 气肥增施时间，增产效果会逐渐减弱。因此，在大棚农业生产中，大棚碳汇技术的关键是控制 CO_2 浓度，以适量的 CO_2 进行适时输送，既能满足作物对 CO_2 的需要，又不至于造成 CO_2 过多向外界环境排放，使土壤 pH 和空气中 CO_2 浓度过大，引起作物无氧呼吸，根茎腐烂，甚至发生各种霉变，造成作物减产等严重经济损失。这就要求在作物生长过程中对 CO_2 需求及环境中的 CO_2 浓度实施监测。

5. 土壤微生物固碳技术

微生物对碳的固定主要有异养固定、自养固定和兼养固定 3 种类型。异养固定是指异养微生物把有机化合物分为碳源和能源，在自身的代谢过程中将 CO_2 储存在细胞内或受体分子上。自养固定是指自养微生物利用光能或化学能同化 CO_2，生成中间代谢产物或微生物自身细胞组成的过程。

自养微生物根据其利用能量的不同又分为光能自养和化能自养两类。化能自养微生物在土壤中广泛存在，在没有光和有机物的情况下，通过无氧和有氧呼吸从无机物中获得能量，这类微生物主要有铁细菌、硝化细菌、硫细菌、氢细菌等。光能自养微生物在细胞内都含有光合色素，可以利用光能将 CO_2 转化为有机物，这类微生物主要有微藻类（蓝藻门、绿藻门、金藻门、红藻门）和光合细菌（蓝细菌、红细菌、红螺菌等）。自养微生物广泛分布于农田生态系统中，其环境适应能力较强，且在 CO_2 固定方面有巨大潜力。

不同耕作措施可影响自养微生物群落的丰度及固碳速率。研究发现，在黄土高原半干旱区长期进行免耕秸秆覆盖能够增加土壤细菌群落多样性、丰富度，以及自养固碳微生物碳源利用能力和代谢功能多样性，进而提高土壤质量，增加土壤碳固存。

三、农业有机废弃物资源化利用技术

农业有机废弃物是指农民在进行农业生产活动中产生的废弃物，主要包括粪便和秸秆。以 CO_2 当量计，我国每年因秸秆、畜禽粪便产生的潜在温室气体排放量分别达 6.51×10^{15} g、1.23×10^{14} g。合理利用农业有机废弃物，能够减少资源的浪费，降低生产成本，还可有效缓解环境压力，减少农业温室气体排放，实现生态循环农业。同时，农业有机废弃物替代部分化石能源可在减少农业碳排放的同时解决我国能源短缺问题。

（一）农业有机废弃物资源化

对粪便、秸秆等农业有机废弃物进行适当的处理如堆肥或发酵后再利用，可显著减少农业温室气体排放，主要体现在：①粪便处理后可有效减少其在堆放过程产生的温室气体；②粪便处理后还田还可显著提高土壤固碳量。

1. 好氧堆肥还田

粪便、秸秆等农业有机废弃物均含有大量的养分，其肥效与化肥相似，且肥效更持久，是成本低廉的优质有机肥。好氧堆肥是一种将粪便（或秸秆）在高温湿润环境下发酵、无害化的处理方式。

(1) 好氧堆肥原理

好氧堆肥原理是通过控制堆肥物料的碳氮比（C/N）和含水率，在有氧的条件下使得堆肥中的微生物大量繁殖，并利用微生物降解有机物，最终形成腐殖质的过程。好氧堆肥前期碳源充足，微生物活动剧烈，使得物料快速升温（可达50~70℃）。在高温下，病原微生物被杀死，达到无害化处理目的。一段时间后，碳源减少，堆体温度下降，并进入长时间的腐熟阶段，形成安全无害且养分含量高的有机肥。这类有机肥具有较高的腐殖酸、碳、氮、阳离子交换量等，利于微生物及植物吸收。

好氧堆肥可将粪便的有机质固定，以降低粪便 CH_4 排放。堆肥后产生的粪便有机肥施用于农田，可有效提高土壤、植物固碳量，降低农田碳排放，使得整个系统增加固碳量。这主要是因为：①施用堆肥后的粪便可显著提高土壤有机质含量，促进土壤形成团聚体，改善土壤通气性、提高保水保肥能力，提高土壤固碳能力；②粪便有机肥施用还可提高土壤微生物多样性、土壤酶活性、土壤养分含量，从而有效提高植物固碳量。

(2) 好氧堆肥工艺

一般堆肥过程采用好氧发酵工艺。好氧堆肥是指在好氧环境下，微生物对原料进行吸收、氧化及分解的过程。堆肥原料通常需要以一定的比例混合，人为地将堆料中的C/N、含水率、pH、温度等条件控制在适合微生物新陈代谢的范围。有机物质在堆肥过程中经历腐殖化、无害化、矿质化，降解为可被植物吸收的N、P、K，并构成提高土壤肥力的活性物质——腐殖质。

(3) 影响好氧堆肥腐熟的因素

好氧堆肥过程受物料种类、温度、含水率、含氧量、pH、C/N、原料粒径、添加剂等因素影响。

① 物料种类：不同物料元素组成及性质不同，导致堆肥腐殖化特征不同。堆肥常用的物料有粪便、秸秆等有机废弃物。一般动物粪便含水率高、C/N低、孔隙度低；秸秆等含水率低、C/N高、孔隙度和木质化程度高。一般C/N高的有机物堆肥产生的腐殖质含量较高，如秸秆堆肥较动物粪便堆肥产生的腐殖质高。当含水率较高时，有机物的降解较慢，堆肥时间相对延长。

② 温度：根据温度的变化，堆肥过程可分为升温、高温、降温、腐殖化四个阶段。高温有利于微生物对多糖、蛋白质和脂肪的降解，且高温阶段发生得越早，有机物降解和稳定的时间越早。高温条件下，木质纤维素降解产生的酚、醌等物质，是形成腐殖质的重要前体物质。但当温度过高，超过微生物的耐受温度时，会导致微生物死亡，温度迅速下降，堆肥停止。

③ 含水率：含水率影响堆肥体积密度、空气渗透性和热导率等物理特性及营养物质代谢、转移和运输等生物过程。含水率过高会阻碍气流通过基质，形成厌氧环境；含水率过低

会降低微生物活性，影响堆肥腐熟进程。可以加入调理剂改变含水率。一般堆肥基质中含水率控制在 50%～60%。

④ 含氧量：含氧量影响微生物活性，从而影响堆肥品质。氧气缺乏可造成厌氧发酵，降低堆肥治理质量，但氧气过高可导致有机物料过分分解，减少腐殖质形成。堆肥腐熟需要在连续供氧条件下进行，一般采取强制通风或翻堆的方式供氧。

⑤ pH：pH 可直接影响微生物活性，从而影响堆肥腐熟过程。在好氧堆肥过程中，微生物活动可释放有机酸，降低 pH，而有机酸的降解及氨类碱性物质生成可提高 pH。

⑥ 碳氮比（C/N）：较高的 C/N 有利于有机物的氧化，从而使其快速稳定；较低的 C/N 则有利于有机质的积累，降低腐熟程度，增加氮损失。加入添加剂可调节堆肥 C/N，促进腐熟过程。一般初始 C/N 为 25～30 最佳，随着堆肥的推进，C/N 会表现出降低的趋势，主要是因为氮矿化的速率高于碳矿化的速率。

⑦ 原料粒径：粒径的大小可影响堆肥体系的通气程度和水、气交换，从而影响堆肥产品的持水能力。粒径过大会导致氧气在堆肥物料中停留时间短，微生物反应不充分；粒径过小容易形成致密物质，降低堆肥产品的孔隙度，不利于水、空气传质。

⑧ 添加剂：大部分原料由于自身性质的原因，导致堆肥腐熟困难，需要加入添加剂改善堆肥发酵环境，可通过加入有机物质、无机物及微生物菌剂进行调理。例如，当堆肥物料颗粒较小或含水率高时，可添加秸秆、木屑、废纸等有机物质，以增加孔隙度，提高堆肥产品的保水性，促进腐殖质形成；可额外添加生物炭、沸石等吸附性能较好的物质，减少堆肥碳排放、氮损失；添加鸟粪石可在减少氮损失的同时提高堆肥温度；微生物菌剂可促进纤维素降解，促进堆体化学反应，提高腐殖质含量，加速堆肥腐熟。

(4) 堆肥腐熟度评价

腐熟度是用来衡量堆肥产品腐熟程度的参数，是指堆肥过程中有机物在微生物作用下经过矿化、腐殖化后，达到稳定化、无害化的程度的重要指标，也是确保堆肥在施入土壤后不会对植物造成伤害的关键因素。腐熟度一般可以用物理、化学、生物学方法进行鉴定。

① 物理指标：包括堆体颜色、气味、温度等。堆肥经历了升温、高温、降温期，最终堆肥过程成熟的堆体温度较低。堆肥发酵过程中会产生 NH_3 等气体，而腐熟后这些臭气消失。堆肥后堆体中有结块现象，并呈现黑褐色。堆体呈现以上特征则表明堆肥已经达到腐熟程度。

② 化学指标：堆肥腐熟后堆体中的化学反应趋于稳定。可以根据堆体中有机物的化学成分、性质来判定物料的腐熟程度。一般当堆体中的铵态氮/硝态氮为 0.03%～0.19%、腐殖化系数大于 1.9、C/N 为 0.53～0.72 时，表示堆肥达到腐熟。

③ 生物指标：可以用生物毒性指标来指示。当发芽指数达到 80%～85% 时，认为堆肥对植物没有毒性，达到腐熟程度。

2. 厌氧发酵利用

厌氧发酵是指粪便（或秸秆）等废弃物在合适的水分、温度条件下，在微生物作用下进行分解、代谢，最终形成 CH_4、CO_2 等混合气体的过程。

(1) 厌氧发酵过程

一般将厌氧发酵分为水解、酸化、产氢产乙酸、产甲烷四个阶段，其中发挥主要作用的菌群为非产甲烷菌和产甲烷菌。

① 水解阶段：水解阶段为有机物质被分解为葡萄糖等单糖和氨基酸等简单物质的过程。大分子有机物无法通过被动运输的方式直接渗透细胞膜进入细胞，而是需要酶的水解作用，转化为小分子后才能直接被植物吸收。

② 酸化阶段：酸化是指微生物利用溶解性有机物进行代谢的过程。其产物受厌氧发酵条件、底物类型和微生物种类影响。如以糖、氨基酸等为底物进行厌氧发酵，二者酸化的最终产物是乙酸，同时产生 CO_2、H_2O 等小分子。酸化过程的 pH 为 4，此环境不利于产甲烷菌生长，因此，酸化过程一定程度上会影响 CH_4 的产生。

③ 产氢产乙酸阶段：在产氢产乙酸菌的作用下，挥发性酸、醇类物质转化为乙酸、H_2、CO_2。乙酸形成过程中，产乙酸菌可以通过代谢调节发酵体系的氢分压，通过降低氢分压，从而促进乙酸的形成。

④ 产甲烷阶段：产甲烷阶段是严格的厌氧过程。这个过程中，产甲烷菌利用乙酸、H_2、CO_2 等物质作为基质，生成 CH_4、H_2O。

按照营养类型不同可将产甲烷菌的产甲烷途径分为三类：

第一类：产甲烷菌在 H_2 存在条件下还原 CO_2 生成 CH_4，见式(9-1)。这类反应为 H_2/CO_2 途径，在自然界最为普遍。

第二类：产甲烷菌利用乙酸作为基质，还原乙酸生成甲烷，见式(9-2)。这类反应为乙酸发酵途径，贡献了自然产生甲烷的 70%，是 CH_4 的主要来源。

第三类：产甲烷菌通过 Mtr 酶将甲基化合物活化，见式(9-3)，一部分通过 H_2/CO_2 途径生成 CH_4，一部分则还原为 CH_4，见式(9-4)。

$$CO_2 + 4H_2 \rightleftharpoons CH_4 + 2H_2O \tag{9-1}$$

$$CH_3COOH \rightleftharpoons CH_4 + CO_2 \tag{9-2}$$

$$4CH_3OH \rightleftharpoons 3CH_4 + 2H_2O + CO_2 \tag{9-3}$$

$$CH_3OH + H_2 \rightleftharpoons CH_4 + H_2O \tag{9-4}$$

(2) 影响厌氧发酵的因素

厌氧发酵产甲烷过程受温度、pH、氧化还原电位、C/N 等因素影响，控制好这些因素可以有效调控各阶段微生物生长代谢，优化发酵工艺。

① 温度。温度可通过影响微生物酶活性影响微生物代谢。温度越低，酶活性越低。厌氧发酵中微生物根据其适宜温度可分为嗜冷、嗜中温、嗜热微生物，它们的最适宜温度分别为 0~20℃、20~42℃、42~75℃。

② pH。pH 直接影响厌氧发酵系统中微生物的生长代谢，其作用机理包括两个方面。改变细胞表面点位，影响跨膜运输；改变营养物质供给平衡，影响参与微生物生长代谢的酶活性。产甲烷菌的最适宜生长 pH 为 6.8~7.8。当体系 pH 较低时，体系中挥发性脂肪酸和 H_2S 含量增加，抑制产甲烷菌活性；当 pH 过高时，游离的 NH_4^+ 转化为 NH_3，会对微生物产生毒害作用。可通过手动添加酸碱度溶液和添加适当的缓冲液来调节体系的 pH。

③ 氧化还原电位。氧化还原电位会随着发酵液的溶氧过程而升高，过高的氧化还原电位会对产甲烷菌可产生毒害作用，破坏厌氧发酵系统稳定性。对于严格厌氧的产甲烷菌而言，需要保证系统的氧化还原电位为 -400~-150mV。

④ C/N。碳、氮是厌氧菌发酵过程中的必要元素。碳为微生物的细胞结构提供物质基础，并为其生命活动提供能源。氮是合成蛋白质、核酸、酶的主要成分，对新细胞的产生至

为关键。一般而言，C/N 为 20~30 最为适宜，过高或过低都会影响发酵的稳定性。可以通过添加含碳或含氮较高的物质等来调节系统的 C/N。

(3) 厌氧发酵产物

发酵产生的气体为沼气，剩余部分为沼肥（包括沼液、沼渣）。不同原料、不同发酵工艺制备的沼渣、沼液性质不一样。发酵的产物是一种较为复杂的有机复合体，一般呈黑色或灰色，碱性。在物理形状上，沼液为一种浆状胶体，而其固态部分称为沼渣。

沼渣、沼液中含有多种营养物质，是高品质的肥料，可用于还田，实现废弃物资源化利用。经过发酵后，90% 的营养物质得以保留，其中 P、K 回收率达 80%~90%，因此，沼渣、沼液含有丰富的养分物质。在组分上含有机质 30%~50%、腐殖酸 10%~25%、N 0.8%~1.5%、P 4%~0.6%、K 0.6%~1.2%。此外，沼渣、沼液中含有大量的有益微生物。以上性质为沼渣、沼液的农用提供了重要的物质基础。同时，沼渣、沼液的施用可显著提高土壤的固碳能力。此外，沼气工程还可以产生沼气供给村民使用。该方法具有较好的固碳减排效益。

然而，粪便中还含有一定的重金属、抗生素等污染物，其在发酵过程中不能完全去除，从而导致沼渣、沼液还田可能有一定的风险。因此，在发酵过程中添加钝化剂如粉煤灰、活性炭等，可以去除产物中的污染物，降低其还田危害。

(4) 发酵产物农用技术

沼液中含有大量小分子氨基酸、蛋白质、生长素、维生素等水溶性养分物质，可以刺激植物生长，是一种优质、高效的有机液肥。与普通有机肥相比，沼液中 N、P、K 含量分别比有机肥高 22.1%、17.5%、20.1%。此外，沼液中含有丰富的 Fe、Mn、Zn 等微量元素，是一种多元的复合肥，具有较大的应用价值。沼液农用可显著提高土壤酸碱度，防止土壤酸化。沼液农用还可提高土壤有机质含量，提高土壤缓冲性和保肥性，促进土壤团粒结构形成，增加土壤碳储量。

从养殖场循环经济角度考虑，将沼渣、沼液还田是最直接、有效的处理方式。目前较为常用的农用模式有以下三种。

① 浇灌。将沼渣、沼液直接浇灌，或加一定比例的清水混合后浇灌，或先简单沉降后用上部分含固体物质较少的清液与清水混合浇灌。沼渣、沼液直接浇灌简单易行，N 挥发量较少，但沼渣难渗入土壤，影响耕作和环境。

② 沼渣制备有机肥。沼渣营养成分丰富、养分含量全面，是一种优质的土壤改良剂和有机肥。然而未经处理的沼渣可能含有植物毒素和刺激性气体。因此，沼渣在施用前有必要进行适当处理。沼渣脱水后制备成有机肥或有机无机复合肥施用，是一种较好地提升肥效、改善土壤质量的方式。脱水可以有效提高运输距离，但氮素挥发量较大。采用好氧堆肥方式处理沼渣，可以提高有机肥品质。在堆肥过程中可能存在氮素损失现象，从而降低沼渣的营养价值，可以通过加入添加剂、覆膜等方式减少氮损失。

③ 沼液灌溉与叶面喷施。

a. 沼液灌溉。沼液经过曝气、沉淀工艺后，沼液中部分有机物被分解，随后悬浮颗粒物被去除；将滤液通过过滤系统，去除沼液中的颗粒和胶体物质。经处理达标后的沼液方可用于农田系统。施用方式包括：引入农田灌溉系统；通过外源添加营养物质生产有机液肥，代替部分化肥施用于农田。

b. 叶面喷施。沼液中含有植物生长所需的多种水溶性养分,可作为叶面肥直接喷施于叶类蔬菜。厌氧消化的沼液不能直接进行喷施,主要是因为养分含量较高,特别是氨氮,会烧坏作物,需要进行简单的过滤、稀释后施用。

3. 有机废弃物资源化固碳效益分析

粪便、秸秆经堆肥、发酵处理后,进行农用处理具有较好的固碳减排效益。

(1) 种植系统

种植系统的减排效益包括:①通过堆肥或沼渣、沼液还田,增加了土壤固碳能力,减少了作物种植过程释放的温室气体;②秸秆用于堆肥或者发酵,减少了秸秆燃烧带来的温室气体排放;③通过发酵工程产生的沼气用于代替化石燃料,减少了因化石燃料等能源燃烧带来的温室气体排放;④通过有机堆肥或沼渣、沼液还田,可代替部分化肥的施用,减少了用于生产化肥所带来的温室气体排放,同时还减少了过量的化肥(特别是氮肥)施用带来的N_2O排放。

(2) 养殖系统

养殖系统的减排效益包括:①粪便进行堆肥化或能源化利用,减少了粪便直接排放产生的温室气体;②发酵工程产生沼气,生产了更清洁的能源,减少了化石燃料燃烧。研究发现,粪便发酵模式的温室气体减排能力高于粪便还田模式。

以发酵还田模式为例,分析其碳汇效益,发现利用沼气工程资源化农业有机废弃物是有效的减排技术。据统计,如果我国所有的农业废弃物均用于沼气工程,可产生约$4.23 \times 10^{11} m^3$沼气。去除物料投入、沼气泄漏、沼气燃烧带来的温室气体排放,利用沼气工程处理农业废弃物可有效减少温室气体CO_2排放当量达$3.98 \times 10^4 kg/a$。厌氧发酵技术可促进生态循环农业的发展,不仅有效减轻了粪便排放和化肥过量施用造成的面源污染,还减少了农业温室气体排放,促进实现农业节本增效。

畜禽养殖废弃物资源化模式的处理工艺包括好氧堆肥处理工艺、固液分离工艺。采用的设备包括喷灌设施、输送管道、沼液储存罐、粪肥撒施机、粪污收集机,以上设备集成了畜禽养殖废弃物资源化处理体系。通过与种植户、养殖场开展合作,建立了较好的废弃物无害化、资源化系统:养殖场→粪污→沼气发酵→沼渣、沼液→堆肥发酵→种植。

(二)农业有机废弃物能源化

1. 生物天然气能源化技术

生物天然气是指以有机废弃物(如畜禽粪污、农作物秸秆)为原料,通过厌氧发酵和净化提纯处理得到的与常规天然气性质(CH_4含量>97%、热值>31.4MJ/m^3)高度相似的可再生燃气,生物天然气可作为常规天然气的重要补充。

(1) 生物天然气生产工艺

一般由原料预处理、厌氧发酵、沼气净化及提纯、固液分离、有机肥生产等过程组成。以秸秆与畜禽粪污作为混合原料进行厌氧发酵,具有稀释抑制物与有毒组分、增加有机质含量、充分利用反应器的体积、调节C/N、增强厌氧反应过程稳定性、提高厌氧发酵效果等诸多优点。

厌氧发酵产生的生物天然气,除含有CH_4和CO_2外,还含有H_2S气体。对于以秸秆与畜禽粪污为混合原料进行厌氧处理产生的沼气，其中 H_2S 气体含量可高达 $1500\times10^{-6}\sim 2000\times10^{-6}g/m^3$，需进行脱硫以及脱水、除杂等净化处理。净化处理后的沼气再通过高压水洗法、变压吸附分离法、膜分离法、醇胺法等工艺进行脱碳提纯得到生物天然气。厌氧发酵产生的渣液，通过螺旋挤压机、板框压滤机等进行固液分离。分离后得到的沼渣经过堆沤发酵、腐熟、造粒等过程制备成固体有机肥。分离后得到的沼液则通过一般浓缩或膜浓缩等方式制备成液体有机肥。

（2）生物天然气的应用

经有机废弃物发酵后得到的生物天然气，可进行发电、供暖，代替不可再生资源供给农村使用，以抵消化石燃料等燃烧引起的 CO_2 排放，具有碳减排效益。如辽宁省铁岭市昌图县三江村采用秸秆打捆直燃集中供暖，安装 2 台 6t 蒸发量的锅炉，供暖面积达到 9 万 m^2，为全村集中居住的 660 户农户及中心小学、镇政府等集中供暖，据测算，年消耗秸秆 6984t，可替代 3492t 标准煤，实现减排 CO_2 当量 9184t。

某沼气发电示范项目汇集了面粉、挂面、饲料、生猪养殖、物流、有机蔬菜种植、沼气发电、污水处理等多个产业。收集村民的生活污水、养殖场的畜禽粪水、农作物秸秆等进行厌氧发酵，产生沼气后进行提纯，进入电厂发电，产生的电能并入电网进行输送，产生的沼渣、沼液部分还田，部分进行有机肥的生产。该沼气工程产生的能源代替无烟煤后，可减少 CO_2 排放约 3300t，是有效的减碳工程。

2. 有机废弃物发电技术

生物质发电技术是最成熟、发展规模最大的现代生物质能利用技术。通过耦合农业废弃生物质发电和碳捕集与封存，将发电过程中释放的 CO_2 捕集起来并封存于地下深部储存，可实现碳负排。

第三节 交通运输领域碳中和技术

交通运输领域在全球范围内产生了约 25% 的温室气体（以 CO_2 为主），其中 72% 来自公路运输。2018 年，中国交通运输领域占全国终端能源消耗量的 10.7%，道路、铁路、水路和民航运输分别占交通运输领域碳排放总量的 73.4%、6.1%、8.9% 和 11.6%。

一、能效提升技术

交通运输领域的能效提升技术包括发动机优化、动力系统电气化、低阻力技术研发和轻量化等，主要通过提升发动机热效率、降低重（质）量和阻力等手段减少油耗，从而实现能效提升、节能减排。

本小节主要从汽车、飞机、铁路和船舶等方面分别介绍适用于各交通工具的能效提升技术。

（一）汽车能效提升技术

1. 轻型汽车

（1）内燃机提升技术

内燃机是指将液体燃料或气体燃料和空气混合后，直接输入发动机内部并使其燃烧产生热能再转变为机械能的装置。内燃机是内燃动力汽车的动力核心，也是碳排放主要来源，其提升技术对于降低汽车碳排放十分重要。表 9-4 为目前领先的轻型汽车内燃机碳减排技术及其削减效果。

表 9-4 轻型汽车内燃机碳减排技术及其削减效果

发动机技术	碳排放削减/%	存在问题和收益	应用状态
阿特金森循环	3~5	最大功率和扭矩降低	已应用
可变气缸停缸技术+轻度混合动力	10~15	噪声、振动	已应用
稀薄燃烧缸内直喷	10~20	高 NO_x 和 PN[①] 排放	已应用
可变压缩比	10	污染物减排	已应用
火花辅助压燃点火	10	—	已应用
汽油直喷压燃点火	15~25	高 HC[②]，低 NO_x、碳烟和排气温度	开发中
发动机喷水	5~10	高 HC，低排气温度和 NO_x	开发中
预燃室燃烧	15~20	高 PN，冷启动排放，低 NO_x	开发中
均质燃烧	15~20	高 PM[③]，低 NO_x 和 HC	开发中
专用废气再循环	15~20	需稳定的高稀释 HC 捕集	开发中
两冲程对置活塞柴油发动机	25~35	需 DPF[④]+SCR[⑤]	开发中
反应性压缩点火	20~30	运输负载范围降低	开发中

① 颗粒物数量。
② 碳氢化合物。
③ 颗粒物质量。
④ 柴油颗粒过滤器。
⑤ 选择性催化还原。
注：摘自 Joshi A，2020。

另外，通过在轻型汽车上配置稀薄燃烧缸内直喷及发动机喷水等技术，可以在现有基准技术上，实现 3%~35% 的碳减排。但可能会带来碳氢化合物和颗粒物等污染物排放增加的问题。

（2）动力系统电气化

汽车动力系统指将发动机产生的动力，经过一系列的动力传递，最后传到车轮的整个机械布置过程。

动力系统电气化主要包括轻度混合动力、全混合动力、插电式混合动力、纯电池动力和燃料电池等方面，本小节电气化主要指混合动力，纯电池动力和燃料电池在第三小节介绍。

混合动力一般指油电混合动力，即燃料（汽油、柴油等）和电能的混合，可在汽车运行的不同阶段采用电能和燃料的交替或者混合使用，实现碳减排。

根据动力分配比例，混合动力汽车可分为轻度、中度和重度三类混合动力车型。

① 轻度混合动力：以发动机为主要动力源，电机作为辅助动力，具备智能启停、电动

助力、制动能量回收等功能，主要采用带式传动兼顾启动和发电功能的电机；

② 中度混合动力：与轻度混合动力不同的是，在车辆加速和爬坡时，电机可向车辆行驶系统提供辅助驱动转矩，主要采用集成启动/发电一体式电机；

③ 重度混合动力：以发动机和电机作为动力源，且电机可以独立驱动车辆正常行驶。

部分混合动力汽车在原有发动机的基础上，增加驱动电机、智能电驱单元和大容量蓄电池等组成混合动力系统。通过蓄电池高压供电，在起步停车阶段实现纯电动驱动，在加速阶段，电机与发动机同时工作，显著改善汽车燃料经济性和动力性。

对不同动力系统轻型汽车的生命周期碳排放综合研究结果表明：基于全球发电的平均碳排放强度，与内燃机轻型汽车相比，混合动力汽车、插电式混合动力汽车和燃料电池汽车的碳排放当量分别下降约20%、28%和19%。

上述动力系统轻型汽车生命周期CO_2当量排放见表9-5。

表9-5 不同动力系统轻型汽车生命周期CO_2当量排放

排放环节	内燃机排放量/t	混合动力排放量/t	插电式混合动力排放量/t
汽车组件	4.9	5.3	5.4
汽车组装	1.0	1.1	1.1
汽车电池	—	—	0.6
燃料生产	4.8	3.5	10.4
燃料注入	23.8	17.7	7.2
合计	34.5	27.6	24.7

注：摘自IEA Global EV outlook，2020。

（3）汽车轻量化

汽车轻量化是指在保证汽车的强度和安全性能的前提下，尽可能地降低汽车的整备质量。当乘用车车身质量减少100kg，每升油多行驶1km，说明轻量化可提高汽车的动力性，从而减少燃料消耗和降低排气污染。

车身轻量化技术主要包括四个方面：

① 对车型规格进行优化，在确保主参数尺寸基础上，提升整车结构强度，降低材料用量；

② 使用铝、镁和碳纤维复合材料等轻质材料；

③ 利用计算机进行有限元分析、局部加强处理等，从而优化结构设计；

④ 减薄车身板料厚度，采用承载式车身。

截至2021年，中国主流轻型汽车车身的高强度钢板应用比例均达到50%，铝合金平均单车用量约为120kg，镁合金平均单车用量不超过5kg，距离国际领先水平尚有差距。

2. 重型汽车

重型汽车能效提升与轻型汽车路径大体相似，均主要从内燃机技术等方面进行提升。

根据美国中型和重型汽车油耗与碳排放的研究报告，在发动机提升基础上，对车辆进行改进，如减少空气动力阻力和车轮滚动阻力，预计到2030年可在2019年基础上减少碳排放量约30%；此外在城市驾驶条件下，混合动力的应用预计可将油耗降低20%~30%。表9-6为重型汽车发动机碳减排可行技术和潜在的碳减排效果。

表 9-6　重型汽车发动机碳减排技术及效果

技术	碳排放削减/%
55%制动热效率发动机	12～19
废热回收	3～4
车身轻量化	3～4
减少空气动力和车轮滚动阻力	8～20
动态气缸停缸技术	3.5～9
48V轻度混合动力	10～20
高度混合动力化/城市应用	20～30

注：摘自 Joshi A，2020。

（二）飞机能效提升技术

飞机能效提升技术主要包括飞机轻量化、结构改进和发动机效率提升技术等。

1. 轻量化技术

飞机轻量化技术可以分为轻量化材料应用、结构优化设计和先进制造工艺三种。

（1）轻量化材料应用

机体材料轻量化能够大大降低飞行油耗，减少碳排放。通过减轻飞机重（质）量等技术，当前客机平均能效相对于 20 世纪 60 年代提升了约 80%。

飞机轻量化主要是采用碳纤维复合材料、铝合金、镁合金、高强度钢等轻量化材料，制造飞机的蒙皮和内部构造部分。例如，空客 A380 通过在中央翼盒使用复合材料，相比原有铝合金结构减重 1.5t，波音 787-8 飞机复合材料使用比例达到 50%，实现减重 20%，极大地减轻了飞机基本重（质）量。

（2）结构优化设计

结构优化设计包括尺寸优化、形状优化和拓扑优化：①尺寸优化是确定结构最佳尺寸的最基本方法，主要对象是杆件截面积、板壳厚度等；②形状优化主要针对结构外边界或孔洞形状；③拓扑优化用于确定设计域内最佳材料分布，从而使结构在满足特定约束条件下将外载荷传递到结构支撑位置，同时结构的某种形态指标达到最优，在实现结构减重的同时，也增强了结构的性能。

（3）先进制造工艺

先进制造工艺包括增材制造、先进金属制造工艺等。

可制造性是飞机结构设计过程中必须考虑的关键要素。在材料选择、结构优化设计过程中，必须考虑可制造性方面的问题。例如，钛合金具有非常高的比强度和其他优良性能，但其应用受到制造成本高的限制，拓扑优化设计的结果往往是复杂的几何形状，有时不能通过铸造等传统制造工艺制造。因此以增材制造（又称 3D 打印技术）为代表的新型制造工艺是飞机结构轻量化的关键。相对于传统对原材料去除、切削、组装的加工模式，增材制造是一种"自上而下"材料累积的制造方法，可以制造出具有复杂几何形状的结构，并且可以释放制造约束。

2. 结构改进

改进结构，减小阻力，也可以降低飞机能耗。

加装小翼为飞机结构改进技术之一。20世纪80年代中期,波音公司研发飞机小翼,通过加装翼尖小翼可大幅减少飞行时翼尖涡流带来的阻力,有效地实现了节省燃料和减少碳排放的目的,同时延长飞机航程,并提升有效载荷。

3. 发动机效率提升技术

传统飞机使用活塞和燃气涡轮发动机作为主要动力系统,存在能量转换效率低下的问题。发动机电气化技术是一种典型的效率提升技术,电能的转换效率能够由传统动力的40%提升到70%。

20世纪80年代,空客公司首次将电传飞控系统用于商业航班,进入21世纪后,多电/全电飞机问世,电能替代气压和液压开始成为部分机械装置的驱动力。但这部分能源消耗占飞机所需总能量的比例较低,仍需进一步完成飞机发动机电气化。

目前飞机发动机电气化主要有两条路线:一是小型飞机使用电池作为发动机供电;二是大型飞机仍需使用燃气涡轮发动机,但可在其驱动系统中加入电动机,构成混合动力系统。

为实现航空电机系统最终应用,仍需持续开发高功率密度高效电机、高温高频功率变换器和航空电机系统集成技术。

目前全球正在设计并联式混合电推进系统验证机,采用1台1MW内燃机和由电池供电的1MW电动机替换飞机中1台常规涡轮螺旋桨发动机,预计将节省30%的燃料。

(三)铁路能效提升技术

铁路能效的提升主要通过电气化铁路和铁路新型基础设施建设来实现。

1. 电气化铁路

电气化铁路是指能供电力火车运行的铁路,这类铁路的沿线都需要配套相应的电气化设备为列车提供电力保障。

电气化铁路是伴随着电力机车的出现而产生的,因为电力机车本身不自带能源,需要铁路沿途的供电系统源源不断地为其输送电能来驱动车辆。中国电气化铁路总里程已突破4.8万km,位居世界第一。但这也带来了巨大的能源消耗,2019年全国铁路总耗电量高达755.8亿kW·h,其中牵引能耗占据60%以上总能耗。电气化铁路牵引供电系统仍需要解决耗电量大、系统损耗高和利用程度不足等技术问题。

2. 铁路新型基础设施建设

铁路新型基础设施建设技术主要包括铁路智能监测和发展智能高速动车组技术等。

铁路智能监测技术是指实现动车组、机车、车辆等载运装备和轨道、桥隧、大型客运站等关键设施的服役状态在线监测、远程诊断和智能维护的技术。监测技术包括轨道状态检测技术等,通过集成惯性导航、卫星导航、测量机器人和精密轨道小车等硬件,对轨道静态几何状态完成快速检测,提升铁路机车运行能效。

发展智能高速动车组指采用云计算、物联网、大数据、北斗定位、下一代移动通信、人工智能等先进技术,与高速铁路技术集成融合。目前中国已启动速度为400km/h等级的CR450智能高速动车组研制。

(四)船舶能效提升技术

船舶能效提升技术主要包括优化船舶设计、减轻船舶重(质)量和船舶电气化等。

1. 优化船舶设计

优化船舶设计目的是降低航行阻力和提高推进效率,包括降低兴波阻力、风阻和螺旋桨效率优化等水动力优化技术。例如,船体线型优化可降低船舶在航行中的阻力;纵倾优化保证船舶以最节能姿态航行;改变船舶表面设施布局降低船舶风阻;低阻力漆面降低水线下阻力;优化螺旋桨设计,使用大直径螺旋桨对低速主机进行匹配以提升螺旋桨效率。某公司对原油运输船的船体线型进行优化后,油耗降低了5%。

2. 减轻船舶重(质)量

减轻船舶重(质)量主要通过优化船体结构和复合材料替代来实现,通过使用碳纤维等复合材料对普通钢材进行替代,可减轻40%以上的整船重(质)量,极大地减少燃油消耗量。

3. 船舶电气化

船舶电力系统指将传统船舶相互独立的机械推进系统和电力系统以电能形式合二为一,通过电力网络为船舶推进、通信导航、特种作业和日用设备等提供电能,实现全船能源的综合利用。

我国已开展船舶电气化项目的初步研究,研制了柴电混合动力拖轮,实现了柴油机单独推进、电机单独推进、油电混合推进模式,相同拖力下相比传统拖轮主推进柴油机装机功率减小20%,综合能效提升10%以上。

二、替代燃料技术

通过使用低碳或无碳的燃料可从源头减少交通运输领域的碳排放,替代燃料主要包括生物燃料、甲醇汽油、液化天然气和氨等清洁燃料。

(一)生物燃料

生物燃料指利用生物质生产的液体或者气体燃料,应用于交通运输领域的主要包括生物柴油、生物航空煤油和乙醇汽油等。根据美国中型和重型汽车油耗与碳排放的研究报告,使用生物柴油等低碳燃料,可使油井到车轮的碳排放减少约80%。

目前生物燃料已经发展了两个阶段,第一阶段为常规生物燃料,是指以当前成熟技术进行大规模商业化生产的生物燃料,其主要以农作物本身为原料。第二阶段为先进生物燃料,主要以农林牧等有机废弃物为原料(并非农作物本身),通过新型工艺提高燃料适用性,可更大比例与化石燃料掺混使用,对汽车发动机影响较小。

1. 生物柴油

生物柴油是植物油、动物油、废弃油脂或微生物油脂与甲醇或乙醇经酯化而形成的脂肪酸甲酯或乙酯。生物柴油分子量与柴油较为接近,有较好的相容性,可单独或与传统柴油混用于机动车,为优质的传统柴油替代燃料。

2. 生物航空煤油

生物航空煤油主要利用动植物油脂、木质纤维素和微藻等原料,使用加氢技术和催化技术制备。由于其与航空煤油性质仍有一定差异,目前主要以低于1∶1的体积比与传统化石航空燃料混合,应用于航空器中。

生物航空煤油的主要合成技术路线中,微生物油脂、油脂加氢及费托合成具有显著的碳减排效益,是目前主要发展的技术方向。

生物航空煤油受加工成本等限制尚不能广泛应用,80%的航空煤油目前仍由常规石油炼制得到。生物航空煤油开发在全球范围内刚刚起步,航空煤油原料生产新技术也处于逐步开发中,如微藻养殖生产生物航空煤油技术,餐饮废油、地沟油加工生产航空煤油技术,以及秸秆热解—加氢脱氧生产航空煤油技术等。

3. 乙醇汽油

乙醇汽油是指由粮食及各种植物纤维加工成的燃料乙醇与普通汽油按一定比例(按照中国的国家标准,乙醇汽油是用90%的普通汽油与10%的燃料乙醇调和而成)混合形成的替代能源。

车用乙醇汽油的制备主要有化学合成法和生物质发酵法两种。

以E10(10%的乙醇加上90%的汽油及添加剂)乙醇汽油燃料为例,使用E10汽油汽车相比于传统汽油汽车尾气排放的典型大气污染物和CO_2均有下降,HC下降11%,NO_x下降0.2%,颗粒物下降35%,CO_2下降3%。从2000年后美国开始推动炼油厂使用乙醇作为汽油燃料的高辛烷值添加剂,目前已成为全球最大的乙醇汽油生产国。中国已开展11个省份乙醇汽油试点,准备在全国范围内推广使用车用乙醇汽油。

(二)甲醇汽油

甲醇汽油是指国标汽油、甲醇、添加剂按一定的体积比经过严格的流程调配成的甲醇与汽油的混合物,甲醇掺入量一般为5%~30%。以掺入15%为最多,称M15甲醇汽油,它可以替代普通汽油,是主要用于汽油内燃机机车的燃料。国内甲醇生产原料主要为煤炭、天然气和焦炉煤气。

工业和信息化部在2012年启动了甲醇燃料汽车试点,其燃料为M100,即99%的精甲醇加上添加剂。在山西省试点研究了150辆M100燃料出租车,结果表明甲醇汽油在耐久性、甲醛排放、环境影响和人类健康影响方面取得了积极的成果,试点的M100甲醇动力乘用汽车HC、CO、NO_x和甲醛排放低于国家第四阶段机动车污染物排放标准限值。

(三)液化天然气

液化天然气(LNG)是船舶传统化石燃料的主要替代品之一。LNG是天然气经压缩、冷却至其凝点温度后转变成的液体,其主要成分为甲烷,用于专用船或油罐车运输,使用时重新汽化。

国际气体燃料动力船协会研究发现,与当前的船用化石燃料相比,LNG运输和加注等过程中的泄漏和逸散均会导致碳排放。

中国LNG燃料动力船舶发展起步较晚,已研制出的LNG单燃料和LNG/柴油双燃料船用发动机技术尚未完善,下一步需提升燃气机关键零部件在排气高温和热负荷下的承受能力,提升燃气机的可靠性。同时需要完善LNG燃料动力船舶的总体设计,充分考虑和规划气罐位置、船舱布置等。

（四）氨

氨气作为燃料在船舶领域的运用目前还处于研发阶段。氨易液化，液态氨的能量密度高于液态氢和锂电池。氨气生产的原材料来源较广，且成本低廉，合成氨的原料氢可由电解水或者天然气裂解制得，同时钢铁生产中的副产气也可以作为合成氨的原料。

氨气作为船用燃料几乎没有碳排放，但仍需要解决几个问题：①氨气制造过程中需使用化石燃料，依然存在碳排放；②船舶在使用氨气过程中，会造成 NO_x 排放，同时在不充分燃烧时会产生 N_2O 这种全球增温潜势值高于 CO_2 的气体；③氨具有毒性，船舱对于燃料密闭性要求更高，同时氨燃料相较于传统化石燃料需要更大的存储空间，增加了船舶运营成本；④氨被广泛使用于农业和化工行业中，如果大量使用氨作为船舶燃料会给其他产业带来冲击。

芬兰和挪威联合研发的零排放氨燃料动力船舶，将成为全球第一艘商业化氨燃料动力船。上海船舶研究设计院 18 万 t 氨燃料散货船获得英国劳式船级社原则性批准，并签订氨燃料支线集装箱船的合作开发协议。因此，未来将有更多氨燃料动力船舶应用于交通运输领域中。

三、绿色能源替代技术

绿色能源替代可有效减少交通运输工具的碳排放，本小节主要介绍纯电动及氢燃料汽车和船舶。

（一）纯电动

1. 纯电动汽车

纯电动汽车是指车辆的驱动力全部由电机提供，电机的驱动电能来源于车载可充电蓄电池或其他电能储存装置。纯电动汽车技术主要包括蓄电池技术和驱动电机技术等，见表 9-7。

表 9-7　纯电动汽车技术

主要技术类别	具体技术
驱动电机技术	1. 高效和低成本驱动电机设计与制造工艺 2. 由磁材料多域服役特性分析，多物理场协同正向设计，电磁部件物理底层建模，以及大数据自动优化算法融合的电机设计技术
蓄电池技术	1. 动力蓄电池研发重点是提高能量密度和优化成本经济性，以及提升寿命和充电等性能参数 2. 动力蓄电池系统主要开展高效成组技术、蓄电池管理技术和热管理技术等方面研究 3. 梯次利用和回收利用重点关注普遍适用性有价金属元素浸出、分离富集和萃取分离等技术的研究，以及充换电技术、热管理技术和电子电器技术等

注：摘自中国汽车工程学会，2020。

汽车电动化是交通运输部门大气污染物和 CO_2 协同控制的措施。为准确和充分地掌握纯电动汽车能源使用和碳排放，需要从生命周期的角度出发，考虑上游燃料、材料生产过程及车辆运行情况各个环节的碳排放。

根据中国汽车工程学会研究报告，从中国整体情况来看，使用全国平均水平电力时，纯电动汽车相比汽油汽车具有显著碳排放削减效果，削减比例为21%～33%。而在可再生能源占比较高的南方区域电网下，碳排放的削减比例可上升至35%～46%。

2. 纯电动船舶

目前纯电动船舶主要应用于渡轮、游船和近海小型运输船等短途船舶中。中国在锂电池关键技术上取得了重大突破，但由于成本和安全问题，纯电动船舶发展存在一定不足，未来仍然需要打破充电速度、电池能力密度、使用寿命和电池管理系统等技术的局限，提升纯电动船舶的安全水平，才能将蓄电池动力技术广泛应用于大型、远距离航运船舶中。同时还需完善的岸基充电和船舶充电等配套设施。

国内已初步开展大型、远距离船舶研制：建造的2000t级纯电动自卸船，可满载行驶约80km，电池容量为2.4MW·h；建造的500t级纯电动货船，航程达500km，可航行约50h；建造的旅游航线用纯电动客运船，船长达100m。

（二）氢燃料

1. 氢燃料汽车

氢燃料汽车指的是以氢作为替代汽油或柴油的燃料驱动内燃机的汽车，其原理是把氢输入燃料电池中，氢原子的电子被质子交换膜阻隔，通过外电路从负极传导到正极，成为电能驱动电动机。质子通过质子交换膜与氧化合为纯净的水雾排出，有效减少了化石燃料汽车造成的空气污染和碳排放问题。

氢燃料汽车以其高能量转化率和行驶阶段零排放的优点拥有着广阔的发展前景。IEA预测至2030年全球氢燃料汽车销量占比有望达到2%～3%，氢燃料电池技术有望替代大型客车、重型货车、船舶及客机的化石能源使用。

氢燃料汽车主要包括燃料电池系统、燃料电池汽车和氢基础设施三部分：①燃料电池系统是将单电池通过组装形成发电单元，在必要的辅助零部件和氢气供应下，连续输出电能的装置；②燃料电池汽车将车载氢气提供的化学能转化为电能，通过电动机驱动车辆行驶；③氢基础设施是由氢气的制取、运输、加注和储存构成，分为高压气态储氢和低温液态储氢。

未来需对氢燃料汽车技术进行持续改进：①提升燃料电池系统的集成化和结构简单化，研发高度智能化的大功率高性能燃料电池系统；②在已有公共交通和城市物流氢燃料汽车的基础上，推进乘用车和中重型货车的应用；③气态储氢向轻量化、大容积和高安全性发展，建设高工作压力的长输管道，实现大规模输氢。

中国初步形成京津冀、长三角、珠三角、华中、西北、西南、东北7个氢能产业集群，共计示范运营各类汽车约4000辆。其中，东方电气示范的100台氢燃料电池公交车累计运营里程超过620万km，氢耗不到0.04kg/km。同时，研制了"高原"氢燃料电池发动机，标志着中国企业自主掌握了适应高海拔、多山地、大温差等特性的氢燃料电池发动机技术。

但需要指出的是，氢燃料汽车在车辆运行阶段碳排放为零，但在上游制氢过程中需投入大量资源和能源，在其整个生命周期会带来碳排放和其他环境影响，如以电网电力（主要为燃煤，非风电和水电等可再生能源）为能源的电解水制氢的氢燃料电池汽车全生命周期碳排放高于汽油汽车，而使用可再生电力（风电和水电等）作为能源的电解水制氢和生物质制氢带来的碳减排可分别达到90％和80％以上。

以对中国轻型氢燃料电池汽车的全生命周期污染物排放评估为例：预计至2030年，内燃机汽车CO_2当量排放为218g/km，以煤气化、天然气重整、焦炉煤气、煤气化＋碳捕集装置、生物质和风能电解水提供氢能的汽车，相对于内燃机汽车，每千米CO_2当量排放分别下降21％、48％、54％、76％、88％和92％。

2. 氢燃料船舶

船用氢燃料主要分为两种：一是将氢气作为直接燃料，通过内燃机将化学能转化为热能。二是通过燃料电池将化学能直接转化为电能。

与氨类似，传统的氢气合成方法存在碳排放，同时氢气难于液化，在运输、加注和使用中存在问题。未来仍需要大力发展船用氢气加注基站和氢燃料动力系统技术等配套基础设施和应用技术。

国内氢燃料电池船舶起步较晚，中国船舶集团有限公司研制的500kW内河氢燃料电池动力货船，是中国第一艘以氢燃料电池动力作为主电源的船舶。

思考题

1. 通过网络检索国内外最新绿色建筑案例，简述该建筑使用了哪些减排技术。
2. 新型建筑围护结构的类型和作用是什么？
3. 结合所在地区情况，简述本地区适合应用哪些农田土壤固碳增汇技术。
4. 结合我国高速铁路最新发展现状，简述智能信息化技术对高铁减排的作用有哪些。
5. 通过网络检索，简述目前中国市场新能源汽车的种类及发展情况。

加快推动建筑领域
节能降碳工作方案

交通运输行业节能低碳
技术推广目录（2021年）

农业农村减排
固碳实施方案

第十章 碳中和技术应用案例

第一节 钢铁行业碳中和技术应用案例

钢铁行业碳排放主要来自炼焦、烧结以及高炉炼铁中煤炭、焦炭等固体燃料的消耗，各工序电力、燃气消耗等也会直接或间接产生碳排放。受钢铁行业工艺技术限制，实现钢铁行业的低碳化，可主要从两个方面重点发力。一方面是对炼焦炉、高炉、转炉等工序的余热、余能充分利用，同时用钢化联产的方式把炼铁高炉和炼钢转炉中的副产品充分利用起来；另一方面是逐步用新的低碳化工艺取代传统工艺，研发和完善富氧高炉炼钢工艺，氢冶金、二氧化碳吹炼，对废钢重炼用短流程清洁炼钢技术等。

一、钢铁行业工艺过程降碳技术

钢铁行业生产工艺过程复杂、繁琐，生产过程中，除各工序消耗大量的能源外，不同工序产生一定量的余热、余压、副产煤气等。在日常生产过程中，钢铁企业已经形成了一套相对较为系统的能源、资源综合利用体系，通过对生产工艺的革新、富余能源的回收，降低碳排放。本节重点介绍了各工序余热余压高效利用和副产煤气的回收利用技术。

（一）余热余压高效利用技术

钢铁企业在生产过程中副产大量的能源，包含高炉炼铁产生的高炉煤气余压、转炉炼钢产生的转炉烟气余热、高炉炉顶余压、烧结余热、冲渣水余热等。

1. 高炉煤气余压透平发电

高炉煤气余压透平发电装置（blast furnace top gas recovery turbine unit，简称 TRT），是利用高炉炉顶排出的具有一定压力和温度的高炉煤气，推动透平膨胀机旋转做功、驱动发电机发电的一种能量回收装置。该装置既回收原先由减压阀组泄放的能量，又能降低噪声，稳定高炉炉顶压力，改善高炉生产的条件。与其他余热回收发电和常规火力发电相比，TRT 除必要的运行成本外不需消耗新的能源，在运行过程中不产生污染，发电成本极低，大约为火力发电成本的 20%。由此可见，TRT 技术可为钢铁企业带来可观的经济效益和社会效益，是目前国际上公认的有价值的二次能源回收装置。

常规 TRT 发电的工艺流程为：高炉荒煤气经重力除尘器后的半净煤气通过管道进入干式布袋除尘器的进气总管。在干式布袋除尘器进气总管和干式布袋除尘器之间设置旁路，在旁路上设有冷热交换器，用于煤气的降温和升温。干式布袋除尘器采用耐高温的布袋，工作温度在 80～250℃之间，瞬间高温在 500℃以下。可见，设置冷热交换器的目的是应对煤气温度的变化，以确保干式布袋除尘器达到正常的工作温度。从干式布袋除尘器出来的净煤气进入透平机实现发电，从透平机出来的净煤气进入企业的高炉煤气管网，输送至用户。

据统计，TRT 在运行良好的情况下，吨铁发电量约 20～40kW·h，可补偿高炉鼓风耗电量的 30%。如果与高炉煤气干法除尘技术相结合，则可使 TRT 吨铁发电量提高 30%左右，最高达到 54kW·h。因此，TRT 发电技术既可以获得大量的低成本电力，又能进一步净化煤气、降低噪声污染，且不会改变高炉煤气的品质，不影响原煤气用户的正常使用，符合清洁生产、发展循环经济的要求，具有较好的经济效益和社会效益。

2. 转炉蒸汽发电

钢铁生产过程中，转炉炼钢在氧气吹炼期间产生大量的含尘烟气，温度为 1400～1600℃。该部分烟气中含有大量的显热和潜热，其中潜热占主要部分，显热占 16%左右。目前，转炉烟气中可供利用的高温显热，采用余热锅炉进行蒸汽回收。将冶炼过程中产生的高温烟气经过余热锅炉降温并放出热量，锅炉中的饱和水吸收这些热量成为饱和蒸汽，然后采用特殊设计的低压饱和汽轮发电机组进行发电。其关键设备是低压饱和汽轮发电机组。

（1）低压饱和蒸汽发电系统

目前，国内各钢铁企业转炉蒸汽发电机组普遍采用 6～12MW 汽轮发电机组，炼钢厂区为机组提供主蒸汽，同时生产中形成的凝结水在凝结水泵冷凝后向发电机房接口输送，再通过管网传输到炼钢汽化水箱。在运行中需要综合考量系统运行的经济性、安全性，对系统进行简化，有效降低汽机湿度。

发电系统原理及优点：转炉烟道余热发电系统将汽化冷却烟道余热产生的低压饱和蒸汽直接用于发电，系统简单，安全性高，可靠性好，不须补充其他燃料或能源，易于运行和操作。

（2）低压饱和蒸汽轮机的特点

低压饱和蒸汽轮机与常规的过热蒸汽轮机相比，具有以下特点：

① 为了将余热最大限度、经济合理地回收发电，汽轮机能够将两个甚至更多压力的蒸汽同时通入汽轮机，即为补汽式汽轮机。

② 蒸汽在汽机内膨胀过程中产生的水分多，必须考虑汽机低压级叶片带水去湿措施，

如在高、低压缸之间设置用新蒸汽加热的汽水分离再热器，机内采用硬质合金和去除水滴装置等。

③ 在汽轮机突然丧失负荷时，积存在转子表面、机内固定部件表面和管系内特别是大容积的汽水分离再热器中的冷凝水会闪蒸为蒸汽，可能使汽轮机危险地加速。因而通常在分离再热器之后低压缸进口处装设快速切断的阀门，减少进入低压缸的蒸汽量。

④ 由于低压饱和蒸汽的比焓较低，同常规汽轮机相比，其耗汽量要大得多，汽轮机本体设计时，须采用大直径低压缸叶片以满足排汽通道大的要求。

⑤ 由于钢铁工艺生产的特殊性，低压蒸汽的参数变化较大，加上汽轮机采用多级压力进汽，其主蒸汽进汽阀和低压进汽阀之间连锁、保护、控制、调节难度较大，容易出现补汽困难现象。

3. 烧结余热发电

烧结余热发电系统由烟气系统、锅炉系统和发电系统三部分组成。烧结过程中产生的高温废气通过引风机引入余热锅炉，废气通过热交换将热量传递给锅炉受热面内的水，进而产生蒸汽，蒸汽推动汽轮机做功产生电力，系统实现了热能到机械能到电能的转化。我国烧结余热发电机组按余热锅炉形式分为四种：单压余热发电系统、双压余热发电系统、闪蒸余热发电系统和带补燃余热发电系统。

4. 冲渣水余热回收

为降低能源消耗，可充分利用冲渣水中所蕴含的余热，将收集到的热量用于居民供暖等热量需求用户。目前市场上常用的高炉冲渣水热能提取或提升设备主要有板式换热器、壳管式换热器和直热机等类型。

高炉冲渣水余热供暖的主要工艺流程为：利用钢铁厂原有冲渣水上塔泵提取冲渣水，冲渣水由管道进入直热机后闪蒸放热，水温降低后，重力自流回冷却塔底部水池继续冲渣。整个系统实现冲渣水循环平衡，独立且不影响原有冲渣水循环系统。采暖季时，采暖回水进入直热机冷凝器，吸收来自冲渣水闪蒸蒸汽的热量，温度升高后出冷凝器，为采暖回水补热，同时机组运行将渣水浓缩，闪蒸出高品质冷凝水，此冷凝水水质接近软水，可作为系统补水或作为新水售卖。

（二）钢铁副产煤气回收与利用技术

高炉、焦炉、烧结、转炉等钢铁冶炼工序，都会伴随产生不同类型的副产品，可以认为这些工序本身就是巨大的能源转换过程，伴随着煤和焦炭的消耗而产生的高炉煤气、焦炉煤气和转炉煤气，是非常重要的冶金副产品燃料，更是高效清洁的新型热源。

在冶金生产过程中，煤气的利用是一种主要的降碳措施。各种冶金生产工具的煤气是清洁能源，非常利于在冶金生产过程中燃烧加热，其主要成分为一氧化碳，具有剧毒性，所以必须采取相应的安全措施加以保护和利用。因冶金生产工艺的要求，回收的煤气可直接作为高炉、轧钢和发电生产中的燃料。煤气的回收和利用，不仅可以降低冶炼工序的碳排放，节约成本，而且可以极大程度地减少冶金企业的废气排放，让大气污染得到有效的控制，改善冶金企业周边的环境，从而实现最终的清洁生产。

钢铁企业对于高炉煤气、转炉煤气和焦炉煤气从调配上来说应遵循以下原则：一是物尽其用；二是就近利用；三是低热值煤气充分利用，高热值煤气优先考虑作为原料气以生产其副产品。

1. 焦炉煤气回收利用

焦炉煤气是焦化工序的副产品，是钢铁企业中热值最高的煤气，其用途主要是高炉出铁口烘烤、喷煤、轧钢加热炉、燃气发电等，此外可外供市政作为小区生活用气使用。

（1）焦炉煤气的回收制备

将两种以上的烟煤作为炼焦用煤，于炉火中经高温灼烧、干馏后生成焦油、焦炭的同时，也会产生一种炼焦副产品，即焦炉煤气。焦炉煤气中含有多种可燃成分，热值极高。焦炉煤气成分复杂，且产量和产率也随着焦炭种类、焦炭质量的差异而存在较大的差别。通常情况下，1t 干煤炭经焦炉燃烧后可产生 $300\sim350m^3$ 的焦炉煤气，其成分有氢气、甲烷、一氧化碳、不饱和烃、二氧化碳、氧气及氮气等。焦炉煤气中含有易燃易爆气体和有毒有害气体，排入外界环境，不仅会对生态造成严重的危害，还会对动物、人类的生命安全造成威胁。

焦炉煤气净化是炼焦过程中最重要的环节之一，许多焦化企业均用传统煤气回收工艺来处理焦炉煤气，工艺过程包括初冷、洗氨、终冷、洗苯四个步骤。直至 20 世纪 50 年代末期，焦化领域专家在前人的基础上，自行设计出与我国自主研发的 58 型号焦炉所匹配的煤气净化工艺，例如单塔脱苯工艺、污水处理工艺、氨焚烧工艺、氨法脱硫工艺、硫铵与氨水工艺以及蒽醌二磺酸法（ADA）脱硫工艺等几种。这几种工艺虽可达到良好的焦炉煤气净化效果，但在实际应用过程中发现，会对设备造成严重的腐蚀，也存在对环境造成严重的污染，所得焦炉煤气质量难以保证，氨、苯气体回收率较低等缺陷。与国外先进的焦炉煤气净化技术相比，国内净化处理工艺水平低下，难以满足焦炉煤气净化及政府机构对绿色环保和生态保护的标准要求。20 世纪 70 年代末期开始，国内许多大型焦化企业纷纷引入国外先进的焦炉煤气净化处理工艺技术，以匹配大容积焦化炉的使用。其中，最常用的焦炉煤气净化处理工艺包括氨分解工艺、全负压净化工艺以及脱酸蒸氨工艺三种。

（2）钢铁冶金企业焦炉煤气的用途及分析

钢铁冶金企业中的剩余焦炉煤气，主要可以作以下用途：

① 余热发电和燃气蒸汽联合循环发电。将焦炉煤气作为锅炉燃料生产蒸汽进行发电，在焦炉煤气有少量剩余的情况下可以考虑。具有较高吸热温度的燃气轮机循环与具有较低平均放热温度的蒸汽轮机循环结合起来，热能效率高达 50%～60%，大大超过常规的余热发电机组，可实现钢铁厂副产煤气高效发电。

② 合成甲醇等化工产品。钢铁企业利用焦炉煤气提取 H_2，转炉煤气提取 CO、CO_2，合成甲醇及其他化工产品也是剩余焦炉煤气利用的一个研究方向。由于省去了造气工序，投资不足煤制气合成甲醇产品的一半，其经济可行性不言而喻。

③ 变压吸附制氢。高含氢量的焦炉煤气通过变压吸附法（PSA）提取氢气已经是成熟工艺技术，提取的氢气主要用于冷轧不锈钢车间的保护气体，氢气提取标准耗电量不超过 $0.5kW\cdot h$，是水电解的 1/10，是可以广泛推广的节能工艺。但是冶金工厂氢气使用量较小，一般在 $1\sim2km^3/h$，氢气外售市场容量较小，不能很好解决较大量剩余焦炉煤气的利用问题。

④ 直接还原铁。焦炉煤气含 55%左右的氢。在化学反应中，氢对氧化铁的还原率是最

高的。目前，多家钢铁企业已经开展焦炉煤气直接还原铁的试验工作。因为焦炉煤气含有20%~25%的甲烷，在使用焦炉煤气还原反应前要进行裂解，提高H_2的含量，并要预热到930~950℃，反应后气体脱除CO_2，再循环利用。

以气基竖炉直接还原100%DR直接还原等级球团矿生产冷态直接还原铁为例，在满足还原和供热的煤气的最佳H_2含量为32.05%，还原气消耗量为2.21Gkal/t，折合9.25GJ/t。

如前述剩余焦炉煤气量按5万m^3/h计算，年可生产直接还原铁80万t。用焦炉煤气富含的氢作为还原剂直接还原铁尚存在物料粉结等问题，但作为充分利用焦炉煤气资源的有效手段，是解决大量剩余焦炉煤气利用的发展方向之一。

2. 烧结烟气循环+料面喷吹蒸汽技术

铁矿烧结过程是使铁矿石、熔剂和添加剂在燃料燃烧产生的高温下熔化而后冷却结晶的造块过程，其中涉及大量复杂的物理和化学变化，包括传热、传质、燃料燃烧、熔融、冷凝结晶等。在这一过程中会产生SO_x、NO_x、颗粒物、二噁英、CO等污染物。

(1) 烧结CO_x生成机理

烧结烟气中的CO_x主要来自气体及固体燃料的燃烧，少量来自碳酸盐的分解，而烧结所需热量的80%~90%均由混合料中固体燃料燃烧提供。烧结料层燃烧有别于一般固定床燃料燃烧。固体燃料在混合料中呈分散状分布，其燃烧规律性介于单体焦粒燃烧与焦粒层燃烧之间，属非均相反应。当温度达到700℃时，固体碳开始着火燃烧，生成CO_x，主要反应化学方程式见式(10-1)~式(10-4)。

$$2C+O_2 \Longleftrightarrow 2CO \qquad (10\text{-}1)$$

$$C+O_2 \Longleftrightarrow CO_2 \qquad (10\text{-}2)$$

$$2CO+O_2 \Longleftrightarrow 2CO_2 \qquad (10\text{-}3)$$

$$CO_2+C \Longleftrightarrow 2CO \qquad (10\text{-}4)$$

其中，反应式(10-1)为不完全燃烧反应，反应式(10-2)为完全燃烧反应，反应式(10-3)为二次燃烧反应，反应式(10-4)为布多尔反应。

有学者研究发现，点火燃烧以后，反应式(10-1)和式(10-2)都有可能进行。当温度大于700℃时，反应式(10-1)进行更有利，其生成CO的趋势增加，高温区CO稳定；而温度小于700℃时，反应式(10-2)进行更有利，其生成CO_2的趋势增加，低温区CO_2稳定。当体系中固体碳质量分数增加时，含氧量不足，此时将有利于反应式(10-4)进行，生成CO的趋势增加。因此，在温度较低和含氧量充足的条件下，碳燃烧产物以CO_2为主；在温度较高和含氧量不足的条件下，燃烧产物以CO为主。

在实际烧结过程中，料层中含碳量较少，一般只占总料质量的3%~5%，因此，绝大部分固体碳颗粒的燃烧在四周包围着惰性矿石物料的环境下进行。在靠近燃料颗粒附近，温度较高，还原性气氛占优势，氧气不足，尤其是在形成烧结块时，燃料被熔融物包裹，氧气更显不足。然而在空气通过附近不含碳区域时，温度较低，氧化性气氛占主导，且固体碳颗粒燃烧十分迅速，导致高温区较薄，废气降温也很快；另外，一般烧结料层中空气过剩系数较高，废气中均含一定量的氧。这几方面的原因使得烧结废气中碳的氧化物以CO_2为主，只含有少量CO。

对于烧结烟气CO_x的减排措施,目前尚未有成熟的末端治理技术,末端治理大多需要额外新建处理设施,处理成本较高。因此,如何系统地从根源或在烧结过程中控制CO_x的排放显得尤为重要。如果能在烧结前或烧结过程中利用烧结工序自身复杂的物理现象和化学反应来减少CO_x的排放,不用或尽量少地使用新设备,就可以在实现环保生产的同时使燃料利用率提升,并降低烧结生产成本。目前,国内钢铁企业烧结厂普遍采用的烧结烟气CO_x减排技术有:厚料层烧结、低温烧结等技术,部分企业探索使用富氧烧结等工艺。其中,烧结烟气循环和料面喷蒸汽技术被认为是行业CO_x减排前沿技术。

(2) 烧结烟气循环技术

烧结烟气循环技术由日本钢铁公司于20世纪70年代在生产实践中提出的,并于1981年在日本住友金属工业株式会社首先开展烧结机废气循环的生产试验。国外应用的典型工艺包括日本新日铁区域性烟气循环工艺、荷兰艾默伊登钢铁厂的EOS(emission optimized sintering)工艺、德国HKM公司的LEEP(low emission & energy optimized sinter process)工艺和奥钢联林茨钢厂的Eposint(environmental process optimized sintering)工艺等。国外应用的生产实践表明,利用烧结烟气循环技术明显减少了废气的排放量,可实现烟气减排25%~40%,具有重大的环境和社会效益。与国外相比,我国烧结烟气循环技术应用起步较晚。2009年宝钢率先开始烟气循环工艺研究及产业化应用,并于2013年在宁钢实现示范工程投产。随着中国钢铁行业超低排放改造的持续推进,烧结烟气循环工艺在中国实现了快速的发展和应用。

(3) 烧结料面喷吹蒸汽技术

在烧结料面喷吹水蒸气,烧结气体介质由N_2-O_2转变为H_2O-N_2-O_2。在水蒸气存在条件下,CO与O_2的氧化反应在含氢组分如H_2、水蒸气参与后,其H和OH会显著促进反应进行。当加入水蒸气时CO会按如下反应进行氧化。

$$CO + O_2 \rightleftharpoons CO_2 + O \tag{10-5}$$

$$O + H_2O \rightleftharpoons 2OH \tag{10-6}$$

$$CO + OH \rightleftharpoons CO_2 + H \tag{10-7}$$

$$H + O_2 \rightleftharpoons OH + O \tag{10-8}$$

反应(10-5)进行得很慢,其对CO_2形成的贡献不大,但其启动了整个反应过程;真正大量使CO氧化成CO_2是通过反应(10-7),该反应产生的H推动了反应(10-8)进行,继而推动反应(10-6)进行,因此反应(10-7)是最关键的反应。

水蒸气的存在还可以改善焦炭燃烧的传热条件,在发生式(10-9)所示的水煤气反应后,焦炭孔隙度增大,有利于更多O_2吸附,同时一定温度下H_2O的扩散系数较CO、CO_2高,同时其比热容大,三原子气体辐射发热强,有利于燃烧时燃料缝隙的烟气扩散,改善传热,使燃料充分燃烧。

$$C + H_2O \rightleftharpoons CO + H_2 \tag{10-9}$$

烧结料面喷吹蒸汽技术就是依据上述机理提出的。我国在首钢京唐烧结厂$550m^2$烧结机上进行了烧结料面喷吹蒸汽技术试验,在喷吹蒸汽后,烧结烟气中的CO质量浓度由5~$23g/m^3$下降至3~$18g/m^3$,减排率达25%,固体燃料消耗降低$1.64kg/t$。

可见,烧结料面喷洒蒸汽后,由于提高了C的燃尽程度,使同样数量燃料产生更多热量,最终有助于降低烧结固体燃料消耗;同时水蒸气的存在有利于燃料缝隙中的烟气扩散,便于碳氧接触、快速燃烧和传热,提高烧结料层的燃烧速度,以提高烧结产量。故烧结生产中料面喷吹蒸汽后,既可以提高料层燃烧效率,又可提高燃料的燃尽程度,两者相互依存及促进,从而达到提高烧结矿产量和降低烧结生产燃料消耗的目的,实现源头降碳。

3. 高炉煤气回收利用

高炉煤气是高炉炼铁工序的副产品,其热值较低,发生量大,主要用户为高炉热风炉、预热炉、轧钢加热炉、热电锅炉。由于其热值低,在钢铁企业中一旦出现需放散的情况,会优先选择放散高炉煤气。

(1) 高炉煤气的特性

高炉煤气是无色、无味的可燃气体,理论燃烧温度为1400～1500℃,着火点在700℃左右,其主要成分及特性如表10-1。高炉煤气的特点是热值低、产气量大,与空气混合爆炸的范围在40%～70%,其成分中的N_2和CO_2会使人窒息,CO为主要有害成分,可以与人体血红蛋白结合,阻止氧气进入血液,导致身体缺氧,危及生命。

表10-1 高炉煤气主要成分与特性

化学成分/%						密度/(kg/m³)	发热量/(kJ/m³)
CO	H_2	CH_4	N_2	CO_2	O_2		
25.0～30.0	1.5～3.0	0.2～0.5	55.0～60.0	9.0～12.0	0.2～0.4	1.29～1.30	3300～4200

(2) 高炉煤气的主要利用途径

据统计,我国高炉煤气产生量占钢铁企业排放可燃废气总产生量的88%,高炉煤气利用率为98%,放散率大于1%。由于我国钢铁产量巨大,故提高高炉煤气的利用率,降低高炉煤气的放散率,是钢铁行业节能降碳的有力举措。

高炉煤气的主要利用途径如图10-1。高炉煤气可直接作为燃料用于高炉热风炉、轧钢加热炉、烧结、球团、石灰窑、矿渣微粉、发电锅炉等工艺。

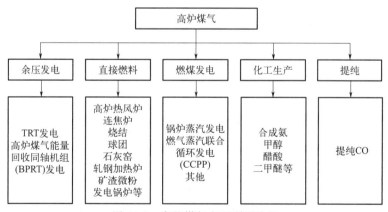

图10-1 高炉煤气主要利用途径

(3) 高炉煤气回收技术

根据煤气净化除尘技术的不同,高炉煤气净化回收技术分为:干法布袋式除尘煤气净化回收技术、湿法塔文系统除尘煤气净化回收技术和高炉煤气环缝洗涤净化回收技术。

① 干法布袋式除尘煤气净化回收工艺。干法布袋式除尘主要利用的是不同多绒毛纤维

的过筛原理,当气流通过纤维空隙时会被黏附或者阻挡,然后再将其转移到灰斗中通过反吹或者振打的方式迫使尘粒脱落到灰斗中集中处理。在布袋除尘过程中,需要用到的设备包括连接管道、卸输灰系统、反吹设施、冷热交换器以及布袋除尘器等。在此工艺中,会先使用旋风除尘器和重力除尘器对高炉煤气进行第一道预除尘,也称为粗除尘,然后再将煤气导入布袋除尘器中二次净化,实现精除尘。精除尘后,煤气会通过调压阀组以及煤气主管进行压力的调整,并将稳压后的净煤气输送给厂区的煤气总管道。

在处理吸附灰尘的布袋时所采用的反吹方式是脉冲氮气反吹。此方式支持在线和离线两种工作状态,并具有连续周期性,还可以根据需求定压差或定时制定反吹作业,达到彻底清除布袋外壁附着灰尘的目的。在作业过程中也会出现氮气系统故障的问题,为了保证除尘系统能够正常运转则可采用净高炉煤气反吹代替工作,将附着在布袋外的积尘清除干净。卸灰系统也十分关键,必须谨慎处理,以免出现灰尘的二次污染。系统可采用气动输灰,将高炉煤气或者氮气作为输灰介质,尽量避免二次扬灰点出现。想要更好地监控除尘效果,可将煤气含量分析仪安装在布袋除尘器出口位置的管道上,并且连接网络,及时将检测数据传输到中央控制器上,实时掌握净煤气的含量。一旦系统中的除尘布袋出现破损的现象便可及时报警,通知工作人员在第一时间采取应急措施。

在经过除尘前,煤气的含尘量在$3\sim5g/m^3$之间,处理后含尘量则低于$8mg/m^3$,达到了用户的正常使用标准。煤气进入布袋的温度范围应尽量保持在$120\sim260℃$。

② 湿法塔文系统除尘煤气净化回收工艺。湿法塔文系统除尘使用的是清洗塔文工艺,也就是传统的湿法节流清洁法。洗涤塔会对新输入进来的高炉煤气进行冷却处理和预清洗,将其温度降低到$65\sim70℃$,此项工艺的阻损值在$2\sim3kPa$之间,然后再进行第二次洗涤,也就是精洗,此处的工艺阻损值是$24\sim26kPa$之间。累计两次清洗的工艺阻损值,通过塔文工艺净化高炉煤气会造成约$30kPa$煤气压力的损失,具体流程可参考图10-2。两个脱水器中间则采用一套固定喉口作为二级固定文氏管。

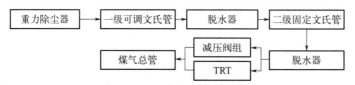

图10-2 湿法塔文系统除尘煤气净化回收工艺流程

③ 高炉煤气环缝洗涤煤气净化回收工艺。在高炉煤气环缝洗涤工艺中使用的是重力除尘器,高炉煤气气流从顶部进入,然后以顺流方式流进环缝洗涤塔内。第一段为喷淋段,煤气会被两股水流清洗、冷却,实现初步粗除尘。第一股水流为塔内的浊环水,第二股水流则是干净的自来水环水。第二段是喷嘴水幕,喷嘴喷出来的水滴会俘获住气流中的粗尘粒,然后被集中疏导入集水槽里并排出塔外。最后由泥浆泵抽送到浊环水系统中,进行再处理。

煤气在经过水幕的时候已经被预洗涤了。其中一部分煤气会进入环隙通道,而另一部分则由无钟炉顶料罐均压。进入到环隙的煤气会被急剧加速令其产生流动的漩涡以确保喷入的水流可以与煤气充分混合在一起。缝隙内高速运转的气流将水滴打散成更加细小的颗粒,实现精洗煤气的目的。

由高炉中央控制室内计算机和液压驱动装置共同完成锥体沿洗涤塔轴的升降动作,进而调节环缝洗涤器的缝隙宽度。环隙段集水槽用来储存含尘的水,因为喷水嘴位于洗涤塔的顶端,需要循环泵对水进行泵送。煤气混入机械水后除去污垢,由洗涤塔转入旋流脱水器。

环形缝隙洗涤塔能够将温度为180~250℃的荒煤气冷却到约60℃,然后煤气温度通过TRT二次冷却至45℃,如果高炉出现炉顶压力异常或者TRT装置发生异常停止工作,那么高炉炉顶的压力会由环形缝隙洗涤塔直接加压,此时冷却后的煤气温度不会超过49℃。

环形缝隙洗涤塔中的旋流脱水器能够将煤气压力降低1kPa,或者利用TRT装置将煤气压力降低到9kPa,最后转入厂区净煤气总管中的净煤气压力值为8kPa,图10-3显示了相关工艺流程。

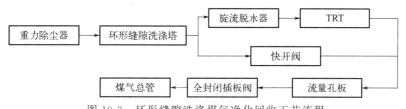

图10-3 环形缝隙洗涤煤气净化回收工艺流程

④ 工艺对比。投资:在投资方面,2500m³高炉干法除尘的投资成本较湿法工艺投资成本低30%~50%,而且建设周期短。

占地:干法除尘因为没有湿法除尘中用到的洗涤塔和沉淀池,占地面积可以节省一半,同时还降低了占地成本。

节水:干法布袋除尘工艺中仅输灰加湿环节使用水,相对于拥有水洗和冷却环节的湿法除尘工艺来说,节水效果明显,在降低了企业生产成本的同时也节省了社会资源,该技术值得广泛推广。

节电:湿法除尘工艺中洗涤和冷却环节需要较大功率的循环水泵、冷却水泵和相关的设备设施运转来完成,耗电量为6.21kW·h/t Fe,而干法除尘工艺仅需要0.3kW·h/t Fe的耗电量,因为其输灰设备均为间断运行,耗电量不大。

人员少:对比采用干法除尘工艺,湿法除尘工艺需要的生产人员多出50%。

节能:用户在使用干法除尘工艺的时候,煤气温度高达100~200℃,相对于湿法除尘工艺,能够节省100℃左右产生的能量,同时在除尘系统运行环节也能够节省电能,显著提升生产效益。

环保:相对于湿法除尘工艺,干法除尘工艺去掉了洗涤塔和沉淀池等能够产生大量污水与污泥的设施,大气中粉尘排放量减少,具有显著的环保效益。高炉采用干法除尘工艺后能够更好地回收煤气,同时在净化煤气的过程中能够降低能耗,高效地利用煤气余压发电设施,净煤气含水量较低,其环保效果较好。

(4) 均压放散煤气回收技术

在高炉炼铁工艺的具体实施过程中,矿石和焦炭从炉顶装载。顶部装料过程中使用的熔炼容器通常处于高温高压状态,而矿石和焦炭的混合物在装入炉顶之前始终保持在正常温度和压力下。当炉料被提升到炉顶时,称料罐首先释放混合物的压力,然后将其排入高炉。在此过程中,高炉煤气在消声除尘作用下排入大气。此时,工作空间中的CO有毒气体含量将显著增加,并伴有大量粉尘。该工艺产生的煤气放热可达3000kJ/m³,消耗了大量的二次能源,给钢铁企业的经营生产带来经济损失。

我国现行超低排放改造要求中,已经明确要求"高炉炉顶料罐均压放散废气应采取回收或净化措施",回收该部分煤气既满足环保要求,也能节约能源。均压放散煤气回收成为热点技术。

① 均压放散煤气回收原理。炉顶均压煤气全回收技术是在原有煤气部分回收系统的基础上,增加引射器、引射阀、相关阀门及管道等配套设施和控制系统。当自然回收结束时,通过引射器对料罐内剩余的少量低压煤气进行引射强制回收。引射用高压工作气体可采用炉顶料罐均压使用的高压净煤气。通过引射器强制回收,料罐内的压力在短时间内降至微正压,然后可直接打开上密封阀和上料闸进行装料,避免了煤气二次放散。工艺流程图如图10-4。

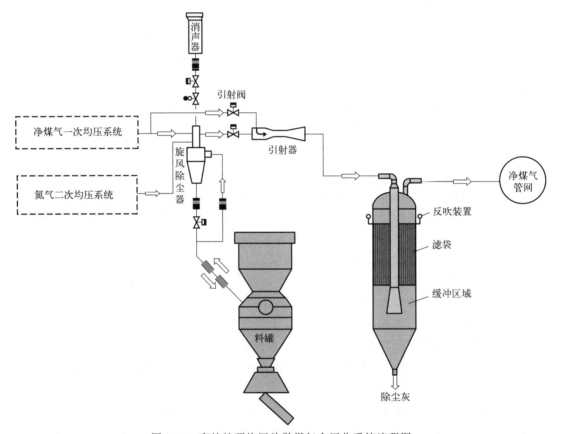

图 10-4 高炉炉顶均压放散煤气全回收系统流程图

从图10-4中可以明确看出,这一类型的煤气回收装置主要包括燃烧排放式以及回收入管网式,凡是进入到管网中的煤气都可以被当作新能源进行二次利用。另外,在炉顶装料过程中,因为燃气管网中的煤气压力值只有10kPa,所以在高炉称料罐中依然积攒着很多煤气。

② 均压放散煤气回收工艺特点:a. 炉顶均压煤气的"全回收",煤气和粉尘零排放;b. 回收过程时间≤12s,对装料作业率无影响;c. 回收煤气含尘量≤5mg/m³;d. 消除煤气放散噪声,延长消声器设备使用寿命;e. 回收过程对净煤气管网无影响,管网无压力波动。

③ 均压煤气回收过程。均压煤气回收过程可分为以下四个阶段：

第一阶段：处在临界状态之前的自然回收阶段，料罐内煤气以声速通过管道向除尘器箱体流动。

第二阶段：处在亚临界状态的自然回收阶段，料罐内煤气以近似平均速度向除尘器箱体流动，直到料罐内最终压力与煤气管网压力持平时，自然回收阶段结束。

第三阶段：分为两种回收工艺。

a. 仅采用自然回收工艺时，料罐中剩余的煤气通过煤气放散管道对空放散的阶段，这也是自然回收工艺的最后一阶段；b. 当采用强制回收工艺时，自然回收结束后，氮气从氮气罐到炉顶料罐填充驱赶均压煤气的过程。

第四阶段：采用强制回收工艺时，料罐中剩余的氮气，通过消声器对空放散的阶段。

高炉均压煤气回收利用在实际实施过程中，需重点解决与关注以下问题：a. 料罐与煤气管网之间的压力差较大，并且随着气体的排出料罐压力不断降低，造成回收煤气的压力和流量均不稳定；b. 根据高炉生产工艺的要求，所给的煤气回收时间较短，回收时间约10s，直接影响到后续布袋除尘器的过滤面积；c. 放散起始压力较大，对布袋除尘器和煤气管网存在冲击；d. 煤气含水量较大。

4. 转炉煤气回收利用

转炉煤气是转炉工序的副产品，其中含有50％左右的CO，主要供转炉烤包、轧钢加热炉等使用，产生量大，其回收水平高低是企业煤气能否平衡的关键。

(1) 转炉煤气回收系统

转炉炼钢过程中由于C-O反应产生大量富含可燃气体（CO）的烟气，吨钢可达$200m^3$，烟气主要含有CO、CO_2、O_2和基本成分为氧化铁的尘粒，CO含量为40％～80％，含尘量为$150g/m^3$。这部分烟气带出大量潜热和显热。这些有害气体直接外排，会严重污染大气环境，钢铁企业必须对转炉烟气进行有效的治理。在治理的同时，尽可能回收烟气中的热能和化学能，以降低炼钢工序的能耗，减少环境的污染。目前，国内外转炉炼钢烟气处理采用的主要方法分为两种：湿法除尘工艺（OG法）和干法除尘工艺（LT法）。

① 转炉湿法除尘系统。湿法除尘工艺（OG法）是非常成熟的工艺技术，自20世纪60年代日本开发成功以后，原有的转炉均采用此工艺。如图10-5所示，传统OG法除尘工艺流程是：1400～1600℃的高温烟气经汽化冷却烟道冷却至800～1000℃后，进入洗涤塔，其中设有一级溢流文氏管（简称"一文"）、二级文氏管（简称"二文"）、旋流脱水器等，烟气在一文中降温和粗除尘后，在脱水器（Ⅰ）脱除污水，然后在二文中进一步净化，并经脱水器（Ⅱ）脱水，进入鼓风机。煤气经三通切换阀、水封逆止阀进入煤气柜，供用户使用，不回收时烟气经三通切换阀和放散烟囱点燃放散。一文除尘污水从脱水器（Ⅰ）排入污水处理系统。污水经粗粒分离池、辐射沉淀池澄清后，浊环水供二文喷淋，其排出的污水经水泵供给一文除尘用，实现串级供水。

经辐射沉淀池浓缩的泥浆送至中间罐，由泵打入板框压滤机进行脱水，脱水后含水率30％的泥饼用汽车送往烧结厂利用。条件允许时也可将辐射沉淀池的泥浆用泵直接送往烧结厂，经进一步浓缩后，供烧结厂混作原料配水使用。

② 转炉干法除尘系统。由于干法除尘具有除尘效果好（粉尘排放浓度控制在$10mg/m^3$

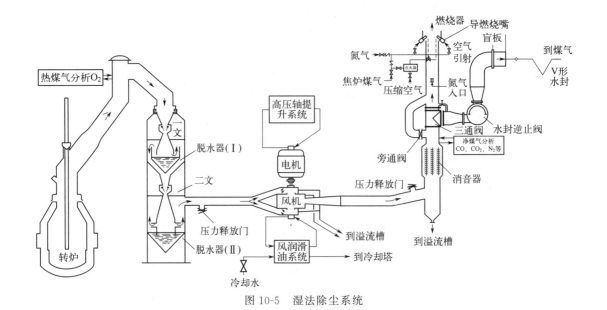

图 10-5 湿法除尘系统

以下)、运行稳定可控(通过轴流风机转速控制风量)等优点,目前国内新建转炉多数采用干法除尘系统进行煤气净化与回收。

转炉煤气干法净化及回收系统是以冷却转炉烟气及净化冶炼产生的所有含尘气体,并回收含有 CO 的气体供后续工序使用为主要目的的工艺过程,如图 10-6 所示。1400~1600℃的高温烟气经汽化冷却烟道冷却,温度降为 800~1000℃,然后通过蒸发冷却器(EC),高压水经雾化喷嘴喷出,烟气直接冷却到 250℃左右。喷水量根据烟气热量精确控制,所喷出的水完全蒸发,喷水降温的同时对烟气进行调质处理,使粉尘有利于电除尘器的捕集。蒸发冷却器内约 30%~40% 的粗粉尘沉降到香蕉弯底部,通过输灰设备将粗灰输送至粗灰仓,定期汽车外运。

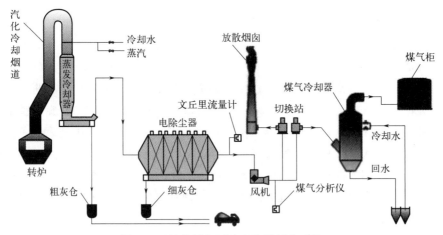

图 10-6 转炉煤气干法净化及回收系统

冷却和调质后的烟气进入有四个电场的圆形电除尘器(ESP),其入口处设气流分布板,使烟气在圆形电除尘器内呈柱塞状流动,减少爆炸概率。电除尘器进出口装有安全泄爆阀,用来疏导爆炸后可能产生的压力冲击波。收集的粉尘由扇形刮板机刮到下部灰槽,然后用链式输送机将灰输送至机头再由气力输送系统(机械输送系统)送到细灰仓,定期汽车外运。

净化后的烟气经过轴流风机,进入煤气切换站,煤气切换站由两个液动杯阀组成。当烟气符合回收条件时,烟气通过液动杯阀切换至煤气冷却器(GC),煤气经过直接喷淋冷却由150℃降至70℃以下,然后由煤气加压站加压将煤气送往各用户。当烟气不符合回收条件时,烟气由液动杯阀切换至放散烟囱点火放散。

(2) 转炉煤气回收的影响因素

转炉冶炼过程是以铁水、废钢与铁合金为主要原料,通过吹氧进行氧化还原反应,氧枪的吹氧与转炉中的铁水反应,O_2 与 C 反应生成 CO。转炉煤气回收本质上就是对 CO 的回收,那么就需要从两方面考虑,一是如何生成尽可能多的 CO,二是如何减少回收过程中的浪费。

根据转炉生产实践分析,影响转炉干法系统煤气回收的因素主要包括:系统设备状况、转炉原料条件、供氧条件、炉口空气吸入量、煤气回收条件及其他因素。其中转炉原料条件、供氧条件和炉口空气吸入量对于转炉煤气回收的数量和质量影响尤为明显。

① 转炉原料条件。转炉炼钢是在转炉中加入废钢与铁水,然后通过氧枪吹氧,使氧气与原料中的碳、锰、硫、磷等元素发生氧化反应。铁水占比与铁水温度对冶炼过程及煤气产量影响最大,铁水温度一般要求大于 1250℃。其次,废钢对于冶炼过程影响也很大,废钢成分稳定可以减少冶炼过程中的风险因素,使冶炼过程更加平稳,保证炉内反应速率稳定,从而利于炉口微差压的控制,促进煤气的回收。废钢与铁水的加入顺序一般以先加废钢后加铁水为宜,可以对废钢进行预热,同时去除其中的水分。

② 回收时长。随机抽取了 30 组 200t 转炉与 100t 转炉不同回收时长煤气回收量数据如表 10-2。大约回收时长每增加 1min,吨钢即可多回收煤气约 $10m^3$,以 100t 转炉计算可多回收 $1000m^3$ 煤气,以 200t 转炉计算可多回收 $3000m^3$ 煤气,由此可见回收时长对转炉煤气回收量影响极大。

表 10-2 不同回收时长和铁水温度对应的煤气回收量

组号	200t 转炉			100t 转炉		
	回收时长/s	铁水温度/℃	回收量/($m^3 \cdot t^{-1}$)	回收时长/s	铁水温度/℃	回收量/($m^3 \cdot t^{-1}$)
1	202	1375	68.28	250	1391	70.08
2	326	1331	82.72	268	1314	74.11
3	372	1348	95.12	242	1346	75.00
4	389	1310	95.67	245	1524	79.09
5	428	1290	102.60	299	1386	80.73
6	429	1273	108.63	294	1345	82.82
7	435	1234	108.75	294	1319	83.21
8	428	1293	108.80	349	1245	83.00
9	429	1392	108.82	284	1359	84.14
10	437	1330	108.83	312	1382	86.47
11	433	1388	108.93	330	1360	91.52

续表

组号	200t 转炉			100t 转炉		
	回收时长/s	铁水温度/℃	回收量/(m³·t⁻¹)	回收时长/s	铁水温度/℃	回收量/(m³·t⁻¹)
12	437	1357	109.68	333	1338	92.32
13	450	1321	109.85	309	1279	93.29
14	484	1411	121.31	317	1271	97.28
15	480	1325	121.36	343	1413	98.29
16	490	1445	121.40	340	1433	99.24
17	497	1387	121.93	372	1334	101.26
18	493	1439	122.36	374	1297	105.17
19	484	1381	122.75	361	1381	107.80
20	500	1322	123.27	392	1376	108.52
21	498	1344	123.44	415	1421	117.12
22	507	1331	124.16	444	1326	117.49
23	512	1359	124.81	427	1252	119.32
24	510	1396	127.36	493	1380	119.83
25	495	1346	128.74	440	1353	120.13
26	552	1330	129.79	449	1380	120.88
27	547	1405	130.84	441	1368	122.90
28	555	1432	130.97	458	1362	124.56
29	559	1312	131.51	465	1258	127.44
30	554	1430	131.57	430	1211	127.79

③ 阀门动作时间。以激光式气体成分分析系统检测结果判定煤气的回收和放散，当检测结果满足煤气回收条件时，放散杯阀关闭、回收杯阀打开；当检测结果满足煤气放散条件时，放散杯阀打开、回收杯阀关闭。切换的时间越快越好，因为在切换的过程中两个阀门都是处于打开的状态，时间过长则会造成合格煤气被大量放散流失，所以需要尽可能地减少阀门的动作时间。

④ 供氧条件。供氧条件包括吹氧强度、氧枪高度和氧枪喷头角度等，对煤气的生成及回收有极大的影响。吹炼前期也称硅锰氧化期，氧枪开始吹氧同时下入大部分造渣料，这一阶段的主要目标是化渣，并去除有害的磷元素。该阶段温升比较均匀，有利于去除硫和磷，可以缓解熔渣对炉衬的侵蚀。因此，氧枪的吹氧量与氧枪枪位需要进行合理的规划，枪位应适当高些，加速第一批渣料的熔化，尽早形成具有适当流动性和正常泡沫化的初期渣。吹炼中期主要为碳的氧化期，也是生成 CO 最关键的阶段，由于吹入的氧气几乎全部用于碳的氧化，同时渣中的氧化铁也被消耗，控制好这个阶段的吹炼稳定性对煤气回收有很重要的意义。吹炼末期也称碳氧化末期，终点控制的目标是：将碳含量控制在要求范围的同时确保钢中 P、S 含量符合要求；钢水温度达到所炼钢种要求的范围；控制好熔渣的氧化性；钢水中氧含量合适，以保证钢的质量。现在随着工业 4.0 的到来，智能一键炼钢正在普及，通过烟气分析、声呐化渣及副枪的应用，可以监测到炉内情况，然后通过二级控制程序进行控制，降低了劳动强度，提高了转炉一次命中率，最大可能地减少了补吹，减少了废气产生量，提

高了煤气的质量与产量。

⑤ 炉口空气吸入量。理论上活动烟罩与炉口零距离为理想状态，可完全隔绝外部空气，不需要考虑炉口压差问题。然而现实情况是由于种种原因可能造成活动烟罩未投入使用，煤气回收量大幅度降低，所以一定要保证活动烟罩的投入率达到100%。下一步就是通过优化吹炼工艺，制定合理的打渣工作制度，确保炉口无过度积渣，以便将烟罩尽可能地降到最低，然后通过炉口微差压的控制，确保煤气回收的纯度与回收量。

风机转速过高，抽气量过大，会导致炉口微差压为负压，大量空气进入烟道，与烟道的 CO 二次燃烧生成 CO_2，CO 含量从 65% 急速降低至 30%，这对于煤气回收是极其不利的。

控制炉口微差压为正压，防止吸入过多的空气形成二次燃烧，但是同时也不能将正压控制得过高，否则会造成烟尘外溢，同样在炉口形成二次燃烧，影响设备使用寿命。对于二次除尘，有可能将未燃烧充分的 CO 抽走，对后期的工艺处理造成安全隐患。

(3) 提高转炉煤气利用的措施

① 直接用转炉煤气制作甲醇。在转炉煤气中，含有大量的一氧化碳和二氧化碳，两者的总量之和高达 81%，如果在焦炉煤气制甲醇过程中，能够在其中添加一定的转炉煤气，则能够优化合成氢碳的比例，这对增强转化效果，以及增加甲醇产量有着重要影响。在这一方面较为典型的是四川省的达州钢铁集团有限责任公司，让转炉煤气制甲醇变成了现实。将企业生产中产生的转炉煤气收集起来，并且对其进行净化，然后将其用于焦炉煤气制甲醇过程中，满足其对碳的要求，在 1 年的时间内，消耗了 0.3 亿 m^3 的转炉煤气，从而帮助企业将制甲醇的成本降低 13%，甲醇产量提高 23%。

② 转炉煤气提纯 CO。对于化工生产而言，CO 是最为基础的原料，它的用途广泛，可以用在甲醇、醋酸和合成氨等化工产品的生产当中。因此，将转炉煤气中的 CO 提炼出来，并对其进行利用，开发更有价值的产品，不仅具有极强的环保意义，而且还具有一定的经济价值。现阶段，CO 的工业提纯方法众多，效果最佳、最为常见的有以下几种：第一种是深冷分离法；第二种是变压吸附法，又名 CO-PSA；第三种是 COSORB 法。三种方法相比较，最为先进的是第二种。20 世纪 80 年代末，日本制钢厂使用变压吸附法对 CO 进行提纯，纯度达到 99.9%，CO 的回收率也在 80% 以上。

5. 轧钢加热炉煤气反吹技术

轧钢工序中蓄热式加热炉存在周期性放散 CO 热工制度缺陷，碳氧化物排放量较大且治理最为薄弱，现已成为社会关注和治理的重点工序。

轧钢工序中蓄热式燃烧技术通过蓄热体储存烟气余热为燃气及助燃空气提供热量，提高混合气的焓值从而实现"超焓燃烧"，火焰温度随之提高，实现副产低热值燃气在钢铁生产中的高效利用，因此促进了蓄热式加热炉的快速工业化应用。但蓄热式加热炉的重要特点是燃烧过程每隔 60~90s 烧嘴换向燃烧一次，而在每次换向过程中公共管道内的残留燃气均会随排烟反向流动放散至大气中，周期性换向放散燃气问题导致了蓄热式加热炉吨钢燃气放散量约为 $12m^3$。亟须开发消除蓄热式放散燃气针对性技术，提高燃气能源利用率，减少碳氧化物污染物排放，助力"碳达峰、碳中和"计划。

虽然蓄热式加热炉换向放散问题日益得到相关学者和研究机构广泛关注，但烟气反吹系统介入蓄热式加热炉轧钢生产后，降低了加热炉的加热能力，同时引起较大的炉压波动，反吹效果不理想，并且系统安全联锁不严谨，存在安全生产隐患，利用烟气吹扫换向残留燃气到炉内燃烧的控制技术还不够完善,极大限制了该项技术的推广应用。

(1) 蓄热式燃烧技术工作原理

蓄热式加热通过换向阀控制烧嘴周期性地进行燃烧和蓄热排烟状态的交替切换,从而实现用高温烟气加热蓄热介质后变成低温烟气排出,常温空气通过蓄热介质吸收热量成为高温助燃空气,以达到烟气余热高效回收的目的。

蓄热式燃烧系统由蓄热式烧嘴、换向阀、调节阀门、管道系统、燃料供给系统、风机以及热工检测、控制系统等组成。加热炉两侧有成对布置的换向阀,生产中加热炉各区段的换向阀在电控系统指令下分别交替换向。

蓄热式烧嘴工作状态的切换是通过几个换向阀的联锁动作实现的,如图10-7。当A侧烧嘴燃烧时,A侧的煤气换向阀和空气换向阀打开,烟气通过B侧烧嘴经烟气换向阀排出,同时加热蓄热箱中的蓄热介质。A侧燃烧结束后,A侧煤气换向阀和空气换向阀关闭,B侧煤气换向阀和空气换向阀打开,B侧烧嘴开始燃烧,同时关闭B侧烟气换向阀打开A侧烟气换向阀。这样,原来燃烧的A侧烧嘴开始抽吸烟气并加热蓄热介质。2个蓄热体每隔60~90s换向1次进行蓄热排烟与燃烧状态的切换。循环往复,从而达到节能的目的。

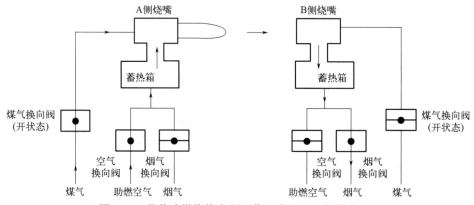

图 10-7 蓄热式燃烧换向阀工作示意图 (A 侧燃烧时)

可见,换向式蓄热燃烧方式使得炉子A、B两侧的蓄热式烧嘴实现交替进气燃烧与排烟,在此过程中蓄热体分别与空气、煤气和烟气交替进行放热与吸热的热工过程。空气、煤气经烧嘴蓄热体预热后分别喷入炉膛内,在炉膛内进行弥散式燃烧。送入炉内的空气、煤气可预热至900~1000℃,而排放出来的烟气可降温至150℃以下,超过80%的热能被重新利用。该蓄热式燃烧系统可以最大限度回收烟气中的余热,使低热值的高炉煤气得以被利用,大大降低了排烟热损失,有效地减少了NO_x的排放量,达到了高效节能、减少污染的目的。

(2) 蓄热式燃烧技术存在的主要问题

加热炉蓄热式燃烧技术操作是间歇进气排烟,每间隔约60~90s换向1次,换向过程时间持续3~5s。在这段时间内,进气与排烟不再平衡,造成炉膛压力不稳定,波动较大。

另外,燃烧系统每对换向阀之间的空气、煤气管路及对应的排烟管路专管专用,其传输介质不会发生掺混,但是换向阀之后到蓄热式烧嘴之前的这一段管路为排烟和进气交替进行,处于换向盲区,可称为盲区支管。因为换向时必有一侧是由换向前的进气状态切换为换向后的排烟状态,此时盲区支管内存留的煤气会在进炉膛前直接进入到排烟管路中。当炉内空气过量严重时,排烟管道内气体便有可能达到爆炸浓度,极易发生煤气爆燃、爆鸣事故。即使不发生事故,这一部分煤气也会随烟气直接排放到大气中。系统每换向一次,煤气排放会累积一次,最终造成能源浪费,增加了煤耗。

(3) 煤气反吹技术工作原理及特点

为避免轧钢加热炉可能出现的管道内爆燃、爆鸣等现象,充分利用盲区支管内存留的煤气,降低煤耗,减少大气污染,国内一些钢铁厂逐渐采用煤气反吹技术来解决该痛点。

① 煤气反吹技术工作原理

解决普通蓄热式燃烧系统的缺点,其根本就是要改变换向时盲区支管中存留的煤气会在进炉膛前直接进入到排烟管路中的情况。煤气反吹技术的基本思路是经济、安全,主要措施有3点:

一是在管道系统增加一路反吹气管路提供反吹气,解决了换向期间盲区支管中煤气存留的问题,使之不得再进入排烟管道,确保了安全;

二是在换向阀结构上将常规蓄热式燃烧系统煤气侧的两位三通换向阀改变为两位四通换向阀,即在煤气换向阀的进气、排烟阀位之外再增加一组反吹烟气阀位,在进气换排烟时,此阀位打开向盲区支管内吹入反吹气;

三是设置一台小流量的引风机(亦称反吹风机),将烟气总管排出的部分烟气经由引风机加压沿反吹气管路回流至煤气换向阀,利用烟气作为反吹气。

煤气反吹技术的工作原理是利用换向时煤气换向阀在煤气进气位关闭、排烟位还未开启前的3~5s时间内,打开新增加的反吹阀位,用烟气吹扫盲区支管管道内存留的煤气,将其全部送入炉膛内充分燃烧。其工作原理如图10-8所示。

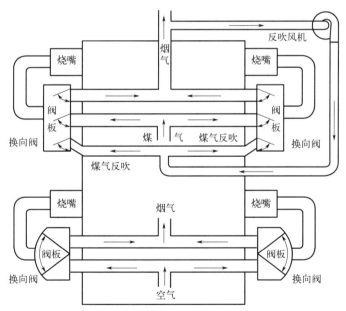

图10-8 煤气反吹原理示意图

② 煤气反吹技术特点

轧钢蓄热式加热炉采用的煤气反吹燃烧技术相比普通蓄热式燃烧技术的主要改变有:新增反吹风机、管道、阀门组等设备,将普通两位三通换向阀换为两位四通换向阀,以及控制系统的改造。其技术特点有：

a. 系统工作安全可靠。反吹技术新增设备和改造都简单易行，新系统本身工作稳定；相比于常规蓄热式燃烧系统，可杜绝管道系统爆鸣、爆燃现象的发生，提高了加热炉的安全性。

b. 采用煤气反吹技术后，在燃烧系统换向周期末期煤气进气阀位关闭后，仍可观察到炉内烧嘴喷口处脉动火焰燃烧，说明采用煤气反吹技术确实将盲区支管内的煤气反吹入炉内燃烧，效果是明显的。

c. 煤气反吹技术与其他形式（如以 N_2 等为反吹介质）的反吹技术相比，系统投资较少，运行成本较低，节能环保，且提高了高炉煤气利用率2%左右，减少了碳的排放。

d. 系统存在的不足主要是在换向期间仍存在炉压波动现象，炉压波动值一般控制在±50Pa 范围内。

（4）煤气反吹技术改造效果对比

唐钢一钢轧厂1700线两座双蓄热加热炉原采用传统双蓄热燃烧技术，由于蓄热式加热炉特有的换向方式，煤气喷口和换向阀之间的管道（换向盲区）的煤气在排烟过程中会被抽到煤烟管路中被排出。根据内部检测结果，煤烟中的 CO 含量约为 2%～5%，空烟中 CO 含量为 0.2%～0.3%，正常生产时，两座加热炉煤烟总量约为 10 万 m^3/h，折合 1 万～2 万 m^3/h 的高炉煤气被直接放散到空气中。

2018 年 7 月，唐钢公司实施烟气反吹项目后，内部监测实施效果为：每小时减少 2500～5000kg 的 CO 排放，约合 1 万～2 万 m^3 高炉煤气。该 1700 线加热炉分别采用高炉煤气和转炉煤气、焦炉煤气混合煤气为燃料，按煤烟中 CO 含量为 3% 计算，该部分煤气回收利用后，1#加热炉可回收煤气 7800m^3/h，2#加热炉可回收煤气 2100m^3/h，产生经济效益约为1000 元/h，扣除引风机电费等运行成本，每月可产生经济效益约为 50 万元，效益明显。

二、钢铁行业原料降碳技术

（一）提高废钢比＋短流程炼钢

统计表明，中国钢铁工业仍以高炉-转炉长流程为主，比例达到90%。高炉-转炉长流程生产每吨粗钢的 CO_2 排放量为 1.7～2.4t，显著高于电炉短流程的 0.6～0.8t。2022 年 8 月，工业和信息化部、国家发展改革委、生态环境部发布《工业领域碳达峰实施方案》（以下简称《方案》）。《方案》对废钢使用量和短流程炼钢比例都提出不同程度的提升要求，明确"开展重点行业达峰行动，其中钢铁行业到 2025 年，废钢铁加工准入企业年加工能力要超过 1.8 亿 t，短流程炼钢占比达 15% 以上；到 2030 年，短流程炼钢占比达 20% 以上"等关键内容。

1. 提高废钢比

受废钢储量低、电炉工艺冶炼高品质钢种难度大等因素制约，未来一段时间内长流程炼钢在中国钢铁工业仍占据主导地位。在长流程钢铁制造过程中，超过 80% 的碳排放来自焦化、烧结、高炉等铁前工序，这是降碳的重点工序。对于长流程转炉炼钢工艺，提高废钢比、降低铁水比可实施性较高，将是未来一段时间内长流程降低碳排放的重要措施之一。提高转炉废钢比实践主要围绕以下三个方向：

（1）减少流程热损失

要提升转炉废钢比，首先要通过设备设施改进、工艺管理优化减少流程热损失，挖掘现有工艺流程、设备设施的潜力。主要措施包括：铁包加盖、钢包加盖、生产组织优化、转炉冶炼工艺优化。

① 铁包加盖措施是在空包等铁、铁水运输过程、重罐等待时段进行加盖，可有效降低铁水包包口表面热损失和铁水包包体蓄热损失，提升铁水入炉温度。根据多家实施铁包加盖钢企调研结果，普遍认为铁包加盖可提升铁水入炉温度10～30℃。

② 钢包加盖采用在固定加盖工位加盖，通过减少钢包、钢水向环境的热量耗散可有效减少转炉出钢至连铸浇铸的钢水温降，有助于低温出钢，实施钢包加盖一般可降低出钢温度5℃以上。

③ 生产组织优化主要依靠铁包、钢包跟踪管理与调度算法相结合，减少因生产组织不当造成热损失。

④ 转炉冶炼工艺优化主要是改善辅料条件、优化转炉吹炼工艺、少渣炼钢等措施减少炉渣喷溅带走的热量。

减少流程热损失的各项措施对现有生产系统影响小、投资少、见效快，是提升转炉废钢比的必然选择。这些措施的使用一般可将转炉废钢比提升至20%～25%。

（2）提高转炉入炉料物理热

提高转炉入炉料物理热，根据物料种类不同，有废钢预热、合金预热、辅料预热等；根据预热发生位置不同，包括铁水罐预热、竖炉预热、连续预热装置、料仓预热、转炉预热等。

为保证转炉周期，国内多采用炉外废钢预热，其设备设施简单、多样，预热设施与转炉系统整体相互独立，通过增加废钢入炉物理热，提高转炉废钢比。炉外废钢预热存在的主要问题是：废钢预热后运输至炉前过程热量损失大，其运输过程温度损失普遍在100℃以上，废钢实际入炉温度一般仅为400～600℃；且废钢预热装置除尘差，预热后废钢运输过程污染治理难，二噁英问题难解决。

（3）提高转炉内化学反应放热

除铁水中元素氧化放热外，还可通过向转炉添加发热剂增加转炉炉内化学反应放热。发热剂种类包括硅质、铝质、碳质等，由于碳质发热剂反应后生成气体，对转炉造渣影响较小，所以采用无烟煤、焦丁等碳质发热剂的工业实践最多，但碳质发热剂可能带来钢水增硫的问题。发热剂加入方式包括顶加块状发热剂、底加块状发热剂、顶吹粉状发热剂、底吹粉状发热剂。目前国内一般为顶加块状发热剂，工艺简单，但热效率较低。在不考虑冶炼周期和消耗的情况下，添加发热剂可以无限提升转炉废钢比。向转炉加入碳质燃料燃烧加热熔池，最关键的是要保证其燃烧热效率。顶加块状燃料，如果不停止吹氧而添加碳质材料，则碳在熔池面上燃烧，热量基本不传递给熔池；但若停止吹氧，则因熔池没有搅拌，熔解速度变慢，不但严重影响转炉生产率，散热量也会增加。相较而言，底加燃料燃烧热效率更高，可达70%以上（顶加约50%）。对于顶吹或底吹喷粉，为提高碳质材料热效率，炉内钢液增碳是关键因素。研究表明：通过吹氧，当熔池$w(C)$降低至1.5%～3.0%时，加入的碳质燃料利用率较高。对于复吹转炉，保证熔池搅拌，改善熔池传热、传质效果是提高燃烧热效率的必然要求。

2. 短流程炼钢

钢铁行业的生产流程主要有两种，一种是以"高炉-转炉"（BF-BOF流程）为中心的长流程，另一种是以电炉冶炼（EAF流程）为中心的短流程。相比转炉炼钢，电炉炼钢具有工序短、投资省、建设周期短、节能减排效果明显等优势，与采用矿石炼铁后再炼钢相比，电炉使用1t废钢，可以减少1.7t精矿消耗、350kg标准煤，比使用生铁节省60％能源、40％新水，降低CO_2排放1.6t，显著降低废水、废气、废渣的排放，具有明显的环保优势。因此，世界各国都比较重视电炉短流程炼钢生产工艺的发展。现阶段我国电炉炼钢占比约为10.7％，与世界平均水平仍存在一定差距。

当前，钢铁企业普遍通过加入铁水以降低电耗成本，保证电炉炼钢质量及缩短冶炼周期，无法发挥短流程"省去高炉炼铁工序、降低成本、节能降碳"的优势。未来，随着废钢价格趋于合理、电力体制改革、废钢洁净度和电炉技术不断提升，以全废钢为原料的电炉生产是必然趋势。电炉炼钢常见炉型有：

(1) 传统式顶装料电炉

三相交流电弧炉用于工业生产已有一百多年历史了，早期传统电炉的生产率比较低，20世纪初电炉炼钢技术取得了重大进展，在电能为主要能源的基础上引进辅助能源和化学能源，由于自动控制技术的发展，功率输入由普通功率上升为高功率和超高功率，消耗下降，生产率有了极大程度提高，达到了一个吨位公称容量年产钢超过1万t，即公称容量100t电炉年产钢100万t以上。传统式电炉是早期的主流电炉，废钢从炉顶加入，即旋开炉盖用天车料篮加入废钢，每炉钢需要加料2～3次甚至更多，加料瞬间烟气量大，外溢非常明显，热损失大，需配备较大容量的变压器，对电网冲击也相对较大，电极消耗略高，送电时噪声大，一般采用炉盖第四孔除尘加厂房屋顶大烟罩进行二次粉尘收集、噪声捕集。但经近几年炼钢技术的发展，这种炉型越发表现出优异的技术经济指标和性能。如达涅利电炉在全废钢为原料的情况下，冶炼周期少于45min，电耗低于280kW·h/t，电极消耗小于1.2kg/t，最大特点为废钢适应性强，留钢量在30％以下，运行故障率非常低，可达到智能化操作。

(2) 连续加料式电炉

连续加料式电炉是近几年新投产电炉中比较多的一种炉型，最大的特点是冶炼过程中废钢连续加入，不开炉盖、不停电，能量输入不间断，避免了巨大的能量损失，烟尘不外溢，从炉内抽出的高温烟气从连续加料的隧道通过，也对废钢进行预热，预热温度一般不超过400℃，吨钢电耗可降30～100kW·h，但需留钢量在60％以上，熔池比较平稳，降低了传统电炉在电极穿井期巨大的噪声和对电网的冲击，电极消耗吨钢下降0.1～0.3kg，但一次性投资比传统电炉高。国外供货主要是Tenova，国内中冶赛迪等电炉制造厂也在供货，而且也做了改进，具有自主知识产权。

(3) 竖炉式电炉

目前有4种形式的竖炉式电炉。

① Fuchs竖炉式电炉。废钢温度可预热至600～800℃，在冶炼的同时，用天车料篮在竖井中加入下一炉的废钢，用指型托架托住废钢，废烟气从废钢中通过，废钢温度预热可控制，实现100％废钢预热，可节约电耗，生产率高，但缺点是竖炉一次性投资较高，指型托

架易漏水，维修难度大、故障率高等。尽管该炉型做了多项改进，但还存在竖炉故障多、维修费用高等缺点，目前已不是主流炉型。

② ECOARC 电弧炉。日本 SPCO 公司研发的环保生态电弧炉，利用竖炉的竖井来预热废钢，可使用轻薄型废钢，实现倾斜的料线上小车连续加料，预热温度可达 600℃ 以上，熔池稳定，可使用各种辅助能源，电耗低于 250kW·h/t，电极消耗低于 0.9kg/t，一次性设备投资较高，运行稳定，最大的特点为能把废钢预热中产生的二噁英处理掉。

③ Quantum 电炉。普锐特公司对竖炉式电炉进行了改进，用倾斜的料线上小车连续加料，竖井和炉盖是固定安装的，Fuchs 竖炉式电炉的改进型解决了原指型托架故障多的缺点，出钢时倾翻炉体实现无渣出钢。该炉型废钢可预热至 600℃ 以上，电耗为 280kW·h/t，炼钢周期为 33min，电极消耗为 0.9kg/t。目前 Quantum 电炉在墨西哥有一座 100t 电炉在生产，中国已有此炉型在建设中。

④ Sharc（shaft arc furnace）电炉。属于改进型双竖炉式直流电炉，最大的特点为电炉上方有两个对称的双竖井，加料方式还是天车料篮，竖井内废钢铁由上升的炉气预热，熔池稳定，可 100% 废钢预热，采用轻薄料，堆密度可为 $0.25 \sim 0.30 g/cm^3$，废钢价格、电极消耗和冶炼成本较低，其他原理与竖炉式电炉的预热废钢类似，欧洲有 100t 和 140t 炉子在生产，在中国已有 2 座此炉型正在建设中。

中国电炉炼钢已进入快速发展期，这在业界已达成共识，世界主流炉型在中国钢铁厂全部可以看到。此外，通过对技术的消化吸收再创新，我国已创造出世界领先的技术经济指标。

（二）氢冶金

氢能被视为 21 世纪最具发展潜力的清洁能源，由于具有来源多样、清洁低碳、灵活高效、应用场景丰富等众多优点，被多国列入国家能源战略部署中。氢冶金即利用氢作为还原剂代替碳还原剂，减少 CO_2 排放，可实现钢铁工业的绿色可持续发展。我国当前的氢冶金工艺主要有高炉富氢冶炼和氢直接还原。

1. 我国氢冶金进展

高炉炼铁历来是钢铁产业节能降耗和二氧化碳减排的核心。近年来环保要求日益严苛，我国钢铁产业提出了绿色制造的新要求。富氢还原是低碳炼铁的可行技术之一，具有清洁低碳的优越性。我国高炉富氢冶炼的研究与实践主要是往高炉内喷吹富氢气体，如焦炉煤气、天然气等。

随着人类社会能源消耗的不断增长，能源日益紧张，加上国家对节能减排高度重视，焦炉煤气作为优质富氢气体应得到高效合理利用。早在 20 世纪 60 年代本钢就进行了高炉喷吹焦炉煤气试验。在当时的喷吹条件下，高炉产量提高了 10.8%，焦比降低了 3%～10%，炉温稳定，炉况顺行程度好转。

近年来，梅钢为填补焦炭的缺口，降低炼铁生产成本，利用厂内富余焦炉煤气进行高炉风口喷吹，并与东北大学合作研发了基于梅钢原燃料条件的高炉风口喷吹焦炉煤气技术。

世界直接还原铁的发展趋势表明，气基竖炉工艺是迅速扩大直接还原铁生产的有效途径。2018 年气基直接还原铁产量约占直接还原铁总产量的 80%，其具有显著的发展潜力和竞争力。从 20 世纪末起，我国陆续开展了气基竖炉直接还原技术的开发和研究，如宝钢煤制气—竖炉直接还原的 BL 法工业性试验、陕西恒迪公司煤制气-竖炉生产直接还原铁的半工业化试验、山西含碳球团焦炉煤气竖炉生产直接还原铁的试验、中晋矿业焦炉煤气—气基竖炉直接还原铁的试验等。

随着化工行业煤制气技术的发展和成熟，以及竖炉直接还原技术的发展和进步，煤制气—气基竖炉直接还原技术应运而生，并成为发展热点。从国内能源结构考虑，我国因石油、天然气资源匮乏，价格昂贵，不适合大规模发展气基直接还原技术。但中国拥有丰富的煤炭资源，特别是非焦煤储量很大，将煤制合成气作为还原气来发展气基竖炉直接还原，是我国钢铁企业未来直接还原铁生产的重点发展方向。我国具有发展煤制气—气基竖炉直接还原工艺所涉及的化工、冶金、装备制造等学科、行业技术基础。

2. 煤制气—气基竖炉直接还原工艺

煤制气—气基竖炉直接还原工艺的关键技术主要包括气基竖炉专用氧化球团制备及优化、煤气化技术的合理选择、富氢气基还原的优化控制和能量利用的优化。

东北大学储满生团队基于国内铁精矿条件，进行了气基竖炉专用氧化球团制备及其冶金性能优化研究，发现通过优化控制添加剂使用、改善干燥预热及氧化焙烧工艺参数，可获得冶金性能优良的气基竖炉直接还原专用氧化球团，球团的生产可采用技术成熟且普遍采用的链箅机-回转窑工艺。采用高温高氢气基竖炉直接还原工艺，在还原温度 1050℃、H_2/CO（体积分数比）＝2.5、还原时间 20min 的条件下，球团的还原率达 99%。

综合考虑各类煤制气工艺的设备特性、技术经济指标及投资成本等，宜采用流化床煤制气工艺，投资成本低、氧耗低、生产效率高。另外，对气基还原过程的研究发现，当 H_2/CO（体积分数比）高、温度较高时，还原速度快、球团膨胀率低，通过控制还原条件，可获得 $TFe \geqslant 92\%$、金属化率 $\geqslant 92\%$、SiO_2 含量 $<3\%$ 的合格 DRI（直接还原铁）产品。

3. 氢冶金面临的挑战与机遇

经济性和低碳性是制约选择制氢技术路线的关键因素。目前工业制氢技术仍以石化能源制氢为主，其生产的氢气约占世界氢气生产总量的 95% 以上，但该路线会产生大量二氧化碳。在氢能发展初期，应当充分利用工业副产氢气，适当发展煤制富氢合成气，少开发石油天然气裂解制氢，限制通过电解水制氢；在氢能发展中期，适当发展以生物质资源为代表的可再生资源制氢技术；从氢能长期发展考虑，应着重关注以风能、海洋能、水能等为基础的低碳绿色制氢技术，但目前这类技术转化率较低，还未能大规模利用。随着 CCS 二氧化碳捕获技术的不断发展和进步，煤制富氢合成气技术将为煤炭资源尤其是廉价低阶煤炭资源的高效清洁利用提供新途径，这也是我国煤基制氢的主要发展方向。成熟的储氢技术是保障氢气大规模高效利用的关键。

（三）钢铁生产工艺革新技术

1. 石灰窑提取 CO_2 用于炼钢技术

北京科技大学学者研究发现当炼钢顶吹氧枪混合喷吹 O_2-CO_2 时，既可降低火点区的温度，减少铁损，又可增加 CO 回收量，同时减少了钢水氮含量，并成功开发出了 O_2-CO_2 混合喷吹技术。在提高炼钢钢水质量的同时，又降低了生产成本，减少了 CO_2 的排放，其基

本原理为 $CO_2+C \rightleftharpoons 2CO+Q$（$Q<0$）。尽管 CO_2 在炼钢应用上有较大的优势，但是受制于气源的因素，一直无法推广应用，而 N_2 和 Ar 在制氧时可一并获得，一般在钢厂应用较为普遍。但 Ar 作为转炉底吹气源时常因供应不足被迫使用 N_2 作为底吹气源，而使用 N_2 时容易造成钢水增氮。基于以上因素，在顶底复吹炼钢时一般采用折中手段，冶炼前期使用 N_2 作为底吹气源，后期使用 Ar 作为底吹气源；冶炼低氮钢种时才采用全程底吹氩。而全程底吹 CO_2 的顶底复吹炼钢工艺可以很好地解决氩供应不足和钢水增氮的问题。炼钢使用 CO_2 时，置换出的 N_2 也可用于转炉溅渣护炉和高炉喷煤使用，置换出的氩可主要用于精炼的底吹搅拌和连铸的保护浇铸，或可作为附加值较高的气体外销。钢铁厂有较多的 CO_2 来源，其中石灰窑（尤其是气烧石灰窑）尾气是最佳回收 CO_2 的气源。据统计，一般石灰窑每生产 1t 石灰排放 2t 左右的 CO_2，排放的尾气中 CO_2 体积分数在 22% 左右，具有较高的回收利用价值。

2. 连铸连轧工艺

薄板坯连铸连轧技术将连铸、加热、轧制等工序有效结合，以简约的工艺布置高效完成产品生产，并且节能减排效果显著，是钢铁工业领域的变革性技术。20 世纪 80 年代，能源危机的出现使钢铁工业呈现出萧条态势，促使简约高效的薄板坯连铸连轧技术出现。

1989 年 7 月，美国纽柯公司克劳福兹维尔钢厂采用德国西马克公司开发的 CSP（compact strip production）技术建成投产了全球第一条薄板坯连铸连轧生产线。自该产线投入工业化生产以来，世界各国冶金工业公司持续开展薄板坯连铸连轧技术开发和装备研制，经过不断的改进和创新，在三十年的时间里出现了 ISP（inline strip production）、QSP（quality slab production）、FTSR（flexible thin slab rolling）、ESP（endless strip production）、QSP-DUE（quality slab production-danieli universal endless）等多种生产技术。

（四）钢铁行业其他低碳技术

近年来，钢铁行业积极进行低碳技术创新与应用，并取得了显著的进展。除采用本章节提到的各项减碳、降耗技术外，也开发了一些新的技术与装备。

1. 减碳技术

减碳技术是现阶段钢铁企业降低碳排放采取的主要措施，以能效提升技术的实施应用为主。此外，钢铁企业在建设碳排放管控平台等方面也进行了有益的尝试。

（1）碳排放和污染物排放全过程智能管控与评估平台

通过"数字化＋低碳化"的方式，建设碳管控平台，实现碳素流可视可管可控以及钢铁企业生产全过程的碳排放监测、统计、对标。冶金工业规划研究院结合在低碳方面多年的研究实践，研发出了碳排放和污染物排放全过程智能管控与评估平台，已经在瑞丰钢铁、首钢迁钢等多家钢铁企业推广应用。

（2）大型高炉超高比例球团冶炼技术

基于高炉-转炉长流程工艺，采用超高比例或全球团冶炼优化炉料结构，提高高炉入炉矿品位。德国 Bremen 3 号高炉采用 70% 球团＋30% 的块矿进行冶炼；瑞典、芬兰采用 90% 球团＋10% 循环废料压块的炉料结构进行冶炼；首钢于 2018 年实现了高炉全球团冶炼及稳定运行。

（3）闪速熔炼技术

铁矿砂、熔剂粉末及煤气从闪铁炉顶端喷入，颗粒在下降过程中与高温煤气发生还原反应，将铁矿砂中的高价铁氧化物部分还原成低价铁氧化物及部分金属铁，低价铁氧化物及部分金属铁落入熔池。目前该技术处于中试阶段，仍需要经历工业试验及优化过程。

（4）熔融电解法冶炼技术

利用电能将金属元素从熔融态的氧化物中还原为液态金属产品。目前波士顿金属公司正在验证熔融电解法冶炼金属铁，中试工厂产能只有 5kg/d，总体仍处于实验室阶段。

2. 无碳技术

无碳技术现阶段在钢铁行业主要是清洁能源的利用，以光伏发电、风力发电、清洁能源运输等为代表的无碳技术近年来在钢铁企业获得了不同程度应用，生物质利用技术、新型储能技术等目前也取得了一定进展，并将在未来进一步推广普及。

（1）屋顶光伏发电技术

钢铁企业利用厂房屋顶等安装分布式光伏发电系统。应用案例：宝钢湛江 48MW 分布式光伏项目和沙钢 35MW 分布式光伏项目。

（2）新型储能技术

基于固体储热及熔盐储热的储热技术，能够耦合钢铁企业不同品质余气、余热的资源禀赋，适合钢铁企业余热、余气电站的调峰及储能场景。

（3）生物质利用技术

生物质作为燃料用于高炉喷吹、炼制生物质焦、烧结等；生物质作为还原剂用于高炉炼铁、非高炉炼铁等。应用案例：巴西木炭炼铁、瑞典生物质炭应用。

3. 去碳技术

经过多年的研究储备，去碳技术现阶段在中国钢铁行业也取得了一定进展，主要集中在钢化联产等固碳技术、烟气二氧化碳捕集及碳化法钢渣利用技术，此外，还有一定的碳汇应用。

（1）钢化联产技术

利用高炉煤气、转炉煤气、焦炉煤气等副产煤气，提取一氧化碳、二氧化碳和氢气作为原料生产甲酸、乙二醇等化工产品。应用案例：首钢京唐钢铁联合有限责任公司以转炉煤气为原料生产燃料乙醇；石横特钢以副产转炉气为原料合成甲酸；晋南钢铁集团有限公司以焦炉煤气、转炉煤气为原料生产乙二醇。

（2）碳捕集、利用与封装技术

利用钢铁企业工业尾气捕集回收二氧化碳。应用案例：首钢京唐石灰窑尾气回收二氧化碳制备净化工程。

（3）碳化法钢渣利用技术

二氧化碳与钢渣中的氧化钙进行反应，生成高纯碳酸钙，副产铁粉，在资源综合利用的基础上同时进行固碳。应用案例：包钢碳化法钢铁渣综合利用。

（4）碳汇技术

通过森林碳汇、草地碳汇、海洋碳汇等将大气中的二氧化碳吸收并固定。应用案例：包钢与岳阳林纸合作开发林业碳汇项目。

三、钢铁企业碳中和典型案例

（一）中国宝武碳中和典型案例

钢铁行业碳中和技术应用案例（一）

2021年初，中国宝武钢铁集团有限公司（简称中国宝武）率先发布了实现"碳达峰碳中和"目标时间表，提出到2023年力争实现碳达峰，2025年具备减碳30%的工艺技术能力，2035年力争降低碳排放30%，至每吨钢碳排放量为1.3吨，2050年力争实现碳中和。2021年11月，中国宝武在全球低碳冶金创新论坛上发布了《中国宝武碳中和行动方案》，明确了碳中和的六方面低碳冶金技术，形成了中国宝武碳中和冶金技术路线图（如图10-9）。

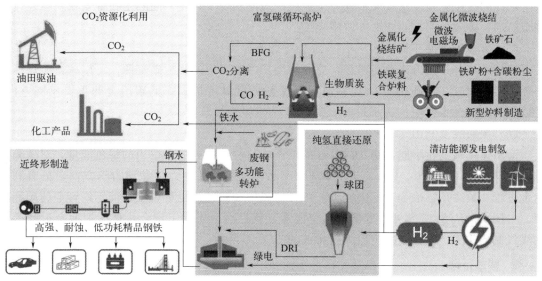

图10-9　中国宝武碳中和冶金技术路线图

1. 低碳冶金技术

中国宝武低碳冶金技术主要包括：极致能效、富氢碳循环高炉、氢基竖炉、近终形制造、冶金资源循环利用和碳回收及利用。

（1）极致能效

世界钢协数据表明，过去50年钢铁行业吨钢能耗降低61%，能源强度尚有15%～20%的下降潜力。全流程能源效率提升是钢铁行业目前减碳的优先工作，通过瞄准余热余能资源化，提升界面能效的创新与应用，聚焦冶金炉渣余热回收利用等共性难题技术突破，中低温余热资源的深度回收利用，余压资源潜力充分发挥以及副产煤气极限回收和资源化等，挖掘余热余能潜力，实现"消灭活套、应收尽收"。

（2）富氢碳循环高炉

高炉是极高效率的反应器，能为炼钢提供最洁净的原料，具备其他工艺不可完全替代的效率和地位。中国宝武积极探索富氢碳循环高炉技术，实验结果表明，以富氢碳循环为主要技术手段，最大程度利用碳的化学能，以降低高炉还原剂比为方向，加上绿色电加热和原料绿色化技术措施，具有实现高炉流程的大幅减碳的潜力。

（3）氢基竖炉

用氢气还原氧化铁时，主要产物是金属铁和水蒸气，还原后的尾气对环境没有任何影响。使用清洁能源制取氢气，开发氢基竖炉直接还原炼铁工艺，有望实现近零碳排放的钢铁冶炼过程，是实现碳中和的重要路径。中国宝武确定的氢冶金路径是开发氢基竖炉直接还原炼铁工艺，生产固态金属铁，未来考虑利用南海地区的天然气、风电、光伏发电的绿氢来实现全氢的竖炉冶炼和极致的短流程工艺，目前已完成全部设计方案。

（4）近终形制造

近终形制造技术与传统工艺相比，流程更短，生产过程更加高效，能耗及排放更低，被认为是近代钢铁工业发展中的一项重大工艺技术革新。中国宝武已经开发出薄带连铸连轧技术，将成为轧制区域碳中和的重要工艺路线。在未新建产线的情况下，中国宝武正在推进棒线生产线的直接轧制，在重庆钢铁一条棒线产线上实现了直轧，同时正在筹划在新疆建设一座全新的、极致短流程的薄带连铸零碳工厂。

（5）冶金资源循环利用

选择经济合理的内部循环路径，充分利用厂内固废中的铁、碳资源，可以减少矿煤资源消耗和实现固废"零排放"。大比例使用钢铁循环材料将是未来低碳冶金的重要发展方向，可以节约高炉铁水使用，从而大幅减少CO_2和污染物排放。

（6）碳回收及利用

清洁使用碳的化学能，建立内外部的碳循环，过程中再加入适当的绿色能量，对碳和氢进行科学组合，实现C、CO、CO_2循环及产品化利用，在热力学和动力学方面会更有利于冶金过程，最终形成冶金工业中完整、可行的碳中和路径，也更利于目前钢铁行业的顺利转型。中国宝武从2015年开始的低碳冶金探索，就是冶金煤化工耦合，试图把冶金过程产生的煤气制成化工产品，来减少向大气排放的CO_2。

2. 绿色行动

自2015年起，中国宝武就开始了低碳冶金的探索，从绿色制造、绿色产品和绿色产业三个方面展开绿色行动。

（1）绿色制造

八钢富氢碳循环试验高炉在2020年10月突破传统高炉富氧极限，达到鼓风含氧35%的一期试验目标。2021年6月，富氢碳循环高炉完成欧冶炉脱碳煤气喷吹，成为全球首座喷吹脱碳煤气的高炉；2021年8月，富氢碳循环高炉风口成功喷吹焦炉煤气，开始富氢冶炼，并最终实现50%高富氧、碳减排15%的二期试验目标；2022年7月，富氢碳循环高炉共享试验平台点火投运，标志着八钢富氢碳循环高炉第三阶段工业化试验正式开启，也标志着宝武低碳冶金技术试验进入全氧、煤气自循环的新阶段。

湛江钢铁建设百万吨级的氢基竖炉-电炉短流程零碳工厂。2022年2月，湛江钢铁零碳示范工厂百万吨级氢基竖炉开工建设，是国内首套百万吨级氢基竖炉，也是首套集成氢气和焦炉煤气进行工业化生产的直接还原生产线。该项目建成投产后，对比传统铁前全流程高炉炼铁工艺同等规模铁水产量，每年可减少CO_2排放50万吨以上。未来，湛江钢铁在氢基竖炉的基础上，将利用南海地区光伏、风能配套"光-电-氢""风-电-氢"绿色能源，形成与钢铁冶金工艺相匹配的全循环、封闭的流程，产线碳排放较长流程降低90%以上，并通过碳捕集、森林碳汇等实现绿氢全流程零碳工厂。

新疆巴州绿色钢铁短流程示范项目。计划建设一个十几平方公里的光伏电厂，由光伏电厂发绿电，进行全废钢电炉冶炼和薄带连铸连轧制，将通过使用光伏绿电和林业碳汇，实现产线的碳排放为零。

(2) 绿色产品

中国宝武表示其未来生产的产品必须是绿色的，将通过绿色产品设计，制造工艺创新，为社会提供强度更高、寿命更长、效能更好的产品。一方面可以减少钢铁材料本身的使用量，另一方面可以代替高碳材料，从而支撑社会实现低碳转型。

(3) 绿色产业

在绿色产业方面，中国宝武将积极发展绿色能源产业和绿色金融产业，并布局其他绿色产业，包括绿色资源产业、绿色新材料产业、绿色智慧服务业等。

3. 中国宝武旗下钢铁企业的碳中和行动

(1) 宝钢股份

2021年12月，宝钢股份开展"双碳"目标及行动主题研修，各基地发布降碳行动方案。2023年，四基地总体实现碳达峰，2025年形成减碳30%工艺技术能力，2035年力争减碳30%，2050年力争实现碳中和。宝钢股份还明确了降碳基本路径：钢铁工艺流程变革；能源结构优化调整；加快低碳冶金新工艺研发，实施技术创新降碳；极致能效降碳。

(2) 中南钢铁

2021年12月，中南钢铁发布了《中南钢铁碳达峰碳中和行动方案》，明确了"双碳"工作目标和实施路径。其中，中南钢铁"双碳"时间表为2023年力争实现碳达峰，2035年具备减碳30%工艺技术能力，2050年力争实现碳中和。中南钢铁结合自身战略定位及高质量发展需要，系统策划，提出"6C降碳"战略举措，即"规划降碳、效率降碳、工艺降碳、技术降碳、绿色降碳、链圈降碳"共6条减碳路径。

(二) 鞍钢集团碳中和典型案例

2021年5月，鞍钢集团有限公司（简称鞍钢集团）发布《鞍钢集团碳达峰碳中和宣言》。宣言提出，为落实"碳达峰碳中和"庄严承诺，鞍钢集团积极践行绿色发展理念，郑重承诺：2021年底发布低碳冶金路线图；2025年前实现碳排放总量达峰；2030年实现前沿低碳冶金技术产业化突破，深度降碳工艺大规模推广应用；力争2035年碳排放总量较峰值降低30%；持续发展低碳冶金技术，成为我国钢铁行业首批实现碳中和的大型钢铁企业。

钢铁行业碳中和
技术应用案例（二）

1. 实现路径

鞍钢集团计划实现碳中和的主要路径包括：一是推进兼并重组，淘汰落后产能，优化产业布局及工艺流程，节能减排、减污降碳。二是致力产品全生命周期理念，推动绿色生产、低碳生活，制造更优材料，降低社会资源消耗。三是坚持科技创新引领，加快研发应用低碳冶金技术和前沿碳捕集、利用与封存技术。四是布局新能源产业，调整能源结构，提高氢能、太阳能、风能等绿色能源应用比例，降低化石能源消耗。五是发挥鞍钢先进采选工艺技术优势，提高铁矿、钒钛铬等资源综合利用效率，实施绿色开采；充分利用矿山土地资源，发展绿色能源；加大复垦力度，修复生态环境，增加森林碳汇。

2. 绿色氢能

2021年7月，鞍钢集团、鞍山钢铁与中国科学院过程工程研究所、中国科学院大连化学物理研究所、上海大学签订"绿色氢能冶金技术"五方联合研发协议，共同推动绿色氢能冶金技术的发展和应用，实现低碳冶金新技术路线的突破。项目主要是风电+光伏（绿电）—电解水制氢（绿氢）—氢冶金工艺，配加钒电池储能调峰。其中，光伏发电和电解水由中国科学院大连化学物理研究所负责；氢冶金工艺由中国科学院过程所负责；上海大学配合进行氢冶金技术开发。集聚各方优势，深化产学研合作，为行业提供可行的低碳冶金技术解决方案。

3. 绿色行动

2022年9月，鞍钢集团氢冶金项目开工仪式在鞍钢鲅鱼圈钢铁基地举行。该项目是全球首套绿氢零碳流化床高效炼铁新技术示范项目，具有完全自主知识产权，实现了低碳冶金新技术路线的突破，对助力我国钢铁工业绿色低碳创新发展具有重大意义。

氢冶金是钢铁行业实现低碳发展的重要路径。与传统碳冶金相比，氢冶金以氢气为燃料和还原剂，可以使炼铁过程摆脱对化石能源的依赖，从源头上解决碳排放问题。该项目采用国际先进的电解水技术，实现绿氢规模化高效制备；开发流化床炼铁新技术，突破原料适用性和还原效率难题；集成关键技术，实现高金属化率直接还原铁的连续生产。该项目于2023年投入运行，形成万吨级流化床氢气炼铁工程示范，为世界氢冶金技术发展提供"中国方案"。

（三）河钢集团碳中和典型案例

2022年3月，河钢集团有限公司（简称河钢集团）发布《低碳发展技术路线图》。其中明确提出河钢集团低碳发展将经历"碳达峰平台期、稳步下降期及深度脱碳期"三个阶段，通过实施六大技术路径和建设两大管理平台，实现2025年较碳排放峰值降低10%，2030年较碳排放峰值降低30%，并最终在2050年实现碳中和。

1. 技术路径+管理平台

一是"铁素资源优化"路径，具体措施包括长流程球团比提高、废钢比提高；二是"流程优化重构"路径，具体措施包括全废钢电炉流程比例提高和界面优化；三是"系统能效提升"路径，具体措施包括各种节能技术的应用、智能化管控水平的提高和自发电比例的提高；四是"用能结构优化"路径，具体措施为绿电应用和绿色物流；五是"低碳技术变革"路径，具体措施为氢冶金和CCUS技术应用；六是"产业协同降碳"路径，具体措施为发展森林碳汇、绿色建材和城市共融。

此外，河钢集团将着力推进碳数据管理平台建设，依托全过程碳排放核算管控平台，在集团内和行业内开展对标工作，构建减污降碳协同治理的工作机制。构建产品LCA（生命周期评估）管理平台，建立钢铁产品生命周期数据库，搭建低碳节能绿色产品生产体系，打造绿色产品供应链。

2. 降碳行动

作为钢铁行业率先实践"绿色转型"的样板，河钢集团一直是氢能产业的倡导者和领跑者，积极探索由"碳冶金"升级到"氢冶金"，引领钢铁冶金工艺变革。

2019年11月，河钢集团与意大利特诺恩集团签署谅解备忘录，携手开展氢冶金技术合作,利用国际最先进的制氢和氢还原技术,推进实施全球首例120万吨氢冶金示范项目。该项目可实现高质量的减污降碳协同增效,与传统全流程高炉炼铁"碳冶金"工业同等生产规模相比,每年可减少二氧化碳排放70%、减少二氧化硫50%、减少粉尘90%。2020年8月,河钢集团首座加氢示范站在邯郸投入运行,标志着河钢集团已快步迈入氢能时代。2021年7月,在渤海之滨的唐钢新区,河钢集团举行氢能重卡投运全国首发式,标志着我国首条市场化运营的氢能重卡运输线正式投运。

按照路线图规划,到2025年,河钢集团"氢冶金"流程占比将提升到7%左右,2030年进一步提升到10%左右,2050年将力争达到30%。

第二节 "双碳"背景下污水处理厂提质增效方向与案例

一、污水处理厂运营碳排放路径

污水处理行业碳排放量占社会碳排放总量的1%~2%,其中绝大多数为运营期间排放。碳排放存在于污水通过管网运输环节以及污水处理环节。在污水运输环节,有直接、间接两种碳排放途径。直接排放的主要为CH_4,间接产生的碳排放主要为电耗。在污水处理环节,直接排放的主要是CH_4和N_2O,间接排放则是电耗、药剂等原材料消耗等方式。

污水处理环节间接碳排放途径有电力消耗和药剂消耗两种方式。

电力消耗的主要产生途径是通过曝气,水泵运行,推流、搅拌系统,照明等在发电过程中产生CO_2。根据2021年调查数据显示,主要电力消耗曝气系统占比37.5%,进水提升系统占比25.9%,如图10-10(a)。

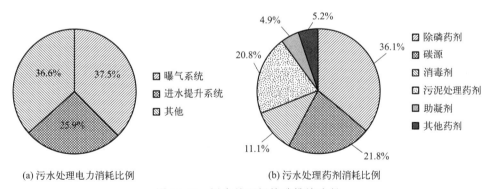

(a) 污水处理电力消耗比例　　(b) 污水处理药剂消耗比例

图10-10　污水处理间接碳排放途径

药剂消耗的产生途径主要通过化学除磷所用除磷药剂,反硝化外加碳源,污水消毒采用消毒剂,污泥脱水掺加药剂,化验室化验药剂,pH调整、清洗用其他药剂等方式,如图10-10(b)所示。在药剂制备与运输过程中均会有CO_2产生。主要的药剂消耗为除磷药剂、碳源、污泥处理药剂、消毒剂。

二、污水处理厂提质增效存在的问题

1. 水质标准与成本的矛盾

各地政府陆续推出较高标准的出水要求，导致水处理成本增加，这实际上是与"双碳"目标相违背的，现在所追求的大多应该是如何以较低的成本排放符合较高标准的出水。对于污水中的 TN（总氮）、TP（总磷）一直有较高的标准，可以通过技术手段在过程管理中实现低碳运行的脱氮除磷。同时针对 BOD（生物需氧量）、COD（化学需氧量）的出水标准一直都有较大的争议，符合正常出水标准通常需要花费较高的成本，然而有些是不必须处理的，对于环境没有影响的 BOD、COD 能否降低出水水质以降低成本是目前较大的争议。

"双碳"背景下污水处理厂提质增效方向与案例（二）

2. 成本加成机制

从公司盈利的角度分析，根据当前行业标准以及社会上的客观评价，水务行业存在着投入的成本越高，则利润越高的现象，很难推动"双碳"的实施，也不利于技术创新与行业进步。

3. 管网渗漏与化粪池

城市污水管网由于线路混乱以及年久失修等问题导致的管网渗漏，会在一定程度上降低进水的 COD 浓度，进水的 COD 浓度不高则会导致资源浪费，有很多地区甚至会出现"清水进，清水出"的问题。经过现场调研发现，很多集中式生活污水处理厂进水 COD 偏低，甚至不到 100mg/L，远低于 200～400mg/L 的设计要求，造成投资浪费。同时管网渗漏也会降低污泥当中的有机质，以及增大脱氮除磷的加药量。

化粪池如何取消也是一个关键的问题，污水处理厂需要化粪池，但生活区不需要，所以如何取消化粪池对污水厂也很关键。

4. 运营技术难以复制推广

水处理行业高水平人才十分短缺，水厂中重复枯燥的工作任务留不住高水平人才，且上述说到的成本加成机制也降低了人才的重要性。同时产品化程度不足以及工匠精神的缺失都导致了水务行业的运营技术难以复制推广。

5. 上下游协同不足

上游监管只看出水的 COD、氨氮，而下游却要求 TN、TP 的高标准排放，导致上游企业消减 COD，下游投加碳源，从而造成资源的浪费。

针对上下游协同不足的问题首先应该引入整个园区的水管家，由第三方治理的机制；并且引入上下游协商排放机制，避免资源浪费；同时设置一企一管机制，针对不同问题，提出不同的解决方案。难降解 COD、有毒有害物质在上游应严控，避免进入到污水厂造成水资源的浪费。

三、低碳运行评价标准

（一）《污水处理厂低碳运行评价技术规范》

为响应国家减污降碳政策号召，满足污水处理行业碳排放核算与评价的实际需求，规范和指导污水处理厂低碳运行,《污水处理厂低碳运行评价技术规范》由中国环境保护产业协会组织制定,中国人民大学、北京城市排水集团有限责任公司、北控水务(中国)投资有限公司、深圳市水务(集团)有限公司等18家单位共同编制。该标准是我国污水处理领域首个低碳团体标准,规定了污水处理厂低碳运行评价的术语和定义、评价基本条件、评价指标体系、碳排放强度、低碳行为鼓励、低碳评价规则和评价流程,适用于污水处理厂的碳排放核算、低碳运行评价、低碳设计和改造等方面。

1. 评价指标体系

污水处理厂低碳运行评价指标体系包括定量评价和定性评价两类。定量评价用于评价碳排放强度,取决于直接碳排放强度、间接碳排放强度和碳排放强度修正因子。定性评价是对机械设备效率评估与改造、精细化运行、温室气体监测与低碳运行核算等低碳行为的定性赋值。低碳运行评价指标体系详见表10-3。

表 10-3 低碳运行评价指标体系

分类	一级指标	二级指标	
定量评价	评价碳排放强度(E_p)	直接碳排放修正强度(E_z)	直接碳排放强度(E_d)
			总氮去除率修正系数(k_1)
		间接碳排放修正强度(E_j)	间接碳排放强度(E_i)
			处理规模修正系数(k_2)
			耗氧污染物削减量修正系数(k_3)
			出水排放标准修正系数(k_4)
			脱水污泥含水率修正系数(k_5)
			臭气控制程度修正系数(k_6)
定性评价	低碳行为	设施设备低碳改造	
		优化运行	
		低碳建设	
		监测与核算	

2. 低碳行为鼓励

在污水处理厂低碳运行评价过程中,对机械设备效率评估与改造、精细化运行、温室气体监测与低碳运行核算等低碳行为进行鼓励。低碳行为详见表10-4。

表 10-4 低碳行为

二级指标	三级指标
机械设备效率评估与改造	除渣除砂设备效率评估与改造
	泵组效率评估与改造
	混合搅拌设备效率评估与改造
	曝气系统效率评估与改造
精细化运行	用电分区计量
	药剂优选与精准投加
	生物处理系统优化调控

二级指标	三级指标
温室气体监测与低碳运行核算	重点温室气体(CH_4、N_2O)现场监测
	碳排放核算与编制报告

3. 评价流程

污水处理厂低碳运行评价包括数据收集、数据甄别、数据计算和等级评价四个步骤,具体评价流程如图10-11所示。

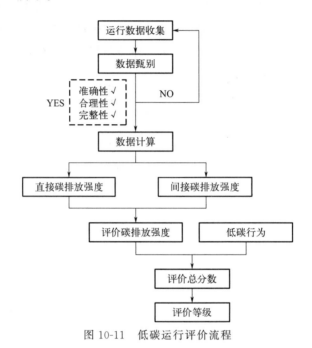

图10-11 低碳运行评价流程

(二)《城镇污水处理厂精细运营管理"排行榜"评价要求》

《城镇污水处理厂精细运营管理"排行榜"评价要求》(T/CSTE 0290.2—2022)由企业标准"领跑者"工作委员会提出,北控水务集团有限公司、上海城投污水处理有限公司、中节能国祯环保科技股份有限公司、中环保水务投资有限公司等14家单位共同编制。该标准首次从风险防控、管理体系、效能管理、创新发展等方面对污水处理厂运营管理水平开展全面评价,为污水处理厂规范化、精细化、专业化运营指明了目标和发展方向,助力企业高质量发展。

1. 评价体系及要求

城镇污水处理厂精细运营管理"排行榜"评价要求包括风险防控、规范管理、进出水水量偏差、吨水进水提升1米电单耗、混合系统单位容积能耗、平均单位耗氧污染物削减量的曝气系统电耗得分、好氧池末端或消氧区溶解氧、生物系统TN去除率、生物系统TP去除率、生物池MLVSS(mixed liquid volatile suspended solids,混合液挥发性悬浮固体浓度)/MLSS(mixed liquor suspended solids,混合液悬浮固体浓度)、除磷药剂成本、碳源药剂成本、城镇污水处理设施运营效果评价,指标体系详见表10-5。

表10-5 评价要求的指标体系框架

序号	评价指标	指标水平分级			判断依据/方法
		先进水平(5星)	平均水平(4星)	基准水平(3星)	
1	风险防控	满足3项	满足2项	满足1项	附录A1
2	规范管理	满足4项	满足3项	满足2项	附录A2
3	进出水水量偏差	5%及以下	10%及以下	15%及以下	附录B1
4	吨水进水提升1m电单耗	0.0045kW·h/(m³·m)及以下	0.0048kW·h/(m³·m)及以下	0.0053kW·h/(m³·m)及以下	附录B2
5	混合系统单位容积能耗	4W/m³及以下	6W/m³及以下	8W/m³及以下	附录B3
6	平均单位耗氧污染物削减量的曝气系统电耗得分	5及以上	3及以上	1及以上	附录B4
7	好氧池末端或消氧区溶解氧	1.0mg/L及以下	1.5mg/L及以下	2mg/L及以下	考察周期内的在线溶解氧平均值
8	生物系统TN去除率	70%及以上	65%及以上	55%及以上	附录B5
9	生物系统TP去除率	65%及以上	55%及以上	45%及以上	附录B6
10	生物池MLVSS/MLSS	40%及以上	35%及以上	30%及以上	附录B7
11	除磷药剂成本	0.04元/t及以下	0.05元/t及以下	0.06元/t及以下	附录B8
12	碳源药剂成本	0.04元/t及以下(进水碳氮比小于5)	0.06元/t及以下(进水碳氮比小于5)	0.08元/t及以下(进水碳氮比小于5)	附录B9
		不投加碳源(进水碳氮比大于等于5)	0.02元/t(进水碳氮比大于等于5)	0.03元/t(进水碳氮比大于等于5)	
13	城镇污水处理设施运营效果评价	优秀	良好	合格	附录C

注:1. 风险防控的3项指标(运行风险识别、运行风险控制、突发环境事件应急管理)满足3项达到先进水平,满足2项达到平均水平,满足1项达到基准水平;

2. 规范管理的4项指标(运行管理体系、设备管理体系、安全管理体系、综合管理体系)满足4项达到先进水平,满足3项达到平均水平,满足2项达到基准水平。

2. 评价方法及等级划分

城镇污水处理厂精细运营管理"排行榜"的评价结果划分为5星级、4星级和3星级,各等级所对应的划分依据见表10-6。达到3星级要求及以上的企业标准并按照有关要求进行自我声明公开后均可进入城镇污水处理厂精细运营管理的企业标准"排行榜"。

表10-6 "排行榜"评价要求及等级划分

评价等级		满足条件
5星级应同时满足	基本要求	评价要求指标全部达到先进水平

评价等级	满足条件	
4星级应同时满足	基本要求	评价要求指标全部达到平均水平
3星级应同时满足	基本要求	评价要求指标全部达到基准水平

四、北控水务集团低碳运行方向与案例

（一）全流程、全要素的精细化管理

北控水务集团有限公司（以下简称北控水务）通过制定运营管理标准与技术指引体系，不断完善精益管理（图10-12），实现项目运行质量的提升与行业标准的输出。

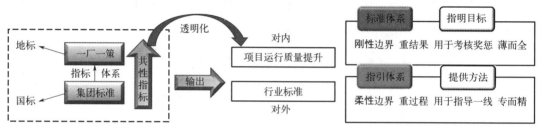

图10-12 北控水务精益管理

1. 制定《运营管理标准》

建立标准体系，共计120余项指标，确保污水处理厂安全、稳定、达标运行的同时实现节能降耗。

2. 极致运营一厂一策标准建设

污水处理厂"一厂一策标准体系"以《运营管理标准》作为基础，为污水处理厂提供了一套全面的、客制化的运行管理指标体系。"一厂一策标准体系"中指标的提炼必须围绕项目实际生产需求目标来开展，可分解为：水量管理指标、设备管理指标、运行指标、工艺指标、项目监管目标、集团监管指标，总计包括161项指标，其中水量管理指标5项、设备管理指标11项、工艺指标32项、运行指标113项。污水处理厂根据自身实际工艺条件，选择运营管理指标和制定指标标准目标，形成每个项目的"一厂一策标准"。

3. 建立技术指引

技术指引包括污水处理系统脱氮运营技术指引、污水处理系统除磷运营技术指引、污水处理系统药剂筛选运营技术指引、高效沉淀池运营技术指引、AAO生化系统工艺运营技术指引。

水厂运营标准化为平台化运营提供管理支撑。从水厂这一最小管理单元出发，遵循"管理扁平化、工作透明化、管理业务标准化、应用工具云化"的原则，基于现有星级体系标准，充分吸收国际优质经验，打造富含北控水务管理特点的项目端标准化运营管理新模式，通过持续改进的迭代升级过程，塑造卓越运营能力。

应用案例：北控水医生（BE-Doctor）

北控水务研发的北控水医生的内核逻辑与智能控制相似，是在自控基础不完善的行业背景下对智能控制的补充，可实现一线运行的简单式操作（图 10-13）。覆盖 8 个方向、37 个工具包，包括预处理、生化处理和深度处理等主要工艺环节，内容涵盖按需曝气、同步/短程硝化反硝化、反硝化除磷、精确加药等，融合模糊控制、模型控制、单一因子最优解控制，将最先进的工艺调控方法转化为平台化的应用工具，将专家成熟经验直接赋能一线。

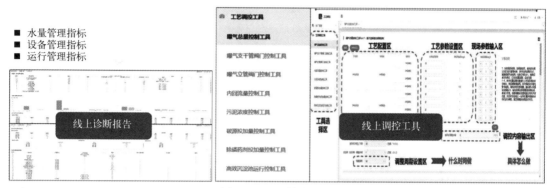

图 10-13 北控水医生

通过极致运行调控，线上工艺调控工具赋能，实现大体量资产运行管理水平的共同提高，涌现出一批达到行业领先水平的优秀项目。山东某污水项目出水执行准Ⅲ类标准（TN<10mg/L；TP<0.2mg/L），实现了几乎不加碳源和除磷药剂稳定达标，碳源节约比例达 90% 以上，生物除磷效率提升 88%。2020 年，一季度碳源成本为 0.22 元/t 水，1～5 月碳源费用 200 万元，月均 40 万元。通过调控工具优化后，6 月份碳源费用仅 3 万元，碳源费用节约 90% 以上，二沉池出水 TP 浓度均值由 1.7mg/L 直降到 0.2mg/L。如图 10-14 所示。

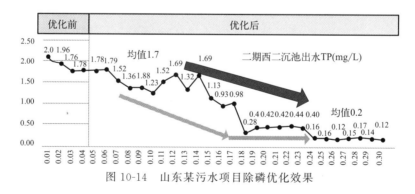

图 10-14 山东某污水项目除磷优化效果

采用按需曝气、硝化速率测定、内回流量控制、除磷药剂投加量控制、高效沉淀池（含磁混凝、加砂沉淀等）运行控制等国内领先工具，几乎零成本实现了 6 个污水处理项目（总规模 26 万 t/d）年化收益 800 余万元，其中年化节约电费 177 万元、年化节约碳源成本 600 万元、年化节约除磷成本 81 万元。

（二）BE-EMR 智能控制系统

污水处理全过程智能控制包含进水的智能提升、生物处理单元好氧区的智能曝气、二沉池污泥的智能回流及排泥、外加碳源与除磷药剂的智能加药，以及工艺流程的模拟优化等。为应对生化系统非线性、滞后性的特点，北控水务自主研发 BE-EMR 智能控制系统（图 10-15），实现了生化系统控制更精准、运行更稳定、能耗更低。其技术核心采用模糊控制原理，对于多变的或测不准的控制目标避开直接计算目标值，根据选定的在线调控因子对目标值进行模糊控制，通过数据选择性采集、模糊化分析、解模糊和周期性调整，使得控制值不断自动趋近于合理区间，并结合大数据分析技术实现控制目标的快速趋近。从本质上讲，这是对成熟专家经验的提炼和升华，完成了逻辑化和程序化，使得系统具有自学习和自适应功能，可以应对复杂条件的变化。

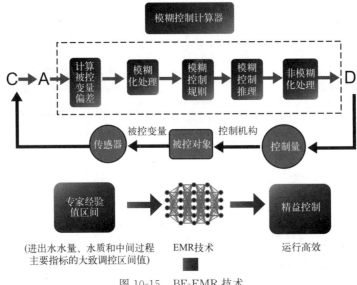

图 10-15　BE-EMR 技术

应用案例：

1. 智能曝气

黄岩江口污水处理厂、路桥中科成污水处理厂、海港区西部污水处理厂通过实施智能曝气，有效降低了曝气系统电耗。运行效果如图 10-16 所示。

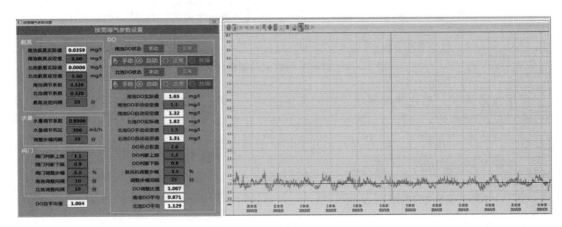

图 10-16　智能曝气运行效果

2. 智能加药

清镇市朱家河污水处理厂：除磷药剂单耗从 44.0mg/L 降至 30.5mg/L，降低 31%；

山东冠县嘉诚水质净化厂：除磷药剂单耗从 51.0mg/L 降至 43.0mg/L，降低 16%；

临沂高新技术产业开发区污水处理厂：除磷药剂单耗从 37.0mg/L 降至 25.2mg/L，降低 32%。

3. 智能控制

（1）黄岩江口污水处理厂

借助工艺智能机器人"北控小蓝"，采用 BE-EMR 技术，实现生化系统的无人值守和闭环控制，对水、泥、气、药等各个关键工艺参数智能控制，实现了高精度调控，精准实现工艺调控指令，达到行业运行专家的控制水平。降低电耗 10%～20%，药耗 20%～90%，提高系统抗冲击负荷能力，DO（数字量/开关量输出信号）控制精度达±0.1mg/L。

黄岩江口污水处理厂是台州市重大项目，也是提升城市功能、改善人居环境的重要民生工程，对优化城市生态环境、提升河道水质等方面具有重要作用。助力黄岩区"五水共治"以及"污水零直排区"创建，对黄岩区水环境质量提升起到很大的推动作用。项目积极推进污水资源化利用，处理后的出水引入内河作为生态补水；出水还用于厂区内部绿化喷灌、脱水机房及滤池反冲洗。同时充分利用氨氮、总磷、溶解氧等在线仪表，实现曝气能耗、碳源投加、除磷药剂投加等关键工艺环节的智能控制，大大提高工艺运行的稳定性，同时提升总氮、总磷等指标的处理效果，取得良好的环境效益和经济效益。

如图 10-17 所示，通过对工艺参数目标值（如溶解氧）的设定，智能曝气系统可以自动对曝气风机和阀门进行调整，使得实际工艺参数接近目标值，误差在 10% 以内，而人工控制误差往往在 50% 以上，稳定的工艺参数，带来了成本的大幅下降。

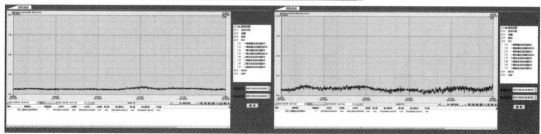

图 10-17　EMR 运行效果

（2）东部某污水处理厂

采用改良型 AAO 工艺，应用 BE-EMR 系统曝气量控制模块后，使溶解氧 DO 在 1mg/L

以下,好氧池内具备同步硝化反硝化的条件,实现了明显的同步硝化反硝化,好氧区 TN 下降 4mg/L。如图 10-18 所示。

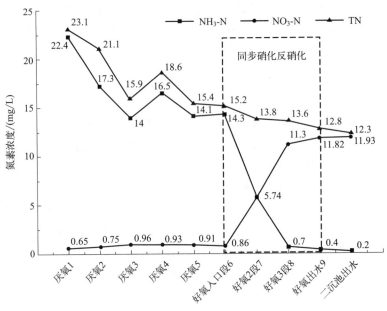

图 10-18　沿程分析三氮变化图

(3) 东北某污水处理厂

采用改良型 AAO 工艺,应用 BE-EMR 技术后生物除磷效果显著,厌氧段释磷效果显著,由于回流污泥的稀释作用,预缺氧混合前 TP 理论值为 2.6mg/L,进入厌氧池后 TP 浓度达到 25mg/L 以上,实现了大量释磷。考虑内回流,由厌氧池到缺氧池稀释后理论 TP 值为 8.3mg/L,在缺氧池反应完成后 TP 下降到了 0.28mg/L,可见在缺氧池基本完成了吸磷,实现了反硝化除磷,从而降低了化学除磷药剂成本,如图 10-19 所示。

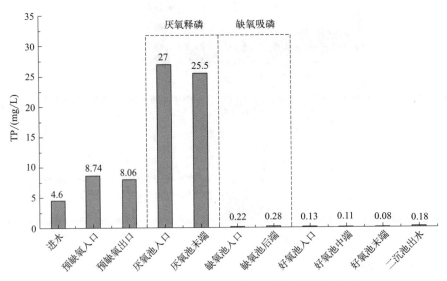

图 10-19　使用 BE-EMR 技术前后生物除磷效果对比图

（三）污水处理工艺改进

污水处理厂不同工艺段的不同处理单元，在实际生产运行过程中通常会遇到表 10-7 所列典型问题，通过精细化运营与工艺改进，可以有效降低成本，实现质量提升。

表 10-7 工艺单元典型问题及改进方向

工艺段	工艺单元	典型问题	精细化运营工艺改进方向	成本降低	质量提升
预处理	粗格栅	钢丝绳卡阻、拦截率低	预处理段工艺改进措施（略）	0.1%	1%
	细格栅	冲洗水用量大、容易堵塞、拦截率低		0.5%	1%
	沉砂池	曝气充氧、跌水复氧、砂泵堵塞、排砂管堵塞、汽提能耗高、除砂率低		1%	0.5%
	初沉池	碳源损失大、污泥含水率不稳定		2%	0.2%
二级处理段	生物池	大马拉小车，设计水质与实际水质差距大，难以实现不停产检修	BE-CMR 工艺包改造	5%	2%
	鼓风机	可调性差，存在调节盲区，频繁启停	二级处理段工艺改进措施（略）	2%	1%
	搅拌器	容积功率高，存在搅拌死角		1%	1%
	二沉池	表面负荷高，污泥上浮，污泥溢流		0.1%	2%
	剩余污泥排放	剩余污泥量大、污泥处置成本高		2%	2%
深度处理	高密度沉淀池	搅拌能耗大、加药不均匀、泥位不易控制	深度处理段工艺改进措施（略）	0.5%	0.1%
	磁混凝沉淀池	药耗大、磁粉流失量大、磁粉不易投加、回流泵易堵塞		1%	0.5%
	加砂高密度沉淀池	能耗大、药耗大、微砂易流失、冲洗斜板时水质不稳定		0.5%	0%
	活性砂滤池	反洗水量大、跑砂、气量分配不易调匀		0.1%	0.1%
	反硝化深床滤池	碳源浪费量大、跌水复氧、出水 COD 易超标、过滤效果差		0.5%	0.1%
	芬顿高级氧化	药耗高、产泥量大	BE-Fenton 工艺包	5%	2%
污泥处理	污泥浓缩	尾水含磷量高	污泥处理段工艺改进措施（略）	0.2%	0.1%
	污泥脱水	泥药匹配困难		0.5%	1%
	板框脱水机	人工铲泥		1%	0%

1. BE-CMR 工艺

针对生物池设计水质与实际水质差距大，难以实现不停产检修的问题，北控水务研发 BE-CMR 工艺（图 10-20），原理为通过特有的池型布置，将反应池曝气充氧和搅拌混合完全分开，互不影响，通过智能控制实现按需曝气、均匀曝气、低氧运行，实现同步硝化反硝化、短程硝化反硝化等过程，独有的池型及 CFD（computational fluid dynamics，计算流体动力学）模拟实现更低的搅拌器能耗，实现系统整体效果更优，能耗更低。

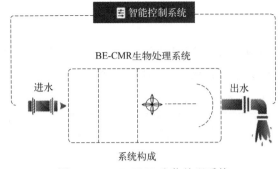

图 10-20 BE-CMR 生物处理系统

BE-CMR 工艺特点：

① 特有的池型布置。利用 CFD 流态模拟对系统水力流态、流速分布曲线、曝气器和搅拌器的布置进行优化，寻找曝气与搅拌结合的最佳平衡点，获得最佳的池型布置、设备布置方式和工艺参数，实现氧转移效率更高，混合性能更好，占地更省。

② 低能耗设备。CMR 工艺曝气头，采用独特的微孔分布及形状，实现最佳的氧转移效果；CMR 工艺搅拌器，通过优化水力设计，实现最低能耗产生最大推力。

③ 智能控制内核。采用 BE-CMR 智能控制系统。

应用案例：

江苏某污水处理厂设计规模为 4 万 t/d，生化池采用奥贝尔氧化沟形式。实施 BE-CMR 生物处理系统前后 2020 年 1～6 月和 2021 年 1～6 月同期数据对比：实施前后，出水 TN 平均浓度由 9.58mg/L 降低至 6.96mg/L，搅拌密度功率由 5W/m³ 降低至 2.7W/m³。碳源投加量（葡萄糖 50%）实施前为 38.70mg/L（成本 0.0712 元/t 水），实施后除特殊进水水质情况下，基本不外加碳源即可实现出水达标，特殊进水水质情况下，投加碳源量（葡萄糖 50%）为 9.86mg/L（成本 0.0182 元/t 水），投加量明显下降，碳源年节约费用约 77 万元。如图 10-21 所示。

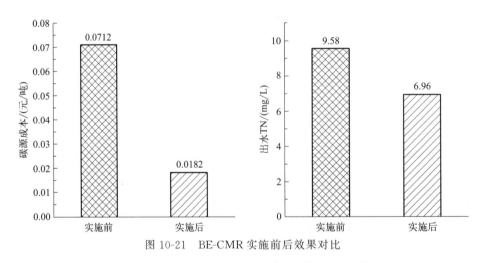

图 10-21 BE-CMR 实施前后效果对比

2. BE-Fenton 工艺

BE-Fenton（图 10-22）为高级氧化工艺，在处理难降解有机污染物时具有独特的优势，是一种很有应用前景的废水处理技术。针对 Fenton 高级氧化药耗高、污泥产量大的问题，北控水务研发拥有自主知识产权的 BE-Fenton 集成工艺，原理为：酸性条件下，H_2O_2 在 Fe^{2+} 存在下生成强氧化能力的羟基自由基（·OH），·OH 具有较强的氧化能力，其氧化电位高达 2.80V，仅次于氟，·OH 具有很高的电负性或亲电性，其电子亲和能高达

569.3kJ，具有很强的加成反应特性，因而可无选择氧化水中的大多数有机物，同时在处理废水时会产生铁水络合物，起到絮凝剂的作用。按照反应进程，重新划分反应区域，对各个区域进行精细化调控，根据长期运行大数据模型，结合智能控制技术，按照"经验＋前馈＋模型＋反馈"的方法，动态调整反应区各设备的运行、各加药设备的流量，获得更充分高效的反应，实现出水稳定达标、减少系统能耗药耗、减少化学污泥量。

BE-Fenton高级氧化工艺适用于难降解工业废水处理，在传统Fenton技术上改良，实现稳定、高效、节能运行，难降解有机物去除率可达60%以上，运行成本比传统Fenton技术、流化床Fenton技术低50%，可作为废水生化处理前的预处理，也可作为废水生化处理后的深度处理。

BE-Fenton工艺特点为：

① 依据长期运行大数据，对进出水COD、SS、色度等参数进行精细化调控，建立大数据模型；

② 通过智能控制技术，对调酸、反应、中和、混凝、沉淀等各个反应过程进行精细化自动控制，将pH值、反应ORP（oxidation-reduction potential，氧化还原电位）值控制在更精确的范围，节省药剂投加量；

③ 利用混合流态控制、出水回流控制等技术，保障系统运行稳定，进一步节省能耗物耗；

④ 产品形式灵活，可实现装配化。

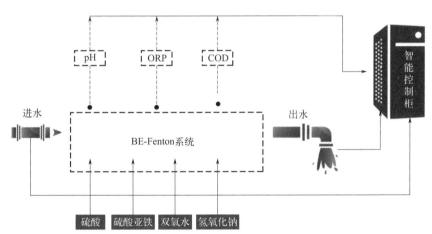

图 10-22 BE-Fenton 系统

将BE-Fenton工艺包与传统Fenton、流化床Fenton、臭氧催化氧化工艺进行比较，在处理效果、一次性投资、电费、总药剂成本、污泥成本、总成本、降解单位COD总成本等方面具有明显技术经济优势，如表10-8所示。

表 10-8 BE-Fenton 与传统 Fenton、流化床 Fenton、臭氧催化氧化工艺比较

序号	项目	BE-Fenton	传统 Fenton	流化床 Fenton	臭氧催化氧化
1	处理效果	好	一般	好	较好
2	一次性投资	较小 3万 t/d 工艺包报价 700 万元（含土建）	较小 3万 t/d 工艺包报价 750 万元（含土建）	较大 3万 t/d 工艺包报价 1400 万元（不含土建）	较大 3万 t/d 工艺报价 1000 万元（不含土建）

续表

序号	项目	BE-Fenton	传统 Fenton	流化床 Fenton	臭氧催化氧化
3	电费(以 3 万 t/d 规模理论计算电单价 0.8 元/kW·h)	电耗：0.13kW·h/t 水 电费：0.104 元/t 水	电耗：0.15kW·h/t 水 电费：0.120 元/t 水	电耗：0.23kW·h/t 水 电费：0.184 元/t 水	电耗：0.70kW·h/t 水 电费：0.56 元/t 水
4	总药剂成本（正常酸碱药剂）（北控运行 Fenton 参考集团运营经营数据）	0.36 元/t 水	0.992 元/t 水	1.128 元/t 水	0.70 元/t 水
5	污泥成本(吨泥运输成本均按照 80%含水率，60 元/t 计算)	污泥产量 1.23t 干泥/万 t 水污泥成本 0.04 元/t 水	污泥产量 1.85t 干泥/万 t 水污泥成本 0.06 元/t 水	污泥产量 0.82t 干泥/万 t 水污泥成本 0.005 元/t 水	0
6	总成本(元/t 水) 降解单位 COD 总成本	0.51 元/t 水 14.9 元/kg COD	1.172 元/t 水 34.6 元/kg COD	1.317 元/t 水 38.9 元/kg COD	1.40 元/t 水 40.0 元/kg COD

应用案例：

浙江某污水处理厂进水主要为印染废水，工业废水占比 80%，设计规模为 3 万 t/d，实际平均处理水量约为 1.8 万～2 万 t/d，近 2 年实际最大处理水量为 3.88 万 t/d，项目平均水量接近设计规模的 70%，最大处理水量已超过设计规模。采用 BE-Fenton 工艺后，出水稳定达到一级 A 排放标准，其中近 3 年平均进水 COD 浓度为 56.21mg/L，平均出水 COD 浓度为 25.59mg/L，COD 平均去除率近 55%。工艺实施后，药剂成本降低至 0.18 元/t 水（废酸），单位 COD 去除成本为 9.81 元/kg COD。去除效果如图 10-23 所示。

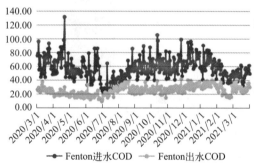

图 10-23　BE-Fenton 系统 COD 去除效果

3. BE-RST 高密度二沉池工艺

传统的周进周出辐流式二沉池布水方式为布水孔从布水渠中流入，经过挡水板和挡水裙板改变流向后，进入二沉池底部。缺点为容易存在短流现象，污水落入沉积的污泥表面后再沉淀，影响污泥的沉淀效果，导致二沉池的表面负荷率提升的空间有限。北控水务研发 BE-RST 高密度二沉池工艺（图 10-24），通过 CFD 模拟，优化布水管道，改变水流方向，利用泥层的协同沉淀作用，形成高密度二沉池环境，提升污泥沉降效果，改善出水水质，同时提升二沉池处理能力。

BE-RST 高密度二沉池工艺特点为：

① 产能提升：试验组二沉池处理能力较其他组二沉池提升 20%以上，在出水水质接近的情况下，处理水量可以提升 20%；

② 质量提升：安装的布水管质量可靠，不摆动、不漏水、不变形，安装情况良好，配水效果达到预期要求；

③ 水质提升：试验组二沉池出水 TP、SS 较其他组降低 10%以上，因为污泥的沉降性良好，SS 普遍偏低，从 TP 和 SS 数据上难以判断，但从透明度情况分析，出水水质可以提升 36.9%；

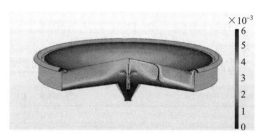

图 10-24　BE-RST 高密度二沉池布水方式

④ 经济效益：投资成本回收期不超过一年，在出水水质接近的情况下，按照产能可以提升 20%计算，每年可增加收益 163 万元（仅考虑丰水期 7~9 月份），投资回收期不足一个月。

4. BE-DSR 污泥减量 & 内生碳源技术

污泥原位减量的核心为减少污泥的产泥率，通常有三种途径（图 10-25）：

① 解偶联代谢：原理为加入解偶联药剂，提高分解代谢率，降低合成代谢率。优点为操作简单、效果明显，缺点为解偶联药剂成本高，难降解。

② 生物捕食：原理为加入原生和后生动物，拉长食物链提高有机物分解次数。优点为绿色环保无污染，缺点为进水变化影响食物链稳定。

③ 溶胞-隐性生长：北控水务研发 BE-DSR 工艺，原理为将剩余污泥转化为小分子有机物，循环利用分解代谢。优点为绿色环保无污染，缺点为溶胞难度较高。

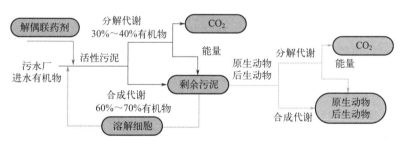

图 10-25　污泥原位减量途径

污泥脱水减量的核心为减少污泥的含水率，通常有带式压滤、板框压滤、离心脱水三种途径（图 10-26），北控水务研发 BE-DSR 工艺，原理为将剩余污泥中的微生物的细胞壁溶解，释放细胞内水，通过压滤或离心降低污泥的含水率。优点为操作简单、效果明显，缺点为溶胞难度较高。

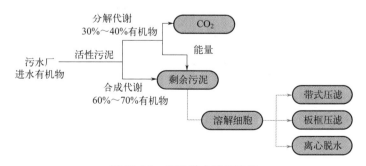

图 10-26　污泥脱水减量途径

无论是原位减量还是脱水减量，关键的核心在于低成本、高效率、无污染地将污泥中的微生物进行溶胞。BE-DSR 工艺与传统工艺相比，对于污泥处置费用较高（污泥处置成本：厂内处理＋运输＋厂外处置等＞300 元/吨 80% 含水率泥）、碳源费用较高（年成本超 50 万元）的项目具有明显技术经济优势。具体项目吨水费用如表 10-9 所示。

表 10-9　BE-DSR 工艺吨水费用

序号	项目	吨水费用(元/吨)	备注
1	处理效果	好	
2	电费（电单价 0.8 元/kW·h）	电耗：0.005kW·h/t 水(6.25kW·h/t 泥) 电费：0.004 元/t 水(5 元/t 泥)	以 40 吨 80% 含水率污泥理论计算，约 250kW·h/d
3	药剂成本（参考以往运营项目经营数据）	0.048 元/t 水(60 元/t 泥)	按照 80% 含水率
4	污泥成本	−0.032 元/t 水(−40 元/t 泥)	综合污泥减量 20% 考虑，按照 80% 含水率，约 8t，吨泥运输成本 50 元/t，吨泥处置成本 150 元/t 计
5	释放有效碳资源价值	−0.1 元/t 水(−125 元/t 泥)	按释放有效碳源 15mg/L 计
6	总成本	节约 0.08 元/t 水(100 元/t 泥)	

应用案例：

四川广安项目进水主要为工业园区的生产废水（重点排污企业为农药废水）及部分生活污水，工业水占比约 80%，设计规模为 1.9 万 t/d，实际平均处理水量约为 1.6 万～1.8 万 t/d，雨季实际最大处理水量超过设计规模，出水执行一级 A 排放标准，脱水形式采用带式压滤机。应用 BE-DSR 工艺稳定运行后，补充有效内生碳源平均 16.2mg/L，剩余污泥综合减量平均 26.9%，单位 VSS（volatile suspended solid，挥发性悬浮固体）释放 SCOD（solluted chemical oxigen demand，溶解性化学需氧量）平均 0.281g/g，污泥减量节约费用和节省碳源投加费用两者共创收益约 0.18 元/吨水。图 10-27 和图 10-28 分别为补充的有效内生碳源补充量和剩余污泥综合减量。

浙江省台州市黄岩江口污水处理厂进水主要为生活污水及部分工业园区的生产废水（重

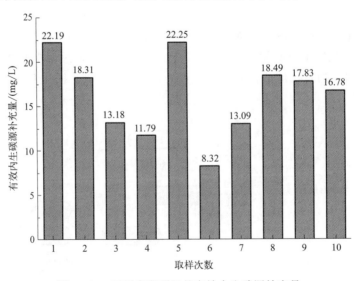

图 10-27　四川广安项目的有效内生碳源补充量

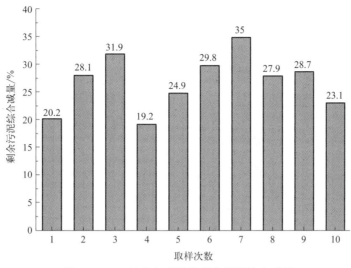

图 10-28 四川广安项目的剩余污泥综合减量

点排污企业为食品废水),设计规模为 16 万 t/d,实际平均处理水量已达到满负荷,出水执行准四类水排放标准,脱水形式采用板框压滤机。应用 BE-DSR 单元稳定运行后,补充有效内生碳源平均 16.18mg/L,剩余污泥综合减量平均 24.1%。图 10-29 和图 10-30 分别为有效内生碳源补充量和剩余污泥综合减量。

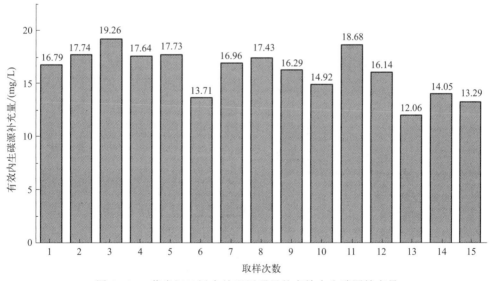

图 10-29 黄岩江口污水处理厂项目的有效内生碳源补充量

(四)资源/能源回收项目

1. 再生水

北控水务再生水项目规模 175.34 万 m^3/d,实际供水量 104.54 万 m^3/d,项目规模巨大,处理成果显著。

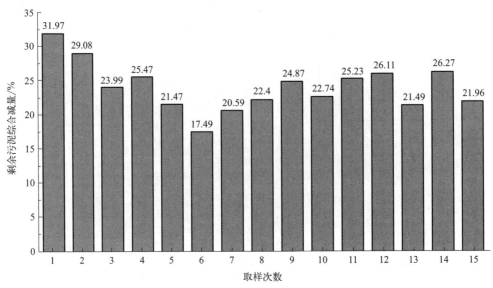

图 10-30 黄岩江口污水处理厂项目的剩余污泥综合减量

图 10-31 水厂实拍

应用案例 1：新加坡樟宜新生水项目

新加坡政府提出开发四大"国家水喉"计划，其中之一就是污水再利用项目，即"新生水（NEWater）"项目。北控水务于 2014 年中标樟宜 2 新生水厂投资项目，这是新加坡第一个由外国人建造的新生水厂（图 10-31），也是首个由国外公司主导的 PPP 项目。项目采用的新生水 AQENT 自主核心技术，产水经过多达 189 项检测，水质大大优于世卫组织、美国环保署和中国饮用水标准（表 10-10），荣获当年全球水峰会年度最佳水务交易大奖。该项目产水能力为 22.8 万 m^3/d，服务人口超百万，原水为樟宜污水处理厂出水，经处理后生产新生水（图 10-32），为新加坡提供工业用水和自来水水源补充。2018 年，联合国第八任秘书长潘基文先生专程来到该项目，并饮用项目的新生水。

表 10-10 新生水厂出水水质满足 WHO、USAEPA 及中国《饮用水标准》

序号	指标	单位	新生水水质	WHO 饮用水标准	USAEPA 饮用水标准	中国 饮用水标准
1	浊度	NTU	<0.2	1	0.3(95%)	1
2	总有机碳	mg/L	<0.1	—		5
3	铵态氮	mg/L	<0.5	1.5	—	0.5
4	铝离子	mg/L	<0.05	0.2	0.05—0.2	0.2
5	钡离子	mg/L	<0.02	0.7	2	0.7
6	硼离子	mg/L	<0.02	0.5	—	0.5

续表

序号	指标	单位	新生水水质	WHO饮用水标准	USAEPA饮用水标准	中国饮用水标准
7	钙离子	mg/L	<1	—	—	—
8	氯离子	mg/L	<10,进水≤350	250	250	250
			<20,(350<进水≤550)			
9	色度	Hazen 单位	<5	15	15	15
10	铜离子	mg/L	<0.05	1	1	1
11	铁离子	mg/L	<0.01	0.3	0.3	0.3
12	锰离子	mg/L	<0.05	0.1	0.05	0.1
13	硝酸盐	mg/L	<2.26	50	100	10
14	总大肠杆菌	个数/100mL	不得检出	不得检出	阳性数<5%	不得检出

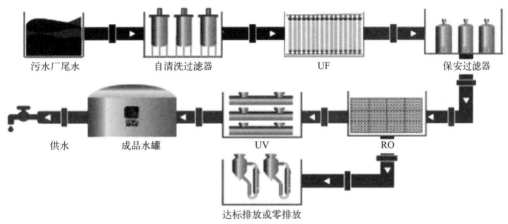

图 10-32 再生水处理工艺流程

应用案例 2：稻香湖再生水厂

稻香湖再生水厂项目是北京市重点项目，是集污水处理、水质深度净化、水资源综合利用、地下处理设施与地上景观公园于一体的生态综合体，同时承载着再生水示范基地、科技创新示范基地和科普教育基地的使命（图 10-33）。

项目采用全地下式结构设计，地下是水厂，地上是水系景观公园，与周围环境融为一体。该项目当前设计规模 8 万 t/d 满负荷运行，对污水进行深度处置后，达标的尾水其一作为生态补给用水，排入南沙河，提升河道水体质量，推动生态系统持续改善；其二可供给北京京能热电厂作为生产冷却水；其三作为市政杂用水，满足绿化浇灌、道路清洗等使用。项目为海淀水资源循环综合利用积累了经验，充分体现首善标准和要求，是北控水务在京重点运营项目之一。水厂出水水质满足北京市地标 B，高于一级 A 标准。

项目在实施效果上，采用创新型多级多段 AO 生化处理，通过合理分配进水利用污水中所含碳源，在不外加碳源的基础上实现总氮稳定达标。采用除磷智能加药系统与精确曝气系统通过监测进出水水质，精准计算、智能控制，实现降低生化处理能耗并减少药剂投加量。采用水源热泵热能回收技术将出水所带热量作为宝贵能源回收再利用。

在社会效益上，充分利用竖向空间，自上而下分为地面公园—覆土层—检修层—污水处

图 10-33 稻香湖再生水厂

理池,节省土地 70% 以上(由原设计水厂 17hm² 减少到 4.47hm²)。主要处理设备厂房均建在地下 16m 到 18m 处,既隔声又隔臭,化邻避为邻利,有效实现地下厂区与地上景观公园的完美融合,充分彰显生态环境的正向效应。

在生态效益上,水厂投用使得海淀区北部地区的污水处理能力翻一番,生产的再生水主要用于景观环境用水和城市绿化用水,具有优良出水水质的再生水作为河道补充水,对于改善该地区水环境、保护北京市水源水质有重要的作用。

2. 污泥能源与资源回收

北控水务污泥热能利用形式有:厌氧消化、好氧发酵、碳化、深度脱水。

应用案例:北戴河新区污水处理厂

该厂处理规模为 300t/d(80% 含水率)。技术路线为分级/分相厌氧消化工艺+深度脱水+土地利用+沼气提纯后做车用燃气,很大程度上提高了资源与能源回收率。在产物利用上,经深度脱水后的沼渣用作园林绿化、农业利用、土壤改良的营养土。沼气经提纯后,一部分用于预处理单元的原泥预热,剩余部分可用作车用燃气。沼气量 10000m³/d,产品气 6000m³/d,甲烷回收率大于 95%,纯度大于 95%。

3. 污水处理厂碳中和解决方案

首先分析温室气体排放贡献量。排水及污水处理系统全流程温室气体排放量:化粪池甲烷排放占总量的 36.7%;污水处理电耗的间接排放占 32%。排放流程如图 10-34 所示。

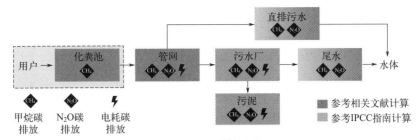

图 10-34 排放流程

从污水传输过程的角度考虑，污水的主要传输过程分两类，其一是居民生活废水收集后经化粪池，通过管网输送至污水处理厂，称为"toC（面向客户）端"；其二是企业生产的工业废水通过管网，输送至污水处理厂，称为"toB（面向企业）端"。

减少碳排放，北控水务给出的解决方法是工业园区污水处理管理体系创新＋工业废水处理技术创新，从工业园区端减碳。工业园区上游企业和污水厂长期处于敌对状态，环保多头监管，疲惫不堪，上下游一体化协同处理，从敌人到朋友，是工业园区污水处理的发展趋势。目前已有天津、上海等地的地方标准明确支持协商排放机制，整个工业园区的第三方治理，需要承包商具有强有力的专业能力和统筹能力，将是下一个行业发展蓝海。

打造一个全过程控制的工业园区水污染防治技术体系和新型环境行政管理体系，工业园区污水处理厂综合评估排污企业，污水处理过程统筹规划，统一处理；同时构建环境服务商、园区内企业、园区管理部门与当地环境监管部门之间相互监督和促进的多方协同管理机制。

模式为综合评估园区企业排放情况、污水处理厂与排污企业签订间接排放限值合作协议、监管部门主抓园区总出水口水质、污水处理厂与环境监管部门协同、监管污水排放企业。这种模式的问题有园区企业污水处理投入大，污水处理厂处理技术难度大，监管部门管理企业多、难度大，污水处理能耗药耗综合成本高。但优势在于企业处理污水成本降低、污水处理厂统筹处理污水、技术难度与能耗电耗综合成本降低、监管部门管理重点突出、工业园区整体碳排放明显下降。

天津《污水综合排放标准》DB 12/356—2018，5.3 协商排放条款即为生态环境监管部门坚持科学治污，助力企业发展的具体体现。具体条款内容如下。

5.3 协商排放

5.3.1 当排污单位向设置污水处理厂的工业园区排水系统排放废水存在以下情况之一时，可以选择执行本标准，或是与工业园区污水处理厂根据污水处理厂污水处理能力商定排放限值。

（1）排放的废水全部为生活废水；

（2）废水以密闭管道的形式向污水处理厂排放且污水处理厂具备处理此类废水的特定工艺和能力并确保达标排放。

5.3.2 排污单位执行商定限值，应开展自行监测，按规定手工或在线监测排污单位总排水口的排水水质和水量，并保障在线监测设备的正常运行。

5.3.3 排污单位与工业园区污水处理厂商定的排放限值，应报当地环境保护主管部门备案，并载入排污许可证、作为许可事项纳入依证监管；工业园区污水处理厂应保证排放污染物达到相关排放标准要求。

5.3.4 第一类污染物应当在车间或生产设施排放口执行相应的排放限值,不得协商排放。

4. 能源输出解决方案

(1) 水源热泵系统

水源热泵系统即为北控水务利用城市污水处理厂能源输出解决方案,以污水处理厂为作用圆心,输入少量的高品位能源(如电能),通过热泵系统向污水吞吐热能,实现低品位能量向高品位能量转换,分别在冬季提供热源、在夏季提供冷源,为周边群众和企事业单位提供服务。

水源热泵项目作为低碳经济产业的典型代表,既符合市场发展的客观规律,同时也推动了环境与经济的协调发展。在实现污水处理厂零碳甚至负碳的同时,项目可带动实现近千亿元绿色产业价值,创造数万个绿色科技岗位,提供更多高质量绿色就业机会。

水源热泵的优势在于城市每天都会产生大量的污水,城市污水中富含巨大的热能,已被公认为是可回收利用的清洁能源之一。运用污水源热泵技术可以有效回收城市污水中的低位热能,把污水处理的热量和水量加以回收利用,实现变废为宝,替代传统空调及锅炉两套制冷供暖设备,不论从供热供冷的效率,还是从未来的能源费用来看,都具有十分重要的环保和节能价值。水源热泵热源来自未处理过的原生污水和经城市污水厂处理过的中水或二级出水,主要应用于北方污水处理厂。

应用案例:秦皇岛海港区西部污水处理厂

水源热泵热源来自水处理后的中水,热源被用于为厂区办公楼和生产生活区域提供采暖和制冷。水源热泵机共有两台,每台制热功率436.8kW,制冷功率394.9kW,综合性能系数为5.74。每年的制热输出量为3.27GW·h,制冷输出量为0.29GW·h。

(2) 光伏

通过污水处理厂+光伏发电方式大幅度降低用电成本。光伏污水处理厂多建设在城市的郊区,占地面积大,周围居民较少,高层建筑少,有充足的阳光;污水处理厂的构筑物顶层面积一般较大,适合光伏组件的安装和利用;土地大多为政府划拨,可使用年限较长。

在河北、河南、山东、江苏、陕西、广东、广西等多个省(自治区),有超过42座光伏污水处理厂,装机容量超过32.19MW。

应用案例:洛阳瀍东污水处理厂

洛阳瀍东污水处理厂项目是河南省人民政府重点项目,主要处理洛阳市西工区、老城区、瀍河区的市政污水,曾荣获2010年度国家优质工程奖,被中国环境保护产业协会于2021年评为首批城镇污水处理低碳运行案例,实现了吨水能耗0.161kW·h。项目设计规模25万m^3/d,总占地面积达24hm^2,服务面积约30km^2,远期规模30万m^3/d。如图10-35。

图10-35 洛阳瀍东污水处理厂

项目有水质永续、资源循环、环境友好、能源利用、低碳运行五个优势。项目通过高度耐冲击的工艺设计和高度自适应的弹性运行操控,赋予污水处理厂在进水水质宽幅波动下仍可稳定达标处理的能力，出水水质稳定达到"一级 A 标准"（国家标准 GB 18918—2002），成为保障水资源可持续循环利用的"永动机"。出水资源化利用，除厂区回用外，部分供给华润首阳山电厂用作循环冷却水，其他用于生态补水；污泥脱水后进行好氧堆肥资源化利用，用于园林绿化，成为持续为城乡输出水资源和肥料资源的"水肥工厂"。项目对污泥、噪声、臭气实施有效控制，通过建筑、园林、互动设施的精妙设计，实现工业设施与社区环境在美学意义与人文精神上的和谐交融，成为服务社区民众的"工业公园"。项目巧妙利用厂内受光面积，布置光伏发电装置，大幅提高能源资源自给率，成为污水处理界的"兼养生物"。项目通过工艺优化、节能技改、光伏利用、精益管理、智慧运行，实现污水处理厂的低碳运行；通过水、肥资源的持续输出，实现资源循环利用，成为内外兼修的"低碳标杆水厂"。

第三节 电力系统碳中和技术应用案例

一、河北平山营里—白洋淀—西柏坡三级源网协同能力提升案例

（一）项目概述

国家电网河北省电力有限公司和中国华能集团有限公司河北分公司在河北省平山营里、雄安白洋淀、平山西柏坡共同开展三级源网协同能力提升工程。其中平山营里工程于2022年6月投运，雄安白洋淀工程进入试运行阶段，平山西柏坡工程于2024年投运。该项目秉承清洁低碳、供需协同、灵活智能的理念，提出"光伏＋储能"一体化发电机的变流器本体拓扑结构设计方案，打造国内构网型储能多机并联数量超多的网侧储能项目，完成高比例新能源地区 110kV/35kV/10kV 并离网无感切换、黑启动，大幅提升供电能力和新能源接入能力，实现电网主动感知、主动响应和主动控制。

（二）项目实施背景

河北省能源结构特点是缺煤、少油、贫气、光伏资源丰富。根据这种现状，国家电网河北省电力有限公司针对新能源占比快速上升、系统惯量下降、电压频率支撑不足等问题，特别是分布式光伏的爆发式增长，局部110kV及以下网架薄弱等问题重点开展分析研究。确定以源网荷储及电网末端微电网协同建设运行为思路，结合新能源发电企业配套储能优化布局调整，分级建设平山营里兆瓦级、雄安白洋淀十兆瓦级、平山西柏坡百兆瓦级综合工程，同步开展新能源大规模接入的电网适应性研究、电力系统调节能力提升研究和电力系统整体运行效率提升研究。

（三）项目实施情况

1. 平山营里 10kV 兆瓦级（村级）示范工程

建设地点为平山县营里乡，该乡仅依靠供电半径为 28km 的 10kV 营里线供电，线路上

两级电源均存在反向重过载。工程建设前，该区域最大负荷 1MW、光伏装机 1.5MW，猪圈沟等景区提出了建设缆车的用电需求，本地供电可靠性无法满足，同时，区域内新能源消纳接入困难。

为此，在线路中段依托乡镇供电所建设开关站，简化了线路中后段网络结构，建设两组储能系统，一组 1.5MW/2MW·h 储能系统，接入开关站，配置本地主控系统，通过供电所光纤通道与大电网建立通信，一组 1MW/2MW·h 储能与 1.2MW 光伏，形成 2 台光储一体化发电机。最终形成新能源装机 1.5MW，储能 2.5MW/4MW·h，中低压线路长度 149.4km，最大负荷 1.1MW，服务 4100 户、1.13 万人的新型村级电网（图 10-36）。

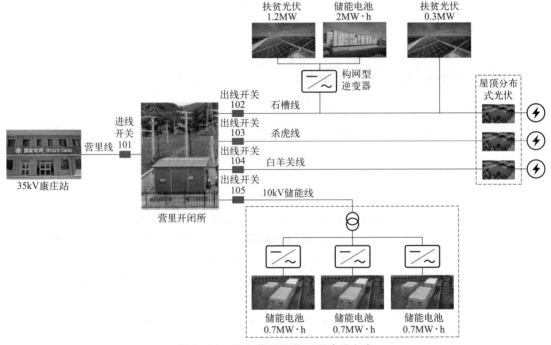

图 10-36 平山营里示范工程建设方案

2. 雄安白洋淀 35kV 十兆瓦级（乡级）示范工程

建设地点位于白洋淀东北部，该区域由 35kV 郭里口站供电，该站为单电源供电的末端站，35kV 进线为两级 T 接线路，全站停电风险极大，且受规划条件限制，常规电网工程难以实施。白洋淀核心景区高供电可靠性要求与薄弱电网现状之间存在矛盾。

为此，在郭里口站新建 6MW/6MW·h 构网型储能，作为郭里口站第二虚拟电源；在郭里口站 10kV521 线路末端的文化苑景区新建 2MW/2MW·h 储能，结合王家寨微电网已建成的 2.6MW/3.3MW·h 储能，提升微电网离网运行能力；华能河北分公司在 128 户屋顶投资建设 5.13MW 分布式光伏，全部采用"全额上网"模式以 380V 电压就近接入电网，并接入分布式光伏集控平台，具备可调节能力。形成新能源装机 5.13MW，储能 10.6MW/11.3MW·h，中低压线路长度 80km，最大负荷 7.15MW，服务 6108 户、1.44 万人的新型乡级电网（图 10-37）。

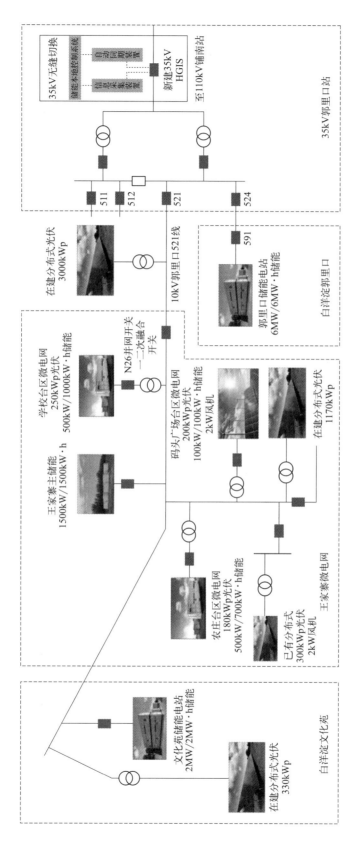

图 10-37 白洋淀示范工程建设方案

3. 平山西柏坡 110kV 百兆瓦级（县级）示范工程

建设地点位于革命圣地西柏坡，区域内有西柏坡纪念馆旅游景区、岗南水库等重要用户，可靠性要求较高。该区域处于现状电网末端，由 110kV 石峪站供电，目前该站由 220kV 南甸站直出两条同塔双回线路供电，可靠性较低，保电压力较大；同时供电区现已接入光伏 85.8MW，考虑屋顶分布式光伏发展，未来接入新能源装机将达到百兆瓦级，存在反送过载风险，区域内新能源消纳接入困难。

为此，联合华能河北分公司由华能集团投资建设 10MW 光伏、100MW/320MW·h 储能（集中式光伏配套的储能），接入 110kV 石峪站 110kV 及 35kV 母线。110kV 侧接入 60MW/240MW·h 储能，35kV 侧接入 10MW 光伏和 40MW/80MW·h 构网型储能。国网河北电力投资建设石峪站扩建间隔及相应二次系统改造。工程设计应用主动支撑型光伏-储能一体化发电机、构网型储能设备，提升新能源场站涉网性能，解决新能源送出和消纳问题。形成新能源装机 95.8MW，储能 100MW/320MW·h，中低压线路长度 1113km，最大负荷 40.156MW，服务 38696 户、11.61 万人的新型县级电网（图 10-38）。

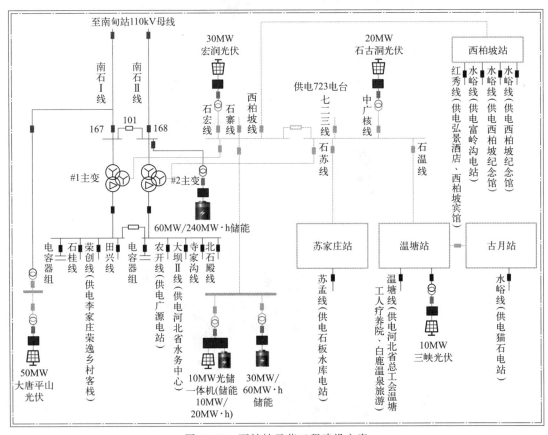

图 10-38　西柏坡示范工程建设方案

（四）项目成效

1. 减排成效

平山营里工程建成投运后，分布式光伏利用率提升 20%，年度减少燃煤 534t，二氧化碳减排 1420t。白洋淀核心景区最大负荷 6.52MW，光伏装机渗透率达 80％以上，光伏每年生产绿电 693 万 kW·h，年度减少燃煤 2772t，二氧化碳减排 6910t。平山西柏坡示范工程提升光伏利用时间 200～300h，提升新能源场站投资收益约 500 万元，年度减少燃煤 2.9 万 t，二氧化碳减排 7.6 万 t。

2. 协同供需成效

平山营里工程 10kV 营里线年故障次数降低 88.8％，停电时间减少约 104h，新增供电能力 3MW 负荷需求，同时满足线路末端双电源用户接入要求，新增 2.7MW 光伏接入能力。白洋淀工程可实现新增供电能力 6MW 以上，最大可提升新能源接入能力约 5MW。平山西柏坡工程新增供电能力约 24MW 以上，可提升新能源接入规模约 35MW。

3. 智能化成效

三级工程构建了系列化自带惯量的智能控制系统，通过灵活的组网方式和调控运行，实现主动感知、主动响应和主动控制，创新分布式电源、多元负荷等多类型、多元素智能柔性控制技术，微电网与大电网可根据实际需要进行并离网运行状态灵活切换，实现本地灵活性资源智能控制管理。三级工程并离网无缝切换过渡时间均不超过 20ms，实现计划检修、突发故障后区域电网无感切换离网状态，生产生活供电零影响。

（五）项目特色

本项目应用构网型光储一体机、构网型储能设备，具备孤网运行和黑启动能力，在提升边远山区、常规电网建设条件困难地区、革命老区供电能力和当地新能源接网能力的同时，还可使新能源场站具备模拟转动惯量和调峰、调频、调压能力，提升涉网性能和对大电网电压频率支撑能力。项目构建了高随机性、高波动性的新能源接入电网后为用户稳定供电的场景，创新实现新能源为电网提供惯量、电压等主动支撑功能，为依靠新能源推动源头降碳提供成熟范式。

二、山东海阳核电厂核能供暖工程项目案例

（一）项目概述

山东核电有限公司海阳核电厂的核能供暖工程（暖核一号）于 2019 年开工，逐步于 2019 年、2021 年和 2023 年扩充产能，供暖总规模 1134 兆瓦，实现了海阳、乳山清洁供暖全覆盖，惠及 40 万居民。"暖核一号"投运以来，居民供暖价格下调 1 元/m^2。到 2023 年底，累计节省标煤 40 万 t，减排二氧化碳 100.7 万 t。"暖核一号"打造了核能绿色能源供给新模式，工程技术可复制、商业模式可推广、成本效益可持续，成为我国沿海地区清洁供暖发展新方向之一。

（二）项目实施背景

核能供热是构建清洁低碳供热系统的重要补充。大型压水堆核电机组以发电为主，国内鲜有对外商用供热的先例。山东核电有限公司积极推进北方地区冬季清洁取暖，在确保机组

安全稳定运行的同时，攻克了大型压水堆供暖工况下堆机精准控制、抽汽安全等技术难题，研发了核能热电联供模拟机、核能供暖湿蒸汽流量测量等核心装备和算法，开发出具有完全自主知识产权的核能供热技术，确立了核能供暖安全技术及风险管控体系。

（三）项目实施情况

1. 分步实施

自 2019 年以来，山东核电有限公司按照"一次规划，分步实施"的原则，逐步开发出满足不同规模供暖需求的核能供暖技术，并分期推动落地实施。一期工程于 2019 年建成投产，实现向核电厂周边 2.1 万居民供暖；二期工程于 2021 年建成投产，为海阳市 20 万居民供暖，助力打造零碳供暖城市；三期工程于 2023 年 11 月建成投产，在我国实现跨地级市核能供暖。

2. 技术创新

该项目在国内开发了安全经济可持续的核能供热技术方案，研发了汽侧单元水侧联合的核电机组抽汽供热方案，创新提出多回路、隔离换热、压差控制、辐射监测相结合的技术方案，开辟了核能热-电双供新领域，有效保障了热用户的用热安全。核能供暖工程系统原理和现场实景如图 10-39 和图 10-40 所示。

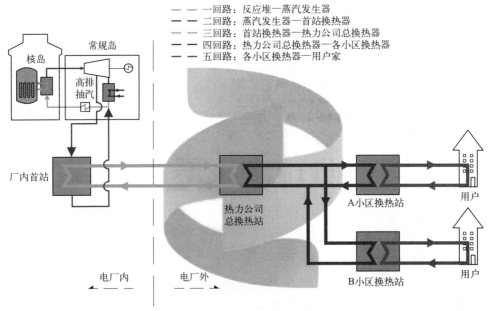

图 10-39　核能供暖工程系统原理图

该项目创建了一套大型压水堆核电机组核能供热改造核岛安全评估技术体系（图 10-41），开展了改造对核岛主系统和主设备安全稳定运行影响的评估，对核能供热对汽轮机、高压缸排汽管等设备的安全影响分析，并创新性调整了汽轮机控制系统，完成了 1200 兆瓦级汽轮机组供热改造。

此外，项目采用了核电机组在供热工况下的"堆-机-电-热"控制策略，这一策略实现了反应堆、汽轮机以及供热系统之间的高效协同与安全稳定运行。通过这些措施，不仅提高了

图 10-40　核能供暖工程现场实景

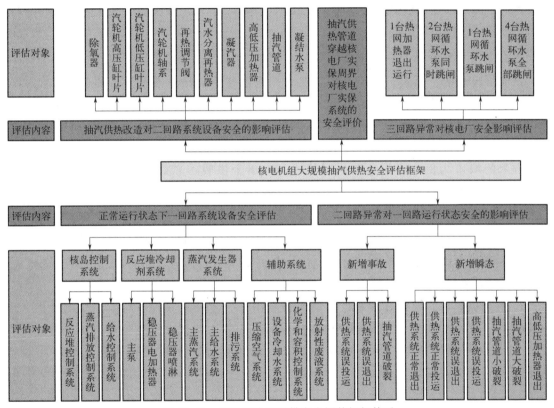

图 10-41　核电厂热电联供安全评估框架体系

能源利用效率,还确保了整个系统的安全性和可靠性。

3. 能效提升

"暖核一号"采用高压缸排汽抽汽供热技术,实现了高品质热能发电,中低品质热能供热的能源梯级利用,将核电厂热效率由 36.69% 逐步提升至 55.9%,有效提升了热能的利用效率,为居民清洁供暖的商业可持续性提供了技术保障。

4. 创新核-暖融合新模式

该项目创新了"核电厂+政府平台+供热企业"的联合运行商业模式,通过顶层规划、资源整合、分工协作,搭建了以地方政府为纽带的互信互利合作平台,促成了项目的落地实施，实现了"居民用暖价格不增加、政府财政负担不增长、热力公司利益不受损、核电企业经营做贡献、生态环保效益大提升"的多方共赢。

（四）项目成效

1. 实现减排

"暖核一号"工程以"温暖一座座城，湛蓝一片片天"为目标。二期工程替代了海阳市原有12台区域燃煤锅炉，每年减少原煤消耗18万t，减排二氧化碳33万t。三期工程达产后，供热能力达到900MW，供热范围可覆盖到乳山、莱阳、莱西等地区，预计每个供暖季可提供清洁热量970万GJ，节约标煤41万t，减排二氧化碳107万t。"暖核一号"二期工程投运后，居民供热价格由原来每平方米22元下调至21元，市民享受到核能发展的红利，助力了"零碳"供暖城市创建。

2. 经济与环保双赢

核能供暖清洁、低碳、稳定，是实现北方地区冬季清洁供暖的重要举措。核能供暖供热成本与火电的热电联产基本相当，相较燃煤锅炉有较好的经济效益。50km输送半径的核能供暖成本可控制在50~60元/GJ。按燃煤（5000千卡）1500元/t测算，传统锅炉供暖成本约为80~90元/GJ，天然气供暖成本约110~120元/GJ。以集中采暖面积500万平方米的城市为例，应用核能供暖技术后，单个供暖季较燃煤供暖可节约热源成本6000万元。

3. 科技创新示范

西安热工研究院有限公司对"暖核一号"一期工程开展项目后评价，认为：

① 该项目开启了我国核电项目多元运用的新局面，对地方经济、社会发展意义重大，成功经验值得推广。

② 核能供热可有效提高核电厂热能综合利用率。建议地方政府与山东核电考虑"统一规划、分步替代"，逐步完成燃煤供暖热源的核能清洁替代，实现胶东半岛"超低碳供暖"，实现以区域大型清洁能源基地为核心、青烟威地区互通互补的胶东半岛用暖新格局。

（五）项目特色

该项目采用长距离供热技术，结合研发的大规模抽汽供热技术，解决了核能远距离供热实施困难的问题，为核电厂供热改造的落地推广提供了可行方案。

该项目基于核电厂热能梯级利用技术，显著提升热效率，降低热源生产成本；采用大温差供热技术，将新增主干网建设规模降低1/3，节省热网建设投资及运维成本；最大化保留城市既有供热管网，充分利用现有资源，解决了核能供暖项目前期投资高、运行收益低的矛盾，提振了核电厂、热网等投资方信心。

该项目建设了热源分配中心（图10-42），可汇集6台核电机组供热热源，结合多地区负荷需求，统一调度，既解决了不同区域差异化需求带来的协调困难问题，又实现了多机组间热源互为备用，有效提升了核能供暖热源可靠性。

图 10-42 核能供暖工程热源分配中心

思考题

1. 钢铁行业新的低碳化工艺有哪些?
2. 如何减少矿煤资源消耗和实现固废"零排放"?
3. 鞍钢集团计划开展的前沿技术创新有哪些?
4. 简述中国宝武钢铁集团发布的《中国宝武碳中和行动方案》的内容。
5. 为降低资源消耗量,钢铁行业可采取的措施或途径有哪些?
6. 污水处理行业企业在提质增效方向上如何实现高标准和低成本的平衡?
7. 污水处理过程与碳排放的关系是什么?
8. 分析平山营里—白洋淀—西柏坡三级源网协同能力提升项目的开展背景,简述此类项目对河北省能源发展的影响是什么。

拓展学习章

化工行业森林碳汇需求

工业企业,尤其是化工行业,作为国家碳排放的主要来源,面临着巨大的减排压力。通过技术革新和设备升级等直接措施,企业能够在短期内减少二氧化碳的排放,但随着时间的推移,技术更新的难度和成本可能会增加。在此背景下,森林碳汇作为一种具有巨大潜力、易于实施、快速见效的减排途径,显示出其低成本、对经济增长影响小、居民福利提升等优势。利用森林碳汇功能降低大气中二氧化碳浓度,不仅在技术和经济上具有可行性,而且随着森林碳汇技术的进步和市场的完善,其在减缓全球气候变暖中的作用将日益增强。增加森林碳汇被视为中国应对气候变化、缓解减排压力的关键战略。实施"双增目标"等具体行动,旨在通过增加森林碳汇来减轻减排压力。这一战略不仅有助于化工行业实现减排目标,还能促进欠发达地区的经济发展,最终形成互利共赢的局面。因此,通过学习化工行业如何利用森林碳汇,可以深入了解其在碳中和过程中的重要性。本部分内容较深奥,利用模型工具对化工行业的二氧化碳边际减排成本和国内森林碳汇价格进行计算和比较,适合有相关需求的专业人员深入学习。

第一节
化工行业减排路径比较的森林碳汇需求现状

传统的减排路径势必会对经济增长造成不利影响。面对全球减排新形势、新要求,企业面临巨大的减排压力。世界各国均非常重视碳排放和碳治理,学术界对碳减排问题的研究也日益增多。

一、减排路径与减排成本

（一）减排路径

企业减排路径是指在保证企业的产出不减少的前提下，尽可能地减少二氧化碳排放量的选择。国内外学者根据目前的环境、政策背景，对企业所选择的各种减排路径进行了深入详细的研究。目前学者们已经研究的减排路径主要包括调整产业结构、购买低碳技术或低碳设备、使用清洁能源、购买森林碳汇、征收碳税和实行碳排放权交易等。调整产业结构、优化能源结构、促进节能技术与工艺的创新、走新型工业化道路，是实现中国低碳发展的必经之路。根据构建低碳条件下的指标体系进行战略产业选择，同时采用技术性减排来促进地区实现工业增长和低碳发展的双重目标。二氧化碳边际减排成本随着技术进步呈现递增趋势，根据碳减排成本曲线动态变化规律具有技术进步特点来看，企业有必要制定合理的减排策略。产业结构的优化调整是解决当前经济高速发展与减缓碳排放之间深层次矛盾的有效手段，但是产业调整却不是唯一的碳减排方式，提升能源效率、促进技术进步和关键链的低碳化管理，也是不容忽视的碳减排路径。通过征收碳税和实行碳排放权交易可以达到碳排放量削减的减排效果。企业可以投资森林碳汇清洁发展机制（CDM）项目，通过森林吸收、固定和储存二氧化碳的能力来抵消企业一部分二氧化碳的排放，从而来缓解我国温室气体减排压力。从企业微观生产过程剖析企业的碳减排路径，总结为加强管理、提高生产效率和扩大清洁能源的使用比例三条路径。根据学者的研究来看，我国减少二氧化碳排放量的路径比较丰富，而且不单一。企业是以盈利为目的的，最终选择何种减排路径取决于哪种减排路径的减排成本最低或者既定碳价格下哪种减排路径的减排数量最多。

（二）减排成本

影响温室气体减排活动存在许多因素。但是在众多影响因素中，减排成本是一个关键性因素。因此，对二氧化碳减排成本的测算分析为我们制定和落实碳减排政策提供科学基础，主要涉及的两个关键问题就是碳减排成本的概念界定问题及测算方法。减排成本含义具有广义和狭义之分。广义的减排成本主要是指社会成本，包括福利损失在内。狭义的减排成本是指为达到某一减排量所要追加的成本或者致使收益的亏损。一般来讲，减排成本是随着减排量的变化而变化的，因此确定二氧化碳边际减排成本就更具有意义。Klepper认为边际减排成本是指经济中削减最后一单位排放量所需追加的经济成本。因此，二氧化碳的边际减排成本（marginal abatement cost，MAC）是指企业在实施二氧化碳减排时产量不会减少的前提下实现减排目标的最后一单位碳减排量所需要追加的额外成本。

目前，国内外学术界研究二氧化碳的边际减排成本运用的主要是边际减排成本曲线（marginal abatement cost curves，MACCS）。Kesicki等人指出在应对气候变化减排政策分析方面，MACCS作为重要的分析工具越来越受到研究者和政策制定者的关注。Van den Bergh等人认为，在评价二氧化碳价格的影响作用时，边际减排成本曲线（MACCS）对政策制定者来说是一种常用的工具，通过拟合边际减排成本曲线可以为CO_2价格与预期减排之间提供图形关系以便观测。Färe认为，可以利用影子价格来近似估计二氧化碳边际减排成本。CO_2 排放的影子价格可以被解释为在生产过程中放弃良好的产出增量减排的机会成本。在1997年《京都议定书》签订之后，国内外学者对于碳边际减排成本（碳影子价格）的研究越来越多而且越来越重视。国内外学术界对二氧化碳排放的边际减排成本估算的方法主要集中在MARKAL-MACRO混合模型、可计算一般均衡（CGE）模型和距离函数等方法上。

（1）基于MARKAL-MACRO混合模型的二氧化碳减排成本

Kesicki运用能源系统模型，即MARKAL模型，计算出英国运输部门的减排成本，并分析其具有减排潜力。在中国碳减排政策环境下运用MARKAL-MACRO模型来估计二氧化碳边际减排成本，这一模型是集成了广泛使用的能源优化模型MARKAL和宏观经济模型MACRO的混合模型。通过这种混合的方法，2050年减轻英国能源供应相关的所有排放的边际减排成本大致是减轻直接排放的边际减排成本的双倍。

（2）基于可计算一般均衡（CGE）模型的减排成本

对于整个国家来讲，减排目标必须通过制定实施一些减排政策来实现。如何科学评价各种减排政策对经济活动的影响就显得特别重要。CGE模型以Amow-Debreu的一般均衡理论为基础，明确定义了经济主体的生产函数和需求函数，能够反映多部门、多市场之间的相互依赖和相互作用关系。CGE模型在20世纪60年代建立。它在发达国家与发展中国家中被广泛应用于税收、贸易、环境保护、能源使用、收入分配与发展策略等问题的分析之中。

Dufournaud等在1988年建立了第一个环境CGE模型，他们把污染物排放和控制行为纳入CGE模型。从那以后，很多学者就开始建立环境CGE模型。2006年Klepper通过考虑全球减排水平与能源价格之间的关系，应用可计算一般均衡模型来拟合二氧化碳排放量的边际减排成本曲线。中国使用CGE模型起步比较晚。2008年林伯强等通过构建中国能源环境可计算一般均衡模型对中国油气资源耗减成本进行了研究，并模拟分析在考虑油气资源稀缺性后征收资源开采税的宏观经济影响。同年，林伯强等通过运用一般均衡模型，更直接明了地研究并分析煤炭和石油价格的上涨对中国各产业的影响。2015年Bowen Xiao等将二氧化碳引入，通过运用可计算一般均衡模型来模拟并分析环境税对中国经济市场的影响。

（3）基于距离函数的减排成本

距离函数方法对影子价格的估计主要是使用数量的投入和产出的生产单位来确定。Färe认为非期望产出的影子价格是来自距离函数和收入、成本或利润函数之间的对偶关系，距离函数提供了一个投入-产出之间的技术关系的特性。距离函数的参数或非参数效率模型，可以用来评估和计算影子价格。在产出距离函数的框架下，采用影子价格分析法确定我国省级和地区的碳减排成本。Färe提出了方向性距离函数（directional distance function, DDF）和非期望产出的影子价格计算方法，他们首先导出非期望产出的影子价格，利用超越对数谢泼德产出距离函数来为环境生产技术提供了方案。Boyd认为估算影子价格可以结合方向性距离函数（DDF）和数据包络分析法（DEA）来进行。Hailu和Veeman采用超越对数谢泼德投入距离函数和一个确定的参数的方法来计算影子价格。Radseth构建了一种新型的方向性距离函数（DDF）模型，考虑各种污染减排方案为决策者提供一种最小减排成本的减排策略。我国学者也做了大量的工作，他们采用非参数化模型方法，基于跨期的环境生产前沿函数测算了污染物的排放对前沿产出的边际效应，从而计算出工业SO_2排放的影子价格。影子价格估计的分析框架为建立一个环境生产技术的距离函数，从而得出影子定价公式，并确定一个参数和非参数模型来计算的影子价格。通过运用环境方向性距离函数来估算出我国38个两位数工业行业1980—2008年二氧化碳的影子价格。运用方向性距离函数模型对中国工业行业二氧化碳减排成本进行了估计。使用方向性距离函数非参数化方法估算了2015年天津市28个二氧化碳排放相对较高行业的碳边际减排成本，为天津市实施二氧化碳减排、确定碳排放权价格等提供数据支撑。企业在生产自己所期望的产出时，同样也会生产出非期望产出，也就是二氧化碳等温室气体。运用方向性距离函数来测算二氧化碳的影子价格如今是比较成熟而且有效的，因为这一方法正好考虑到企业在产出自己所期望的产值的同时也会产出以二氧化碳为主的温室气体。

（4）基于其他方法的减排成本

通过VAR模型定量研究并分析了葡萄牙能源消费所产生的二氧化碳排放对经济发展的影响。利用VAR模型和脉冲响应函数分析法，构建了二氧化碳减排成本计算模型，定量分析了总能源消费和天然气、煤炭、石油、电力四种主要能源消费对产出、投资和就业的影响。基于状态空间模型和VAR模型等数理统计方法，对化石能源市场对碳市场的影响机制进行了探讨。Simões在葡萄牙能源部门的不同碳减排情景下，采用动态优化模型TIMES PT来测算边际减排成本。早期美国麻省理工学院应用排放预测与政策分析（EPPA）模型对2010年全球12个国家或者地区的边际减排成本进行了研究。我国学者通过采用改进的CEEPA模型计算中国在不同能源定价机制下的边际减排成本。

二、森林碳汇价格核算方法

目前对于森林碳汇价格核算方法的报告并不是太多。对森林碳汇价格核算的方法主要可以概括为直接核算和间接核算两种。直接核算方法主要包括边际成本法、造林成本法和蓄积量转换法。间接核算方法包括成本效益分析法、碳税率法和期权价格法。以浙江省杉木林经营为例，基于成本收益法从森林碳汇的供给角度来测算供给成本，这一成本也可表示为企业购买森林碳汇的价格。以杉木为案例树种，对浙江省和江西省的农户营林成本和采运成本等数据进行调研，运用修正的Faustmann方法来模拟在不同的碳价格和利率水平下农户的碳汇供给曲线，即农户在不同的碳价格水平下愿意供给的实际碳汇量。运用蓄积量转换法从森林碳汇供需角度估计出森林碳汇的变化规律，预测未来的变化趋势，再选择合适的性能指标计算森林碳汇的最优核算价格。现有的造林成本法、边际成本法和成本效益分析法对森林碳汇价格的核算需要成本划分比较明确，能够准确地量化成本。但是，对成本的统计核算本来就是一个复杂而且繁琐的过程，因此对成本难以达到高水准的量化。碳税率法对森林碳汇价格的核算则主观性比较强，主要是受政府宏观调控的影响。期权价格法属于金融领域范畴，因此需要考虑大量的金融因素。而蓄积量转换法来源的数据比较客观直接而且可靠。

三、森林碳汇需求

森林碳汇（forest carbon sinks）指的是森林植被通过吸收大气中的二氧化碳并将它固定在植被或者土壤中，从而削减其在大气中的浓度。世界各国要实现其各自的减排目标，大致就是做减法和加法这两个途径：做减法指的是减排，即减少温室气体的排放；做加法指的是增汇,增加温室气体的吸收。减排主要是通过减少能源消耗、提高利用效能来实现,但这样往往会对一个国家的经济产生负面效应。而增汇主要就是利用森林吸收二氧化碳的作用来实现。因此,本部分对森林碳汇需求的研究主要从森林碳汇的需求主体、需求现状、需求的影响因素和政策四个方面来展开。

(一)森林碳汇需求的主体

尹少华等人认为森林碳汇的需求方主要是《京都议定书》附件 B 规定的发达国家,它们为了实现减排的目的,在发展中国家进行的造林、再造林活动,项目活动的部分或全部碳信用作为抵消减排的指标。早期被强制要求减排的大多数是发达国家,但是现在,发展中国家也面临来自发达国家要求减排的压力。而顾维和谭志雄则认为森林碳汇需求方主要有:一是实施碳排放限额后碳排放量超标的企业,二是为了响应政府的号召而参与自愿购碳、消除碳足迹、选择低碳生活或生产、实现社会责任的企业或个人。李怒云等认为积极地开展森林碳汇项目,能够发挥减缓气候变化和可持续发展的作用,并且企业也应该清楚地了解自己在适应和减缓气候变化中的贡献,树立良好的企业形象。

(二)森林碳汇需求的现状

利用森林碳汇来实现减排目标在国外已相当成熟。但是,在国内它还是一个新兴行业。森林碳汇具有比技术减排等其他的减排方式更高效和更经济的特点,因此《京都议定书》将森林碳汇确定为二氧化碳减排的主要替代方式。森林碳汇在国内还没有形成一个统一的市场,交易主体仍然以自愿场外交易为主。森林碳汇的供应和需求区域比较集中,它们的交易比较倾向于在本地发生,在本地区购买碳汇的趋势日益明显。以云南省为例,分析了在森林碳汇中,原有森林的碳汇作用在当前和未来的一段时间内仍然处于主导地位。新造林有着巨大的碳汇潜力。发达国家则可以通过在发展中国家实施碳汇项目以减轻其温室气体的排放量。中国具有巨大的森林碳汇潜力,同时作为碳信用最重要的供应者,现在和未来都对国际碳汇市场具有重大的影响力。国际森林碳汇交易市场的发展非常迅速,而中国森林碳汇的交易市场起步却比较晚,目前还处于前期建立和发展阶段。

很多学者则从碳交易背景下企业选择森林碳汇 CDM 项目的灵活履约方式、可行性条件评估、碳汇信用抵消企业碳减排特点、企业行业特征、发展阶段与经营特点等方面对森林碳汇需求提升过程中遇到的相关技术与制度保障问题作出了分析。部分国家通过 CDM 项目的方式从发展中国家购买减排指标,来实现部分减排义务,而发展中国家则可以从中获取额外的资金和技术。

(三)森林碳汇需求影响因素

影响森林碳汇需求的因素有很多,例如森林碳汇价格、减排成效、对森林碳汇的认知水平等。通过购买森林碳汇来完成减排目标在短期内是最经济、最直接、最高效地应对气候变化的方式。减排措施或路径不仅需要满足潜力大、易执行、见效快的特征,而且还需要成本低、对经济增长的影响要小、居民福利高,森林碳汇正好能够满足这些特征,是减排路径的较好选择。通过利用森林碳汇的手段来降低大气中二氧化碳含量不仅在技术和经济上可行,而且随着森林碳汇技术的不断发展和森林碳汇市场的不断完善,森林碳汇在减缓气候变暖中发挥着越来越重要的作用。发达国家将会扩大森林碳汇抵消二氧化碳排放量的比例。一些发达国家能够完成既定的减排目标，但一些发达国家（如日本）却不能完成其既定的减排任务。在这种情况下，发达国家会因为减排压力大而更加强调"抵消排放"和"换取排放"的计划，这充分体现了选择森林碳汇具有经济效益，包括国内森林碳汇和国际购买的森林碳汇。中国的森林碳汇项目具有潜在的国际和国内需求。国外投资者看好中国稳定的社会环境、有力的政府支持、充沛的林地资源和相当广阔的市场空间等有利条件；随着碳排放权交易市场的建立和培育，国内企业对于碳信用证的需求也将会不断上升。而在《马拉喀什协议》中，将森林管理项目纳入碳汇项目，设定数量有限的造林和再造林项目可以参与到 CDM 之中对目前的 CDM 项目交易市场产生了直接影响。一些学者从成本收益的角度，运用环境、资源和经济耦合的宏观经济计量模型分析企业减排路径的选择，认为选取 CDM 项目产生经济与环境双重效应，从而对森林 CDM 项目的市场需求作出了客观的分析。

（四）森林碳汇需求政策

实施核证的森林碳汇 CDM 项目抵消企业实际碳排放量的灵活机制，在碳排放交易体系中起到了关键作用，不但有助于受碳排放约束的企业更加灵活地履行碳减排要求，也有助于中国经济发达地区向目前相对落后的地区和边远山区提供资金支持实现不同地区的优势互补。邱威等提出应建立与森林碳汇服务关系相适应的市场化机制。周健等分析了不同的林型和不同的林龄结构对广州的森林碳储量和碳固定量的影响，并从森林管理角度为城市森林碳汇需求的提升提出建议。梁建忠等认为我国作为发展中国家目前虽然不强制减排，然而 CO_2 排放总量在世界排名第二，面临着巨大的减排压力，在这种情况下，必须提前做出应对措施。这些学者的报告不仅针对当前森林碳汇交易的国际大环境和政策作出了特有的评价，也从企业多视角来对森林碳汇需求提升的潜力和难点进行了分析。

第二节
碳交易背景下行业碳减排路径

为了减轻我国在国际上面临的减少二氧化碳排放量的压力，我国制定了一系列适用于本国的减排目标，而这些减排目标主要由二氧化碳排放比较密集的工业行业来承担。因此，国内二氧化碳排放密集型的行业需要从多种减排路径中选择适用的减排路径来缓解减排压力。

一、减排路径的选择

随着全球环境问题日益恶化，二氧化碳排放总量在不断增加，国家面临的减排压力不断增大，社会中各行各业的减排压力也随之加大。因此，利用有效的减排路径来实现二氧化碳排放量的减少迫在眉睫。目前，社会上已经出现的减排路径有许多，并且各具特色。总体来讲，我们可以把减排路径归类为两种，即直接减排路径和间接减排路径。直接减排路径包括购买节能技术、低碳技术或低碳设备，使用清洁能源等减排路径；间接减排路径包括购买森林碳汇、征收碳税、碳排放权交易等减排路径。购买森林碳汇减排是指利用森林进行光合作用能够吸收二氧化碳的功能来抵消企业一部分二氧化碳排放量的过程。征收碳税是根据企业的能源消费产品按其碳含量的比例向企业征税以实现减少二氧化碳排放量的目的，减缓全球变暖速度，保护环境。碳排放权交易是指企业根据从政府获得的二氧化碳排放许可（碳排放配额），如果企业的二氧化碳排放量小于配额量，企业可以将剩余的配额量作为一种商品在碳交易市场上出售并获得收入，然而二氧化碳排放量大于配额量的企业则可以从碳交易市场上购入碳排放额以有偿完成减排任务。

改革开放到现在，我国的经济水平比改革开放前有一个质的飞跃，知识水平有了很大的提高，技术水平也在不断提升，因此许多行业的企业在面临减排压力的情况下会选择技术减排这一普遍而且常用的减排路径来实现减排任务。从短期来看，行业通过采用先进技术来完成减排目标是一个比较直接且直观的减排路径。但是随着时间的变化和经济的发展，技术更新难度逐渐加大，技术减排成本也会越来越大，许多行业企业会选择间接减排路径来达到减排目的。而面对多种间接减排路径，企业购买森林碳汇减排的优势就不断地显露出来。企业通过购买森林碳汇来减少二氧化碳排放量不仅减排成本低，对经济增长的影响也比较小，还促使我国资金资源合理有效流动，实现资源优化配置，促进经济效益、社会效益和环境效益相融合，而且也是国家认可并且推广的一种减排路径。因此，本节从众多的减排路径中所选择的两种减排路径是技术减排和购买森林碳汇减排。

（一）技术减排

技术减排是当前减排主体为实现二氧化碳减排目标而在众多减排路径中选择最普遍采用的减排路径。例如我国水泥行业的技术减排主要通过三个方面的措施来进行：①对既有产能的改造，即是对现有比较落后的生产线进行节能改造，提高其效用水平。②对落后的产能进行淘汰并用高效的产能替换。③净新增高效产能。在2010—2015年期间，水泥行业通过上述三项措施，已经实现了减排量近2亿吨。其中，对既有产能改造带来的减排量近2900万吨，通过淘汰落后产能并用新型干法窑等量替换实现减排量5900万吨，净新增高效新型干法水泥带来减排量近1.1亿吨，三项措施对减排的贡献率分别为14%、30%和56%。

因此，技术减排可以分为节能技术减排和低碳技术减排两种。根据国家发展和改革委员会关于《节能低碳技术推广管理暂行办法》（2014）中的定义，节能技术就是指促进能源节约集约使用、提高能源资源开发利用效率和效益、减少对环境影响、遏制能源资源浪费的技术。节能技术主要包括能源资源优化开发技术，单项节能改造技术与节能技术的系统集成，节能型的生产工艺、高性能用能设备，可直接或间接减少能源消耗的新材料开发应用技术，以及节约能源、提高用能效率的管理技术等。低碳技术，是指以资源的高效利用为基础，以减少或消除二氧化碳排放为基本特征的技术。因此，技术减排就是指减排主体为了实现有效地减少二氧化碳排放量，减轻减排压力，采取引进或购买先进的节能技术或低碳技术的一种减排路径。例如，江苏利民化工有限公司坚持源头治理与末端处理相结合的原则，与大学、科研院所合作，开发了环境工程技术、废物资源化技术和清洁生产技术等绿色节能减排技术。

（二）购买森林碳汇减排

众所周知，森林具有吸收或固定二氧化碳的能力。因此，森林碳汇的重要价值就显得尤为突出。我国第八次森林资源清查（2009～2013年）数据结果显示，我国森林面积达2.08亿公顷，森林覆盖率达21.63%，活立木总蓄积为164.33亿立方米，森林蓄积为151.37亿立方米。天然林面积为1.22亿公顷，其蓄积为122.96亿立方米；人工林面积0.69亿公顷，其蓄积为24.83亿立方米。森林面积和森林蓄积分别位居世界第5位和第6位，人工林面积仍居世界首位。由此可见，我国森林碳储量比较丰富，发展森林碳汇项目具有巨大的优势和潜力。

最早出现碳抵消交易行为可追溯于20世纪80年代后期90年代初期的森林碳汇项目，从开始出现到现在，森林碳汇市场的交易得到了不断发展和完善。国外森林碳汇市场的发展比国内森林碳汇市场发展更成熟，形成了一个统一的市场。中国森林碳汇项目起步不算晚，获准注册的森林碳汇项目有三个，但是没有发达国家发展得成熟。2011年中国国家发展和改革委员会将北京市、天津市、上海市、重庆市、深圳市、广东省和湖北省7个省（市）设为碳减排试点，这7个试点的设立会进一步推动我国森林碳汇市场的发展。一些团体或组织鼓励森林碳汇交易。例如绿色碳基金会支持许多较小规模的项目，鼓励民间自愿参与森林碳汇交易。

我国的森林碳汇交易还没有形成一个统一的市场，各需求主体所发生的交易行为均属于自愿性的场外交易。2011年中国绿色碳基金会与华东林业产权交易所合作开展的第一个自愿森林碳汇交易项目，10家企业以每吨18元的价格自愿认购了15万吨森林碳汇量。2013年，河南许昌勇盛豆制品有限公司以每吨30元的价格，向伊春市汤旺河林业局购买了总价值为18万元的6000吨森林碳汇量，成为全国最大国有林区首笔森林碳汇的成功交易；云南省林业投资有限公司以每吨60元的价格，向曲双友钢铁有限公司出售了1.78万吨二氧化碳当量，交易金额为106.8万元。

二、行业选择对森林碳汇需求的原理

西方古典经济学派集大成者亚当·斯密认为人是"经济人"，即以追求经济利益为目的而进行经济活动的主体，后也称之为"理性人"，即后来所称的理性人假设。理性人假设实际上是对经济人假设的延续和发展，也就是说经济决策的主体既不会感情用事，也不会盲目随从，而是通过精于计算和比较判断来做出经济行为，其行为是理性的。简言之就是人在从事经济活动的时候所选择的经济活动都是力求用最小的经济成本去获取最大的经济收益。企业也不例外，企业是以营利为目的的，企业的行为主体是人，它坚持成本最小化、利益最大化原则，所采取的行为措施都是期望以最小的投入成本来获取最大的经济效益。

行业企业在面对技术减排、购买森林碳汇减排的减排路径中，是否会选择购买森林碳汇来抵消二氧化碳排放量这一路径取决于购买森林碳汇的成本是否会比技术减排的减排成本低。在不影响行业经济产出降低的前提下，如果购买森林碳汇的成本比技术减排的减排成本低，企业则会选择通过购买森林碳汇抵消二氧化碳排放量来完成减排指标；反之，则不会选择购买森林碳汇。因此，行业选择是否会对森林碳汇有需求的主要原理是追求成本最小化、利益最大化原则。

第三节
化工行业碳边际减排成本的计算

一、样本选取和数据来源

化工行业是我国的支柱性产业，化工行业的产值占总产值比重较大，对我国经济发展的作用很大。我国化工行业虽然总产值比较高，但能源消耗量大，占全国能源消耗总量的比重较大：2011年全国化工行业能源消耗总量占总能源消耗量25.4%，2012年化工行业能源消耗总量占总能源消耗量25.3%，2013年化工行业能源消耗总量占总能源消耗量26%。因此，化工行业实施二氧化碳减排迫在眉睫。本节选择北京市、天津市、上海市、重庆市、深圳市、广东省和湖北省7个碳交易试点省（市）作为样本区，选取二氧化碳排放比较密集的化工行业作为代表性行业，主要通过文献搜集和二手数据收集等方式收集7个试点省（市）化工行业的三个投入指标和两个产出指标。三个投入指标分别指规模以上化工行业的资产投入（X_1）、行业职工人数（X_2）和能源消费总量（X_3）；两个产出指标包括规模以上化工行业总产值（Y）和二氧化碳排放量（C）。由于各个试点不同年份对规模以上化工行业的细分行业划分不尽相同，需要对个别细分行业进行合并。合并过程中遵循相近行业合并原则，将胶制品业和塑料制品业合并为橡胶和塑料制品业。因此本章化工行业主要包括以下6个子行业：石油加工、炼焦和核燃料加工业；化学原料和化学制品制造业；医药制造业；化学纤维制造业；橡胶和塑料制品业；非金属矿物制品业。

二、样本区化工行业碳排放现状

从7个试点省（市）2005~2014年这10年的化工行业二氧化碳排放总量来看，各试点的二氧化碳排放总量各不相同，差异比较大，而且排放特点也不相同，除了北京市化工行业二氧化碳排放量10年来有所减少，其余6个试点化工行业二氧化碳排放量均有增加，而且增加幅度都各不相同。

从横向来看，各试点二氧化碳排放总量均不相同，而且差异特别大。2005~2010年7个试点化工行业二氧化碳排放总量排前三的分别是广东、湖北和北京，2011~2014年化工行业二氧化碳排放总量排前三位的分别是广东、湖北和重庆。北京市化工行业二氧化碳排放量有所减少，重庆市化工行业二氧化碳排放量有所增加。广东省和湖北省化工行业二氧化碳排放总量10年来一直是排名前两位的，而且远远超出7个试点每年的平均值。特别是广东省10年来化工行业二氧化碳排放总量一直保持第一，超出试点最低排放量的十倍以上。从7个试点化工行业二氧化碳年平均排放量来看，年平均值排名前三位的分别是广东省、湖北省和北京市三个试点。

从纵向来看，每个试点10年来化工行业二氧化碳排放量不相同，而且排放特点也不大相同。总体来说,北京市化工行业二氧化碳排放量是先增加后减少,其余6个试点二氧化碳排放量呈每年持续增长的趋势。北京市化工行业二氧化碳排放量从2005年2988.06万吨减少到2014年2042.57万吨,减少了945.49万吨,减幅达到31.64%;天津市化工行业二氧化碳排放量从2005年993.59万吨增加到2014年2103.66万吨,增加幅度超过一倍;上海市化工行业二氧化碳排放总量从2005年2193.10万吨增加到2014年2694.68万吨,增加了501.58万吨,增幅达22.87%;重庆市二氧化碳排放量从2005年1065.61万吨增加到了2014年3811.97万吨,增加了2746.36万吨,2014年排放比2005增加了两倍多;深圳市化工行业二氧化碳排放总量从2005年1014.03万吨增加到2014年1328.40万吨,增加了314.37万吨,增加幅度达31%;广东省化工行业二氧化碳排放量从2005年10343.59万吨增加到2014年18087.47万吨,增加了7743.88万吨,增幅达74.87%;湖北省化工行业二氧化碳排放量从2005年4704.43万吨增加到2014年8139.50万吨,增加了3435.07万吨,增幅73.02%。从各个试点二氧化碳排放量的增减比例来看,除了北京市化工行业2014年比2005年二氧化碳排放量下降以外,其余6个试点化工行业2014年比2005年二氧化碳排放量增加,而且增加幅度不一,特别是重庆市,其增加幅度超过两倍,其次是天津市,增加幅度超过一倍,而上海市化工行业2014年比2005年二氧化碳排放量增加幅度是6个试点中最小的,达22.87%。从7个试点二氧化碳排放量平均值来看,10年来7个试点化工行业二氧化碳排放量平均值是逐年增加。7个试点省(市)2005~2014年这10年化工行业二氧化碳排放情况见拓表1。

拓表1 2005~2014年7个试点省(市)化工行业CO_2排放情况 单位:万吨

年份	北京市	天津市	上海市	重庆市	深圳市	广东省	湖北省	平均值
2005	2988.06	993.59	2193.10	1065.61	1014.03	10343.59	4704.43	3328.92
2006	3221.41	1076.33	2321.75	1154.88	1120.25	12117.04	4969.83	3711.64
2007	3208.40	1180.77	2413.75	1506.57	1322.19	13928.73	4929.38	4069.97
2008	3028.26	1153.14	2509.92	1797.71	1265.52	14465.10	4756.82	4139.49
2009	2866.31	1226.32	2352.14	2041.73	1313.08	15817.32	5166.65	4397.65
2010	2820.37	1785.40	2667.81	2577.89	1303.51	16786.43	5573.85	4787.89
2011	2921.03	1974.10	2716.30	3039.16	1355.13	18095.06	6338.02	5205.54
2012	2610.26	1940.99	2725.39	3061.59	1404.71	17815.20	6490.78	5149.85
2013	2153.16	2065.21	2896.37	3421.55	1396.29	18014.49	7507.18	5350.61
2014	2042.57	2103.66	2694.68	3811.97	1328.40	18087.47	8139.50	5458.32
平均值	2785.98	1549.95	2549.12	2347.87	1282.31	15547.04	5857.64	4559.99

数据来源:根据2005~2015年7个试点省(市)统计年鉴整理计算得到。

三、样本区化工行业二氧化碳边际减排成本

本部分通过利用方向性距离函数的参数化方法对北京、天津、上海、重庆、深圳、广东和湖北7个试点省(市)的化工行业二氧化碳边际减排成本进行计算,所得数据是通过运用LINGO11软件计算得出。由于减少二氧化碳排放量会对产出造成负面影响,所以计算出来的二氧化碳边际减排成本结果为负值。

（一）模型设定

方向性距离函数是目前对处理含有非期望产出研究的比较合理的方法，它能够测算出在期望产出增加的同时非期望产出的增加量或者在非期望产出减少的同时期望产出的减少量，更贴近于实际情况。以下对方向性距离函数做出简要的介绍。

假设 y 是生产的期望产出，即是好产品，且 $y \in R_+^D$；c 为非期望产出（坏产品），且 $c \in R_+^U$；x 表示行业的投入，且 $x \in R_+^N$；则生产集为 $P(x)=\{(y,c):x \to (y,c)\}$。$P(x)$ 是表示描述所有可行的投入产出向量。当投入 x 为零时，产出（好产品和坏产品）也为零。本研究生产的期望产出表示为行业生产总值，非期望产出表示为行业二氧化碳的排放量。现假定生产集 $P(x)$ 满足下面的性质：

① 投入 x 具有强可处置性，当投入 x 增加了，产出 $P(x)$ 则至少不会减少。即是说，当 $x' \in x$，那么 $P(x') \supseteq P(x)$。

② 好产品 y 和坏产品 c 具有联合性。也就是说在生产好产品过程中不可避免地会产生副产品，而这个副产品就是坏产品 c。也就是说，如果 $(y,c) \in P(x)$，且 $c=0$，则 $y=0$。

③ 好产品 y 和坏产品 c 具有联合弱可处置性。即是说，在既定的投入水平 x 下，若要减少坏产品 c，则必须会减少好产品 y。如果 $(y,c) \in P(x)$，且 $0 \leqslant \theta \leqslant 1$，那么 $(\theta_y, \theta_c) \in P(x)$。

④ 好产品 y 具有强可处置性，对好产品产量的减少没有限制，即可以在其他条件不变的情况下降低好产品 y 的产量。如果 $(y,c) \in P(x)$，且 $(y_0,c) \leqslant (y,c)$，那么 $(y_0,c) \leqslant P(x)$。

设方向向量 $\boldsymbol{g}=(g_y,g_c)$，$\boldsymbol{g} \neq 0$。基于以上假设，可以得出产出方向性距离函数为：

$$\boldsymbol{D}_0(x,y+ag_y,c-ag_c,g_y,-g_c)=\boldsymbol{D}_0(x,y,c,g_y,-g_c)-a, a \in \boldsymbol{R}$$

产出方向性距离函数的值可以反映出行业的生产效率。如果 $\boldsymbol{D}_0(x,y,c,g_y,-g_c)=0$，可以说明该行业在 $(g_y,-g_c)$ 方向上是有效率的；如果 $\boldsymbol{D}_0 > 0$，则说明该行业在该方向上存在一定程度的无效性。

据此，我们可以计算出坏产品（二氧化碳）的影子价格，即二氧化碳边际减排成本：

$$P_c = P_y \frac{\partial \boldsymbol{D}_0(x,y,c,g_y,-g_c)}{\partial c} \Big/ \frac{\partial \boldsymbol{D}_0(x,y,c,g_y,-g_c)}{\partial y} \tag{拓-1}$$

式中，P_c 表示二氧化碳影子价格，即是行业二氧化碳边际减排成本（MAC）；P_y 表示行业的好产品 y 的市场价格；x 表示行业的投入；y 表示行业期望产出的产量；c 表示行业非期望产出的产量。

（二）化工行业二氧化碳边际减排成本

7个试点省（市）因为经济发展水平、发展方式和发展理念有所不同，对能源的利用效率也不相同，所以在二氧化碳减排成本方面就会有较大的差异。通过计算化工行业二氧化碳边际减排成本来分析和解释7个试点省（市）的减排成本差异状况更具有说服力。通过 Lingo 软件计算得到7个试点省（市）化工行业 2005~2014 年（10年）的二氧化碳边际减排成本，数据见拓表2。

拓表 2　2005～2014 年 7 个试点省（市）化工行业 CO_2 边际减排成本

单位：万元/t

年份	北京市	天津市	上海市	重庆市	深圳市	广东省	湖北省
2005	-41.1305	-0.0113	-136.1109	-0.0039	-0.0049	-52.4078	-0.3008
2006	-39.2540	-0.4615	-0.9646	-0.0956	-0.0610	-1.2811	-0.0030
2007	-26.4100	-0.2839	-0.4016	-0.3503	-63.0468	-0.9257	-0.0173
2008	-0.1818	-0.0158	-1.0435	-0.0049	-0.4135	-73.0729	-53.3235
2009	-0.3098	-147.1682	-0.0177	-12.9188	-0.1494	-0.0072	-0.8694
2010	-0.0074	-0.0159	-0.0206	-53.1351	-0.0084	-8.6723	-9.0969
2011	-77.7007	-0.1243	-219.4145	-0.0062	-22.8772	-88.4196	-88.7201
2012	-0.2329	-2.1046	-1.8383	-1.2477	-0.0091	-0.3768	-107.8575
2013	-0.0112	-5.5457	-0.0223	-2.1932	-4.9226	-4.8686	-28.6819
2014	-0.0220	-189.4823	-1.1470	-72.2157	-110.3873	-110.8882	-122.8172
年均值	-18.5260	-34.5214	-36.0981	-14.2172	-20.1880	-34.0920	-41.1688

数据来源：根据 2003—2015 年 7 个试点省（市）统计年鉴数据计算得到。

根据拓表 2，从横向来看，北京、天津、上海、重庆、深圳、广东和湖北 7 个试点省（市）之间 2005～2014 年这 10 年间化工行业二氧化碳的边际减排成本各不相同，有高有低。从 7 个试点省（市）年平均值来看，湖北省化工行业二氧化碳边际减排成本年平均值最大，表明湖北省化工行业二氧化碳边际减排成本高于其他 6 个试点，湖北省化工行业每减少一吨二氧化碳排放量就会减少 41.1688 万元；重庆市化工行业二氧化碳边际减排成本年平均值最小，重庆化工行业二氧化碳排放量每减少一吨，就会减少 14.2172 万元。出现这种现象的原因是湖北省采用了技术革新来减少二氧化碳排放量，但通过技术进步进行减排难度逐渐增大，导致二氧化碳边际减排成本较大；重庆比其他 6 个试点发展较晚，目前还处于引进先进技术减少二氧化碳排放量的有效阶段，对二氧化碳减排比其他试点效率高、难度低，所以重庆化工行业二氧化碳边际减排成本年平均值比其他 6 个试点要低。

从纵向来看，各个试点 10 年间每年的二氧化碳边际减排成本也不相同，有增有减，而且个别年份差异特别大。根据其变化特点，天津、重庆、深圳、广东和湖北 5 个试点从总体来看化工行业二氧化碳边际减排成本呈增长趋势且变化趋势明显，其主要原因是这几个试点通过引进先进技术或更新设备来达到二氧化碳的减排效果，但是，随着时间的变化，通过先进技术或新设备来达到减排效果越来越不明显，减排成本也在逐渐地增加。从各试点边际减排成本来看，个别年份差异非常大，表明该年份继续通过先前的先进技术或新设备来进行减排已经不再具优势，减排成本达到最高。但又同时有一个共同特点，就是在出现异常值后二氧化碳减排成本就会逐渐下降，下降到一定水平，减排成本又会逐渐增加，直到再出现一次异常值。出现这种情况的原因是，化工行业前期通过引进先进技术或设备来减少二氧化碳排放量，减排效果明显且减排成本较低，从而减小了化工行业的减排压力，就会继续采用这种路径减排，但是随着时间的推移，通过技术进步减排的难度逐渐增大，且减排成本也逐渐增加，直到出现异常值，这时行业内部就会对投入产出结构做出调整，又或者是寻求更有效率的新的减排路径，二氧化碳边际减排成本就会随之降低。因此二氧化碳边际减排成本一旦出现一次异常值，行业内部就会做出相应的举措来调整、降低减排成本。

第四节
我国森林碳汇价格的计算

一、数据来源

我国森林碳汇价格计算收集的原始数据来源于1994~2013年全国森林蓄积量、森林年生长量、森林枯损量和采伐量。在我国,森林资源每5年清查一次。所以,我国的森林蓄积量、森林生长量、森林枯损量和森林采伐量在每一个清查期内数据基本上是相同的。拓表3表示收集的森林蓄积量、森林生长量、森林枯损量和森林采伐量数据。拓表4为根据李顺龙按照蓄积量转换法($C=2.439×V×1.9×0.5×0.5$)计算出来的森林蓄积碳储量、森林生长碳储量、森林年消耗碳量。

二、模型设定

根据最优模型法的原理,森林生长的特性和离散时间经济系统控制方程森林碳汇价值核算公式可以简单抽象地表示为下面的理论模型:

$$\begin{cases} C(t+1)=C(t)+G(t)-W(t)-L(t) \\ C(t_0)=C_0 \\ C(t)\geqslant 0, 0\leqslant L(t)\leqslant L(t)_{max} \end{cases} \quad (拓\text{-}2)$$

式中,$C(t)$表示森林蓄积的碳储量;$G(t)$表示为森林生长的碳储量;$W(t)$表示为森林枯损的碳储量;$L(t)$表示为森林采伐损失的碳储量;t表示为年份。各碳储量单位为吨(t)。

在上述的模型中,$L(t)$为控制变量,$C(t)$、$G(t)$和$W(t)$为状态变量。森林碳汇核算就是要在式(拓-2)的约束下,使森林生物碳储量损失的价值最小。其表示为:

$$\min J_t = \varphi(C(N),N) + \sum_{t=1}^{t-1} F(C(t),L(t),t) \quad (拓\text{-}3)$$

式中,$\varphi(C(N),N)$表示的是森林碳储量价值的终端约束。

三、森林碳汇价格计算

根据拓表4数据,运用SPSS软件进行回归。模型经过回归后发现,森林生长碳储量$G(t)$和森林采伐损失的碳储量$L(t)$的Sig.值都大于0.05,表明这两个解释变量不能显著解释被解释变量$C(t+1)$,而且根据容忍度来看,存在共线性。因此模型采用逐步回归。根据回归结果,由拓表5可以知道R^2为0.893,调整后的R^2为0.887,该统计量接近于1,说明模型的拟合优度高。由拓表6可以知道模型的F值为150.025,Sig.值为0.000,这表明模型成立并具有统计学意义,经过逐步回归后,所选取的解释变量森林蓄积碳储量$C(t)$

能够显著解释森林总碳汇量 $C(t+1)$。

拓表 3　森林碳汇价格计算的原始数据

年份	GDP/亿元	森林蓄积量/亿立方米	森林生长量/亿立方米	森林年消耗量/亿立方米		
				森林采伐量	森林枯损量	合计
1994	48197.86	112.67	4.58	4.07	0.54	4.61
1995	60793.73	112.67	4.58	4.07	0.54	4.61
1996	71176.59	112.67	4.58	4.07	0.54	4.61
1997	78973.03	112.67	4.58	4.07	0.54	4.61
1998	84402.28	112.67	4.58	4.07	0.54	4.61
1999	89677.05	124.56	4.97	3.65	0.88	4.53
2000	99214.55	124.56	4.97	3.65	0.88	4.53
2001	109655.17	124.56	4.97	3.65	0.88	4.53
2002	120332.69	124.56	4.97	3.65	0.88	4.53
2003	135822.76	124.56	4.97	3.65	0.88	4.53
2004	159878.34	137.21	5.72	3.79	1.00	4.79
2005	184937.37	137.21	5.72	3.79	1.00	4.79
2006	216314.43	137.21	5.72	3.79	1.00	4.79
2007	265810.31	137.21	5.72	3.79	1.00	4.79
2008	314045.43	137.21	5.72	3.79	1.00	4.79
2009	340902.81	151.37	4.23	3.34	1.18	4.52
2010	401512.80	151.37	4.23	3.34	1.18	4.52
2011	473104.05	151.37	4.23	3.34	1.18	4.52
2012	519470.10	151.37	4.23	3.34	1.18	4.52
2013	568845.21	151.37	4.23	3.34	1.18	4.52

数据来源：《2015年中国统计年鉴》《1994—2013年全国森林资源统计》。

拓表 4　森林碳储量

年份	GDP/亿元	森林蓄积碳储量/亿吨	森林生长碳储量/亿吨	森林年消耗碳量/亿吨		
				森林采伐量	森林枯损量	合计
1994	48197.86	130.53	5.31	4.72	0.63	5.35
1995	60793.73	130.53	5.31	4.72	0.63	5.35
1996	71176.59	130.53	5.31	4.72	0.63	5.35
1997	78973.03	130.53	5.31	4.72	0.63	5.35
1998	84402.28	130.53	5.31	4.72	0.63	5.35
1999	89677.05	144.31	5.76	4.23	1.02	5.25
2000	99214.55	144.31	5.76	4.23	1.02	5.25
2001	109655.17	144.31	5.76	4.23	1.02	5.25
2002	120332.69	144.31	5.76	4.23	1.02	5.25
2003	135822.76	144.31	5.76	4.23	1.02	5.25
2004	159878.34	158.96	6.63	4.39	1.16	5.55

续表

年份	GDP/亿元	森林蓄积碳储量/亿吨	森林生长碳储量/亿吨	森林年消耗碳量/亿吨		
				森林采伐量	森林枯损量	合计
2005	184937.37	158.96	6.63	4.39	1.16	5.55
2006	216314.43	158.96	6.63	4.39	1.16	5.55
2007	265810.31	158.96	6.63	4.39	1.16	5.55
2008	314045.43	158.96	6.63	4.39	1.16	5.55
2009	340902.81	175.37	4.90	3.87	1.37	5.24
2010	401512.80	175.37	4.90	3.87	1.37	5.24
2011	473104.05	175.37	4.90	3.87	1.37	5.24
2012	519470.10	175.37	4.90	3.87	1.37	5.24
2013	568845.21	175.37	4.90	3.87	1.37	5.24

拓表 5　回归模型汇总表

模型	R	R^2	调整 R^2	标准估计的误差	Durbin-Watson
1	0.945	0.893	0.887	5.99238	2.251

拓表 6　回归模型方差分析表

模型		平方和	df	均方	F	Sig.
1	回归	5387.199	1	5387.199	150.025	0.000
	残差	646.356	18	35.909		
	总计	6033.555	19			

拓表 7　回归模型系数

模型		非标准化系数		标准系数	t	Sig.	共线性统计量	
		B	标准误差	试用版			容差	VIF
1	常量 $C(t)$	0.024	12.299		0.002	0.998		
		0.983	0.080	0.945	12.248	0.000	1.000	1.000

根据拓表 7 逐步回归模型系数可以知道森林碳汇核算模型为：

$$C(t+1)=0.983C(t)+0.024 \tag{拓-4}$$

在森林碳汇核算模型中，不包括 $G(t)$、$W(t)$ 和 $L(t)$。

根据环境库兹涅茨曲线特点，我国森林采伐率与 GDP 呈倒"U"形关系。也就是说，我国森林采伐损失的碳汇量与 GDP 呈倒"U"形关系。根据拓表 4 中 GDP 和森林采伐损失的碳量的相关数据，采用 SPSS 软件计算。根据模型回归结果发现，不能通过显著性检验，系数值也出现异常，而且与许多学者的研究结果相冲突。现剔除第 8 次森林资源清查数据，再用 SPSS 软件得出，回归方程 R^2 值为 0.795，调整后的 R^2 值为 0.761，F 值为 23.272，Sig. 值为 0.000。因此，森林采伐损失的碳汇量与 GDP 之间的具体关系式可以表示为：

$$GDP=-49078006.32+22127219.48L(t)-2481944.884L^2(t) \tag{拓-5}$$

根据国家林业和草原局有关报告称到 2020 年我国森林覆盖率达到 23% 以上，如果森林单位面积的蓄积量达到世界水平 $100m^3/hm^2$，那么森林总蓄积量就可以超过 200 亿立方米。因此，按照 2020 年最大目标计算，如果以 1994 年为基期，到 2020 年我国的森林蓄积量为

$V(27)=200$ 亿立方米。此时,我国森林碳储量就为 $C(27)=2.439(V(27)\times1.9\times0.5\times0.5)=231.71$ 亿吨,按照目前国际上通用的碳汇价格每吨 $10\sim15$ 美元的下限计算,2020 年我国森林碳储量总价值量为 2317.1 亿美元。此时,根据状态方程,可以得到终端约束为 $9.83C(t)+0.24=2317.1$。此时,性能指标为:

$$\min J_{27}=9.83C(t)-2316.86+\sum_{t=1}^{26}[-49078006.32+22127219.48L(t)-2481944.884L^2(t)] \quad (拓\text{-}6)$$

根据有关研究报告,到 2020 年我国森林每年采伐总量可达到 10 亿立方米以上,折算成森林生物碳储量为 11.59 亿吨。此时,森林碳汇的状态方程表示为:

$$\begin{cases} C(t+1)=0.983C(t)+0.024 \\ C(t=1994)=130.53 \\ C(t)\geqslant0,0\leqslant L(t)\leqslant L(t)_{\max}=11.59 \end{cases} \quad (拓\text{-}7)$$

令哈密顿函数 $H(t)$ 为:

$$\begin{aligned} H(t)&=H[C(t),L(t),\lambda(t+1),t] \\ &=9.83C(t)-2316.86-49078006.32+22127219.48L(t)- \\ &\quad 2481944.884L^2(t)+\lambda^T(t+1)\times0.983C(t) \\ &=-49080323.18+22127219.48L(t)-2481944.884L^2(t)+ \\ &\quad [0.983\lambda^T(t+1)+9.83]C(t) \end{aligned}$$

由伴随方程 $\dot{\lambda}(t)=\dfrac{\partial H(t)}{\partial C(t)}$ 得 $\dot{\lambda}(t)=0.983C(t)+9.83$。

由耦合方程 $\dfrac{\partial H(t)}{\partial L(t)}=0$ 得 $L(t)=4.46$。

同样,由横截条件 $\lambda(N)=\dfrac{\partial\phi(N)}{\partial C(N)}$ 得 $\lambda(N)=9.83$。

这里所求得的 9.83 美元表示 2020 年我国每吨碳的影子价格。如果按照国际上通用的碳汇价格每吨 $10\sim15$ 美元的上限 15 美元计算,可以得到 2020 年我国每吨碳的价格为每吨 14.75 美元。因此,根据上述计算的结果表明,我国森林碳汇的最优价格为每吨 $9.83\sim14.75$ 美元。

第五节
化工行业路径减排森林碳汇需求

减排成本不同,化工行业所选择的减排路径就不同。本节根据前面第三节和第四节计算出来的化工行业二氧化碳边际减排成本和森林碳汇价格作比较,根据成本差异分析化工行业是否对森林碳汇形成需求。

一、化工行业减排路径成本差量比较

第三节通过借鉴方向性距离函数分别计算出了我国 7 个碳交易试点省（市）化工行业 2005～2014 年这 10 年的二氧化碳边际减排成本。第四节计算出了我国森林碳汇最优价格。根据表拓-2 可以得知，无论是我国 7 个试点省（市）之间的二氧化碳边际减排成本还是各试点省（市）不同年份间的二氧化碳边际减排成本都各有差异，而且差异甚大。第四节通过运用最优模型法对我国森林碳汇价格做出了计算，其计算结果表明我国森林碳汇最优价格为每吨 9.83～14.75 美元，兑换成人民币约 64.88～97.35 元，如按平均值表示大约每吨价格为 81 元。

根据计算出来的 7 个试点省（市）化工行业 10 年的二氧化碳边际减排成本和森林碳汇价格，比较二者的数量关系得出，北京市 2010 年、重庆市 2005 年、重庆市 2008 年、重庆市 2011 年、深圳市 2005 年、广东省 2009 年和湖北省 2006 年二氧化碳边际减排成本低于森林碳汇平均价格 81 元，特别是重庆市 2005 年、重庆市 2008 年、重庆市 2011 年、深圳市 2005 年和湖北省 2006 年的二氧化碳边际减排成本低于森林碳汇最优价格的下限 64.88 元；除了深圳市 2010 年和 2012 年，7 个试点其余各年份二氧化碳边际减排成本都比森林碳汇最优价格的上限 97.35 元还高，而且差量特别大。尤其是从近三年的减排成本数据来看，7 个试点省（市）的二氧化碳边际减排成本都比森林碳汇价格高很多。因此，从 7 个试点 10 年的二氧化碳边际减排成本与森林碳汇价格二者的数量关系可以很清楚地看出，7 个试点化工行业技术减排与购买森林碳汇减排之间的减排成本差量非常大，技术减排成本比购买森林碳汇减排成本高，也可以说在减排成本一定的情况下，通过购买森林碳汇能够实现更多的减排量。

二、化工行业对森林碳汇需求的决策

本部分是围绕假定化工行业减排路径就是技术减排和购买森林碳汇减排这两种减排路径的前提下进行的研究。前面已经对化工行业选择森林碳汇需求的原理进行了详细的理论分析，根据理论部分的分析我们可以知道，企业所做出的经济行为都是围绕追求成本最小化、利润最大化目标而进行的，行业在选择什么样的减排路径时，往往会根据减排成本来选择，减排成本的大小是企业做出经济行为的基本依据之一，也是最关键、最重要的因素。

对我国 7 个碳交易试点省（市）化工行业技术减排和购买森林碳汇减排两种减排路径的减排成本进行了比较，得出只有北京市 2010 年、重庆市 2005 年、重庆市 2008 年、重庆市 2011 年、深圳市 2005 年、广东省 2009 年和湖北省 2006 年的二氧化碳边际减排成本比森林碳汇价格平均值低，表明这几个试点这些年份化工行业对通过选择购买森林碳汇来抵消二氧化碳排放量不具有需求；重庆市 2005 年、重庆市 2008 年、重庆市 2011 年、深圳市 2005 年和湖北省 2006 年的二氧化碳边际减排成本比森林碳汇最优价格的下限 64.88 元/t 还低，说明它们对森林碳汇完全不具有需求；其余各年份都对森林碳汇具有需求。特别是 2012～2014 年这 3 年来，7 个试点化工行业边际减排成本都比森林碳汇价格高出很多，说明这三年来 7 个试点化工行业都对通过购买森林碳汇达到减排效果的减排路径有需求。原因是随着时间的变化，技术更新难度加大，化工行业采用技术减排的成效不高，优势逐渐弱化，购买森林碳汇减排的优势便逐渐显现出来，化工行业对森林碳汇的需求越来越大。天津市和上海市10年来减排成本都远远高于森林碳汇价格，表明这两个试点化工行业的技术减排成本很高，继续利用技术达到减排成效不明显，已经不再具有减排优势，而森林碳汇减排的成效比技术减排更加明显。因此天津市和上海市化工行业都对森林碳汇具有需求。

三、化工行业对森林碳汇需求的潜力

根据化工行业对森林碳汇需求的决策分析可以知道，除个别年份以外，我国7个试点省（市）的化工行业10年来对森林碳汇有需求，根据减排路径的减排成本比较显示7个试点省（市）化工行业对购买森林碳汇来抵消二氧化碳排放量都具有不同程度的需求。根据成本最小化、利益最大化原则，7个试点省（市）化工行业会选择购买森林碳汇来抵消二氧化碳排放量。但是7个试点省（市）化工行业对购买森林碳汇来抵消二氧化碳排放量的需求潜力如何？需求量有多大？这些都是需要进一步探究的。接下来将研究7个试点省（市）化工行业对森林碳汇需求的潜力和需求量。

借鉴程施对我国工业行业减排目标分配方案，分别对我国7个碳交易试点省（市）化工行业无减排压力下的碳排放量和有减排压力下的目标碳排放量进行预测，然后计算出碳减排量。其表达式如下：

$$e_i^0 \times \text{GDP}_i^t = E_i^t \tag{拓-8}$$

$$e_i^t \times \text{GDP}_i^t = F_i^t \tag{拓-9}$$

$$E_i^t - F_i^t = A_i^t \tag{拓-10}$$

式中，e_i^t 表示 i 试点化工行业基期碳强度，即2005年碳强度；GDP_i^t 表示 i 试点第 t 年的产值；E_i^t 表示 i 试点化工行业第 t 年预测碳排放量；F_i^t 表示 i 试点化工行业第 t 年目标碳排放量；A_i^t 表示 i 试点化工行业第 t 年碳减排量。式(拓-8)表示在没有减排压力下第 t 年的碳排放量。式(拓-9)表示在2030年碳强度比2005年下降60%～65%的减排压力下的目标碳排放量（目标配额），第 t 年碳强度是根据2005年到2030年碳强度年均下降比率计算得出，其结果显示年均下降比例不能低于3.6%。式(拓-10)表示 i 试点化工行业要达到第 t 年目标碳排放量所需要完成的碳减排量。数据见拓表8～拓表10。

拓表8 2005～2030年7个试点预测碳排放量　　　　　　　　　　　　单位：万吨

年份	北京市	天津市	上海市	重庆市	深圳市	广东省	湖北省
2005	2988.06	993.59	2193.10	1065.61	1014.03	10343.59	4704.43
2006	3074.46	1187.29	2549.24	1179.55	1232.12	13327.04	5667.20
2007	3554.55	1416.31	2947.58	1589.46	1598.80	16842.76	7211.78
2008	4154.24	1607.40	3354.82	2250.89	1764.31	20166.38	9770.41
2009	4098.29	1623.65	3086.39	2646.24	1761.92	21224.05	11705.55
2010	4988.36	2505.49	3979.14	3576.44	2152.94	27725.42	15995.29
2011	5518.40	3061.55	4420.18	4815.44	2285.88	30522.70	21659.97
2012	5671.64	3151.46	4461.57	5226.54	2406.13	30515.86	26967.00

续表

年份	北京市	天津市	上海市	重庆市	深圳市	广东省	湖北省
2013	5598.75	3515.28	4708.07	6133.18	2748.30	35457.93	33190.24
2014	5963.25	3586.02	4572.88	7187.73	2810.11	38262.68	38507.67
2015	6439.13	4135.76	4182.74	8263.16	3147.05	38141.02	40485.16
2016	6952.97	4769.77	4461.73	10141.37	3524.38	43457.88	50209.70
2017	7507.82	5500.98	4759.33	12446.51	3946.95	49515.91	62270.07
2018	8106.94	6344.28	5076.77	15275.60	4420.19	56418.43	77227.34
2019	8753.87	7316.86	5415.40	18747.74	4950.17	64283.15	95777.35
2020	9452.43	8438.53	5776.60	23009.10	5543.70	73244.23	118783.07
2021	10206.74	9732.16	6161.90	28239.07	6208.38	83454.47	147314.76
2022	11021.24	11224.10	6572.90	34657.81	6952.77	95088.03	182699.77
2023	11900.73	12944.75	7011.31	42535.53	7786.41	108343.30	226584.25
2024	12850.41	14929.18	7478.97	52203.86	8720.00	123446.35	281009.79
2025	13875.87	17217.83	7977.81	64069.80	9765.52	140654.77	348508.34
2026	14983.17	19857.32	8509.93	78632.86	10936.41	160262.05	432220.05
2027	16178.82	22901.45	9077.55	96506.11	12247.69	182602.58	536039.30
2028	17469.89	26412.24	9683.02	118441.95	13716.18	208057.38	664795.94
2029	18863.99	30461.23	10328.88	145363.81	15360.75	237060.58	824479.93
2030	20369.34	35130.94	11017.81	178405.00	17202.51	270106.82	1022520.01

数据来源：根据7个试点省（市）统计年鉴数据计算得到。

拓表9　2005~2030年7个试点目标碳排放量　　　　　　　　　　单位：万吨

年份	北京市	天津市	上海市	重庆市	深圳市	广东省	湖北省
2005	2988.06	993.59	2193.10	1065.61	1014.03	10343.59	4704.43
2006	2963.78	1144.55	2457.47	1137.08	1187.76	12847.27	5463.18
2007	3303.23	1316.17	2739.17	1477.08	1485.76	15651.91	6701.88
2008	3721.54	1439.98	3005.38	2016.44	1580.54	18065.87	8752.74
2009	3539.24	1402.17	2665.38	2285.27	1521.58	18328.90	10108.81
2010	4152.82	2085.83	3312.64	2977.39	1792.32	23081.47	13316.11
2011	4428.69	2456.99	3547.34	3864.54	1834.49	24495.44	17382.81
2012	4387.81	2438.10	3451.65	4043.46	1861.48	23608.31	20862.76
2013	4175.49	2621.66	3511.23	4574.06	2049.65	26444.15	24752.93
2014	4287.23	2578.14	3287.63	5167.56	2020.31	27508.61	27684.75
2015	4462.70	2866.33	2898.89	5726.86	2181.09	26433.99	28058.62
2016	4645.34	3186.73	2980.92	6775.54	2354.67	29034.60	33545.56
2017	4835.46	3542.94	3065.28	8016.26	2542.06	31891.08	40105.48
2018	5033.37	3938.98	3152.02	9484.18	2744.37	35028.57	47948.22
2019	5239.37	4379.28	3241.59	11220.89	2962.77	38474.74	57324.63
2020	5453.80	4868.80	3332.94	13275.63	3198.56	42259.94	68534.63

续表

年份	北京市	天津市	上海市	重庆市	深圳市	广东省	湖北省
2021	5677.01	5413.05	3427.26	15706.63	3453.12	46417.54	81936.76
2022	5909.35	6018.12	3524.25	18582.78	3727.93	50984.18	97959.73
2023	6151.21	6690.84	3623.98	21985.61	4024.61	56000.08	117116.03
2024	6402.96	7438.74	3726.54	26011.55	4344.90	61509.46	140018.40
2025	6665.01	8270.26	3831.99	30774.71	4690.68	67560.86	167399.38
2026	6937.79	9194.72	3940.43	36410.09	5063.99	74207.60	200134.80
2027	7221.74	10222.51	4051.94	43077.41	5467.00	81508.27	239271.72
2028	7517.30	11365.20	4166.61	50965.62	5902.08	89527.18	286061.98
2029	7824.96	12635.61	4284.52	60298.31	6371.79	98335.01	342002.20
2030	8147.73	14052.38	4407.13	71362.00	6881.00	108042.73	409008.00

数据来源：根据7个试点省（市）统计年鉴数据计算得到。

拓表10　2006～2030年7个试点碳减排量　　　　　　　　　　　　　　单位：万吨

年份	北京市	天津市	上海市	重庆市	深圳市	广东省	湖北省
2006	110.68	42.74	91.77	42.46	44.36	479.77	204.02
2007	251.32	100.14	208.41	112.38	113.04	1190.85	509.90
2008	432.70	167.43	349.43	234.45	183.77	2100.50	1017.67
2009	559.04	221.48	421.01	360.97	240.34	2895.15	1596.74
2010	835.54	419.67	666.50	599.05	360.61	4643.96	2679.18
2011	1089.71	604.56	872.85	950.90	451.39	6027.27	4277.16
2012	1283.83	713.36	1009.92	1183.08	544.65	6907.55	6104.23
2013	1423.26	893.62	1196.84	1559.12	698.65	9013.78	8437.31
2014	1676.03	1007.88	1285.25	2020.18	789.81	10754.07	10822.92
2015	1976.43	1269.43	1283.85	2536.30	965.96	11707.04	12426.55
2016	2307.63	1583.04	1480.81	3365.83	1169.71	14423.28	16664.14
2017	2672.35	1958.03	1694.05	4430.25	1404.89	17624.83	22164.59
2018	3073.58	2405.30	1924.75	5791.42	1675.82	21389.86	29279.12
2019	3514.51	2937.57	2174.17	7526.85	1987.40	25808.42	38452.72
2020	3998.63	3569.73	2443.66	9733.47	2345.13	30984.28	50248.44
2021	4529.73	4319.11	2734.64	12532.44	2755.27	37036.93	65378.00
2022	5111.88	5205.98	3048.65	16075.03	3224.84	44103.85	84740.04
2023	5749.53	6253.92	3387.33	20549.92	3761.80	52343.22	109468.23
2024	6447.45	7490.44	3752.43	26192.31	4375.09	61936.89	140991.40
2025	7210.86	8947.57	4145.82	33295.08	5074.84	73093.92	181108.96
2026	8045.37	10662.60	4569.50	42222.77	5872.42	86054.45	232085.24
2027	8957.09	12678.93	5025.61	53428.70	6780.69	101094.31	296767.58
2028	9952.59	15047.04	5516.41	67476.33	7814.10	118530.20	378733.96
2029	11039.03	17825.62	6044.36	85065.50	8988.97	138725.57	482477.73

续表

年份	北京市	天津市	上海市	重庆市	深圳市	广东省	湖北省
2030	12221.60	21078.56	6610.69	107043.00	10321.51	162064.09	613512.00

目前7个试点省（市）的《碳排放权交易管理办法》文件中关于各试点通过CCER（Chinese Certified Emission Reduction，即经过国家核实证明的自愿减排量）对二氧化碳排放量的抵消比例和参照量不同。北京市、上海市、重庆市和湖北省表示抵消的比例不能超过当年碳排放配额量分别为5%、5%、8%和10%，而深圳市和天津市抵消比例不得超过纳入企业当年实际碳排放量的10%，广东省表示抵消比例不超过上年度碳排放量10%。根据不同试点省（市）关于抵消二氧化碳排放量比例的不同，各试点省（市）化工行业对森林碳汇的需求量满足以下条件：

$$Q_i^t \leq B_i^t \times R \tag{拓-11}$$

$$Q_i^t \leq A_i^t \tag{拓-12}$$

式中，Q_i^t 表示 i 试点化工行业第 t 年对森林碳汇需求量；B_i^t 表示 i 试点化工行业第 t 年碳排放量 Eit 或碳配额量 Fit（对 Eit 或 Fit 的选择是依据各试点对参照量的不同规定而选择的）；R 表示抵消比例。式(拓-12)表示7个试点省（市）化工行业对森林碳汇需求量不能超过当年的碳减排量（不考虑储存和投机），最终对森林碳汇需求量则选择两种数据的最小值。根据上述公式，结合不同试点的不同比例和拓表10，可以得出不同试点化工行业对森林碳汇的需求量。我国2011年开始设立碳减排试点，因此数据结果从2011年开始。数据结果见拓表11。

拓表11　2011～2030年7个试点森林碳汇需求量　　　　　　　　　　单位：万吨

年份	北京市	天津市	上海市	重庆市	深圳市	广东省	湖北省
2011	221.43	306.16	177.37	309.16	228.59	2772.54	1738.28
2012	219.39	315.15	172.58	323.48	240.61	3052.27	2086.28
2013	208.77	351.53	175.56	365.92	274.83	3051.59	2475.29
2014	214.36	358.60	164.38	413.40	281.01	3545.79	2768.47
2015	223.13	413.58	144.94	458.15	314.70	3826.27	2805.86
2016	232.27	476.98	149.05	542.04	352.44	3814.10	3354.56
2017	241.77	550.10	153.26	641.30	394.69	4345.79	4010.55
2018	251.67	634.43	157.60	758.73	442.02	4951.59	4794.82
2019	261.97	731.69	162.06	897.67	495.02	5641.84	5732.46
2020	272.69	843.85	166.65	1062.05	554.37	6428.32	6853.46
2021	283.85	973.22	171.36	1256.53	620.84	7324.42	8193.68
2022	295.47	1122.41	176.21	1486.62	695.28	8345.45	9795.97
2023	307.56	1294.48	181.20	1758.85	778.64	9508.80	11711.60
2024	320.15	1492.92	186.33	2080.92	872.00	10834.33	14001.84
2025	333.25	1721.78	191.60	2461.98	976.55	12344.64	16739.94
2026	346.89	1985.73	197.02	2912.81	1093.64	14065.48	20013.48
2027	361.09	2290.14	202.60	3446.19	1224.77	16026.20	23927.17

续表

年份	北京市	天津市	上海市	重庆市	深圳市	广东省	湖北省
2028	375.87	2641.22	208.33	4077.25	1371.62	18260.26	28606.20
2029	391.25	3046.12	214.23	4823.86	1536.08	20805.74	34200.22
2030	407.39	3513.09	220.36	5708.96	1720.25	23706.06	40900.80

根据拓表11可以知道，我国7个试点省（市）化工行业对森林碳汇需求特点不同，差异较大。其中对森林碳汇需求量最大的两个试点分别是湖北省和广东省，说明湖北省和广东省为了完成减排目标，其减排压力巨大，对森林碳汇的需求量较其他试点大，2030年这两个试点对森林碳汇需求量分别达40900.80万吨和23706.06万吨；对森林碳汇需求量最小的分别是上海市和北京市，在2030年对森林碳汇需求量分别是220.36万吨和407.39万吨；重庆市、天津市和深圳市化工行业2030年对森林碳汇的需求量分别是5708.96万吨、3513.09万吨和1720.25万吨。从纵向来看，各试点每年对森林碳汇需求量也不同，但7个试点省（市）化工行业对森林碳汇的需求量有一个共同点就是未来对森林碳汇的需求量不断增加，说明7个试点省（市）化工行业对森林碳汇的需求潜力不断加大。

参 考 文 献

[1] 江霞，汪华林．碳中和技术概论［M］．北京：高等教育出版社，2022．

[2] 刘竹，逯非，朱碧青．气候变化的应对：中国的碳中和之路［M］．郑州：河南科学技术出版社，2022．

[3] IPCC．气候变化 2023：第六次评估报告的综合报告［R］．联合国政府间气候变化专门委员会，2023．https：//www.ipcc.ch/languages-2/chinese/

[4] 周波涛，钱进．IPCC AR6 报告解读：极端天气气候事件变化［J］．气候变化研究进展，2021，17（6）：713-718．

[5] 刘竹，逯非，朱碧青．气候变化的应对：中国的碳中和之路［M］．郑州：河南科学技术出版社，2022．

[6] 张友国．碳达峰、碳中和工作面临的形势与开局思路［J］．行政管理改革，2021，(3)：77-85．

[7] 中国生态环境与经济政策研究中心．中国碳达峰碳中和政策与行动［R］．2023．

[8] 谭显春，郭雯，樊杰，等．碳达峰、碳中和政策框架与技术创新政策研究［J］．中国科学院院刊，2022，37（4）：435-443．

[9] 中国科学院．"碳达峰"与"碳中和"——绿色发展的必由之路［EB/OL］．（2021-08-13）［2024-07-16］．https：//www.cas.cn/zjs/202108/t20210813_4801862.shtml．

[10] 李冰峰，李婉，张晓勤，等．"双碳"背景下制氢技术前景展望［J］．化工设计通讯，2024，50（02）：134-136．

[11] 叶奇蓁．我国核能的创新发展［EB/OL］．（2022-06-08）［2024-07-16］．https：//www.nea.gov.cn/2022-06/08/c_1310617356.htm．

[12] 杨东海，华煜，武博然，等．双碳背景下有机固废资源化处理处置技术发展思考［J］．环境工程，2022，40（12）：1-8+36．

[13] 郭媛媛，于宝源，吴丰昌：水污染防治领域也是降碳的一个战场［J］．环境保护，2022，50（06）：30-34．

[14] 吴振涛，庞小兵，韩张亮，等．二氧化碳捕集、利用与储存技术进展及趋势［J］．三峡生态环境监测，2022，7（04）：12-22．

[15] 姚炜珊，侯雅磊，魏国强，等．二氧化碳资源化利用研究进展［J］．新能源进展，2024，12（02）：182-192．

[16] 田小玄，武卫荣，梁洁卉，等．二氧化碳资源化减排转化的研究进展［J］．山东化工，2022，51（08）：95-97+101．

[17] 肖筱瑜，谷娟平，梁文寿，等．二氧化碳捕集、封存与利用技术应用状况［J］．广州化工，2022，50（03）：26-29．

[18] 张力婕，张英，黎晓璇．二氧化碳捕集技术研究进展［J］．中外能源，2023，28（12）：73-81．

[19] 陆诗建，张娟娟，刘玲，等．工业源二氧化碳捕集技术进展与发展趋势［J］．现代化工，2022，42（11）：59-64．

[20] 工业互联网产业联盟．生物医药企业数字化转型白皮书［R］．2021．

[21] 中信建投证券股份有限公司．生物制药产业链系列报告之一次性技术：星星之火，可以燎原［R］．2022．

[22] 吕德鹏，杨玥．膜分离技术在生物制药中的应用［J］．山西化工，2022，42（5）：25-28．

[23] 生态环境部．制药工业污染防治可行技术指南 原料药（发酵类、化学合成类、提取类）和制剂类：HJ 1305—2023［S］．北京：中国标准出版社，2023：7-14．

[24] 元英进．制药工艺学［M］．2 版．北京：化学工业出版社，2017．

[25] 碳测，制药业脱碳的靶向疗法应瞄准其整个价值链［OL］．（2022-03-14）［2024-11-07］．https：//mp.weixin.qq.com/s/OxGEiCGbuXo8SnVFh48fCg

[26] 杨溢．饱和蒸汽发电在炼钢厂的应用［J］．中国金属通报，2022（03）：136-138．

[27] 洪军，兰天阳，李平潮．国内某高炉炉顶系统设计特点［J］．天津冶金，2022（06）：8-11．

[28] 张宁，吴浩．唐钢新区提高转炉煤气回收措施［J］．冶金能源，2022，41（03）：45-49．

[29] 周平，王念欣，张学民，等．电炉炼钢现状及其"双碳"背景下的发展趋势［J］．山东冶金，2022，44（04）：36-39．

[30] 杜宁宇，李伟，范锦龙，等．薄板坯连铸连轧 ESP 与 MCCR 技术分析及展望［J］．轧钢，2023，40（05）：1-5．

[31] 张利娜．钢铁行业低碳技术应用及发展研究［J］．冶金能源，2023，42（02）：3-6+32．

[32] 胡艳平．践行绿色低碳钢铁行业在行动［J］．冶金管理，2022，(20)：4-13．

[33] 国家能源局．能源绿色低碳转型典型案例汇编［EB/OL］．（2024-05-19）［2024-11-07］．https：//www.nea.gov.cn/2024-05/19/c_1310775206.htm